ASTRONOMIE POPULAIRE

PAR

FRANÇOIS ARAGO

NOUVELLE ÉDITION

MISE AU COURANT DES PROGRÈS DE LA SCIENCE

PAR M. J.-A. BARRAL

TOME PREMIER

OEUVRE POSTHUME

ÉDITÉ PAR L. GUÉRIN

DÉPOT ET VENTE A LA

LIBRAIRIE THÉODORE MORGAND

5, RUE BONAPARTE, PARIS

1867

ASTRONOMIE POPULAIRE

TOME PREMIER

IMPRIMERIE J. CLAYE
RUE SAINT-BENOIT 7
PARIS

ASTRONOMIE POPULAIRE

PAR

FRANÇOIS ARAGO

NOUVELLE ÉDITION

MISE AU COURANT DES PROGRÈS DE LA SCIENCE

PAR M. J.-A. BARRAL

TOME PREMIER

OEUVRE POSTHUME

ÉDITÉ PAR L. GUERIN

DÉPOT ET VENTE A LA

LIBRAIRIE THÉODORE MORGAND

5, RUE BONAPARTE, PARIS

1867

AVERTISSEMENT

DE LA DEUXIÈME ÉDITION

En donnant une deuxième édition de l'*Astronomie populaire*, on n'a eu garde de rien changer au texte même de l'œuvre ; on a voulu seulement corriger les rares fautes d'impression qui ont été signalées dans la première édition, et ensuite, par quelques notes additionnelles imprimées en plus petits caractères, mettre l'ouvrage au courant des découvertes faites après la mort de l'illustre astronome.

Depuis son apparition, le succès de l'*Astronomie populaire* n'a fait que s'accroître chaque jour. C'est que cet ouvrage, en embrassant tout le passé de la plus grande des sciences, en décrivant son état présent, a ouvert aussi les horizons de l'avenir le plus reculé. Les principes éternels étant posés, l'étude des découvertes successives de l'homme sur la constitution des mondes sert à prévoir de nouvelles conquêtes pour lesquelles Arago a ouvert des chapitres qu'on peut remplir sans altérer l'harmonie de l'ensemble. On peut ajouter au fur et à mesure que les progrès prévus ou imprévus s'accomplissent ; il n'y a rien à effacer.

L'*Astronomie populaire* est en quelque sorte le résultat de la condensation des cours dix-huit fois professés par Arago à l'Observatoire de Paris avec un grand éclat depuis 1813 jusqu'à 1847.

A.—I.   *a*

L'illustre savant n'écrivait pas ses cours; il se contentait d'en faire un canevas. Dans quelques-uns des programmes qu'il nous en a laissés, on voit qu'un seul mot était souvent destiné à lui rappeler toute une série d'idées sur lesquelles il avait l'intention d'insister principalement; rarement une phrase entière s'y trouve écrite, si ce n'est quelques lignes pour servir d'introduction, parce que l'exorde, comme la péroraison, était toujours ce qui lui paraissait le plus difficile à faire. Bien commencer et bien finir le préoccupait; il était sûr de lui pour le reste, car il ne faisait jamais une leçon sans s'y être attentivement et longuement préparé.

Voici les paroles d'introduction prononcées pour l'ouverture du cours d'astronomie de l'Observatoire le 15 mai 1841 :

« Messieurs, je ne m'abandonnerai pas au mouvement de satisfaction et de confiance qu'un si nombreux, qu'un si bienveillant auditoire devrait naturellement exciter dans mon esprit. Je saurai faire la part de la curiosité publique, certainement stimulée à l'ouverture d'un nouveau cours, quel qu'il soit. Je n'oublierai pas surtout qu'aujourd'hui beaucoup de personnes ont dû prendre le chemin de l'Observatoire, afin de voir de leurs propres yeux comment un habile architecte est parvenu à résoudre le problème le plus difficile : le problème d'établir un amphithéâtre spacieux, élégant et commode, sur un terrain resserré et très-ingrat; dans une enceinte dont la forme extérieure, fort bizarre, était commandée par la nécessité de donner à l'ouest un pendant aux cabinets d'observation qui sont situés du côté opposé du grand édifice. J'espère que sous ce rapport, du moins, personne ne regrettera de s'être déplacé.

« Je ne chercherai pas à cacher l'émotion que j'éprouve à l'ouverture de ce cours. Cette émotion, on aurait tort de la considérer comme l'effet d'une fausse modestie : elle est au contraire la conséquence inévitable des circonstances dans lesquelles je me trouve placé.

« Le cours que je vais commencer est une des obligations imposées au Bureau des Longitudes par ses règlements. En me confiant l'honneur de les représenter, mes confrères ont bien voulu s'en rapporter entièrement à moi sur la manière d'envisager la science et sur le nombre de leçons que je consacrerai à développer devant vous ses principales théories. J'aurais donc le droit de faire un cours d'astronomie technique destiné à des astronomes de profession; un cours d'astronomie nautique à l'usage des officiers de marine; un cours sur les rapports de l'astronomie et de l'art de l'horloger. Ces divers cours ne pourraient intéresser qu'un fort petit nombre de personnes : j'ai donc adopté un cadre plus étendu, je me suis décidé pour des leçons que tout le monde puisse comprendre. Le cours cependant, je vous en avertis, ne sera élémentaire que par la forme. Toutes les branches de la science, même les plus délicates, passeront successivement devant vous.

« Ici commencent mes appréhensions ; ici s'offre une difficulté presque insurmontable. Cette difficulté, vous l'avez déjà devinée : sur quel degré de connaissances mathématiques dois-je compter ? quelle détermination prendre à ce sujet qui puisse convenir à tout le monde ? Celui-ci me concéderait la trigonométrie ; celui-ci ne voudrait pas aller plus loin que la géométrie élémentaire ; un troisième désirerait me voir recourir aux méthodes rapides, fécondes, du calcul différentiel. Dans l'impossibilité de concilier ces désirs des plus habiles, j'ai pensé, moi, au plus grand nombre, et je me suis décidé pour le parti le plus radical. Je ferai donc le cours sans supposer à mes auditeurs aucune connaissance mathématique quelconque. Les quatre ou cinq propositions élémentaires de géométrie qui nous seront indispensables je vous les démontrerai, ou du moins j'en fixerai le sens avec précision.

« Je ne m'engage pas dans cette voie à la légère. Je sais que des savants illustres déclarent mon projet inexécutable. Cette décision ne me décourage point. Loin que je doute du succès, je déclare de nouveau que j'entends aborder toutes les questions. Le cours sera complet quant au fond, et élémentaire seulement par la forme, par la nature des méthodes adoptées. Ce n'est pas moi qui aurais consenti à dégrader ou même à rétrécir à vos yeux une science dont on a dit avec toute raison qu'elle donne la véritable mesure des forces de l'esprit humain.

« Ce point capital une fois arrêté, je me demandais encore tout à l'heure quel serait le sujet de cette première leçon. Quoique peu routinier de mon naturel, j'ai pensé un moment à suivre la route ordinaire, à faire un discours d'ouverture. J'y ai renoncé dès que j'ai reconnu que de tels discours sont inévitablement des lieux communs plus ou moins rajeunis pour la forme. Dans un discours d'ouverture, le professeur pense beaucoup plus à lui-même qu'à son auditoire : cette seule considération eût suffi pour me décider. Mon unique ambition ici doit être de vous initier aux vérités astronomiques, fruit de trois mille ans d'études, de recherches, de travaux persévérants. Pour arriver à ce but, rien ne me coûtera ; je me répéterai à satiété si cela me paraît nécessaire. Je me soumets d'avance à toutes les critiques ; je consens à vous paraître prolixe, sans élégance, etc., pourvu que vous me trouviez clair et exact dans les démonstrations.

« Dans la dispute à laquelle les érudits s'abandonnèrent afin de décider si un traité grec *sur le monde* était ou n'était pas d'Aristote, Daniel Heinsius se prononça pour la négative. Voici son principal argument : « Le traité en question n'offre nulle part *cette majestueuse* « *obscurité* qui, dans les autres ouvrages d'Aristote, *repousse les* « *ignorants.* »

« A mon sens, l'obscurité ne peut être jamais un sujet légitime d'éloges : aussi, malgré l'autorité d'Heinsius, j'aime mieux, en cette circonstance, me rappeler cette parole expressive d'un autre philosophe : « La clarté est la politesse de ceux qui parlent en public. » Je ferai tous mes efforts pour que vous ne me trouviez pas impoli. »

On voit qu'Arago pensait qu'on peut acquérir des connaissances astronomiques assez étendues à la condition de posséder seulement un très-petit nombre de principes empruntés aux sciences mathématiques et physiques. C'est par l'exposé de ces principes qu'il commençait ordinairement ses cours, et ce sont eux qu'il a résumés dans les cinq premiers livres de l'*Astronomie populaire*, consacrés à des notions préliminaires sur la géométrie, la mécanique et l'horlogerie, l'optique, les instruments astronomiques, la vision. Il ne se dissimulait pas que c'était entrer en matière d'une manière aride, ainsi que le prouvent les lignes suivantes que j'ai retrouvées écrites de sa main parmi les notes de ses cours :

« Cette leçon, je n'hésite pas à l'annoncer dès ce moment, paraîtra quelque peu difficile et sévère aux personnes qui n'ont jamais jeté les yeux sur un traité de mathématiques. J'ajouterai, d'autre part, qu'elle me conduira aux méthodes les plus usuelles, les plus fécondes de la science. Ceux qui s'approprieront les notions de géométrie et d'optique que je présenterai aujourd'hui et jeudi prochain n'éprouveront plus aucun embarras dans la suite du cours. Je puis, sans faire preuve de hardiesse, leur donner cette assurance. »

A l'ouverture de son dernier cours·d'astronomie, Arago est revenu sur le même sujet dans les paroles suivantes prononcées le 17 décembre 1846 :

« Un des plus grands écrivains du siècle dernier, Montesquieu, disait en parlant des discours académiques, des discours de rentrée des corps constitués : « Ce sont des ouvrages d'ostentation. » Montesquieu aurait pu comprendre dans la même catégorie les discours d'ouverture des cours publics. J'ai une antipathie invincible pour tout ce qui sent l'ostentation : je ne ferai donc pas de discours d'ouverture.

« J'ai la maladie de faire des livres, disait encore Montesquieu, et « d'en être honteux quand je les ai faits. » Ces paroles de l'illustre auteur de l'*Esprit des Lois* n'étaient qu'une boutade sans conséquence ; moi, je dirai très-sérieusement : « J'ai la manie de faire des « leçons, et d'être toujours fort mécontent de celles que je viens de « faire. »

« Je vais donc, Messieurs, sans autre préambule, dire de qui je tiens ma mission et comment j'entends m'en acquitter.

« Le Bureau des Longitudes a été créé par une loi du 7 messidor an III (25 juin 1795). L'article 6 de cette loi impose à un des quinze membres ou adjoints dont le Bureau se compose l'obligation de faire un cours public d'astronomie. Depuis que l'article est en vigueur, le choix de mes confrères a toujours porté sur moi.

« J'aurais pu, j'aurais dû peut-être, cette année, décliner cet honneur : l'idée ne m'en est pas même venue, quoique à mon âge il soit naturel d'aspirer au repos, et j'appelle ainsi les travaux du cabinet. Mais vous me comprendrez si vous avez subi la domination tyrannique d'une idée ; si la croyant juste, utile, et la voyant combattue , vous avez résolu de la faire prévaloir.

« Telle est précisément ma position relativement à la manière de professer l'astronomie. Des hommes d'un mérite éminent prétendent que cette science ne peut être enseignée à ceux qui n'ont pas déjà des connaissances mathématiques étendues. Ils veulent qu'on soit initié à la géométrie, à la trigonométrie rectiligne , à la trigonométrie sphérique ; ils exigent même le calcul différentiel dans certains points particuliers. Je prétends, moi, que l'esprit des méthodes peut être exposé complétement, fructueusement, devant un auditoire attentif qui n'a jamais jeté les yeux sur un livre de géométrie. Trois ou quatre propositions indispensables sont susceptibles de démonstrations très-simples. Rien n'empêche d'intercaler ces démonstrations dans les leçons. Il en est de même de quelques notions utiles de mécanique et d'optique. Au reste, le débat ne saurait arriver à son terme autrement que par des faits. C'est donc une grande, une solennelle expérience que nous allons continuer en commun. Je sais que je puis compter sur votre attention bienveillante : mon zèle ne vous fera pas défaut. Vous comprendrez maintenant comment, sans devenir paradoxal, je puis émettre le vœu que l'auditoire se compose en majorité, même en totalité, de personnes entièrement étrangères aux mathématiques. »

Pour Arago, « un cours était un livre parlé. » Les lecteurs de l'*Astronomie populaire* trouveront que ce livre a la clarté d'une parole vivante.

Afin de bien suivre les déductions, il est seulement nécessaire d'avoir recours à quelques figures et à quelques cartes. Arago m'a laissé le soin de finir celles que j'ai placées dans son ouvrage. J'ai cherché à les compléter dans l'Atlas du *Cosmos,* dont j'ai été chargé de diriger l'exécution, et qui doit servir à la fois aux œuvres d'Arago et de son illustre ami Alexandre de Humboldt. Les lecteurs qui trouveraient que les planches de l'*Astronomie populaire* sont dressées sur une trop petite échelle devront se reporter à cet Atlas.

J'ai fait tout ce que j'ai pu pour être digne de la confiance de mon illustre maître. Pourquoi n'a-t-il pu jouir du succès de son immortel ouvrage ?

J.-A. BARRAL.

AVERTISSEMENT

DE L'AUTEUR

La mode des discours préliminaires est devenue tellement générale qu'il y aura de ma part une sorte de hardiesse à m'en affranchir, à commencer cet ouvrage, tout prosaïquement, *par le commencement*. Ma détermination est cependant très-facile à justifier : je ne crois pas devoir, au début, adopter une *tonique* qu'il me faudrait inévitablement laisser aussitôt que j'entrerai en matière. Je ne pense pas, d'ailleurs, que l'astronomie ait besoin de recourir à des ornements étrangers : la rigueur, la clarté des méthodes d'investigation dont elle fait usage, la magnificence et l'utilité des résultats, voilà ses vrais titres à l'attention des lecteurs éclairés. En semblable matière, des chiffres nets, précis, incontestables, seront plus saisissants que tout ce qu'il serait possible d'emprunter aux formes du langage.

Pourquoi, m'ont dit des amis à qui je faisais part de mon projet, ne pas présenter tout d'abord un aperçu historique des progrès de l'astronomie depuis les temps les plus reculés jusqu'à notre époque? J'ai répondu : « Pour qui veut être clair et compris, cette idée n'est pas réalisable dans le préambule d'un traité d'astronomie. Comment parler de *précession des équinoxes*, de *parallaxes*, de *perturbations*, à des personnes qui sont censées ne pas connaître la véritable signification de ces expressions techniques? L'histoire partielle de chaque question scientifique trouvera sa place à la suite des divers chapitres consacrés à l'exposition des magnifiques phénomènes de la voûte étoilée et à la démonstration des lois qui règlent le mouvement des corps répandus dans l'espace.

Les livres, depuis que les livres existent, se composent d'une préface, d'une table des matières et du corps de l'ouvrage. Dans la préface l'écrivain se fait pour ainsi dire connaître. Il expose les motifs qui l'ont dirigé, signale sa méthode, son but; il énumère ses titres à la confiance. La table des matières renferme l'indication détaillée de toutes les questions que l'auteur a soulevées, abordées, discutées, des résultats auxquels il est arrivé. La préface et la table des matières doivent donc d'abord attirer et attirent en effet l'attention des lecteurs de tout ouvrage nouveau, excitent en première ligne la curiosité.

La préface de ce traité n'exige selon moi que quelques lignes. La table, au contraire, occupera une grande étendue; mais aussi j'ai à faire passer successivement sous les yeux du lecteur, du moins par leur énoncé, les plus sublimes phénomènes du monde physique.

A part quelques additions rendues nécessaires par les progrès incessants de la science, l'ouvrage élémentaire que je donne aujourd'hui au public sous le titre d'*Astronomie populaire*, est la reproduction à peu près textuelle du Cours que j'ai fait à l'Observatoire pendant dix-huit années consécutives; et comme je viens de dire qu'il est élémentaire, je dois expliquer le sens précis que j'attache à cette expression.

Il existe des traités dans lesquels leurs auteurs ont réuni tout ce que l'astronomie offre de plus simple, par exemple : notions sur le lever et le coucher des astres, sur l'inégale durée des jours solaires et leur influence sur les températures diverses qu'on éprouve dans différentes saisons, sur les éclipses de soleil et de lune, etc., etc.; mais de telles notions sont loin de composer la science astronomique; je me suis proposé d'embrasser, dans ma publication, la science tout entière; mon livre sera complet, quant au but ; il ne sera élémentaire que par le choix des méthodes.

En publiant son élégant ouvrage sur les mondes, Fontenelle écrivait : « Je ne demande à mes lecteurs que la mesure d'intelligence qui est nécessaire pour comprendre le roman d'*Astrée*, et en apprécier toutes les beautés. » Je serai un peu plus exigeant, mais aussi je ne me bornerai pas, comme l'ancien secrétaire de l'Académie des sciences, à développer les théories plus ou moins plausibles qui ont trait à *l'habitabilité* des diverses planètes et de notre satellite ; j'aborderai les questions les plus délicates de la science. Pour atteindre ce but, j'aurai besoin de plusieurs définitions et théorèmes de géométrie, d'optique et de mécanique, dont l'énoncé, et même quelquefois la démonstration précéderont les développements de l'astronomie proprement dite. Ces théorèmes, très-simples, composent à vrai dire la géométrie, l'optique et la mécanique du sens commun. Je prie le lecteur de me pardonner l'aridité de ce début ; j'ose lui assurer qu'après qu'il se sera rendu maître de ces notions préliminaires, le reste de l'ouvrage ne lui offrira aucune difficulté. J'aurais pu, à toute rigueur, ne développer ces vérités que dans le cours du livre, au fur et à mesure des besoins, mais la marche que j'ai suivie me semble devoir être plus claire, et c'est pour cela que je l'ai adoptée. Au reste, des renvois à ces divers théorèmes ou définitions permettront à ceux qui le jugeraient préférable, de suivre cette dernière méthode.

On raconte que pour prémunir les voyageurs contre l'ennui et le découragement qui souvent s'emparent d'eux dans la traversée des déserts sablonneux et brûlants de l'Afrique, les chefs des caravanes ne manquent jamais de leur dépeindre à l'avance les merveilles, les délices de l'oasis. Ainsi n'ai-je pas cru devoir faire ; mais j'ai cherché à enlever aux considérations techniques, sans lesquelles la marche du lecteur n'aurait rien d'assuré, tout ce qu'elles peuvent présenter de trop ardu dans la forme, en m'attachant cependant à leur laisser la plus entière exactitude. D'ailleurs, les méthodes astronomiques, vues en elles-mêmes, indépendamment des résultats merveilleux qu'elles ont donnés, sont très-dignes d'intérêt, dût-on les considérer seulement comme un exercice destiné à familiariser l'esprit avec la rigueur des déductions, et à le dispenser de l'étude des règles empiriques de la logique.

Il est de prétendues sciences qui perdraient presque tout leur prestige si on y faisait pénétrer la lumière. L'astronomie n'a rien à redouter de pareil. Quelque clarté que l'on répande sur les méthodes et les démonstrations, on n'aura pas à craindre que personne s'écrie : *Ce n'est que cela !* l'immensité des résultats préviendra toujours une semblable exclamation. Je rechercherai donc tous les moyens d'être compris. Copernic disait, en 1543, dans son livre *Des Révolutions :* « Je rendrai mon système plus clair que le soleil, du moins pour ceux qui ne sont pas étrangers aux mathématiques. » Quant à moi, je trouve la restriction superflue ; je crois à la possibilité d'établir avec une entière évidence la vérité des théories astronomiques modernes, sans recourir à d'autres connaissances que celles qu'on peut acquérir à l'aide d'une lecture attentive de quelques pages. Je maintiens qu'il est possible d'exposer utilement l'astronomie, sans l'amoindrir, j'ai presque dit sans la dégrader, de manière à rendre ses plus hautes conceptions accessibles aux personnes presque étrangères aux mathématiques.

L'*Annuaire du Bureau des Longitudes* renferme plusieurs chapitres de mon ouvrage, que je n'y ai d'ailleurs insérés qu'en prévenant le lecteur qu'ils étaient extraits de mon *Traité d'Astronomie populaire ;* je les ai repris en y apportant seulement quelques modifications et développements. Fontenelle, que je cite pour la seconde fois, ne disait-il pas, en parlant d'un auteur qui reproduisait en propres termes des pages tout entières de ses anciens écrits : « A quoi bon changer de tours et d'expressions, quand on ne change pas de pensées ? »

Je n'ai pas tardé à m'apercevoir que ma détermination de placer l'historique de chaque question après l'exposition des faits servant de base aux solutions que j'adopte, rendait inévitables un grand nombre de répétitions ; mais cet inconvénient ne m'a pas arrêté, car les répétitions, sagement combinées, sont en matière de science un très-bon moyen d'éclaircir ce qui, de prime abord, avait paru douteux ; et la clarté est, selon moi, la politesse de ceux qui, voulant enseigner, s'adressent au public.

Je me suis, de plus, attaché à faire connaître les vrais auteurs des découvertes astronomiques que j'avais à mentionner ; et j'ai toujours scrupuleusement indiqué les traités de mes prédécesseurs où j'ai puisé des modes d'exposition à l'aide desquels je pouvais donner une forme élémentaire aux théories qui semblaient jusque-là exiger l'emploi de calculs difficiles et minutieux.

Si les auteurs de quelques traités récents avaient procédé avec la même justice, je n'aurais pas à faire remarquer que plusieurs démonstrations qu'ils présentent comme leur appartenant avaient été déjà exposées dans mes cours, auxquels ils ont souvent assisté. Mais ce n'est pas ici le lieu d'examiner la question de savoir s'il leur était permis de s'approprier mes leçons ; j'ai voulu seulement, en écrivant ce paragraphe, mettre le lecteur en garde contre des ressemblances, qui me feraient peut-être considérer comme un simple emprunteur, tandis que mon rôle véritable a été celui de prêteur.

Les historiens et les archéologues, tous les membres enfin de l'Académie des inscriptions, ne manquent pas de signaler, de reconnaître le travail ou la bonne fortune de ceux de leurs confrères qui ont été chercher des faits intéressants dans un livre perdu, caché sous la poussière de nos bibliothèques. Il n'en est pas de même dans le domaine de la science. Les faiseurs de livres en ce genre (en anglais *Bookmakers*) trouvent tout naturel de prendre à leur compte les travaux et les découvertes d'autrui ; les choses en sont même arrivées à ce point que le savant qui n'a pas fait mystère du fruit de ses labeurs court le risque de passer pour un plagiaire, de se voir confondu avec tels écrivains, que je pourrais nommer, qui n'ont composé leurs ouvrages qu'à l'aide de leurs souvenirs et d'une paire de ciseaux. Loin, bien loin d'envier les profits matériels d'une pareille industrie, je la dénonce, et je déclare que ceux-là qui l'exercent n'ont pas le moindre droit au titre de savant, au titre même d'érudit.

Galilée, déjà aveugle depuis quelque temps, écrivait, en 1640, que se servir des yeux et de la main d'un autre, c'était presque comme jouer aux échecs les yeux bandés ou fermés. Pour moi, dans l'état de santé où je me trouve au moment où je dicte ces dernières lignes, ne voyant plus, n'ayant que quelques jours à vivre encore, je ne puis que confier à des mains amies, actives et dévouées, une œuvre dont il ne me sera pas donné de surveiller la publication.

ASTRONOMIE POPULAIRE

LIVRE I

NOTIONS DE GÉOMÉTRIE

CHAPITRE PREMIER

DÉFINITIONS

Tout le monde sait ce qu'on entend par une ligne droite et une ligne courbe.

Ce n'est pas ici le lieu de rechercher si une ligne droite est convenablement définie lorsque l'on dit qu'elle est la plus courte qu'on puisse mener entre deux points donnés, ou la ligne qui ne peut prendre qu'une position entre ces deux points.

Une ligne droite, telle que l'imagination la conçoit, n'a de dimensions que dans un seul sens, qu'on appelle alors la *longueur*. L'extrémité d'une ligne droite se nomme un *point*.

Un espace possédant deux dimensions à la fois, longueur et largeur, prend le nom de surface.

Une surface peut être plane ou courbe. Elle est plane lorsqu'une ligne droite peut complétement s'y appliquer dans toutes les directions. La surface est courbe quand il s'y trouve des directions suivant lesquelles la ligne droite ne s'y applique pas entièrement.

Un plan est complétement déterminé lorsqu'on connaît trois des points par lesquels il doit passer, pourvu que ces points ne soient pas en ligne droite ; en d'autres termes, il est déterminé lorsqu'on connaît deux lignes droites qu'il doit contenir.

Une ligne courbe peut être *plane* ou à *double courbure*.

Une ligne courbe est plane lorsqu'on peut concevoir un plan qui contienne toutes ses parties. Elle est à double courbure quand, semblable à une hélice, toutes ses parties ne peuvent pas être couchées sur un plan.

On appelle *polygone* une figure terminée par des lignes droites, qui prennent le nom de côtés du polygone.

Une ligne courbe peut être assimilée à un polygone, pourvu qu'on suppose que les côtés de ce polygone soient d'une petitesse extrême, ou, pour parler le langage des géomètres, soient infiniment petits.

Le plus simple des polygones est le *triangle ;* il est formé par trois lignes passant deux à deux par trois points. Or, trois points étant nécessaires et suffisants pour déterminer un plan, un triangle rectiligne est nécessairement un plan.

Lorsque les trois côtés d'un triangle rectiligne sont inégaux, on dit du triangle qu'il est *scalène.* Lorsque deux côtés sont égaux, on appelle le triangle *isocèle.*

Le triangle dont les trois côtés sont égaux se nomme un triangle *équilatéral.*

Le polygone terminé par quatre côtés est un quadri-

latère; parmi les quadrilatères on distingue le parallélogramme, le rectangle, le carré, le losange.

CHAPITRE II

DU CERCLE

Un cercle est une surface plane, susceptible dès lors
d'être appliquée tout entière sur un plan. Elle est terminée par une courbe dont tous les points sont à la même
distance d'un point intérieur qu'on appelle *centre*.

Cette courbe terminatrice est ce qu'on appelle la *circonférence* du cercle. Une portion de cette courbe s'appelle un *arc*.

La ligne qui va du centre à un point quelconque de la
circonférence d'un cercle s'appelle *rayon*. Cette ligne
prolongée jusqu'au point opposé de la circonférence
prend le nom de *diamètre*.

Un diamètre est donc égal à deux rayons.

On a souvent à considérer, surtout en astronomie,
non-seulement des cercles entiers, mais des portions de
cercle qui ont reçu des noms particuliers.

Le contour entier du cercle étant partagé en 360 parties égales, chacune de ces parties s'appelle un *degré* [1].

La considération des degrés pouvait suffire dans l'en-

---

1. Lorsqu'on établit en France le système décimal, on voulut
l'étendre à la division du cercle et on partagea la circonférence en
400 parties. Chacune de ces parties prit le nom de grade. Mais ce
nombre 400 était incommode en ce qu'il n'offrait pas autant de
diviseurs que le nombre primitivement adopté. On est donc revenu
à l'ancienne division en 360 degrés; c'est la seule dont nous nous
servirons dans cet ouvrage.

fance de la science, mais à mesure que les observations se perfectionnèrent, on sentit le besoin de tenir compte de divisions plus petites que des degrés. Ces divisions furent appelées des *minutes*. Chaque degré en renferme 60. Il y a donc dans le cercle 60 fois 360, ou **21,600** minutes.

Lorsque, à l'aide des lunettes, on vint à pouvoir discerner des quantités plus petites que des minutes, on partagea chacune de ces divisions en 60 parties qui furent appelées des *secondes*.

Le nombre total des divisions en secondes contenues dans la circonférence d'un cercle est égal au nombre **21,600** multiplié par 60 ou **1,296,000**.

Quelques auteurs supposent que chaque seconde est divisée en 60 parties, ce qui donne des *tierces;* des soixantièmes de tierces seraient des *quartes*, et ainsi de suite.

Mais les astronomes qui ne veulent pas que les résultats publiés par eux soient entachés d'une précision imaginaire, qui craignent d'être taxés de charlatanisme, ne font aucun usage ni des tierces ni des quartes. Ils s'arrêtent aux secondes, et, quand il y a lieu, aux fractions décimales de ces quantités déjà si petites.

Les grandes divisions du cercle ou les degrés sont désignés par un petit zéro placé à droite et un peu en dessus du chiffre qui indique de combien de degrés on entend parler : ainsi 25° veut dire 25 degrés. Les minutes sont indiquées par un petit trait placé de même, et les secondes par deux traits semblables et contigus. Ainsi : 47° 28′ 37″ doit être lu 47 degrés 28 minutes 37 secondes.

Les termes de minutes et de secondes par lesquels on

désigne des 60es et 3,600^{es} de degrés ont l'inconvénient de s'appliquer aussi dans le langage commun à la mesure de certaines portions du temps ; le premier désignant un 60e d'heure et le second un 60e de minute. Il est rare, cependant, qu'il puisse en résulter une confusion véritable ; les termes des problèmes qu'on se propose de résoudre indiquant toujours suffisamment s'il est question d'espace ou de durée. Au reste, pour éviter toute méprise, on ne manque pas, quand il y a lieu, de dire si l'on parle de minutes et de secondes de degré ou de minutes et de secondes de temps. Dans l'écriture, on a fait aussi une confusion regrettable, en se servant indistinctement des mêmes signes ', ", pour désigner les minutes et secondes de temps et les minutes et secondes de degré. Cette confusion n'existe plus dans les ouvrages modernes, où les minutes et secondes de temps sont indiquées par les petites lettres ^{m} et ^{s}.

Peut-être eût-on bien fait à l'origine de désigner par des noms dissemblables des choses essentiellement différentes ; mais les langues se sont formées avant que la science eût atteint sa perfection.

J'indiquerai ici l'habitude plus vicieuse encore, et cependant généralement adoptée, de désigner par la même expression *degré*, les parties aliquotes de la division du cercle, les 360es de la circonférence et les 80es ou les 100es de l'étendue parcourue par la liqueur thermométrique entre le terme de la glace fondante et la température de l'ébullition de l'eau ; toute confusion entre ces espèces si différentes de degrés ne sera plus à craindre de la part de ceux à qui la possibilité de l'erreur a été une fois signalée.

CHAPITRE III

DE L'USAGE DU CERCLE

Les anciens regardaient le cercle comme la plus noble des courbes. C'était donc, d'après eux, suivant des cercles que devaient s'opérer tous les mouvements célestes.

Cette conception malheureuse jeta les Grecs dans des systèmes d'une extrême complication, qui s'écroulèrent avec fracas et sans retour dès que l'astronomie se fut enrichie d'un certain nombre d'observations précises. Le cercle n'en joue pas moins un rôle très-important au milieu des combinaisons artificielles que l'intelligence humaine a dû créer pour ne pas se perdre au milieu du dédale de mouvements de toutes sortes que les astres éprouvent.

Tout diamètre partage le cercle et sa circonférence en deux parties égales. Si une des extrémités du diamètre passe par le zéro de la division d'un cercle gradué, l'autre extrémité aboutira à $\frac{360^o}{2}$ ou au 180e degré. Si l'extrémité d'un diamètre passe par la division qui termine le 90e degré, l'autre extrémité aboutira au 270e, puisque les deux extrémités d'un diamètre doivent toujours être éloignées de 180°, et ainsi de suite.

C'est un principe important et dont les applications sont très-fécondes, que celui qu'on démontre dans tous les traités de géométrie et qui peut être énoncé ainsi : les circonférences de cercles sont proportionnelles à leurs rayons. Il faut comprendre par cet énoncé, que si, après avoir enroulé un fil autour d'une circonférence de cercle d'un rayon égal à 1, on l'enroulait sur une circonférence de rayon double, le fil aurait le double de longueur ; que la longueur du fil développée serait triple si le rayon était triple, et ainsi de suite. La proportion est vraie, non-seulement quand il s'agit de rapports simples comme ceux que nous venons de citer, mais encore à l'égard de circonférences de cercle dont les rayons seraient entre eux dans un rapport quelconque. Ainsi, à des cercles successifs dont les rayons seraient 1, $1+\frac{1}{10^e}$, $1+\frac{1}{100^e}$, $1+\frac{1}{1{,}000^e}$, etc., correspondraient des circonférences dont la seconde aurait $\frac{1}{10^e}$ de plus que la première, la troisième $\frac{1}{100^e}$, la quatrième $\frac{1}{1{,}000^e}$, etc., toujours de plus que cette première d'un rayon égal à 1.

Il faut mettre soigneusement ces résultats en réserve, car nous en ferons bientôt d'utiles applications.

Supposons que d'un même point C comme centre (fig. 1, p. 8), on décrive des circonférences de cercle avec des rayons différents CA, CB, CD, CE, ces circonférences de cercle seront dites concentriques. Admettons qu'une de ces circonférences, la plus petite de toutes, soit divisée en 360 parties égales ou en 360 degrés ; menons du centre commun de ces cercles à chacune des 360 divisions du plus petit, des rayons ; ces rayons prolongés jusqu'à la seconde, à la troisième, à la quatrième circonférence, les partageront en parties égales entre elles dans chaque circonférence, ou en degrés.

Puisque les circonférences entières sont proportionnelles aux rayons, les 360es parties de ces circonférences ou leurs degrés seront dans le même rapport.

Cela veut dire que le développement rectiligne de l'arc d'un degré pris sur une circonférence d'un rayon double, est double du développement rectiligne d'un degré pris sur une circonférence de rayon simple.

De même, le développement rectiligne de l'arc d'un degré sur un cercle d'un rayon égal à 1 étant donné, le développement rectiligne d'un degré sur un cercle d'un

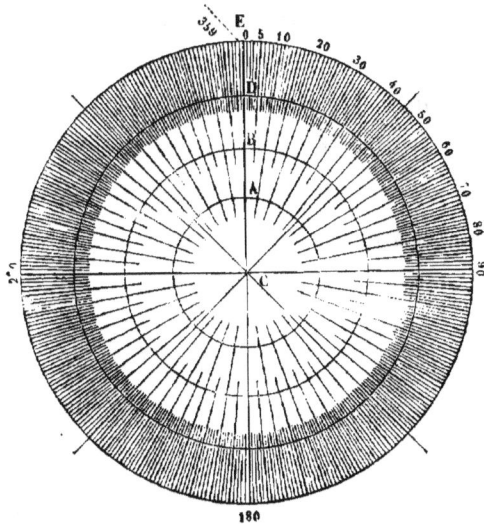

Fig. 1. — Division du cercle en degrés.

rayon égal à $1 + \frac{1}{100^e}$, sera de $\frac{1}{100^e}$ plus grand, et ainsi de suite, quel que soit le rapport des rayons.

Nous avons supposé les cercles concentriques afin que ces propositions diverses parussent évidentes d'elles-mêmes, mais il est clair que ces propositions auraient la même vérité, quels que fussent les lieux où les cercles, satisfaisant aux conditions précédentes, seraient tracés. Seulement quand les cercles sont concentriques, il suffit que l'un d'entre eux, le plus petit, par exemple, ait été exactement divisé en degrés pour qu'on puisse, en prolongeant les divers rayons jusqu'aux autres circonférences, les partager également en degrés.

La courbure du cercle ne commence à se manifester, à devenir sensible, que sur des arcs d'une certaine étendue. Prenez un petit arc, un arc de quelques minutes, et, à plus forte raison un arc de quelques secondes seulement ; dans toute leur étendue ils se confondront presque exactement avec une ligne droite.

Cette coïncidence presque parfaite d'un arc de cercle et d'une ligne droite s'étend jusqu'à l'arc de 1°. La ligne droite qui coïncide ainsi sur une petite étendue avec un arc de cercle est appelée une *tangente*.

CHAPITRE IV

RAPPORT DE LA CIRCONFÉRENCE DU CERCLÉ AU DIAMÈTRE

L'astronome a souvent à résoudre ce problème :

Étant donnée la circonférence d'un cercle, trouver le diamètre ;

Et réciproquement, étant donné le diamètre, trouver la circonférence.

On y arrive en divisant, dans le premier cas, la circonférence par un certain nombre toujours constant, quel que soit le cercle, et, dans le second cas, en multipliant le diamètre par ce même nombre. On comprend toute l'utilité de la détermination d'un pareil nombre.

Puisque nous regardons comme établi que les circonférences du cercle sont mathématiquement entre elles comme leurs rayons, de sorte qu'à un rayon double correspond une circonférence de cercle double, à un rayon triple correspond une circonférence exactement triple, à un rayon décuple, une circonférence décuple et ainsi de suite, il résulte de cette proposition que si l'on connaissait le rapport du rayon, ou ce qui revient au même, de la longueur du diamètre à celle de la circonférence développée en ligne droite pour un cercle d'une étendue donnée, ce même rapport pourrait être appliqué à tout autre cercle d'un diamètre plus grand ou plus petit.

Les praticiens ont pu déterminer le rapport du diamètre à la circonférence, ou inversement de la circonférence au diamètre, avec toute l'exactitude que les besoins des arts exigeaient, en comparant simplement la longueur développée d'un fil inextensible qui avait été enroulé sur une circonférence de cercle, à la longueur du diamètre ; mais il n'est resté aucune trace écrite de ces opérations en quelque sorte mécaniques.

Archimède, qui vivait de 287 à 212 avant Jésus-Christ, est le plus ancien auteur dans lequel on rencontre une détermination obtenue par voie intellectuelle du rapport du diamètre à la circonférence.

L'immortel géomètre de Syracuse trouva que si le diamètre d'un cercle est divisé en sept parties égales, vingt et une de ces parties forment une longueur plus petite et vingt-deux une longueur plus grande que la circonférence développée.

Pierre Métius, qui vivait au milieu du XVIᵉ siècle, le père d'un artiste qui éleva des prétentions sur l'invention des lunettes, donna les deux nombres cent treize et trois

cent cinquante-cinq comme exprimant très-approximati-
vement le rapport de la longueur du diamètre à celle de
la circonférence. Lorsqu'on transforme ce rapport en
décimales, on trouve un nombre qui ne s'écarte du rapport, donné plus tard plus exactement, que sur le huitième chiffre.

Le rapport de cent treize à trois cent cinquante-cinq
$\left(\frac{113}{355}\right)$, a la propriété, comme on l'a démontré depuis,
d'être le plus exact de tous ceux qui pourraient être
exprimés par un aussi petit nombre de chiffres. Ce rapport a aussi cela de remarquable qu'on n'y voit figurer
que les trois premiers nombres impairs 1, 3, 5, répétés
chacun deux fois; on peut donc facilement se le rappeler.

On ne sait pas par quels procédés Métius obtint le
rapport qui porte son nom.

Dans les calculs destinés à déterminer plus exactement
le rapport de la circonférence au diamètre, on s'est servi
d'un principe qui peut être énoncé ainsi : la circonférence
d'un cercle est plus grande que le contour de tout polygone inscrit, et plus petite que le contour du polygone
circonscrit.

Les contours de ces deux genres de polygones ABCDEF
et PQRSTV (fig. 2, p. 12) peuvent être calculés en parties du rayon OC du cercle circonscrit au polygone intérieur, et en parties de ce même rayon, qui est, pour l'autre
polygone, celui du cercle inscrit GHKLMN. Lorsque dans
le calcul des développements rectilignes de deux polygones d'un même nombre de côtés en parties du rayon
du même cercle, on trouve les mêmes résultats jusqu'à

la dixième décimale, par exemple, on peut être assuré d'avoir exactement, jusqu'à cette même décimale, le rapport de la circonférence au diamètre du cercle, puisque ce rapport, répétons-le, doit être intermédiaire entre le rapport que fournit le développement du polygone circonscrit et celui du polygone inscrit, ou, en prenant les lettres de la figure, le rapport de la circonférence GHKLMN au rayon OC est plus petit que le rapport du

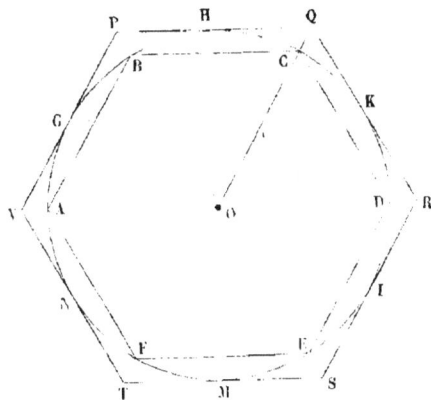

Fig. 2. — Démonstration du rapport de la circonférence au diamètre.

polygone PQRST à ce rayon OC, et plus grand que le rapport du polygone ABCDEF, toujours au même rayon OC.

C'est en partant de ce principe que Viète, qui vivait vers la fin du XVIᵉ siècle, exprima le rapport du diamètre à la circonférence avec la précision de onze décimales. Cette exactitude fut bientôt dépassée par le résultat des recherches d'Adrianus Romanus. Ce calculateur belge eut la patience de déterminer les contours de deux polygones, l'un inscrit et l'autre circonscrit à un cercle, et composés chacun de 1,073,741,824 côtés. Les longueurs de ces deux polygones, évaluées en parties du rayon du cercle, avaient seize décimales communes; dès lors le rapport du diamètre à la circonférence pouvait être donné jusqu'à la précision d'une unité sur la seizième décimale.

Ludolph Van Ceulen, de Cologne, étendit la précision en suivant la même méthode jusqu'à la trente-sixième décimale.

Par des moyens de calcul plus abrégés, plus simples, mais reposant aussi implicitement sur la proposition que la longueur de la circonférence du cercle est toujours intermédiaire entre les longueurs des contours des polygones inscrits et circonscrits, on est arrivé à des degrés d'approximation surpassant beaucoup tout ce qu'on avait obtenu antérieurement. Lagny, par exemple, prenant le diamètre du cercle comme unité, détermina la longueur de la circonférence jusqu'à la cent vingt-huitième décimale.

Véga poussa l'approximation jusqu'à cent quarante et un chiffres.

Dans un manuscrit conservé à la bibliothèque Ratcliffe, d'Oxford, on trouve, dit-on, le rapport exprimé jusqu'à cent cinquante-cinq décimales.

Ces approximations n'ont aucune utilité pratique. Il n'est pas de cas dans les applications les plus abstruses de la science, où l'on soit obligé, à beaucoup près, d'aller aussi loin que les nombres de Lagny, de Véga et de la bibliothèque Ratcliffe permettraient de le faire. C'est ce que je vais démontrer, après avoir consigné ici le rapport en question, jusqu'à la cinquantième décimale.

Le diamètre étant 1, la circonférence sera :

$$3.141\ 592\ 653\ 589\ 793\ 238\ 462\ 643\ 383\ 279$$
$$582\ 884\ 197\ 169\ 399\ 375\ 105.$$

Il faut bien comprendre qu'en se contentant pour le rapport d'un certain nombre de décimales, celle à laquelle on s'arrête est trop faible et qu'en l'augmentant d'une unité, elle serait trop forte. En sorte que dans tous les cas, on obtiendra deux limites de longueur entre lesquelles la véritable circonférence sera toujours contenue. Ainsi le diamètre étant 1, le nombre 3.1 donnera une circonférence trop petite ; 3.2 donnerait une circonférence trop grande ; 3.14 donnerait un résultat trop faible, et 3.15 serait trop grand ; 3.141 donnerait une longueur de circonférence trop faible, mais 3.142 serait un résultat trop grand, et ainsi de suite.

Cela posé, voyons avec quel degré d'approximation il serait possible de calculer, en s'aidant de tous ces chiffres, la circonférence d'un cercle ayant pour rayon la distance moyenne de la Terre au Soleil. Cette distance est de 38 millions de lieues, ou 152 billions de mètres ; le diamètre du cercle est donc de 304 billions de mètres.

Une unité d'erreur sur la première décimale du rapport de la circonférence au diamètre, produirait sur la circonférence une erreur égale au dixième du diamètre, ou de 30 billions de mètres. Une unité d'erreur sur la seconde décimale, produirait une erreur de $\frac{1}{100^e}$ sur la circonférence, ou de 3 billions de mètres. Une erreur d'une unité sur la troisième décimale, donnerait une erreur de $\frac{1}{1,000^e}$ du

diamètre, ou de 300 millions de mètres sur la circonférence. En continuant ainsi, on verrait qu'une unité
d'erreur sur la sixième décimale engendrerait une erreur
de un millionième, ou de 300,000 mètres sur la circonférence.

En supposant l'erreur d'une unité sur le neuvième
chiffre, l'erreur résultante sur la circonférence serait un
billionième, ou de 300 mètres seulement.

Une erreur d'une unité sur le douzième chiffre conduirait sur la circonférence à une erreur égale à un trillio-
nième ou à 3 dixièmes de mètre.

Une erreur d'une unité sur la quinzième décimale,
correspondrait sur la circonférence à une erreur de 3
dixièmes de millimètre.

En prenant dix-huit décimales dans le rapport en question, une unité d'erreur produirait sur la circonférence
une erreur de 3 dix-millièmes de millimètre ou beaucoup
moins que l'épaisseur d'un cheveu.

Nous nous sommes arrêtés dans ces raisonnements à la
dix-huitième décimale. On peut concevoir à quelles
erreurs inconcevablement petites on serait exposé malgré
l'immense contour de la circonférence en question, si l'on
voulait déduire l'étendue de cette circonférence des rapports connus.

Ainsi, au point de vue de l'exactitude, on ne gagnerait
rien par la connaissance d'un rapport exact entre le diamètre et la circonférence. On voit par là combien se
trompent ceux qui s'imaginent que les sciences change-
raient d'aspect et que leurs applications gagneraient
beaucoup par la découverte d'un tel rapport, s'il existait.

Les personnes peu familiarisées avec les conceptions mathématiques conçoivent difficilement qu'en multipliant indéfiniment les divisions, on ne doive pas arriver à une quantité qui sera contenue un nombre exact de fois dans le diamètre et dans la circonférence ; c'est dire qu'elles ne croient point à l'existence de quantités *incommensurables*, ou de quantités qui n'ont aucune mesure commune, car c'est bien là le sens de l'expression *incommensurable*.

Mais qu'elles songent à un carré dont le côté soit représenté par l'unité, la diagonale aura alors pour longueur, mathématiquement, le nombre qui, multiplié par lui-même, donne 2 pour produit. Ce nombre n'est évidemment pas entier, puisque 1 multiplié par 1 donne pour produit 1, et que le nombre entier suivant 2 multiplié par lui-même, donne déjà pour produit 4. Or, quelle que soit l'étendue qu'on donne à la fraction qui accompagnera 1, le produit de ce nombre fractionnaire ne sera jamais 2, mais en approchera aussi près qu'on voudra.

Lorsqu'on a un exemple si simple et si vulgaire d'*incommensurabilité*, quelle raison peut-on produire pour refuser de croire que le diamètre d'un cercle et sa circonférence sont dans le même cas ?

L'existence de cette incommensurabilité a été établie par Lambert, et ensuite par Legendre, à l'aide d'une démonstration mathématique, qui est trop compliquée pour qu'il me soit possible d'en donner ici une idée, même superficielle.

CHAPITRE V

SURFACE DU CERCLE

La surface d'un cercle est mathématiquement égale au produit de la longueur de la circonférence multipliée par la moitié du rayon. Carrer un cercle d'un diamètre donné en mètres, c'est déterminer le nombre de carrés d'un mètre de côté dont sa surface est l'équivalent.

Si, le diamètre étant donné, on connaissait exactement la circonférence par une sorte d'inspiration, l'étendue superficielle de l'espace circulaire se déduirait des deux nombres par une simple multiplication de la grandeur de la circonférence par le quart du diamètre ou la moitié du rayon. La circonférence ne pouvant être déduite du diamètre que par approximation, la surface en question ne sera pas calculable avec une rigueur mathématique. Mais on obtiendra le résultat avec toute la précision désirable à l'aide des rapports que nous avons donnés plus haut. On aura, par exemple, si on le veut, l'étendue superficielle comprise dans un cercle de trente-huit millions de lieues de rayon avec une précision égale à l'espace qu'y occuperait un ciron.

La secte des quadrateurs poursuit donc incessamment une solution démontrée aujourd'hui impossible, mais qui, de plus, n'aurait aucun intérêt pratique, alors même que le succès couronnerait de folles espérances. Je terminerai ici ces réflexions, persuadé qu'elles ne guériraient pas, quelques développements que je leur donnasse, les esprits malades qui veulent absolument découvrir la quadrature du cercle. Cette maladie est très-ancienne, comme on peut le voir dans la comédie des *Oiseaux* d'Aristophane.

Les académies de tous les pays, en lutte avec les quadrateurs, ont remarqué que la maladie est sujette à une grande recrudescence à l'approche du printemps.

CHAPITRE VI

DES AVANTAGES ATTACHÉS A L'EMPLOI DE CERCLES DE GRANDE DIMENSION

Supposons un cercle d'un mètre ou de 1,000 millimètres de diamètre.

La circonférence de ce cercle sera de 3,142 millimètres; un degré y occupera $\frac{3,142 \text{ millimètres}}{360}$. C'est un peu moins de 10 millimètres; mais prenons 10 millimètres pour opérer sur un nombre rond, une minute occupera un espace de $\frac{1}{60^e}$ de 10 millimètres ou un $\frac{1}{6^e}$ de millimètre; une seconde, ou la soixantième partie d'une minute, aura une dimension égale à $\frac{1}{360^e}$ de millimètre, quantité qui ne saurait évidemment être aperçue à l'œil nu, et même avec une loupe simple.

Les valeurs d'un degré, d'une minute et d'une seconde, seront doubles sur un cercle d'un diamètre double ou d'un mètre de rayon.

Ces valeurs seraient triples sur un cercle d'un rayon triple, et ainsi de suite.

Les avantages des cercles de diamètre considérable résultent avec évidence de ces rapprochements numériques.

CHAPITRE VII

NOTIONS ET DÉFINITIONS CONCERNANT LES ANGLES
RECTILIGNES

Deux lignes droites qui se rencontrent forment un angle. Le point de réunion des deux lignes s'appelle le *sommet;* les deux droites sont les côtés de l'angle. L'angle reste évidemment le même, quelle que soit la longueur que l'on donne à ses côtés.

Un angle étant susceptible d'augmentation et de diminution, doit pouvoir être mesuré. Voici comment on s'y prend pour effectuer cette opération.

Une circonférence de cercle étant divisée en 360 degrés, et chaque degré portant, s'il y a lieu, une division en 60 minutes, on place le sommet de l'angle qu'on veut mesurer au centre de la circonférence, et l'on applique l'un des côtés sur le rayon du cercle qui aboutit à la division zéro, ou, ce qui est la même chose, à la division 360. On cherche ensuite à quel point de ce cercle divisé l'autre côté de l'angle prolongé, si c'est nécessaire, va correspondre; si ce dernier côté rencontre la division 1 du cercle, le premier côté, coïncidant avec 0, l'angle est de 1°. Si, tout restant dans le même état, le second côté correspond à la division 2, 3, 20, 40,... l'angle est de 2°, 3°, 20°, 40°, et ainsi de suite. Si le second côté ne correspond pas exactement à l'une des grandes divisions du cercle, l'angle se composera d'un nombre rond de degrés et de minutes indiquées par la subdivision du degré en 60 parties, auquel le second côté aboutira.

Ainsi on aura, par exemple, pour la valeur de l'angle, 2° 20′, 2° 25′, 2° 30′ ou 2° 31′, suivant les cas.

Il est évident que les angles ainsi mesurés seront les mêmes, quel que soit le rayon de la circonférence du cercle divisé à laquelle on les compare ; s'il n'en était pas ainsi, ce moyen de mesure serait illogique et ne pourrait être accepté ; mais nous avons vu précédemment que les nombres de degrés restent les mêmes, et que les grandeurs des arcs occupés par chaque degré changent seules avec les rayons des cercles sur lesquels on les mesure.

Tous les angles dont la mesure est comprise entre 0 et 90° s'appellent des angles *aigus;* à 90°, on dit que l'angle est droit ; passé ce terme et jusqu'à 180°, limite où les deux côtés, étant sur le prolongement l'un de l'autre, ne forment véritablement pas d'angle, les angles se nomment des angles *obtus.*

Les deux côtés d'un angle droit ou égal à 90° sont dits perpendiculaires l'un sur l'autre ; quand l'angle est aigu ou obtus, les deux droites qui en constituent les côtés sont dites obliques l'une par rapport à l'autre.

L'angle formé par les deux lignes visuelles, partant d'un point déterminé et aboutissant aux deux bords opposés d'un objet, s'appelle l'angle *sous-tendu* par l'objet. Cette expression sera d'un fréquent usage dans nos recherches astronomiques ; il est donc bien nécessaire de ne pas oublier sa véritable signification.

Nous avons vu précédemment que la longueur développée d'un degré étant connue sur un cercle d'un rayon égal à 1, est double sur un cercle de rayon double, triple sur un cercle de rayon triple, décuple sur un cercle de rayon décuple, et ainsi de suite.

La longueur qui occupait un degré sur un cercle d'un rayon 1 n'embrassera qu'un demi-degré appliquée sur un cercle de rayon 2, un tiers de degré sur le cercle de rayon 3, et un dixième de degré sur un cercle de rayon 10.

Un arc de 1 degré est assez peu courbe pour que nous puissions étendre la proposition à des lignes qui n'auraient aucune courbure sensible, et dire d'une droite vue perpendiculairement que si elle sous-tend un angle de 1° à une distance 1, elle sous-tendra un angle de $\frac{1}{2}$ degré à la distance 2, un angle de $\frac{1}{3}$ de degré à la distance 3, un angle de $\frac{1}{10^e}$ de degré à la distance 10, etc.

Cette remarque est le principe fondamental d'une méthode dont on fait le plus grand usage en astronomie, puisqu'elle donne le moyen de décider si l'on s'est rapproché ou éloigné d'un objet de dimensions invariables, et de dire dans quel rapport, avec la distance primitive de cet objet, les changements de distance se sont opérés.

Menons, par exemple, deux lignes visuelles tangentes aux bords du Soleil, l'une à la partie supérieure et l'autre à la partie la plus basse, nous trouverons ainsi que l'angle sous-tendu par ce grand astre est d'environ un $\frac{1}{2}$ degré. Mais cet angle sous-tendu ne sera pas le même à toutes les époques de l'année : il atteindra son maximum de grandeur en hiver et son minimum en été; d'où il suit que le Soleil est plus près de la Terre à la première de ces époques qu'à la seconde. Nous expliquerons, en son lieu et place, comment un pareil résultat peut se concilier avec

la température plus élevée que nous éprouvons dans les
saisons estivales.

J'ai tellement le désir que le lecteur conserve un souvenir exact des angles sous-tendus et de leurs variations,
que je ne résisterai pas à la tentation de montrer qu'on
trouve dans la considération de ces angles un moyen
simple et exact de déterminer la distance d'un objet
inaccessible. Mesurer la distance d'un objet inaccessible
semble au premier abord un problème du domaine de la
sorcellerie. Rien de plus facile cependant.

Un observateur est placé sur l'une des rives d'un fleuve
non guéable dont il s'agit de déterminer la largeur (fig. 3).

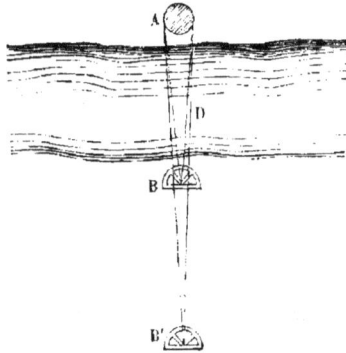

Fig. 3. — Mesure de la largeur d'une rivière.

Il vise sur la rive opposée un objet A, un tronc d'arbre
si l'on veut, dont le diamètre transversal sous-tend en B
un angle de 1°. Il s'éloigne ensuite de sa première station, en ne quittant pas le prolongement de la ligne qui la
joignait à son point de mire jusqu'au moment (en B') où
l'angle sous-tendu par le tronc d'arbre se trouve réduit
de moitié ou n'est plus que d'un demi-degré. Dans cette
seconde station, la distance au tronc d'arbre se trouve

double de ce qu'elle était dans la première, conséquemment il y a de la première à la seconde station le même nombre de mètres que de la première station au tronc d'arbre, point de visée inaccessible. Donc, si l'on mesure sur la rive où l'observateur est placé, et où il est entièrement maître de ses opérations, la distance des deux stations où il a déterminé l'angle sous-tendu par le tronc d'arbre, il aura obtenu exactement la largeur du fleuve sans avoir eu besoin de le traverser.

Si l'observateur s'éloigne de la rive du fleuve jusqu'à la distance où le tronc d'arbre ne sous-tend plus que $\frac{1}{3}$ de degré, la distance de cette troisième station au point visé sera trois fois plus grande que la distance qui le séparait de ce même point quand il était sur la rive du fleuve. En appelant D la largeur du fleuve, la distance de la rive à la troisième station est 2D, de sorte qu'en divisant cette dernière distance, que l'observateur peut toujours obtenir, par 2, il trouvera la distance D cherchée.

Je n'en dirai pas davantage ici sur cette méthode, ce qui précède n'ayant d'autre but que d'inculquer dans l'esprit du lecteur la possibilité d'obtenir par de simples mesures, combinées avec la théorie des angles sous-tendus, la distance exacte d'objets inaccessibles, et sans avoir besoin de connaître en mètres les diamètres réels de ces objets.

CHAPITRE VIII

THÉORÈME SUR LES ANGLES FORMÉS AUTOUR D'UN POINT

La somme des angles formés autour d'un point C du même côté d'une ligne droite AB est égale à 180°.

Portons le point C (fig. 4) au centre du cercle qui doit
servir à la mesure des angles. La ligne AB, au-dessus de
laquelle les angles sont situés, deviendra un diamètre de
ce cercle ; les points A et B correspondant conséquemment à des divisions séparées l'une de l'autre de 180°,
ces divisions formeront les mesures des angles ACD,

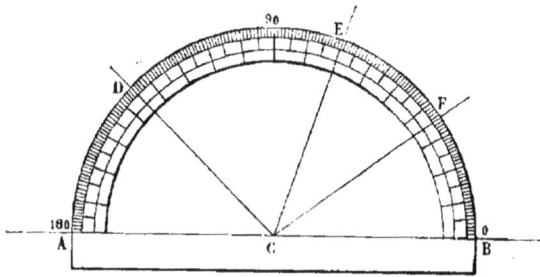

Fig. 4. — Démonstration du théorème sur les angles formés autour d'un point.

DCE, ECF, FCB, et leur somme sera évidemment 180°,
c'est ce qu'il fallait établir.

CHAPITRE IX

NOTIONS RELATIVES AUX LIGNES PARALLÈLES ET AUX ANGLES
FORMÉS PAR DE TELLES LIGNES LORSQU'ELLES SONT COUPÉES
PAR UNE SÉCANTE. — SOMME DES ANGLES D'UN TRIANGLE. —
PROPOSITION DU CARRÉ DE L'HYPOTÉNUSE. — ANGLES DE DEUX
PLANS.

Deux lignes tracées dans le même plan, sont dites
parallèles lorsqu'elles ne se rencontrent pas, quelque loin
qu'on les prolonge.

Soit AB (fig. 5), une ligne droite rencontrant en A une
seconde ligne droite AC. Concevons qu'on ait découpé
dans une surface flexible et inextensible, telle qu'une

lame de fer ou de cuivre, un angle B′A′C′ égal à l'angle BAC. Cet angle B′A′C′ pourra être porté sur l'angle BAC de manière à coïncider complétement avec lui; il suffit pour cela que A′ coïncide avec A, A′C′ avec AC, d'où résultera la coïncidence indéfinie de A′B′ avec AB. Cette coïncidence une fois obtenue, faisons marcher

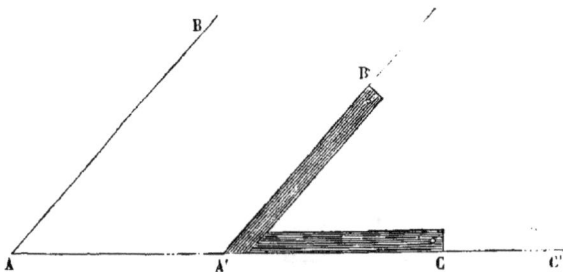

Fig. 5. — Égalité des angles correspondants formés par les droites parallèles.

l'angle B′A′C′ de gauche à droite, mais de manière que le côté A′C′ coïncide toujours avec le côté AC. Chacun trouvera évident, je l'espère, que lorsque ce mouvement s'effectuera de gauche à droite, par exemple, en sorte que le point A se soit transporté en A′, le côté A′B′ se sera déplacé tout entier, quelque loin qu'on le suppose prolongé.

Les côtés AB et A′B′, d'après la définition de ce mot que nous avons donnée, seront donc parallèles; mais, par supposition, l'angle BAC étant égal à l'angle B′A′C′, nous pourrons dire conséquemment que, lorsque deux parallèles AB et A′B′ sont coupées par une seconde droite AC, les angles tournés du même côté, formés par les deux parallèles et par la sécante, sont égaux entre eux. Ces angles, en géométrie, se nomment des angles *correspondants*.

Par un point A″ de la ligne A′B′ (fig. 6, p. 26) menons

la ligne A″C″ parallèle à AC coupée par la sécante A′B′.
En vertu de ce que nous venons de dire, l'angle B′A″C″
sera égal à l'angle B′A′C, puisque ces deux angles satisfont à la définition des angles correspondants. Mais
l'angle B′A′C est égal à l'angle BAC. Deux quantités

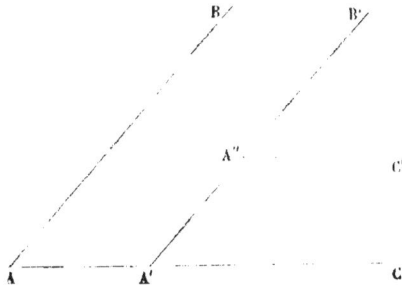

Fig. 6. — Égalité de deux angles tournés dans le même sens et formés
de côtés parallèles.

égales à une troisième sont évidemment égales entre
elles ; ainsi les angles A″ et A, égaux l'un et l'autre à
l'angle A′, sont égaux entre eux. Les deux côtés de
l'angle A″ sont par construction parallèles respectivement aux côtés qui forment l'angle A. Nous pouvons donc
établir ce principe général : lorsque deux angles tournés
dans le même sens sont formés de côtés parallèles, ils
sont exactement égaux.

Prenons maintenant deux parallèles (fig. 7) AB, CD,
et coupons-les par une sécante EF. L'angle BIG, formé
par la ligne EF, est égal à l'angle DGF comme angles
correspondants.

L'angle DGF est égal à l'angle CGI, puisqu'ils sont
opposés par le sommet ; donc l'angle CGI est égal à
l'angle BIG. Les deux angles en question sont tous les
deux placés entre les parallèles ou *internes*, et des deux

côtés de la sécante ou *alternes;* d'où résulte cet énoncé : lorsqu'une sécante coupe deux parallèles, elle forme avec elles des angles *alternes-internes* égaux entre eux.

A l'aide de ces données, nous pourrons démontrer le principe fondamental de toute la géométrie relatif à la

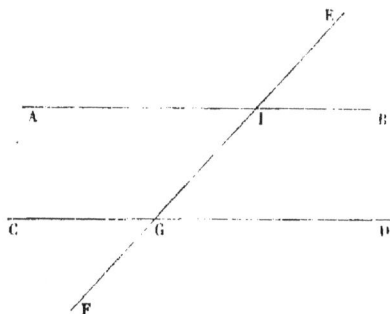

Fig. 7. — Égalité des angles alternes-internes formés par des droites parallèles.

somme des trois angles d'un triangle rectiligne ayant des côtés quelconques. Ce principe est le suivant :

La somme des trois angles d'un triangle rectiligne quelconque est égale à 180°.

Soit ABC (fig. 8, p. 28) un triangle rectiligne quelconque. Prolongeons le côté AC dans la direction AE, et menons par le point C une ligne droite CD parallèle à la ligne AB.

Je vais démontrer que les trois angles réunis au point C du même côté de la ligne ACE sont égaux aux trois angles du triangle ABC.

L'angle BCA est, en effet, l'un des trois angles du triangle; l'angle BCD est égal à l'angle ABC, puisque ce sont les angles alternes-internes résultant de la rencontre des deux lignes parallèles AB et CD par la sécante BC. L'angle DCE est égal à l'angle BAC, puisque ce sont

deux angles correspondants qui résultent de la rencontre
des deux parallèles AB et CD par la sécante AE. Ainsi
nous sommes parvenus par une construction très-simple,
et qui consiste à nous aider de la parallèle CD, à réunir
au point C trois angles égaux à ceux du triangle primitif
BAC. Or, comme nous l'avons vu, la somme de tous les

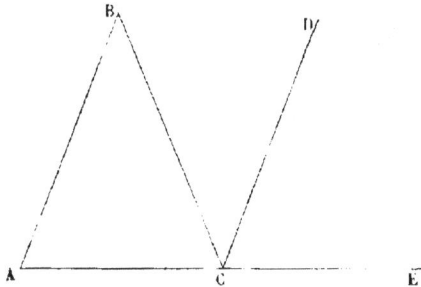

Fig. 8. — Égalité de la somme des angles d'un triangle à 180 degrés,
ou deux angles droits.

angles formés autour d'un point C d'une ligne AE et d'un
même côté de cette ligne, vaut 180°.

Donc la somme des trois angles d'un triangle quelconque satisfait à la même condition et est exactement
égale à 180°.

Je voudrais bien pouvoir dire quel est le très-ancien
géomètre auquel appartient la découverte de la belle proposition que je viens de démontrer ; mais l'histoire ne nous
a rien transmis à cet égard, elle qui cependant s'est attachée à inscrire dans ses fastes le souvenir de tant de faits
insignifiants, et même de tant de crimes, qui sont une
flétrissure pour l'esprit et le cœur des hommes. Je me
bornerai donc à dire que la proposition sur la somme des
trois angles d'un triangle est devenue la clef des plus
grandes découvertes, et que, sans elle, l'astronomie en

particulier n'existerait pas ou serait réduite à des rudi-
ments insignifiants et sans valeur.

Tout triangle, dans lequel il y a un angle de 90° ou
un angle droit, s'appelle un triangle rectangle ; le côté
opposé à l'angle droit, dans un triangle rectangle, se
nomme l'*hypoténuse*. Si l'on forme trois carrés, l'un sur
l'hypoténuse d'un triangle rectangle, les deux autres sur
les côtés qui comprennent entre eux l'angle droit, la
surface du premier carré est égale à la somme des surfaces des carrés construits sur les deux petits côtés.

C'est la fameuse proposition du carré de l'hypoténuse, dont l'énoncé a pris place dans le langage vulgaire.
Cette locution : « c'est évident comme le carré de l'hypoténuse, » est connue de tout le monde.

La proposition du carré de l'hypoténuse peut être
énoncée ainsi qu'il suit, et c'est sous cette seconde forme
que nous en ferons usage lorsque nous chercherons, par
exemple, à déterminer la hauteur des montagnes de la
Lune :

Si l'on mesure la longueur de l'hypoténuse en se servant d'une unité linéaire quelconque, du millimètre, par
exemple, si l'on mesure de même les deux côtés comprenant l'angle droit, le carré du premier nombre sera égal
à la somme des carrés des deux autres nombres.

C'est à Pythagore qu'on attribue la découverte de la
proposition du carré de l'hypoténuse. Quelques historiens rapportent qu'il en fut tellement transporté, que
pour témoigner sa reconnaissance aux dieux de l'avoir si
bien inspiré, il leur sacrifia cent bœufs. Mais d'autres
auteurs ont révoqué l'anecdote en doute en se fondant,

non sans raison, sur la fortune très-bornée du philosophe
et sur les principes, fruits de son voyage dans l'Inde, en
conséquence desquels verser le sang des animaux était un
crime.

Des surfaces planes peuvent, comme les lignes droites,
être parallèles ou se couper. Lorsqu'elles se coupent,
elles forment autour de leur commune intersection des
angles qui sont plus ou moins ouverts, des angles de
1°, de 2°, de 3°, etc., suivant que le plus grand angle rectiligne qu'on puisse introduire entre les deux plans est
de 1°, de 2°, de 3°, etc. On détermine la valeur de celui
de ces angles rectilignes qui mesure l'angle des deux
plans à l'aide d'une opération géométrique très-simple :
on mène par un point de la commune intersection deux
perpendiculaires situées l'une dans un des plans, et la
seconde dans l'autre.

CHAPITRE X

DE LA SPHÈRE

Une sphère est une surface courbe dont tous les points
sont à la même distance d'un point intérieur qu'on appelle
centre. Tous les points de la circonférence d'un cercle
étant à égale distance du centre, si l'on fait tourner une
pareille circonférence autour d'un de ses diamètres, on
engendrera une sphère dont le rayon sera celui de la circonférence mobile.

La même sphère devant résulter du mouvement d'une
circonférence de cercle, quel que soit celui de ses diamètres qu'on ait pris pour axe de rotation, il est évident

que, quelle que soit la direction du plan par lequel on suppose une sphère coupée, pourvu que ce plan passe par le centre, on obtiendra pour sections des cercles de même rayon égaux au cercle générateur.

Soit ABC (fig. 9) le diamètre autour duquel on a fait tourner un cercle pour engendrer une sphère. Considérons sur cette circonférence un point D. Dans son mouvement de rotation autour de AB, le point D restera toujours placé sur la ligne DE, perpendiculairement à AB et à la même

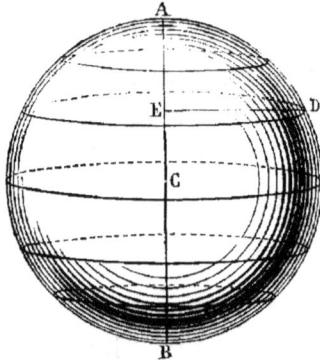

Fig. 9. — Génération d'une sphère. — Grands et petits cercles.

distance du point E; il décrira donc une circonférence de cercle dont le rayon sera DE.

Les mêmes raisonnements s'appliquent à tout point d'un cercle générateur quelconque rapporté à son diamètre. Il s'ensuit que toutes les *sections* faites dans une sphère par des plans, sont des *cercles* d'un rayon d'autant plus grand, que les plans sécants passent plus près du centre.

Les sections obtenues à l'aide de plans sécants passant par le centre de la sphère sont toutes égales entre elles et s'appellent des *grands cercles*. Les autres sections également circulaires s'appellent des *petits cercles*.

Si l'on considère tous les petits cercles dont les plans sont perpendiculaires au diamètre du cercle générateur, on verra que la sphère peut être censée composée de l'ensemble de cercles dont les rayons vont sans cesse en diminuant depuis le centre jusqu'à la surface.

Les surfaces des sphères varient proportionnellement aux carrés de leurs rayons ou de leurs diamètres. Ainsi à une sphère d'un rayon double de celui d'une première sphère correspond une surface quadruple de celle de la première. Le rayon étant triple, la surface devient neuf fois plus grande; enfin à une sphère d'un rayon décuple correspond une surface centuple. Nous ferons usage de cette proposition lorsque nous nous proposerons de comparer entre elles les étendues superficielles des divers corps sphériques dont notre monde planétaire se compose.

Passons aux volumes comparatifs de corps sphériques de différentes grandeurs. Ces volumes varient proportionnellement aux cubes des rayons ou des diamètres.

Une sphère de rayon double a un volume $2 \times 2 \times 2$ ou 8 fois le volume d'une sphère dont le rayon est 1. Le volume d'une sphère de rayon triple est $3 \times 3 \times 3$ ou 27 fois le volume d'une sphère dont le rayon est égal à 1. Une sphère de rayon 10 a un volume égal à $10 \times 10 \times 10$ ou 1,000 fois le volume de la sphère d'un rayon 1.

Nous trouverons de nombreuses occasions de faire des applications de ce théorème dans nos recherches astronomiques.

Concevons sur une sphère dont le centre est O (fig. 10) trois points A, B, C, plus ou moins distants l'un de l'autre ; par ces points combinés deux à deux, et par le centre de la sphère faisons passer trois plans, il en résultera que les trois points A, B, C, seront joints sur la surface de la sphère par des arcs de grands cercles, AB, BC et CA.

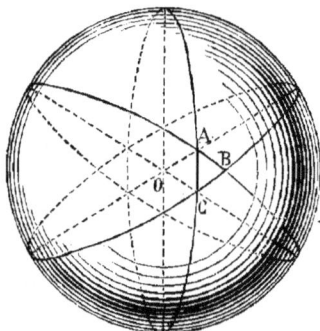

Fig. 10. — Triangle sphérique.

Ces trois arcs déterminent par leur intersection sur la surface de la sphère ce qu'on est convenu d'appeler un triangle sphérique.

Des six choses dont ce triangle sphérique se compose, les trois côtés AB, BC et CA, et les trois angles formés en A, en B et en C par les arcs de cercle qui joignent ces points, trois étant connues, on peut toujours déterminer les trois autres.

Les formules à l'aide desquelles on trouve les angles d'un triangle sphérique lorsqu'on connaît les trois côtés. les côtés quand on connaît les trois angles, et ainsi de suite, sont du ressort de ce qu'on a appelé la *trigonométrie sphérique*.

Quant à la possibilité de résoudre les divers problèmes

de cette partie de la géométrie, on sera obligé de me croire sur parole.

CHAPITRE XI

DE L'ELLIPSE ET DE LA PARABOLE

Soient A et B (fig. 11 et 12) deux points fixes aux-quels on attachera les deux bouts d'un fil ACB, flexible, mais inextensible et plus long que l'intervalle AB. Si l'on tend ce fil à l'aide d'une pointe très-fine (fig. 11), ses

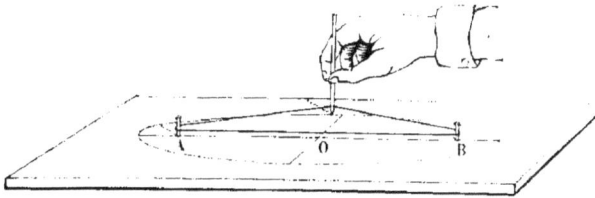

Fig. 11. — Procédé graphique pour tracer une ellipse.

deux parties formeront à volonté, soit le triangle ABC (fig. 12) dans lequel AC et BC seront égaux, soit des triangles ADB, AEB, etc., dans lesquels les côtés AD et BC, AE et BE, au contraire, seront de plus en plus inégaux, à mesure que la pointe se rapprochera de S ou de P.

En passant de la droite à la gauche de la ligne AB, la pointe en se déplaçant, fera naître une série de triangles respectivement semblables aux premiers. Dans les uns comme dans les autres, la somme des distances du sommet de chaque triangle aux deux points fixes A et B, sera toujours la même, car cette somme forme la longueur totale du fil.

Parmi toutes les positions que la pointe peut prendre,
il en est deux qui méritent une mention spéciale ; je veux
parler des cas où les triangles, formés par la base AB et
les deux portions tendues du fil, deviennent de véritables
lignes droites, c'est-à-dire des deux cas où, dans son
mouvement, la pointe vient se placer, soit en S, soit en P,
sur le prolongement de la ligne AB.

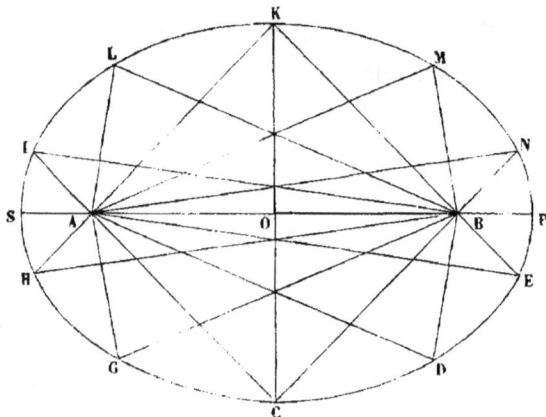

Fig. 12. — Propriétés de l'ellipse.

Supposons premièrement la pointe en S. Le fil s'étendra
d'abord de B en S ; là il contournera la pointe pour redescendre dans la même direction de S en A. Ainsi, entre
A et S, il y a deux portions du fil confondues, repliées
l'une sur l'autre ; donc la distance de B à S est égale à la
longueur totale du fil *diminuée* de la portion repliée,
c'est-à-dire de la quantité AS.

Quand la pointe se trouvera en P, la distance de A à P
sera de même égale à la longueur du fil diminuée de BP.
Mais la distance BP ne peut être différente de AS, puisque tout doit être semblable à droite et à gauche. Donc,

si à la distance BS, qui était moindre que la longueur entière du fil de la seule quantité AS, nous ajoutons, soit AS, soit son égale BP, la somme obtenue sera cette longueur entière : ainsi AS ajoutée à BS, c'est-à-dire SP, ou bien encore la distance des deux positions extrêmes de la pointe mobile situées sur la ligne AB, est égale à la longueur totale du fil.

Les géomètres appellent la courbe que la pointe C engendre dans son mouvement une *ellipse ;* les artistes la désignent sous le nom d'*ovale ;* et ils la tracent habituellement à l'aide d'un fil, suivant le procédé que je viens de décrire.

Cette courbe est allongée dans la direction de la droite qui joint les points A et B.

Les points A et B se nomment les *foyers de l'ellipse.*

La ligne SP est le *grand axe.*

Les points S et P, où le grand axe rencontre la courbe, sont deux *sommets.*

Les intervalles AS ou BP, compris entre les foyers et les sommets, s'appellent les *distances focales.*

Le point O, situé au milieu de AB, ou, ce qui revient au même, au milieu de SP, est le centre de la courbe. Cette expression, comme on voit, n'a pas ici la même acception que dans le cercle, car toutes les parties du contour de l'ellipse ne se trouvent pas également éloignées de ce centre.

La ligne CK, perpendiculaire à AB, et passant par le point O, est le *petit axe ;* les extrémités C et K de ce petit axe sont les deux autres sommets de la courbe.

On désigne l'intervalle AO, compris entre le centre et

l'un des foyers, par le nom d'*excentricité*. Plus l'excentricité est petite, et plus, évidemment, la forme de l'ellipse approche de celle du cercle.

Une ellipse est complétement déterminée quand on donne les deux foyers et le grand axe. Pour s'en convaincre, il suffit de se rappeler que le grand axe est la longueur totale du fil générateur, et que les foyers sont les points d'attache des deux extrémités de ce fil.

Cela posé, laissons les points A et S immobiles (fig. 13),

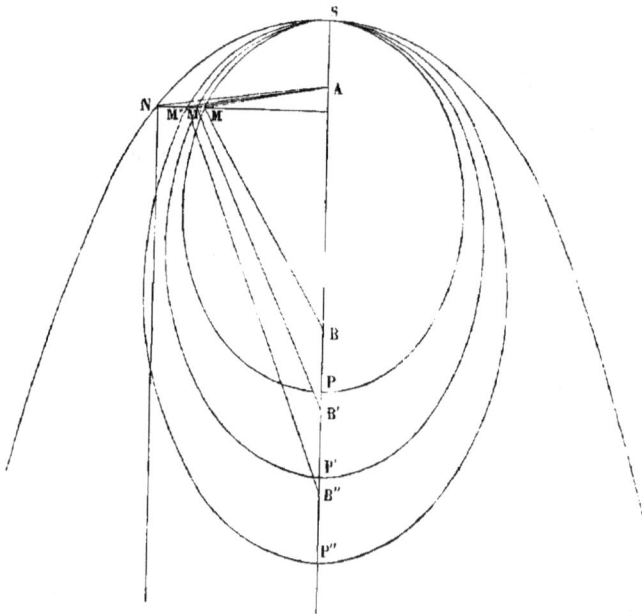

Fig. 13. — Propriétés de la parabole.

et concevons que le second foyer B et le second sommet P soient transportés simultanément le long de l'axe AB prolongé, à des distances de plus en plus considérables. Ces nouvelles positions de B et P en B′ et P′, en B″ et P″, etc., correspondront à des ellipses, qui toutes em-

brasseront la première. Lorsque, par une abstraction que
le calcul permet de réaliser, le second foyer B s'est éloigné
jusqu'à l'infini, lorsque, en un mot, l'ellipse a un grand
axe infini, elle prend le nom de *parabole*. Il est évident,
d'après cela, que la parabole n'est pas une courbe fermée.
Les droites MB, M′B′, M″B″, etc. menées des points M,
M′, M″, etc. des diverses ellipses aux seconds foyers, B,
B′, B″, etc., deviennent de plus en plus obliques par rapport à l'axe SA à mesure que les ellipses s'allongent; la
droite menée du point N de la parabole au foyer situé à
l'infini devient parallèle à l'axe SA de cette courbe.

A partir d'un des sommets, les points de l'ellipse
s'écartent graduellement de la ligne qui joint les deux
foyers. Le maximum de distance a lieu à l'extrémité du
petit axe. Plus loin, par une marche inverse, la courbe se
rapproche du grand axe qu'elle rencontre au second sommet. Il n'en est pas de même de la parabole : plus on la
prolonge, et plus ses deux branches s'écartent l'une de
l'autre.

Dans le voisinage du commun sommet S, l'ellipse et
la parabole sont presque confondues. L'écartement des
deux courbes commence à être sensible d'autant plus
tard que l'ellipse est plus allongée, que son grand axe
s'étend plus loin.

LIVRE II

NOTIONS DE MÉCANIQUE ET D'HORLOGERIE

CHAPITRE PREMIER

DE L'INERTIE, DU REPOS, DU MOUVEMENT ET DES FORCES

L'*inertie* est la propriété que les corps possèdent, dans leur ensemble et dans leurs plus petites parties possibles, de rester également dans l'état de repos et dans celui de mouvement, tant qu'une cause extérieure appelée force n'intervient pas pour modifier l'un de ces deux états. Ainsi, un corps en repos, et sur lequel des forces extérieures ne viennent pas agir, restera perpétuellement en repos. De même un corps en mouvement continuera à se mouvoir dans la direction suivant laquelle il s'est un moment déplacé, et toujours avec la même vitesse, si une force extérieure n'intervient pas pour altérer la direction et la vitesse première du mouvement de ce corps.

En vertu du principe de l'inertie, si un corps originairement en mouvement s'arrête, nous serons en droit d'affirmer qu'une force extérieure est venue anéantir sa vitesse ; si nous le voyons quitter la ligne droite suivant laquelle il se déplaçait, nous pourrons être certains que ce changement de direction est le résultat de l'action d'une force extérieure.

Au fond, le mot d'*inertie* veut dire qu'un corps matériel est dépourvu de volonté et reste indifférent à l'état de repos ou à celui de mouvement.

En quoi un corps, considéré par la pensée dans l'acte de mouvement, diffère-t-il de ce même corps à l'état de repos? C'est une question que les métaphysiciens et certains géomètres, ont examinée avec le plus grand soin, mais sans arriver à rien de précis. Heureusement le résultat d'une semblable recherche n'intéresse aucunement les applications que nous aurons à faire du principe de l'inertie.

CHAPITRE II

PARALLÉLOGRAMME DES FORCES

Un corps se déplace en suivant la direction de la force qui l'a sollicité, ou qui le sollicite actuellement; c'est une des conséquences du principe de l'inertie. Lorsqu'un corps reçoit simultanément une impulsion suivant deux directions non concordantes, comment se déplace-t-il?

On trouve, dans tous les ouvrages de mécanique, la solution de ce problème; on y prouve qu'un corps A (fig. 14) sollicité par une force qui lui ferait parcourir en une seconde de temps l'espace AB, s'il est sollicité en même temps dans la direction AC par une force qui, dans l'espace d'une seconde, lui ferait décrire la ligne AC, ne parcourra ni AB ni AC, mais se mouvra dans la direction intermédiaire AD, qui est la diagonale du parallélogramme formé sur AB et AC. Il faut ajouter cette circonstance importante, que la diagonale AD sera parcou-

rue dans le même temps que le corps eût mis à décrire
AB et AC, si les deux forces, représentées par ces lignes,
avaient agi toutes seules. Cette proposition constitue ce
qu'on appelle le principe du parallélogramme des forces ;
nous en ferons de nombreuses et curieuses applications
dans les questions que nous présentera l'examen du système du monde.

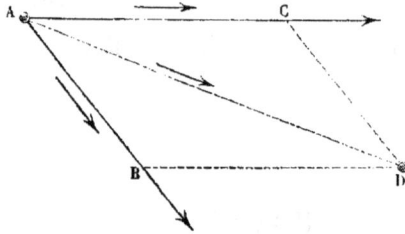

Fig. 14. — Parallélogramme des forces.

Il résulte de ce principe qu'on peut substituer à une
force unique, agissant sur un point matériel, deux forces
formant entre elles un angle plus ou moins considérable
et qui produiront le même effet. Si AD représente en
direction et en intensité la force unique, il suffira que les
lignes AB et AC, par lesquelles on veut remplacer cette
force, soient des deux côtés du parallélogramme ABDC,
dont AD est la diagonale.

Nous trouverons souvent que le remplacement d'une
force AD par les deux forces AB et AC, qui produiront le
même effet, facilitera beaucoup la solution de divers
problèmes que nous aurons à résoudre.

CHAPITRE III

MOUVEMENT ANGULAIRE

Nous aurons à considérer, dans l'étude du mouvement des astres, leurs variations de distance à la Terre, et, abstraction faite de ces variations, leurs changements de direction, c'est-à-dire les angles formés par les lignes visuelles menées successivement de la Terre à ces astres.

Ce dernier genre de déplacement, dans lequel on ne tient pas compte des variations de distance, est ce qu'on appelle le *mouvement angulaire*. Lorsque les angles compris entre deux lignes visuelles, étant égaux entre eux, seront parcourus dans des temps égaux, le mouvement angulaire sera dit *uniforme*. Ce mouvement sera accéléré ou retardé, quand les angles décrits dans des temps égaux deviendront graduellement plus grands ou plus petits.

CHAPITRE IV

DE LA MESURE DU TEMPS

«Le temps, a dit Laplace, est pour nous l'impression que laisse dans la mémoire une suite d'événements dont nous sommes certains que l'existence a été successive. Le mouvement est propre à lui servir de mesure; car un corps ne pouvant pas être dans plusieurs lieux à la fois, il ne parvient d'un endroit à un autre qu'en passant successivement par tous les lieux intermédiaires. Si à chaque point de la ligne qu'il décrit, il est animé de la même force, son mouvement est uniforme, et les parties de cette ligne peuvent mesurer le temps employé à les parcourir. »

C'est ainsi par le mouvement que, dans les cadrans solaires, les clepsydres et les horloges modernes, on mesure le temps.

CHAPITRE V

DES CADRANS SOLAIRES

Les cadrans solaires (fig. 15) sont d'une date très-ancienne; on appelle ainsi des instruments dans lesquels le temps est mesuré par le mouvement de l'ombre que projette sur un plan une tige éclairée par le soleil.

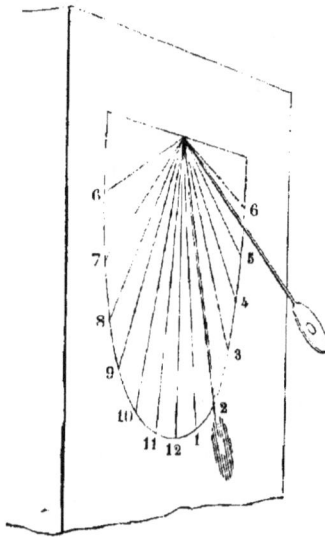

Fig. 15. — Cadran solaire

On lit dans le *Livre des Rois*, chapitre XX, et dans *Isaïe*, chapitre XXXVIII, que, pour rassurer Ézéchias contre les pronostics d'une mort prochaine, Dieu fit marcher en arrière, c'est-à-dire retourner sur ses pas, l'ombre de l'horloge d'Achaz.

Achaz était roi de Juda, 742 ans avant J.-C.

L'invention des cadrans solaires remonte donc, d'après les témoignages de l'Écriture, à sept siècles et demi au moins avant l'ère chrétienne.

En Grèce, le premier cadran solaire, s'il faut s'en rapporter aux preuves écrites, fut établi, à Lacédémone, par Anaximandre, vers l'an 545 avant J.-C.

Hérodote, postérieur à Anaximandre de près d'un siècle, dit que les Grecs avaient emprunté aux Babyloniens la division du jour en douze parties. Cette division s'effectuait-elle en Chaldée à l'aide de cadrans solaires ou par l'intermédiaire de clepsydres? Hérodote n'aborde pas cette question.

Il serait difficile d'assigner avec précision l'époque de l'introduction des cadrans solaires chez les Romains.

Pline, livre VII, chapitre LX, nous dit, mais sans se rendre garant du fait, que le premier cadran fut érigé à Rome par Papirius Cursor (306 ans avant J.-C.).

L'an 276 avant J.-C. vit s'en élever un autre au Forum. Il avait été apporté de Catane, en Sicile, par Valerius Messala.

Il y avait dans les maisons opulentes, chez les anciens, un esclave spécialement chargé d'aller chercher l'heure et de la rapporter à son maître.

L'heure que l'esclave allait chercher, il la trouvait aux cadrans solaires établis sur les places publiques; mais dans le trajet de la place au logis, que devenait-elle?

L'heure obtenue de cette manière était suffisante pour

les usages ordinaires de la vie ; mais elle n'avait aucune précision ; on n'aurait pas pu en tirer parti dans des recherches scientifiques.

CHAPITRE VI

DE LA MESURE DU TEMPS DURANT LA NUIT CHEZ LES ANCIENS

De quelle manière le peuple, dans l'antiquité, subdivisait-il la nuit? D'après l'observation du lever et du coucher des constellations ; d'après l'observation du passage des étoiles de première grandeur par la région la plus élevée de leur course diurne. En veut-on la preuve? on la trouvera dans les tragédies où Euripide fait dire aux chœurs :

> Quelle est l'étoile qui passe maintenant?
> Les pléiades se montrent à l'Orient.
> L'aigle plane au sommet du ciel.

Euripide vécut de 480 à 407 avant J.-C.

Euclide dit, dans son livre des *Phénomènes*, que les parties visibles des parallèles parcourus par les étoiles boréales, sont d'autant plus grandes que les distances de ces étoiles au cercle arctique sont plus petites. « On en juge, ajoute-t-il, sur ce que le temps que ces astres passent sous l'horizon est plus ou moins différent de celui qu'ils passent au-dessus » (Delambre, *Hist. de l'Astr. anc.*, t. I, p. 52).

Ce passage prouve que du temps d'Euclide, 300 ans avant notre ère, on avait des moyens de subdiviser le temps.

CHAPITRE VII

DES CLEPSYDRES

Les clepsydres, suivant toute apparence, sont d'une date encore plus ancienne que les cadrans solaires.

Les clepsydres sont des horloges à l'aide desquelles le temps se mesurait par des effets dépendants de l'écoulement de l'eau.

Désirait-on régler la durée des discours que des orateurs, des avocats, devaient prononcer devant une assemblée du peuple, devant un tribunal, etc.; on se servait de vases ayant des volumes déterminés et qui étaient remplis d'eau : le temps que le liquide mettait à s'écouler entièrement fixait la durée voulue.

Plusieurs orateurs devaient-ils parler successivement, les autorités assignaient d'avance une clepsydre à chacun d'eux. De là les expressions : on en est encore à la première, à la seconde, à la troisième eau; vous empiétez sur mon eau, etc. Il y a dans les discours de Démosthène, de Cicéron, des allusions à cette manière de fixer la durée des discours. Les préposés à l'observation des clepsydres favorisaient leurs amis et nuisaient à leurs adversaires, soit en altérant le diamètre de la petite ouverture par laquelle l'écoulement s'opérait, soit en changeant la capacité du vase renfermant le liquide à l'aide de masses de cire qu'ils fixaient subrepticement aux parois intérieures de ce vase, ou qu'ils enlevaient sans qu'on s'en aperçût.

Dans certaines clepsydres, le temps était mesuré, non

par l'écoulement total de l'eau, mais par le changement de son niveau. Dans d'autres, dans celles de Ctésibius, l'eau écoulée devenait une force motrice qui, par exemple,

Fig. 16 — Clepsydre de Ctésibius restituée par Perrault.

Fig. 17. — Coupe de la clepsydre de Ctésibius

allant remplir successivement les divers augets d'une roue, produisait dans cette roue un mouvement de rotation, lequel se communiquait ensuite à un système de roues

dentées (fig. 16 et 17, p. 47 [1]). La force motrice résultait,
dans d'autres horloges, du mouvement ascensionnel du
liquide qui se déversait dans un verre fixe fermé. Un

1. Les figures 16 et 17 représentent l'une l'extérieur, l'autre
l'intérieur de la clepsydre de Ctésibius, dans la forme que Claude
Perrault, l'illustre architecte de la colonnade du Louvre, a donnée
d'après le texte de Vitruve. Vers la droite de la figure 16, on voit
un enfant dont les larmes coulant goutte à goutte et venant d'un
réservoir à niveau constant, alimentent la clepsydre ; l'eau ainsi
tombée fait monter ou descendre l'autre enfant dont la main est
armée d'une baguette qui marque les heures sur une colonne. L'intervalle entre le lever et le coucher du soleil était partagé en douze
heures égales pour un même jour, mais différentes d'un jour à
l'autre, de telle sorte qu'il fallait un cadran particulier pour chacun des jours de l'année. En conséquence la colonne tournait sur
elle-même, et c'est pour obtenir cet effet que Ctésibius employait
les roues dentées, comme le montre la figure 17. A est le tuyau par
lequel la statuette de l'enfant qui pleure est en communication
avec le réservoir. M est un espace vide où retombent les larmes ;
auprès de la lettre M on voit un trou par lequel le liquide traverse
le socle de la grande colonne, et tombe par le tuyau M' dans le
conduit long et étroit marqué BCD. CD est un support mobile dans
l'intérieur de ce conduit, qui porte à sa base un flotteur en liége D,
et qui, par conséquent, monte à mesure que se remplit le canal
dans lequel il peut se mouvoir. Un siphon F F' A' est en communication avec le bas du canal CBD. Lorsque l'eau aura rempli ce canal, à
la fin des vingt-quatre heures, elle atteindra le sommet F' du siphon
qui sera ainsi amorcé ; et en vertu de la propriété fondamentale de
cet appareil, il donnera alors écoulement à l'eau qui remplit le
canal, et le videra complétement. En sortant du siphon, l'eau tombe
dans une roue à augets K ; cette roue est disposée de manière à faire
un tour dans six jours sous l'influence du poids de l'eau qui s'accu-
mule successivement dans chacun des augets. Cette roue fait tourner le pignon N qui engrène avec la roue P, qui a dix fois plus de
dents, de manière à tourner dix fois moins vite. Le pignon H est
ainsi entraîné, mais il ne fait un tour qu'en 60 jours. Il fait marcher
à son tour la roue G, qui a de son côté six fois plus de dents, et qui
par conséquent ne fait un tour qu'en 360 jours. La colonne supérieure fixée sur l'axe L et mobile avec la roue dentée G, tourne donc
sur elle-même de manière à accomplir sa révolution en 360 jours.

flotteur placé dans ce vase soulevait une crémaillère; celle-ci, engrenant avec un pignon, faisait tourner un ensemble de roues dentées qui donnaient naissance à des effets très-variés.

Ctésibius vivait vers le milieu du second siècle avant l'ère chrétienne.

La machine que Scipion Nasica fit ériger, pendant qu'il était censeur, pour subdiviser la durée du jour, fonctionnait, d'après Pline et Censorinus, par l'intermédiaire d'un courant d'eau (Pline, liv. VII, chap. IX).

C'était donc une clepsydre, et non un cadran solaire, comme on le suppose ordinairement.

La clepsydre de Scipion Nasica était dans un lieu couvert. Pline en fixe l'exécution à l'an 595 de Rome (172 avant J.-C.).

CHAPITRE VIII

DES ROUES DENTÉES

Aristote, 350 ans avant notre ère, parlait déjà de roues qui évidemment devaient être dentées ; en effet, dans ses *Questions de mécanique* (introduction, page 848, colonne A, ligne 18, édition de l'Académie de Berlin), on lit, d'après la traduction qu'a bien voulu me donner notre savant confrère de l'Institut, M. Barthélemy Saint-Hilaire :

« D'après cette propriété qu'a le cercle de se mouvoir dans des sens contraires simultanément, c'est-à-dire que l'une des extrémités du diamètre représentée par A (fig. 18, p. 50), par exemple, se meut en avant, tandis que l'autre

A.—I.   4

représentée par B se meut en arrière, on a pu construire
des appareils où par un mouvement unique se meuvent à la
fois en sens contraire plusieurs cercles accouplés, comme
ces petites roues en airain ou en fer que l'on consacre dans
les temples. Soit, en effet, un cercle AB que touche un
autre cercle CD. Si le diamètre du cercle AB se meut en
avant, celui du cercle CD prendra son mouvement en
arrière, le diamètre du cercle AB étant mû autour d'un
même point. Le cercle CD marchera donc dans un sens

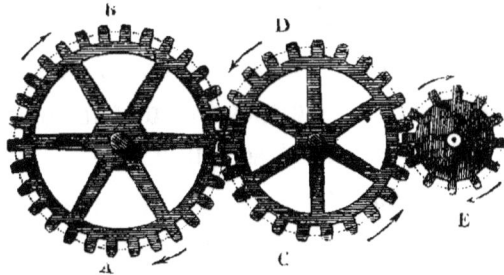

Fig. 18. — Mouvement des cercles contigus, d'après Aristote.

contraire à celui du cercle AB. A son tour, il fera mouvoir dans un sens opposé au sien, et par la même cause,
le cercle EF qui lui est contigu. En supposant les cercles
aussi nombreux qu'on voudra, ils se comporteront tous de
même, du moment qu'un seul aura été mis en mouvement.

« C'est en appliquant cette propriété naturelle du cercle,
que les ouvriers font une mécanique où ils ont le soin de
cacher le principe même du mouvement, afin que l'effet
merveilleux du mécanisme soit seul à paraître, et que la
cause en reste inconnue. »

Il n'est pas possible de comprendre ce passage d'Aristote autrement qu'en supposant les cercles armés de dents,

puisque le mouvement de l'un se communique à l'autre, et qu'il suffit qu'un seul soit en mouvement pour que tous les autres se meuvent.

Archimède, 250 ans avant J.-C., avait imaginé, pour tirer de lourds fardeaux, des machines composées comme les crics des modernes, de combinaisons de roues dentées.

Les mécaniciens demeurent d'ailleurs d'accord que la sphère mouvante de l'illustre géomètre de Syracuse ne pouvait posséder les propriétés merveilleuses que l'antiquité lui a attribuées, qu'à la condition d'avoir été construite avec des roues dentées.

Les roues dentées jouaient, comme on l'a vu plus haut, un rôle important dans les clepsydres de Ctésibius, dont Vitruve nous a transmis la description.

Si personne ne peut dire aujourd'hui quel a été le premier inventeur des roues dentées, on sait, du moins, par les paroles d'Aristote, par les inventions d'Archimède, par les clepsydres de Ctésibius, que leur emploi dans les machines remonte à plus de 2,000 ans.

Dans les couvents, on avait, plus que partout ailleurs, besoin de subdiviser le jour et la nuit pour régler le moment des offices. Eh bien, il est constaté que, dans la riche abbaye de Cluny, l'année où saint Hugues y mourut (en 1108), le sacristain consultait les astres quand il voulait savoir s'il était l'heure de réveiller les religieux pour les offices de nuit.

On peut donc affirmer qu'en 1108, les horloges à roues dentées n'étaient pas inventées, ou que, du moins, elles étaient peu répandues.

Le sacristain de Cluny était un savant, puisqu'il recourait à l'observation des astres pour trouver l'heure. Dans les monastères ordinaires ou pauvres, comme nous l'apprend Haëften, on se servait de clepsydres. A leur défaut, un moine (qu'on aurait pu appeler l'horloge vivante), veillait et récitait des psaumes. Une expérience avait appris d'avance combien on pouvait réciter de ces psaumes dans l'espace d'une heure. Le sacristain déterminait alors, par une simple partie proportionnelle, à quel moment il devait réveiller la communauté. Haëften nous dit, enfin, qu'on allait jusqu'à se régler, très-grossièrement, sur le chant du coq (Père Alexandre, p. 300).

CHAPITRE IX

MOTEURS DES HORLOGES

Dans l'horloge de la tour du Palais, exécutée à Paris, sous Charles V, par l'artiste allemand Henri de Vic, il y avait un poids moteur qui était de 250 kilogrammes. Il descendait, en vingt-quatre heures, de 10 mètres. (Berthoud, *Histoire de la Mesure du temps*, p. 53).

Julien Le Roy citait de grosses horloges dans lesquelles le poids moteur allait de 500 à 600 kilogrammes.

La première application d'une horloge à roues dentées aux observations astronomiques est de 1484. C'est Waltherus de Nuremberg qui la fit.

Vers 1560, le landgrave de Hesse-Cassel et Tycho-Brahé avaient des horloges. Celles de Tycho marquaient les minutes et les secondes. Une d'elles n'avait que trois roues. Le diamètre de la plus grande de ces roues était

de 1 mètre. Son contour portait 1,200 dents. Il est facile
de comprendre comment un poids attaché à une corde
qui s'enroule sur un cylindre mobile autour de son axe
(fig. 19), peut faire tourner une roue dentée. Qu'on

Fig. 19. — Poids moteur des horloges, vu de face et de profil.

suppose que cette roue engrène avec diverses roues attachées à des aiguilles animées de diverses vitesses (fig. 20,
p. 54) on reconnaîtra sans peine que les mouvements de
ces aiguilles pourront être combinés de manière à mesurer le temps et à indiquer les heures, les minutes et les
secondes sur des cadrans.

Après avoir indiqué, dans ses *Questions de mécanique*,
comment deux cercles contigus dont l'un entraîne l'autre
se meuvent en sens contraires, Aristote parle, nous
l'avons vu plus haut (p. 50), des petites roues que l'on
consacre dans les temples et qui sont d'airain et de fer.

Aristote ajoute : « En supposant que les cercles soient

aussi nombreux qu'on voudra, ils se comporteront tous

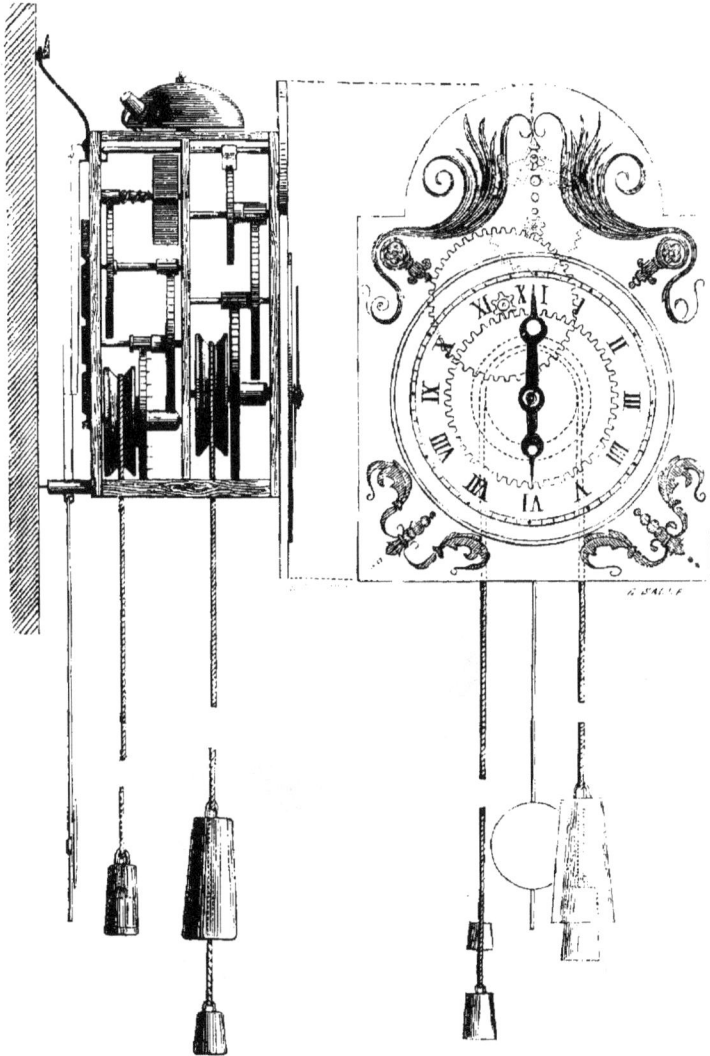

Fig. 20. — Horloge à poids, vue de profil et de face.

de même, bien qu'il n'y en ait qu'un seul qui se meuve.
C'est en remarquant cette propriété naturelle du cercle,

que les ouvriers font une mécanique où ils ont soin de cacher le *principe* même, afin que l'effet du mécanisme soit seul à paraître et que la cause en reste inconnue. » (Traduction de M. Barthélemy Saint-Hilaire.)

Que pouvait être le *principe*, si ce n'est un ressort?

Dans la description donnée par Claudien d'une machine uranographique d'Archimède, le moteur est désigné sous le nom d'esprit renfermé. Ce nom pouvait-il signifier autre chose qu'un ressort? (*Traité d'horlogerie*, par Derham, p. 160.)

On ne sait pas le nom du savant ou de l'artiste qui imagina de donner pour moteur aux petites pendules et aux montres portatives, un ressort plié en spirale et enfermé dans un tambour ou barillet (fig. 21).

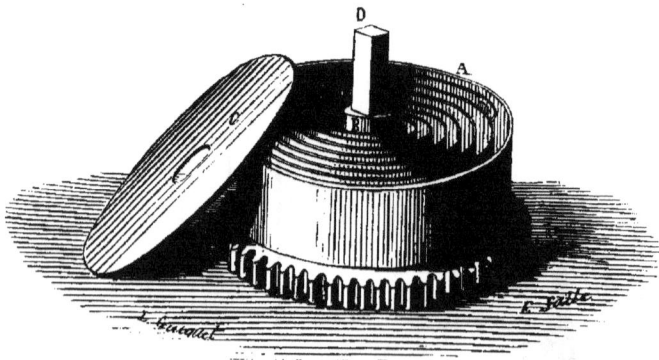

Fig. 21. — Ressort moteur des horloges enfermé dans le barillet A muni d'une roue dentée. — B, axe à tête carrée D pour remonter le ressort détendu. — c, couvercle du barillet, découvert dans la figure pour laisser voir le ressort.

Cette belle invention paraît avoir été faite à la fin du xve siècle ou au commencement du xvie. Derham dit avoir vu une montre qui avait appartenu à Henri VIII d'Angleterre, né en 1491, mort en 1547.

Dès l'origine, le ressort spiral, moteur des horloges portatives, était, comme aujourd'hui, attaché par son extrémité extérieure au tambour tournant, et par son autre extrémité à l'arbre immobile formant l'axe de ce même tambour. Les montres qui existent encore, du temps des rois de France Charles IX et Henri III, présentent toutes cette disposition.

Le ressort moteur perd de sa force à mesure qu'il se détend. Une montre ainsi construite, malgré l'action du balancier dont nous parlerons plus loin, doit aller vite quand elle vient d'être remontée, et retarder ensuite graduellement.

Pour remédier à ce défaut, on imagina la fusée (fig. 22), une des plus belles inventions de l'esprit humain.

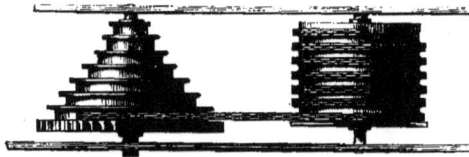

Fig. 22. — Barillet relié à la fusée.

L'inventeur de la fusée n'est pas connu.

Quand on veut bien comprendre l'effet de ce mécanisme, il faut remarquer que, dans les montres sans fusée, la base du barillet est dentée (fig. 21, p. 55) et qu'elle engrène immédiatement avec un des rouages de la montre. Lorsqu'on a recours à la fusée, la base du barillet n'est plus dentée. Cette pièce communique alors avec la fusée par l'intermédiaire d'une corde à boyau ou d'une chaîne articulée qui, au moment où la montre vient d'être montée, se trouve enroulée, presque tout entière, dans

la rainure en forme d'hélice tracée sur la surface extérieure et conique de la fusée. Le ressort ayant alors sa
plus grande tension enroule la chaîne sur la surface cylindrique du barillet (fig. 22), et entraîne la fusée par sa
plus petite circonférence. A mesure que le ressort est
moins tendu, il agit sur la fusée à l'extrémité d'un plus
grand bras de levier, de manière qu'il y a compensation.
Puisque la fusée est dentée à sa base; puisqu'elle engrène
directement avec le rouage; puisqu'il le conduit, si sa
tendance à tourner reste constante, l'ensemble du rouage
tourne uniformément.

CHAPITRE X

DU PENDULE

Le pendule, dans sa plus grande simplicité, consiste
dans un corps pesant A (fig. 23), de petite dimension,

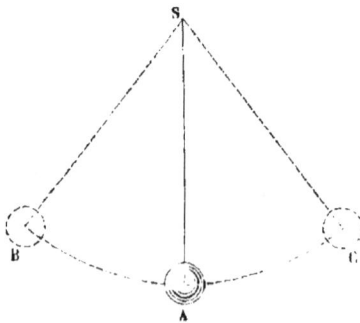

Fig. 23. — Mouvement du pendule.

suspendu par un fil très-délié, mobile lui-même autour
d'un point S, et tel qu'on peut écarter le corps A de sa
position verticale pour l'amener à droite ou à gauche en
B ou en C et l'abandonner ensuite à lui-même.

Viviani fait remonter la première découverte des propriétés du pendule à l'époque où Galilée, âgé seulement
de vingt à vingt-deux ans, étudiait à Pise la médecine et
la philosophie. (*Opere di Galileo*, édition de Florence,
t. I, *Vita*, p. 63.)

Le jeune étudiant étant un jour *nel Duomo di Pisa*, se
prit à observer les mouvements d'une lampe suspendue à
une corde. Faisant ensuite des expériences très-exactes
(*esattissime*), Galilée s'assura de l'égalité des oscillations
de ce pendule, et, au grand étonnement, à la grande
satisfaction des médecins de l'époque, il proposa de l'appliquer à la mesure de la fréquence du pouls. Ce fut lui
aussi qui, le premier, se servit du même artifice dans des
observations célestes, à l'incroyable (*incredibile*) avantage de l'astronomie et de la géographie.

Voilà une historiette assurément bien digne d'intérêt;
malheureusement Viviani a oublié de décrire dans la vie
de l'illustre Florentin les moyens *esattissimi* qui servirent
à constater que les grandes et les petites oscillations
avaient précisément la même durée. Cet oubli est d'autant moins pardonnable, qu'à l'époque où Galilée s'oc-
cupa pour la première fois du pendule, il n'avait pas
encore, suivant les propres expressions de l'historien,
tourné les yeux vers les mathématiques.

Cette lacune peut être remplie, d'après des informa-
tions consignées dans un autre écrit de Viviani, intitulé :
*Histoire de l'horloge imaginée par Galilée et réglée par le
pendule, etc.* Cette histoire, composée à la demande du
prince Léopold de Médicis, est de l'année 1659. La *Vie*
avait paru cinq ans auparavant, en 1654.

Dans le *Quatrième dialogue sur le système du monde* (t. XII, p. 328 de l'édition de Milan), Salviati, un des trois interlocuteurs, s'exprime ainsi :

« Je dis que si nous écartons le pendule de la verticale de 1, de 2 ou de 3° seulement ; que si, ensuite, nous l'écartons de 70°, de 80° et même d'un quart de cercle entier, il fera, quand on le laissera en liberté, ses oscillations avec une égale fréquence dans les deux cas ; j'entends quand ce pendule parcourt des arcs de 2 à 4°, et lorsqu'il décrit des arcs de 160° et plus. On le verra manifestement si après avoir suspendu deux poids égaux à deux fils de même longueur, on les écarte de la verticale, l'un très-peu et l'autre beaucoup. Ces poids, abandonnés à eux-mêmes, iront et reviendront dans des temps égaux, celui-ci par de petites amplitudes, celui-là par des amplitudes très-grandes. »

Ce moyen expérimental eût été très-exact si, dans l'état de repos, et vus de la place de l'observateur, les deux pendules se projetant l'un sur l'autre, on avait pu juger de leur arrivée simultanée ou non simultanée à la verticale ; si la méthode moderne des coïncidences avait remplacé l'examen vague dont il est question dans le passage cité. Mais alors, on doit le dire, Galilée se serait aperçu que l'isochronisme des grandes et des petites oscillations circulaires n'existe point, et il n'aurait pas doté ces mouvements de cette espèce de propriétés qui n'appartiennent, comme Huygens l'a si admirablement établi, qu'au mouvement cycloïdal.

Au premier coup d'œil, on se sent disposé à croire que la ligne droite, étant la plus courte de toutes celles qu'on

peut tracer entre deux points donnés, doit être aussi la
ligne de plus vite descente. Il n'en est rien cependant :
la ligne de plus vite descente est une courbe ; c'est un arc
de cycloïde renversée. La cycloïde est la courbe ABA′
engendrée dans l'espace par l'un des points d'une roue
qui roule en ligne droite sur un terrain plan (fig. 24).

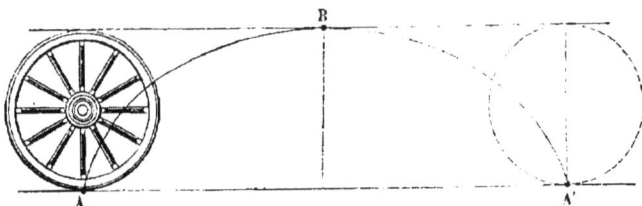

Fig. 24. — Génération de la cycloïde.

Pour voir disparaître ce que la solution que je rapporte
semble offrir de paradoxal, on n'a qu'à considérer que,
dans la courbe concave menée du premier au second point
le mobile descend d'abord plus verticalement que dans le

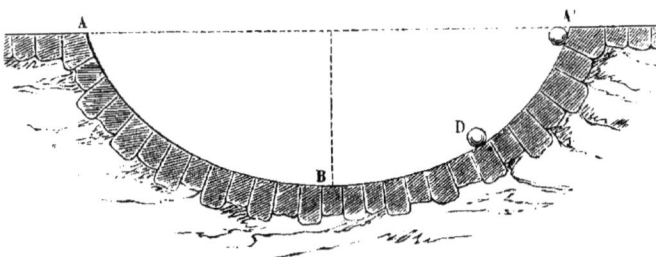

Fig. 25 — Chute d'un mobile le long de la cavité d'une cycloïde.

plan incliné ; qu'il acquiert ainsi, dès le principe, une
plus grande vitesse, ce qui peut faire compensation et
aller même au delà de l'effet résultant d'un plus long
chemin.

Sur une cycloïde renversée dont l'axe est vertical, un corps pesant, de quelque endroit qu'il parte, arrive dans le même temps au point le plus bas. Ainsi, la boule A′ roulant le long de la concavité de la courbe (fig. 25), n'emploiera pas plus de temps pour aller de A′ en B, qu'il n'en faudra à la boule D pour parcourir le petit arc DB.

Cette remarquable propriété de la cycloïde a été découverte par Huygens.

Pour que les oscillations d'un pendule aient exactement la même durée, quelle que soit leur amplitude, il faut qu'elles s'effectuent comme Huygens l'a découvert, entre deux arcs de cycloïdes.

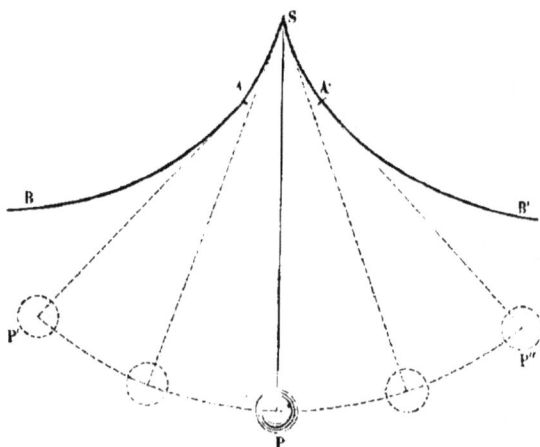

Fig. 26. — Principe du pendule cycloïdal.

Soient S le centre de suspension du pendule (fig. 26), P le poids oscillant, SP un fil flexible et inextensible.

Si SAB, SA′B′, sont deux arcs de cycloïde, provenant, l'un et l'autre d'un cercle générateur dont le diamètre

soit égal à $\frac{1}{2}$ SP, les grandes et les petites oscillations
seront isochrones.

Malheureusement, les moyens à l'aide desquels on a

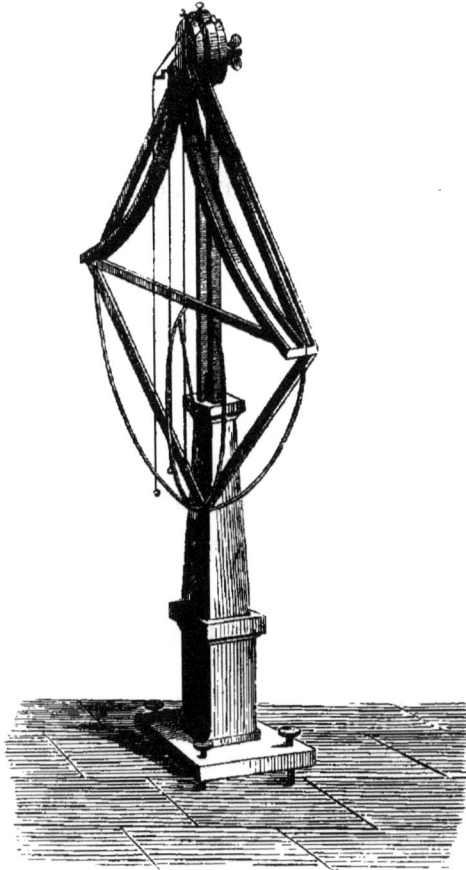

Fig. 27. — Pendule cycloïdal de Huygens.

essayé d'établir la communication nécessaire entre le fil
et le système de roues dentées dont le pendule doit inter-
rompre le mouvement à chaque seconde, ont tous présenté de très - graves inconvénients. Aussi, malgré la

beauté de l'invention de Huygens (fig. 27), a-t-on complétement renoncé au pendule cycloïdal flexible, et se sert-on aujourd'hui, exclusivement, d'un pendule rigide, qu'on astreint à ne faire que de petites oscillations.

Édouard Bernard, orientaliste, mathématicien et astronome distingué, né en 1638 dans le comté de Northampton, mort en 1697, après avoir longtemps professé à Oxford, est le premier qui ait parlé de l'invention du pendule par les Arabes. Il avait compulsé tous les manuscrits orientaux de la Bibliothèque Mertonienne d'Oxford. et dans une lettre au docteur Rob. Huntington, en avril 1684 [1], il trace un brillant tableau de l'astronomie des Arabes, et il admire qu'ils aient pu arriver à mesurer le temps par les oscillations d'un pendule [2].

Thomas Young [3] ne doute pas non plus qu'à la fin du x⁰ siècle, Ebn Jounis n'ait appliqué le pendule à la détermination du temps, mais c'est à Sanctorius, en 1612, c'est-à-dire quarante-quatre ans avant Huygens, qu'il fait honneur d'avoir le premier rattaché le pendule au jeu d'un rouage [4].

1. *Philosophical transactions*, tome XIII-XIV, p. 567.

2. Il se sert des expressions suivantes : « Quam illi sollicitè temporis minutias per aquarum guttulas, immanibus sciotheris, imò (mirabere) *fili penduli vibrationibus* distinxerint et mensuraverint, etc. » — Voyez L.-Am. Sédillot, *Mémoire sur les instruments astronomiques des Arabes*, inséré dans le tome Ier des *Mémoires des savants étrangers* publiés par l'Académie des inscriptions et belles-lettres, tome Ier, p. 44.

3. *Lectures on natural philosophy and the mechanical arts*, 1807, tome Ier, p. 191.

4. De Humboldt, *Cosmos*, tome II de la traduction française, pages 270 et 536.

Nous ne possédons que des fragments d'Ebn Jounis, et l'assertion de Thomas Young n'a pu encore être justifiée par un texte précis.

Le poids qui descend en forçant une corde à se dérouler, ou le ressort roulé en spirale qui se détend, auraient pour effet de faire tourner les engrenages des horloges d'une manière continue. On arrête ce mouvement à des intervalles de temps égaux, en faisant en sorte que les dents de l'une des roues de l'engrenage viennent frapper contre une pièce particulière qu'on appelle le régulateur. Le régulateur prend un mouvement alternatif sous la pression des dents de cette roue. Mais les frottements qui se produisent tendent à rendre inégaux les intervalles de temps compris entre les moments d'arrêts successifs des rouages. Un balancier, sorte de volant analogue aux grandes roues qu'on voit dans les machines à vapeur, servit d'abord à entretenir le mouvement.

La fin du xviiᵉ siècle fut marquée par une découverte qui peut marcher de pair avec les plus brillantes de celles que nous avons déjà passées en revue. Vers l'année 1674, on imagina d'appliquer un ressort vibrant au balancier (fig. 28). Jusqu'à cette époque, l'amplitude ou la vitesse

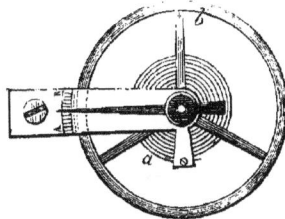

Fig. 28. — Ressort vibrant *a* appliqué au balancier *b*.

des oscillations de cette pièce si importante dépendait exclusivement de l'impulsion qu'elle recevait de la force motrice. L'application du ressort vibrant introduisit dans ces oscillations un principe de régularité nouveau et excellent.

M. Thomas Reid (*Encyclopédie* du docteur Brewster, article *Horology*, p. 123) refuse aux artistes français l'honneur d'avoir inventé le ressort spiral isochrone, et se fonde sur ce passage d'un ouvrage de Mudge (1763) : « Le pendule ou balancier à ressort, d'après des principes physiques, fait que le balancier exécute les petites et les grandes vibrations dans des temps égaux. Cela, ajoute-t-il, avait été dit par Hooke, cent ans auparavant. »

Mais la découverte que Pierre Leroy a réclamée, consiste à avoir reconnu qu'un ressort d'une certaine épaisseur n'est isochrone qu'alors qu'on lui donne une longueur convenable, et que si la longueur reste constante, il faut, pour arriver au même résultat (à l'isochronisme), modifier en général l'épaisseur du ressort.

Le régulateur à balancier est, dans les horloges fixes, remplacé avec avantage par le pendule.

Diverses dispositions ont été imaginées pour établir la liaison entre les rouages et le balancier ou le pendule. La partie du mécanisme qui a pour objet d'établir cette liaison s'appelle l'*échappement*.

Dans les chronomètres, il faut s'attacher à éviter qu'il y ait une influence exercée par le moteur sur le régulateur. Dans ce but, on se sert de l'*échappement libre*.

Le premier échappement de ce genre a été décrit par Thiout : peut-être Dutertre doit-il aussi être regardé comme ayant précédé Pierre Leroy dans cette recherche (Brewster, *Encyclop.*, *Horology*, p. 132).

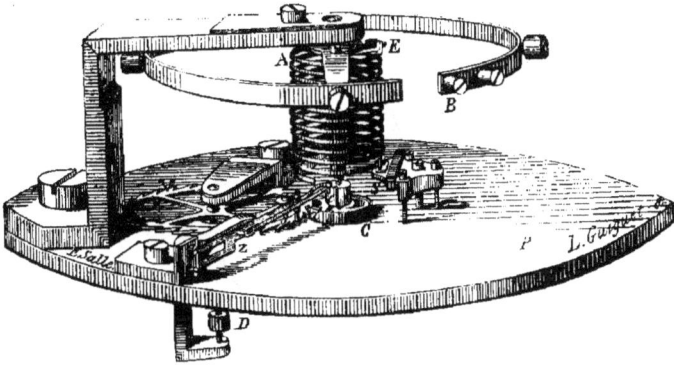

Fig. 29. — Vue de l'échappement libre d'Arnold construit par M. Breguet.

Les figures 29 et 30 représentent, en vue perspective et en plan, l'échappement libre construit par un de nos plus habiles artistes, M. Breguet[1].

1. Dans cet échappement la pièce principale est une grande lame ressort Z, portant en Y un repos en rubis sur lequel appuie successivement chaque dent de la roue d'échappement V. Ce ressort Z porte en outre un petit ressort de dégagement *y* très-flexible. La petite levée *c* du balancier soulève le petit ressort *y* quand le mouvement a lieu dans un sens, tandis que le grand ressort reste alors immobile ainsi que la roue d'échappement. Mais dans le sens contraire du mouvement du balancier le ressort Z est repoussé, ce qui dégage une dent de la roue d'échappement. Au même moment une seconde dent, frappant sur la partie échancrée *d* du cercle C dont est muni l'axe du balancier B, restitue à celui-ci une impulsion destinée à entretenir le mouvement sans que le moteur ait besoin d'exercer aucune action directe sur le régulateur, muni d'ailleurs du ressort spiral AES.

Dans les montres et les horloges communes, on se sert de l'échappement à ancre ou de l'échappement à cylindre, dans lesquels il y a toujours des frottements des dents de la roue M d'échappement, par exemple sur l'ancre P que représente la figure 31, p. 68.

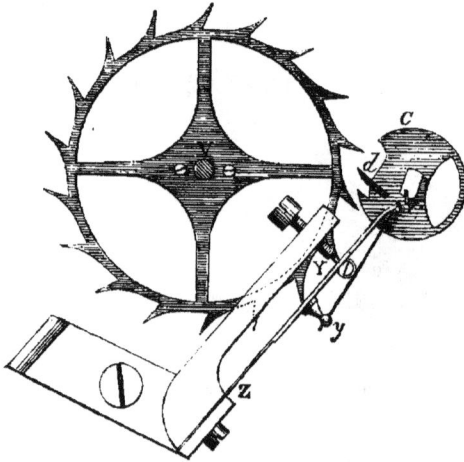

Fig. 30. — Plan de l'échappement libre.

Par cette dernière figure, le lecteur comprendra comment les roues dentées peuvent être combinées pour que les aiguilles des secondes A, des minutes E et des heures H aient des vitesses relatives convenables, et qu'elles se meuvent dans le même sens. Nous avons vu, en effet, plus haut (p. 50) qu'Aristote explique parfaitement comment deux roues dentées contiguës doivent tourner en sens contraire. Il résulte de là que, pour faire tourner dans le même sens les roues A, E, H, nous devrons employer des roues intermédiaires A, D et F qui rétabliront le mouvement dans un sens identique pour les trois aiguilles.

Admettons que la roue d'échappement porte 30 dents ;
si un pendule battant les secondes règle son mouve-

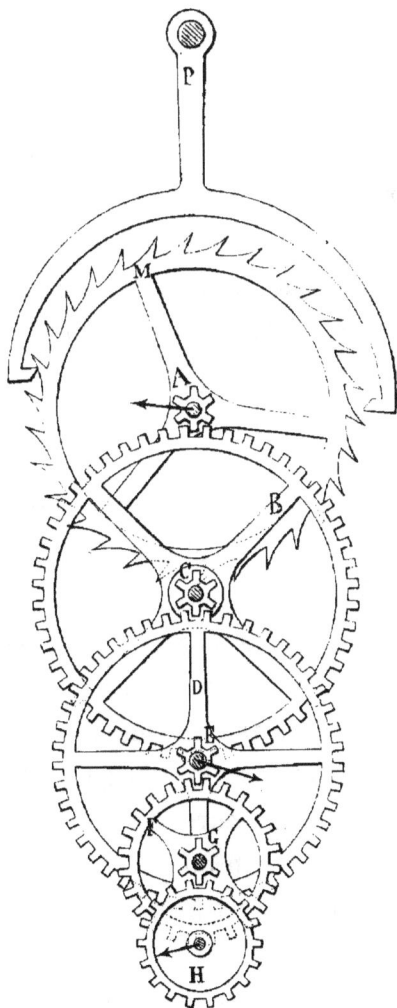

Fig. 31. — Combinaison des roues dentées d'une horloge.

ment, cette roue **M** fera un tour dans 60 secondes ou
1 minute, puisqu'il faut deux oscillations pour qu'une

dent vienne prendre la place de la précédente. L'aiguille des secondes fera donc le tour du cadran en 1 minute, et il en sera de même du pignon A, solidaire avec la roue d'échappement. Si le pignon A armé de 6 dents engrène avec la roue B munie de 48 dents, celle-ci et son pignon C feront 1 tour, tandis que l'aiguille des secondes en fera 8. Si le pignon C armé encore de 6 dents engrène avec la roue D munie de 45 dents, celle-ci et son pignon E, et par conséquent l'aiguille des minutes feront 1 tour, tandis que la roue B en fait 7 + 1/2, c'est-à-dire tandis que l'aiguille des secondes fait 8 × (7 + 1/2) ou 60 tours. Le rapport des vitesses de ces deux roues est donc bien celui adopté pour la mesure du temps.

Si le pignon E muni de 6 dents engrène avec la roue F munie de 24 dents, celle-ci et son pignon G feront 1 tour, tandis que E fera 4 tours. Si enfin le pignon G muni de 6 dents engrène avec la roue H armée de 18 dents, celle-ci et par conséquent l'aiguille des heures feront 1 tour, tandis que G fera 3 tours, ou bien tandis que E en fera 12. Or, l'aiguille des minutes parcourant son cadran en 1 heure, on voit que l'aiguille des heures ne parcourra le sien qu'en 12 heures, ou bien deux fois dans 24 heures, c'est-à-dire pendant la durée du jour.

Ainsi, en 24 heures, l'aiguille des secondes A fera 1440 tours, l'aiguille des minutes 24, et celle des heures 2, ce qui fait bien marquer par jour 24 heures, 1440 minutes et 86,400 secondes, et le problème que nous nous étions proposé est résolu. Il est bien entendu que les horlogers disposent leurs engrenages de la manière qui convient pour qu'ils occupent le moins de place possible et qu'ils fonctionnent dans les meilleures conditions ; nous n'avons voulu qu'indiquer ici les principes sommaires utiles pour donner une idée succincte de la marche des horloges, chronomètres, ou *garde-temps.*

LIVRE III

CHAPITRE Ier

PROPRIÉTÉS DE LA LUMIÈRE

La lumière est ce *quelque chose*, matière ou mouvement, qui, en pénétrant dans l'œil, nous fait voir les objets extérieurs.

La masse continue de lumière, qui partant d'un corps lumineux se répand dans l'espace, peut être censée composée de la juxtaposition de lignes lumineuses contiguës et sans dimensions appréciables : ce sont ces lignes qu'on appelle *rayons de lumière*.

L'ensemble de plusieurs rayons de lumière a pris le nom de *pinceau lumineux*. Le mot de *faisceau* est réservé ordinairement à une réunion de pinceaux ayant une certaine étendue dans une direction transversale à celle de leur propagation.

On appelle *milieu* en optique la substance diaphane à travers laquelle la lumière pénètre. Le milieu est quelquefois *homogène* et quelquefois *hétérogène*. Ces deux termes n'ont pas besoin d'être définis.

Dans le vide ou dans un milieu d'une constitution

uniforme, la lumière se meut en ligne droite. On a deux preuves de cette vérité : l'expérience et ce principe, qui n'est pas moins démonstratif dans la circonstance, qu'en se propageant dans le vide ou dans tout milieu d'une densité uniforme, il n'y aurait aucune raison pour que le rayon se déviât dans un sens plutôt que dans un autre.

CHAPITRE II

RÉFLEXION DE LA LUMIÈRE.

Un rayon de lumière qui tombe sur une surface plane réfléchissante forme, avec la normale, au point où il rencontre cette surface d'incidence, un angle de réflexion égal à l'angle d'incidence.

Soient (fig. 32) AB le plan réfléchissant, RI un rayon

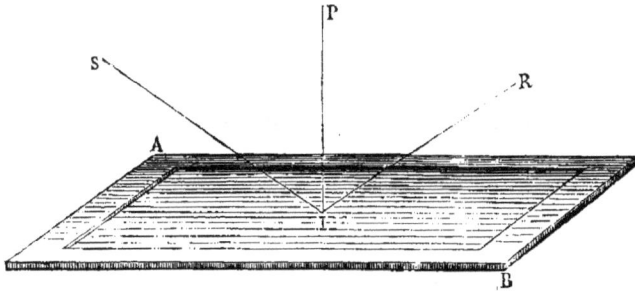

Fig. 32. — Loi de la réflexion de la lumière.

de lumière qui prend le nom de *rayon incident*, IP la perpendiculaire à AB passant par le point I, IS le rayon réfléchi. L'angle RIP s'appelle l'*angle d'incidence*, l'angle PIS se nomme l'*angle de réflexion*. Eh bien, l'angle de réflexion est toujours égal à l'angle d'incidence. Ainsi que toutes les observations l'établissent, plus l'angle RIP est petit, plus l'angle PIS est petit à son tour. Si l'angle RIP est nul, c'est-à-dire si le rayon tombe sur la surface réfléchissante suivant la perpendiculaire IP, le rayon IS coïncidera aussi avec cette perpendiculaire, ce qui veut dire qu'un rayon qui se dirige perpendiculairement à un plan, revient sur ses pas dans la même direction ; en d'autres termes, que si le rayon incident est perpendiculaire au plan réfléchissant, le rayon réfléchi lui est aussi perpendiculaire. De même que les angles formés par les rayons incidents et réfléchis avec la perpendiculaire, ceux formés avec la surface sont aussi égaux entre eux.

Ces notions très-simples me suffiront pour rendre compte de la marche de la lumière dans les instruments d'optique, où la réflexion joue un rôle essentiel.

Les auteurs grecs connurent la loi suivant laquelle la lumière se réfléchit à la surface d'un miroir plan. L'égalité des angles d'incidence et de réflexion est nettement mentionnée dans le traité d'optique qui porte le nom d'Euclide. Ptolémée dans son optique, parle aussi de cette égalité comme d'une chose généralement reconnue.

CHAPITRE III

DES FOYERS PAR VOIE DE RÉFLEXION

Soient AB, CD, GH, JK, LN, etc. (fig. 33, p. 74), une série de rayons parallèles. Je dis qu'il sera possible par voie de réflexion de faire concourir ces rayons en un seul et même point F du faisceau central AB. Supposons qu'on présente à ce faisceau central un petit miroir **MI**, il rebondira perpendiculairement à **MI**, et suivra, en revenant sur ses pas, la route qu'il avait déjà parcourue, la ligne **BA**.

Marquons sur cette droite BA le point F, dans lequel nous voulons que les divers rayons **CD**, **GH**, **JK**, etc.,

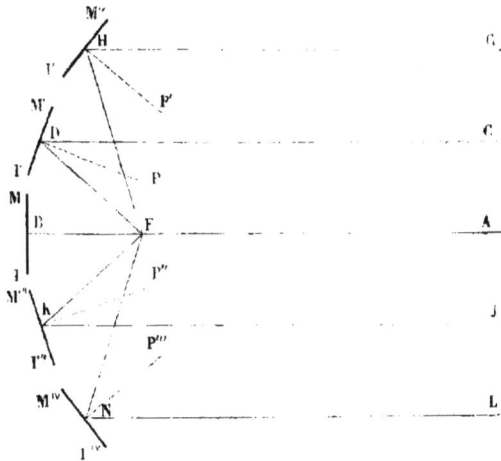

Fig. 33. — Formation des foyers par réflexion.

aillent se réunir. Joignons le point D au point F par une droite **FD**, il est évident qu'il faudra pour satisfaire à la condition posée, que CD étant le rayon incident sur le petit miroir que je désignerai ici par **M'I'**, DF soit le rayon réfléchi; il faut donc que les angles **CDM'**, **FDI'** soient égaux. Cette condition sera remplie lorsque le miroir **M'I'** sera perpendiculaire à la ligne DP qui partage l'angle CDF en deux parties égales.

Le même raisonnement s'appliquera mot à mot à tous

les rayons dont se compose le faisceau incident, qu'ils soient à droite ou à gauche du rayon central.

Ainsi, en employant un ensemble de miroirs M'I'. M''I'',... M'''I''', M^{iv}I^{iv}... de plus en plus inclinés relativement au miroir central MI, on pourra amener en un même point F du rayon AB tous les rayons qui d'abord semblaient devoir marcher séparés de ce rayon central.

Le point F s'appelle le foyer. Ce nom est convenablement choisi puisque les effets thermométriques et lumineux dont sont susceptibles les divers pinceaux qui composaient le large faisceau AB, CD, GH... s'y réunissent et s'ajoutent entre eux.

Considérons maintenant un miroir sphérique concave BAE (fig. 34), et voyons si les diverses facettes très-

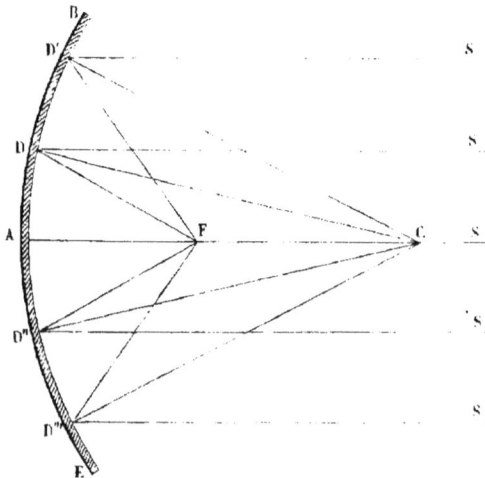

Fig. 34. — Foyer d'un miroir concave.

petites dont on peut supposer ce miroir formé n'auraient pas les inclinaisons respectives nécessaires pour ramener en un même point F du rayon central SCA, les divers rayons dont se composerait un large faisceau de rayons parallèles. Le rayon SCA passant par le centre de sphéricité du miroir rencontre celui-ci perpendiculairement : il rebondit donc dans la direction CA.

Noircissons toute la surface du miroir, à l'exception d'un point D, de manière qu'il ne puisse y avoir de réflexion qu'en ce point ; le rayon SD, après sa réflexion en D, viendra rencontrer le rayon central AC au point F, que l'expérience nous indiquera.

Noircissons maintenant le point D, et mettons successivement à découvert des points D′, D″, D‴, etc., de ce même miroir, situés à diverses distances du point A. Les rayons réfléchis en ces points D′, D″, D‴, etc., viendront tous se réunir au point F préalablement déterminé. Un miroir sphérique est donc un moyen de concentrer en un même foyer tous les rayons parallèles dont se compose un large faisceau. Réciproquement, si vous faisiez partir des rayons divergents du point F, ces rayons, après leur réflexion sur la surface du miroir, deviendraient parallèles entre eux et au rayon AFC. Le point F s'appelle foyer ; il est au milieu du rayon CA, dans le cas de rayons parallèles et d'un miroir qui a une petite étendue par rapport à la grandeur de la sphère à laquelle il appartient.

Le miroir a une force d'inflexion suffisante pour rendre parallèles les rayons divergents qui partent de son foyer. Si les rayons incidents sur le miroir divergeaient moins que dans la première expérience, c'est-à-dire s'ils partaient d'un point f situé au delà du foyer F (fig. 35), par rapport au miroir, ils deviendraient après leur réflexion non pas comme précédemment parallèles, mais un peu convergents ; ils iraient donc se réunir en un point unique f' situé sur la ligne AFfC, d'autant plus éloigné du foyer primitif F que la distance Ff serait plus petite. Les points f et f' s'appellent des *foyers conjugués*.

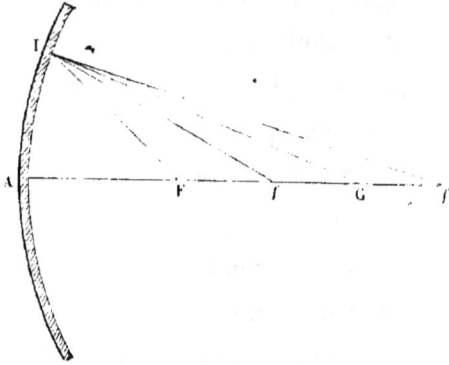

Fig. 35. — Foyers conjugués.

Plaçons en face d'un miroir BAD (fig. 36) un objet EGH très-éloigné, les rayons à peu près parallèles par-

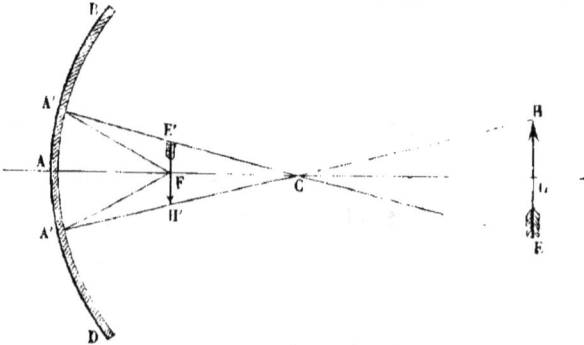

Fig. 36. — Formation des images des miroirs concaves.

tant du point G se réuniront en F sur le rayon GCA qui, passant par le centre du miroir, est, par la propriété du cercle, perpendiculaire à sa surface. Les rayons venant

de E, parallèles entre eux, mais non parallèles à ceux
qui partent de G, se réuniront quelque part en un
point E′ situé sur la ligne ECA′ qui, passant par le
centre C de la sphère, est aussi perpendiculaire en A′ à
la surface du miroir. Les rayons émanant de H se réuniront de même en un point H′ placé sur la ligne HCA′,
laquelle est, comme les deux précédentes, perpendiculaire à la surface du miroir.

Nous aurons réussi de cette manière à former une
image focale E′FH′ de l'objet EGH.

CHAPITRE IV

DE LA RÉFRACTION

Examinons maintenant comment un rayon de lumière
se comporte en passant d'un milieu dans un second milieu
plus dense que le premier.

Si le rayon lumineux rencontre perpendiculairement la
surface de séparation des deux milieux, il continue sa
route en ligne droite. Il en est tout autrement lorsque le
rayon tombe sur cette surface de séparation dans une
direction oblique ; alors le rayon se brise au point d'incidence et se meut dans le second milieu, suivant une
direction qui ne forme pas le prolongement du rayon
incident.

Soient (fig. 37) AB la surface de séparation en question, RI le rayon incident, PIP′ la perpendiculaire à la
surface de séparation. Le rayon RI, au lieu de continuer
à se mouvoir suivant la direction RIR′, prendra la direc-

tion IV, plus rapprochée de la perpendiculaire que le prolongement IR'. L'angle VIP' est plus petit que l'angle RIP. L'angle RIP s'appelle angle d'incidence ; l'angle VIP' se nomme l'*angle de réfraction*.

A toute rigueur, nous n'aurons besoin, dans ce qui nous reste à dire, d'autre chose que de ce résultat : *l'angle de réfraction est plus petit que l'angle d'incidence, lorsque la lumière passe de l'air dans un milieu plus*

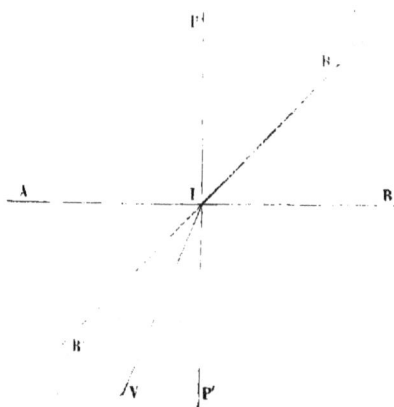

Fig. 37. — Réfraction de la lumière.

dense ; mais comme une figure très-simple nous permettra d'expliquer la loi suivant laquelle s'opère la réfraction sous toutes les incidences possibles, je vais la tracer.

AB (fig. 38, p. 80) représente toujours la surface de séparation des deux milieux, RI le rayon incident, PIP' la perpendiculaire à la surface AB au point d'incidence, IV le rayon réfracté. Du point I comme centre, et avec un rayon quelconque, décrivons la circonférence de cercle *apbp'*, l'arc *np* sera la mesure de l'angle d'incidence, l'arc *vp'* mesurera l'angle de réfraction. Menons les perpendiculaires *nm* et *vn'* à **PP'**. Pour deux milieux donnés et pour tous les angles d'incidence possibles, les droites *nm* et *vn'* seront entre elles dans le même rapport. Or, comme en trigonométrie on appelle *sinus* d'un arc la perpendiculaire menée d'une des extrémités de cet arc sur le rayon passant par l'autre extrémité, que *nm* conséquemment est le sinus de l'angle d'incidence, et *vn'* le

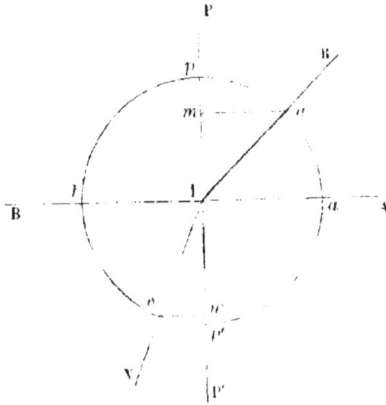

Fig. 38. — Loi des sinus.

sinus de l'angle de réfraction, on peut énoncer la loi en ces termes : *La réfraction s'opère toujours entre deux milieux, de manière que le sinus de l'angle d'incidence est au sinus de l'angle de réfraction dans un rapport constant.*

Telle est la loi célèbre donnée par Descartes, et dont on a voulu, sans aucune raison plausible, lui enlever la découverte.

Quand les angles d'incidence et de réfraction sont petits, les sinus sont à peu près proportionnels aux angles. On peut donc dire alors qu'entre des limites d'inclinaison peu étendues, l'angle de réfraction est une certaine portion aliquote de l'angle d'incidence. Mais lorsque les angles sont un peu grands et qu'on veut déterminer avec précision l'angle de réfraction, il faut indispensablement recourir à la loi des sinus.

Dans le passage de la lumière de l'air dans l'eau, le rapport des sinus est celui de 4 à 3. Il résulte de là que, pour un angle d'incidence de 10°, l'angle de réfraction est de 7° 29′ ; que, lorsque l'incidence s'élève à 45°,

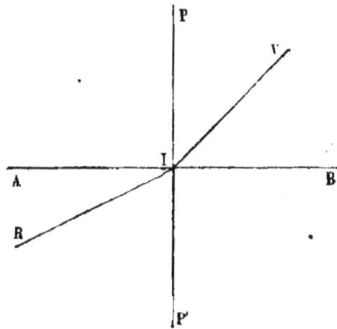

Fig. 39. — Passage de la lumière d'un milieu plus dense dans un milieu moins dense.

l'angle de réfraction est de 32° 1′ ; et, enfin, que, pour une incidence de 89°, on a 48° 34′ pour l'angle de réfraction. Mais la considération des sinus ne sera pas indispensable dans l'explication élémentaire que nous devrons donner de l'effet des lentilles.

Nous venons de tracer la route du rayon réfracté, lorsque ce rayon passe d'un milieu rare dans un milieu dense. Comment s'opère la réfraction quand, au contraire, un rayon de la lumière va du milieu dense dans le milieu rare ? La réfraction se fait alors en sens inverse, c'est-à-dire que le rayon en sortant du milieu dense s'éloigne de la perpendiculaire, mais en obéissant tou-

jours à la loi des sinus; de sorte que si VI (fig. 39,
p. 81) est le rayon incident, IR sera le rayon réfracté;
ce qui veut dire que le rayon lumineux, en revenant sur
ses pas, suit exactement la route qu'il avait parcourue
en passant du milieu rare dans le milieu dense.

Les anciens avaient connaissance de la réfraction que
la lumière éprouve en passant de l'air dans l'eau ou dans
le verre.

On voit une table de la valeur de ces réfractions dans
le *Traité d'optique* de Vitellion. Une table toute pareille,
qui servit peut-être à Descartes à découvrir la loi des
sinus, existait déjà dans l'optique de Ptolémée, ainsi
qu'on l'a constaté sur des manuscrits de l'auteur grec,
retrouvés il y a quelques années seulement dans la collection de la grande bibliothèque de Paris.

On voit dans cette même *Optique* de Ptolémée, un
passage fort clair relatif à la réfraction que les rayons
lumineux des étoiles éprouvent dans l'atmosphère terrestre. L'auteur cite des observations qui rendent
l'existence de cette réfraction manifeste; il ne paraît pas
toutefois qu'il en ait déterminé la valeur et qu'il s'en soit
jamais servi pour corriger ses propres observations ou
celles de ses prédécesseurs. Quant à la cause de la réfraction, voici comment il s'exprime : « Elle vient de la flexion
du rayon visuel à son passage par la surface de séparation de l'éther et de l'air, laquelle doit être sphérique et
avoir pour centre le centre de la terre. »

CHAPITRE V

MARCHE DE LA LUMIÈRE A TRAVERS LES PRISMES

Examinons d'abord la route que suit un rayon lumineux en traversant une lame de verre à faces parallèles.

Soient AB et CD (fig. 40) les deux faces d'une semblable lame, RI le rayon incident se mouvant dans l'air ·

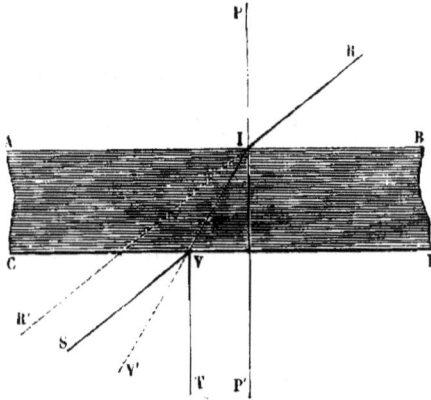

Fig. 40. — Passage de la lumière à travers une lame de verre
à faces parallèles.

ce rayon, au lieu de suivre dans le verre la direction IR′ que nous avons ponctée, prendra la route IV, plus rapprochée de la perpendiculaire PIP′ ; mais en sortant du verre, au point V, le rayon, devant s'écarter de la perpendiculaire VT, ne suivra pas la direction ponctuée VV, il prendra la route VS, laquelle sera parallèle au rayon incident primitif RIR′.

Le rayon RI s'appelle le rayon *incident*, le rayon VS le rayon *émergent*.

Le rayon incident et le rayon émergent sont parallèles

lorsque les deux faces par lesquelles le rayon entre dans le verre et en sort sont exactement parallèles. Le rayon incident et le rayon émergent seraient sensiblement sur le prolongement l'un de l'autre dans le cas où la lame traversée aurait une épaisseur très-petite. Cela résulte de l'inspection de la figure et n'exige pas de plus amples explications.

Faisons maintenant tomber le rayon lumineux sur une masse de verre ayant des faces non parallèles et que l'on appelle un *prisme* (fig. 41).

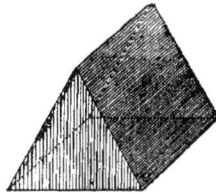

Fig. 41. — Prisme.

Faisons par un plan une section dans le prisme, perpendiculairement à l'arête supérieure, et soient (fig. 42)

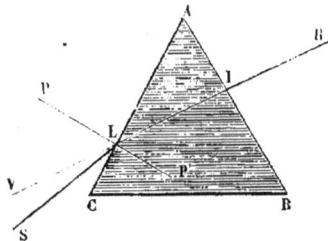

Fig. 42. — Marche de la lumière à travers un prisme sur la face duquel elle est tombée perpendiculairement.

BA la première de ses faces, AC la seconde, admettons que le verre soit terminé en BC : A est l'*angle*, BC la *base* du prisme. Supposons qu'un rayon de lumière **RI** rencontre perpendiculairement la face **AB** du prisme, il pénétrera dans la masse de verre sans se réfracter. Les circonstances ne seront pas les mêmes à la sortie du prisme ; alors le **rayon RIL** rencontrant obliquement la face **AC** au point **L**, en sortira pour rentrer dans l'air en se déviant. Dans quel sens se fera cette déviation? Menons au point **L** une perpendiculaire **PP'** à **AC**, le rayon de lumière, au lieu de se mouvoir sur le prolonge- ment ponctué **LV** de **RIL**, s'écartera de la perpendicu-

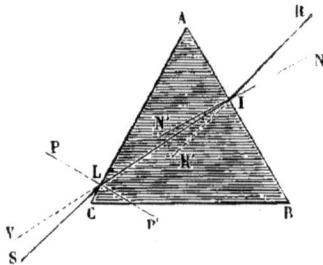

Fig. 43. — Marche de la lumière à travers un prisme lorsqu'elle est tombée obliquement et au-dessus de la perpendiculaire à la face d'entrée.

laire **PP'**. Il sortira donc de la masse de verre suivant la direction **LS**, qui, relativement à la direction primi- tive **RIL**, aura marché vers la base du prisme. La dévia- tion du rayon incident se ferait également vers la base **BC**, lors même que **RI** rencontrerait **AB** suivant une direction oblique (fig. 43 et 44); la seule différence qu'il y aurait, c'est qu'alors la déviation définitive du rayon vers la base serait le résultat des deux réfractions éprouvées en **I** à sa face d'entrée **BA** et en **L** à la face de sortie **AC**, tan- dis que dans le cas que nous avions d'abord examiné, la déviation dans le même sens provenait uniquement de la réfraction subie au point L de la surface de sortie.

Il résulte de l'expérience, du calcul, ou même d'une construction graphique, que le rayon émergent, à la sortie d'un prisme, s'est d'autant plus dévié, a marché d'autant plus vers la base, que l'angle A du prisme est plus considérable.

Après avoir déterminé la route que suit le rayon incident RI, lequel, avant son émergence de la masse prismatique, se mouvait dans la direction IL, considérons LS comme le rayon incident (fig. 42, 43 et 44), et

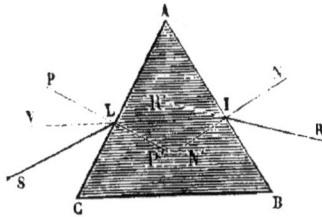

Fig. 44. — Marche de la lumière à travers un prisme, lorsqu'elle est tombée obliquement et à gauche de la perpendiculaire à la face d'entrée.

disons dans quelle direction ce nouveau rayon incident émergera. Eh bien, le rayon LS deviendra le rayon IR, c'est une conséquence de toutes les observations ; en sorte qu'on peut dire, en termes généraux, qu'en revenant sur ses pas, le rayon de lumière suit exactement la même route qu'il avait parcourue dans son premier trajet.

On supprimerait du prisme BAC toutes les parties matérielles comprises entre le point I et l'angle A, entre le point I et la base BC (fig. 45), on réduirait ce prisme aux facettes de verre pour ainsi dire infiniment petites qui entourent le point d'incidence I et le point d'émergence L, que la réfraction éprouvée par le rayon RI resterait absolument la même, les parties vitreuses un peu éloignées des points I et L soit à droite, soit à gauche, ne

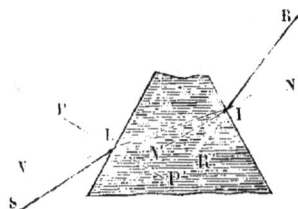

Fig. 45. — Marche de la lumière à travers un prisme tronqué.

pouvant nullement contribuer à la déviation que le rayon subit.

Concevons un faisceau de rayons parallèles également

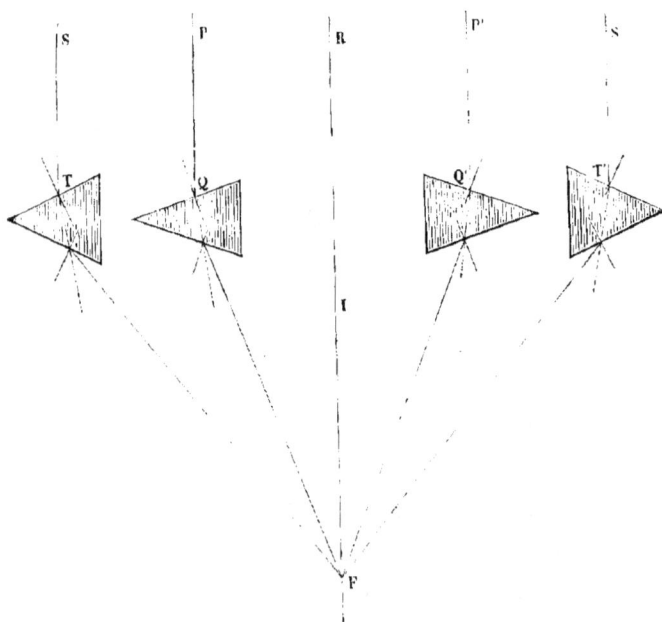

Fig. 46. — Formation des foyers par réfraction.

éloignés, à gauche et à droite, d'un rayon central RI (fig. 46). Si nous mettons un prisme sur le trajet du rayon PQ, mais de manière que sa base soit placée vers le rayon central RI, le rayon PQ sera dévié et viendra rencontrer quelque part, au point F, l'axe du faisceau RI. On pourra amener un second rayon ST à se réunir au rayon central au même point F, en établissant sur le trajet de ce rayon un deuxième prisme situé comme le premier, mais d'un angle un peu plus ouvert, puisque pour amener ST au point F, la déviation doit être plus forte que pour y conduire le rayon PQ.

On pourrait faire la même opération de l'autre côté du rayon RI avec des prismes Q',T', etc., dont les bases seraient aussi tournées vers la ligne centrale. En multipliant suffisamment les prismes, on concentrerait au point F, par voie de réfraction, une multitude de rayons qui, sans cela, se seraient propagés dans l'espace en restant parallèles et séparés.

Je dis qu'un très-grand nombre de prismes, disposés à gauche et à droite du rayon central RI, produiraient l'effet désiré, attendu que les dimensions de chacun d'entre eux pourraient être réduites aux très-petites facettes vitreuses entourant le point d'incidence et le point d'émergence; il serait seulement nécessaire que ces petites facettes formassent entre elles les mêmes angles que lorsqu'elles faisaient partie d'un prisme étendu.

Si on faisait rebrousser chemin, par un moyen quelconque, aux rayons qui se sont réunis en F, ces rayons, après avoir traversé les divers prismes qui d'abord les avaient amenés en F, sortiraient parallèlement entre eux.

CHAPITRE VI

DES LENTILLES

Les préliminaires posés dans le chapitre précédent étant bien compris, examinons comment un faisceau de rayons parallèles doit se comporter en traversant une lentille de verre.

On appelle *lentille*, en optique, une masse de verre terminée des deux côtés par des surfaces courbes. Nous supposerons d'abord que ces deux faces soient des portions de sphère de même rayon, et qu'elles se présentent l'une à l'autre par la concavité.

La figure que je dessine ici (fig. 47) représente le verre

Fig. 47. — Lentille.

en question, qui, à cause de sa ressemblance avec un légume connu de tout le monde, a été appelé *lentille*.

Considérons la lentille dans ses éléments constitutifs. Menons (fig. 48, p. 90) par le milieu C de la corde **AB** commune des deux arcs représentant les deux surfaces, une perpendiculaire IE à cette corde; cette droite IE sera l'*axe* de la lentille.

En chaque point, un élément constitutif de la lentille

peut être considéré comme se confondant avec une tangente. Aux points I et E, où l'axe rencontre les deux cercles terminateurs, les deux tangentes II′ et EE′ sont parallèles.

Un rayon de lumière parallèle à l'axe qui rencontrera la tangente en I, et qui aura le point E pour point d'émergence, ne sera donc pas réfracté; les parties vitreuses qui entourent le point I et le point E étant parallèles,

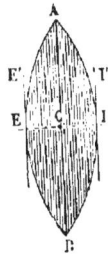

Fig. 48. — Axe de la lentille.

constituent réellement un verre à faces parallèles qui ne dévie pas les rayons lumineux.

Voyons maintenant comment doivent être envisagées les portions de la lentille vers les points A et B (fig. 49),

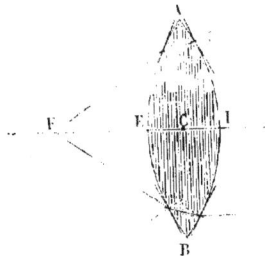

Fig. 49. — Marche de la lumière à travers une lentille.

où elle se termine. Les tangentes aux surfaces de la lentille vers ces deux points forment entre elles un angle

très-ouvert. Les rayons lumineux parallèles à l'axe qui
traverseront ces parties seront déviés l'un et l'autre,
comme s'ils avaient rencontré un prisme dont la base
serait tournée vers l'axe de la lentille, et iront se réunir
en un certain point F, situé sur le prolongement de la
ligne IE; la même chose pourra être dite de tous les
points d'incidence compris entre le point A et le point I,
comme aussi de tous les points situés du côté opposé
compris entre ce même point I et l'extrémité B de la
lentille.

Ainsi définitivement, les rayons qui ont rencontré la
lentille dans la direction de son centre passent sans se
dévier; les autres entrent et sortent par de petites facettes
formant entre elles des angles d'autant plus considérables que ces facettes sont plus loin du centre, et conséquemment plus près des limites extrêmes de la lentille.
Nous retrouvons ici l'appareil idéal composé d'une série
de petits prismes dont nous nous sommes servis pour
amener par voie de réfraction en un même point F d'une
ligne centrale, la série de rayons parallèles dont se composait un faisceau lumineux d'une grande largeur.

Pour que la réunion de ces rayons parallèles eût lieu
en un même point F, il fallait que les angles des prismes
variassent convenablement. Il reste à rechercher si les
inclinaisons respectives des facettes vitreuses qui rencontrent les rayons à l'entrée et à la sortie d'une lentille
satisfont à la condition voulue; si les angles des prismes
élémentaires dont la lentille est composée varient suivant
une loi telle que les divers rayons réfractés se réunissent
en un seul et même point de l'axe central. Une expérience

très-simple montre que, par un bonheur inouï, la condition dont nous venons de parler est remplie presque
mathématiquement. En couvrant la lentille d'un papier
noir percé de deux petits trous (fig. 50) dont l'un cor-

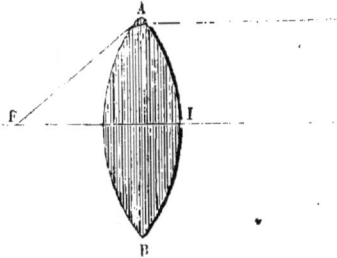

Fig. 50. — Formation du foyer d'une lentille.

responde au point I, et l'autre au point A, on détermine
expérimentalement quel est le point F où les rayons,
tombant en A, se réunissent sur la ligne IF non déviée.
Si, après avoir bouché le trou A, on répète l'expérience
en découpant dans le papier en M une ouverture quel-

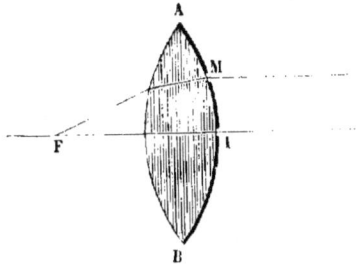

Fig. 51. — Le foyer d'une lentille est le même, quels que soient les
points incidents.

conque sur la surface d'incidence comprise entre A et I
(fig. 51), on trouvera que le point de réunion F des
deux rayons primitivement parallèles est absolument le
même que dans la première expérience. Ainsi les angles

des facettes élémentaires s'agrandissent de I jusqu'à A,
ou en allant de I en B, de la quantité nécessaire pour
que les rayons parallèles qui tombent sur la lentille se
réunissent après leur réfraction en un même point F de
l'axe IF.

Le point F s'appelle le *foyer* parce que, en y concen-
trant une multitude de rayons, on y engendre des effets
de température extraordinaires.

D'après l'assimilation que nous venons de faire de la
lentille à un assemblage de prismes, il est évident que si
du point F (fig. 52) on fait partir des rayons sur la sur-

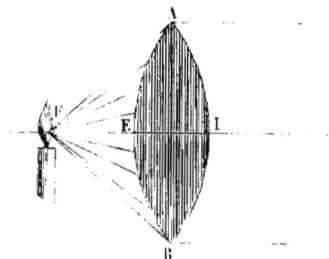

Fig. 52. — Émergence de rayons parallèles.

face d'émergence, ces rayons, à leur sortie de la surface
primitive d'incidence, seront parallèles entre eux, en
vertu du principe déjà cité plusieurs fois, que des rayons
qui reviennent sur leurs pas suivent exactement la route
qu'ils avaient parcourue dans le premier trajet.

Le foyer principal d'une lentille peut donc être défini
de ces deux manières : *C'est le point où se réunissent des
rayons parallèles après leur réfraction aux deux surfaces
d'une lentille*, ou bien, *c'est le point d'où les rayons
doivent partir pour qu'après leur réfraction ils sortent
parallèles entre eux.*

La force infléchissante de la lentille est tout juste ce qu'il faut pour que les rayons partis en divergeant du point F et embrassant toute la surface de la lentille soient rendus exactement parallèles.

Si au lieu de partir du point F, les rayons émanaient d'un point F' (fig. 53) compris entre le foyer F des rayons parallèles et la seconde surface de la lentille, si, en un mot, la divergence des rayons était plus grande que celle de la lumière qui partait du point F, les rayons,

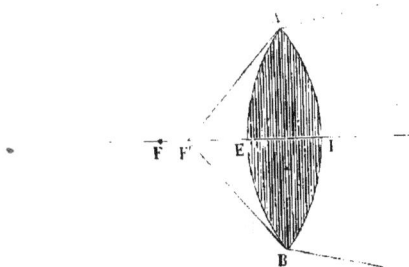

Fig. 53 — Divergence de rayons émis d'un point plus rapproché de la lentille que le foyer principal.

en sortant par la surface AIB, seraient encore un peu divergents, la puissance infléchissante de la lentille n'ayant plus été suffisante pour les ramener au parallélisme.

Si les rayons étaient partis d'un point F''' (fig. 54) situé au delà du foyer F, ils arriveraient sur la lentille avec moins de divergence que les rayons partis de F ; la lentille qui avait été suffisante pour ramener ceux-ci au parallélisme aurait plus de force infléchissante qu'il ne le faudrait pour produire le même effet relativement au rayon parti de F'', ces rayons, à la sortie de leur surface AIB seraient convergents.

Il faut donc se graver dans l'esprit ces trois résultats importants ;

Les rayons partant du foyer d'une lentille sortent parallèles entre eux après avoir traversé les deux surfaces dont elle se compose.

Les rayons partant d'un point plus éloigné que le foyer sortent convergents.

Les rayons émanés d'un point situé entre le foyer et la surface de la lentille sortent en divergeant.

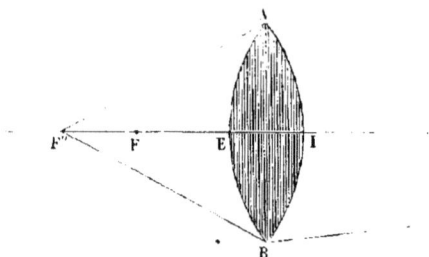

Fig. 54. — Convergence des rayons émis d'un point plus éloigné de la lentille que le foyer principal.

Nous aurons l'occasion, dans ce qui va suivre, de tirer parti de cette triple propriété. Elle est au fond identique avec l'énoncé suivant :

Déterminons pour une lentille donnée le foyer F des rayons parallèles (fig. 55, p. 96) ; si de nouveaux rayons tombent sur la lentille avec un certain degré de divergence, ils se réuniront en un foyer F'' plus éloigné de la lentille que le foyer F ; si les rayons arrivent à la lentille en convergeant, ils se réuniront en un foyer F' plus rapproché de la lentille que le foyer F des rayons parallèles.

Nous avons suivi la marche des rayons de lumière

quand ils traversent une masse de verre terminée par des surfaces sphériques pareilles se présentant l'une à l'autre par la concavité et donnant à la masse totale la forme d'une lentille. Nous arriverions à des résultats semblables lors même que le verre serait terminé d'un côté

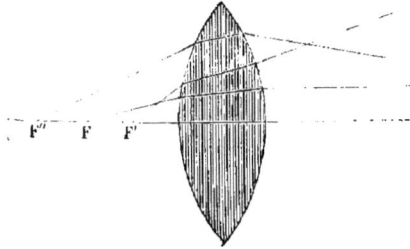

Fig. 55. — Foyers secondaires d'une lentille.

par une surface sphérique, et de l'autre par une surface plane; la seule différence porterait sur la longueur de la distance focale. Cette espèce de verre, à laquelle on a très-improprement conservé le nom de lentille, s'appelle une lentille *plano-convexe* (fig. 56). Quelquefois, mais

Fig. 56. — Lentille plano-convexe.

plus rarement, la masse de verre, toujours terminée d'un côté par une surface sphérique, reçoit sur le côté opposé une forme sphérique, mais concave extérieurement; le verre prend alors le nom de lentille *convexo-concave* (fig. 57). Il est une forme enfin plus fréquemment employée que les deux précédentes, terminée extérieurement par deux surfaces sphériques se présentant l'une à l'autre

Fig. 57. — Lentille convexo-concave.

par leur convexité ; c'est ce qu'on appelle des lentilles *bi-concaves* (fig. 58).

Fig. 58. — Lentille bi-concave.

On verra aisément, sans qu'il soit nécessaire d'entrer à ce sujet dans des explications détaillées, qu'une pareille lentille, à l'inverse de celle dont nous nous sommes d'abord occupés (d'une lentille bi-convexe) est composée de prismes de plus en plus ouverts, et dont les bases sont tournées vers les bords, en sorte que des rayons parallèles qui tombent sur la première face d'une pareille lentille sortent par la face d'émergence en divergeant, et conséquemment ne donnent pas de foyer (fig. 59, p. 98).

A. — I.   7

Après avoir considéré pour une lentille bi-convexe, la
seule qui doit nous occuper, le foyer F (fig. 60) correspondant à des rayons parallèles entre eux et à l'axe PICE
de la lentille, il est essentiel de rechercher ce qui arriverait

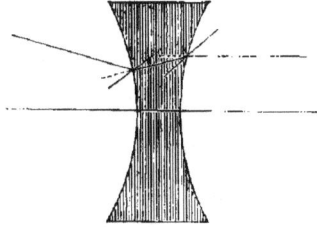

Fig. 59. — Marche de la lumière parallèle à l'axe à travers une lentille
bi-concave.

si le faisceau de rayons parallèles formait avec PICE
un petit angle P'CP. Eh bien, par une expérience toute
semblable à celle du papier noir troué, que nous avons
précédemment citée, on trouvera que ces nouveaux rayons

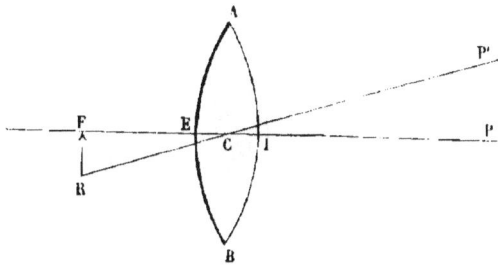

Fig. 60. — Formation des foyers sur les axes secondaires.

se réunissent aussi en un foyer unique R, lequel sera
situé non plus sur la ligne PICF, mais, si la lentille est
peu épaisse, comme c'est généralement le cas, sur une
certaine droite P'CR que nous appellerons axe secondaire.
Les deux points R et F déterminant une ligne RF à peu

près perpendiculaire à l'axe principal PICE, si ces nouveaux rayons, au lieu d'être parallèles à P'C, tombaient sur la lentille avec une certaine divergence, le foyer R s'éloignerait comme dans le cas que nous avons précédemment considéré.

Tout ce que nous venons de dire des rayons lumineux tombant sur les deux circonférences de cercle qui résultent d'une section faite dans la lentille par un plan parallèle au papier sur lequel la figure est tracée, pourrait s'appliquer mot à mot aux sections toutes pareilles qui proviendraient des intersections de la lentille par des plans quelconques passant par son axe.

Le plan passant par le point F et par les foyers correspondants à des faisceaux parallèles entre eux, mais diversement inclinés par rapport à l'axe PICF, est ce qu'on appelle le *plan focal*.

Le point C, par lequel passe la droite ICR, et qui

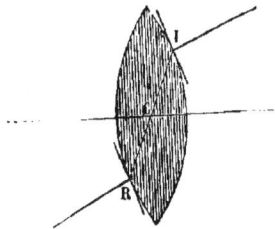

Fig. 61. — Centre optique d'une lentille.

existe sur l'axe de la lentille, est tel que tout rayon lumineux réfracté qui y passe correspond à des rayons incidents et émergents parallèles entre eux (fig. 61); il se nomme le centre optique de la lentille; il jouera le plus grand rôle dans tout ce qui nous reste à dire.

Supposons maintenant qu'une lentille AB soit placée en

face d'un objet NZO lumineux par lui-même ou par voie
de réflexion (fig. 62) ; supposons, de plus, que cet objet
soit assez éloigné de la lentille pour que les rayons qui
émanent ou qui semblent émaner de ses divers points
et qu'embrasse toute l'étendue de la lentille puissent être
considérés comme parallèles ; tous les rayons partis du
point Z situé sur le prolongement de l'axe de la lentille
viendront se réunir ou se croiser au point F. Les rayons
partis du point N se réuniront en un foyer situé sur la

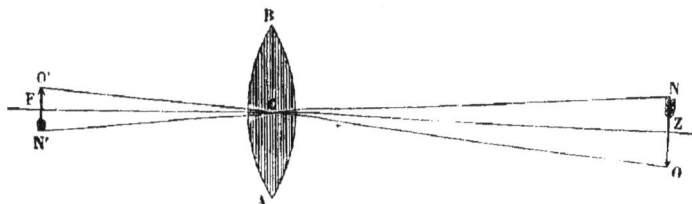

Fig. 62. — Formation de l'image dans une lentille.

ligne NCN′ passant par le centre optique C, les rayons
émanés du point O iront de même se réunir en un point
O′ situé sur la ligne OCO′. On en pourrait dire autant
des rayons partant de tous les points du corps lumineux
compris entre N et Z et entre Z et O.

Qu'est au fond l'objet NO par rapport à notre œil ?
C'est une agglomération de points lumineux d'où s'élancent
des rayons dans tous les sens ; ces rayons pourront avoir
des couleurs et des intensités très-dissemblables. Toutes
ces différences d'intensité et de couleur se retrouveront
dans les divers points de la série des foyers O′FN′. Si les
rayons partis de N sont rouges, les rayons, qui après
s'être croisés au foyer N′, passeront outre pour se propager
dans l'espace, seront également rouges. Si les rayons

partant de Z sont blancs, les rayons, qui après s'être croisés en F continueront leur route en ligne droite au delà de ce foyer, seront également blancs. Pour les rayons qui viennent se croiser en O′, ils ont, quant à la couleur et à l'intensité, les mêmes caractères que les rayons qui étaient partis du point O.

Ce n'est donc pas sans grande raison qu'on a appelé la série de foyers N′FO′, l'image de l'objet matériel NZO ; seulement, comme on le remarquera, l'image est renversée. Le point N étant situé à gauche du centre Z de l'objet matériel, le point N′, qui lui correspond, se trouve situé à droite du point F ; le point O étant situé en réalité à droite du point Z, se trouve placé dans l'image à gauche du point F, qui marque le centre de cette image. A cela près et abstraction faite de la grandeur, l'image N′FO′ remplacera parfaitement l'objet NZO dans tout ce qui concerne la vision.

J'ai dit, comme restriction, que l'image peut remplacer l'objet dans tous les phénomènes où l'on ne considérera que les rayons de lumière ; car, pour le tact, par exemple, il y aurait une différence essentielle entre l'objet et l'image.

CHAPITRE VII

DES DIVERSES THÉORIES DES LUNETTES

Les notions que je vais donner sur la composition des lunettes paraîtront bien vulgaires, je dirai presque bien pratiques, aux géomètres qui en prendront connaissance. Je n'ignore pas que j'aurais pu, en suivant une

autre voie, arriver à plus de précision dans les résultats,
mais j'ose soutenir que les formules analytiques ne dis-
pensent pas des notions élémentaires dans lesquelles j'ai
été obligé de me renfermer. Pour justifier cette assertion, je consignerai ici une anecdote qui m'a été racontée
par Lalande.

Il y avait à Gotha, au congrès des astronomes qui se
tint dans cette ville, un mathématicien allemand, M. Klu-
gel, auteur de plusieurs ouvrages estimés sur l'optique.
Ce géomètre s'était tellement noyé dans les formules
compliquées auxquelles il était arrivé, il avait, en retournant les formules pour leur donner de l'élégance, si bien
oublié les principes fondamentaux des instruments puissants qui ont tant servi au progrès de la science, qu'un
jour, ayant voulu examiner un objet éloigné, il tourna
vers cet objet, aux grands éclats de rire de toute l'assemblée, la lentille microscopique qu'on appelle l'oculaire
et plaça son œil vers l'objectif.

En lisant les détails imparfaits que je donne sur les
lunettes, personne n'aura du moins la tentation de regarder par le gros bout.

CHAPITRE VIII

LUNETTE ASTRONOMIQUE

Les notions précédentes sur les lentilles, notions qui
sont devenues populaires depuis l'invention du daguer-
réotype et des autres procédés photographiques, nous
mettent en mesure de rendre compte du mode d'action
des verres dont une lunette se compose.

Toutes les personnes qui ont tenu dans leurs mains une de ces petites lentilles de verre qu'on appelle un *microscope simple*, savent qu'avec leur secours on peut considérablement augmenter les dimensions apparentes des objets voisins. C'est avec ces lentilles de verre, quelquefois grosses comme une tête d'épingle, que les naturalistes étudient jusque dans leurs plus petits détails, l'organisation des parties constituantes des insectes, des fleurs, des feuilles, etc.

Cette lentille pourrait servir à l'examen d'un objet NOZ (fig. 63), placé très-près, quelquefois même à la dis-

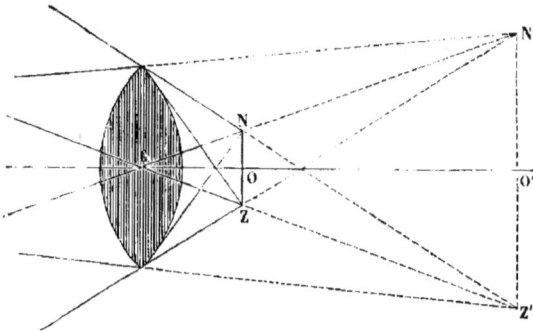

Fig. 63. — Formation de l'image dans une loupe.

tance d'une fraction de millimètre; l'image paraît être alors en N'O'Z'.

Mais rien n'empêche de substituer à un objet regardé directement l'image que donnerait cet objet NOZ dans une première lentille C en Z'O'N', à l'aide d'une seconde lentille C' (fig. 64, p. 104). En effet, avec cette seconde lentille, on peut approcher tant qu'on veut de l'image provenant d'un objet inaccessible, et on aperçoit alors une seconde image en Z''O''N''.

Dans ces quelques lignes, nous venons de décrire la lunette astronomique. Elle se compose, comme on voit, de deux lentilles, l'une tournée du côté de l'objet qu'on veut observer, et que, par cette raison, on appelle l'*objectif*, l'autre est la lentille du naturaliste avec laquelle on étudie

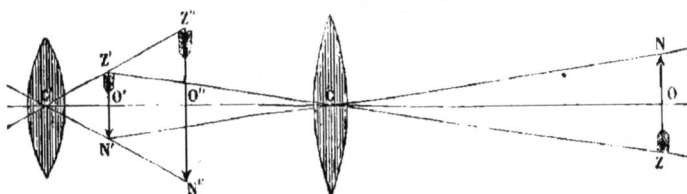

Fig. 64. — Principe de la lunette astronomique.

les images des objets éloignés fournies par la lentille objective; cette seconde lentille étant placée très-près de l'œil a été nommée l'*oculaire*.

Plus la lentille objective a d'ouverture, plus sont nombreux les rayons partant de chacun des points de l'objet observé qui vont se croiser dans les divers points de l'image; plus cette image a dès lors d'intensité. La grandeur de l'image focale, pour un objet donné, est, en outre, proportionnelle à la longueur de la distance focale de la lentille objective, comme nous l'établirons plus loin. On doit concevoir dès lors tous les avantages qui sont liés, quant aux effets, à la grande ouverture des lunettes et à leur longueur.

Le naturaliste ne voit distinctement l'objet matériel qu'il veut étudier, qu'en plaçant la petite lentille dont il se sert à une distance convenable de cet objet; de même l'astronome n'aperçoit avec netteté l'image qu'en plaçant

la lentille oculaire à la distance convenable de cette
image : cette distance se détermine expérimentalement
en faisant avancer ou reculer un petit tube dans lequel

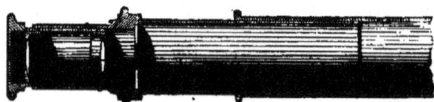

Fig. 65. — Coupe de la lunette astronomique.

la lentille oculaire est enchâssée (fig. 65), c'est ce qu'on
appelle mettre la lunette *au point*.

CHAPITRE IX

ABERRATION DE SPHÉRICITÉ

La lentille oculaire, à l'aide de laquelle on examine
l'image focale des objets engendrée par la lentille objective, sert uniquement à agrandir les dimensions de cette
image. Si l'image de la lentille objective est confuse,
l'image agrandie sera confuse aussi. Si les rayons qu'embrasse l'objectif, et qui partent de divers points de l'objet,
ne se réunissent pas exactement dans des points sans
dimensions appréciables, l'image focale étant confuse, les
objets vus par l'ensemble des deux verres dont la lunette
se compose seront confus aussi.

Nous avons reconnu expérimentalement que les rayons
venant d'un point, qui traversent une lentille sphérique
de verre bi-convexe, se réunissent dans un foyer sans
dimensions appréciables. Toute vérification faite , on
trouve, par la théorie et l'expérience, que c'est seulement

à peu près que cette réunion a lieu. Les rayons qui ont
traversé la lentille, près de ses bords extérieurs, se sont
trop réfractés, comparativement à ceux qui ont traversé
la lentille vers les régions centrales.

Les diverses zones de la lentille sphérique n'ont pas
mathématiquement le même foyer ; il résulte de là que
chaque point de l'objet est représenté dans l'image par
une surface d'une certaine étendue, et que cette image ·
est un peu confuse.

La confusion qui provient du défaut de concordance
des rayons, passant près des bords et dans les régions
centrales de la lentille, est ce qu'on appelle *l'aberration
de sphéricité*. Descartes a montré le premier que, pour
faire disparaître cette aberration, il serait nécessaire que
la lentille, au lieu d'être terminée par des surfaces sphériques, le fût par des surfaces paraboliques ou hyperbo-
liques. On a imaginé, pour engendrer de telles surfaces,
des procédés très-ingénieux, mais qui ont totalement
manqué leur but, lorsqu'il a fallu passer de la surface
simplement doucie à la surface parfaitement polie.

Heureusement qu'en usant le verre de la lentille objective, sur un bassin sphérique, des artistes habiles ont
trouvé le moyen de donner aux deux surfaces une figure
telle que l'aberration dite de sphéricité disparaît à peu
près complétement. On voit, par cette courte explication,
quelle peut être l'influence du talent de l'artiste dans la
construction d'un bon objectif.

CHAPITRE X

ABERRATION DE RÉFRANGIBILITÉ

Supposons qu'on fasse tomber sur un prisme un pinceau de rayons parallèles. Ainsi que nous l'avons vu, ce pinceau, au lieu de continuer sa route en ligne droite et sur le prolongement du faisceau incident, se sera infléchi vers la base du prisme. Il est une circonstance de cette réfraction dont je n'ai pas parlé d'abord, et sur laquelle je dois appeler maintenant l'attention du lecteur.

Le faisceau incident composé de rayons parallèles, au lieu de sortir du prisme après s'être infléchi en rayons également parallèles, au lieu d'émerger de la seconde surface du prisme sous la forme d'un faisceau délié, s'offre sous l'apparence d'un faisceau divergent épanoui comme un éventail. Tous les rayons sans exception dont ce faisceau émergent se compose ont été déviés vers la base du prisme, seulement leurs déviations ne sont pas égales.

Ces rayons, dans lesquels le faisceau émergent se partage, ne possèdent pas tous la même couleur. Celui qui a éprouvé la plus grande déviation est violet, le moins dévié est rouge. Les rayons intermédiaires entre ces deux rayons extrêmes sont, à partir du rouge et dans l'ordre de leur déviation, l'orangé, le jaune, le vert, le bleu et l'indigo (fig. 66, p. 108).

Il résulte de cette expérience célèbre qu'un faisceau blanc est composé de rayons de différentes couleurs.

jouissant de la propriété d'être inégalement réfrangibles, ou inégalement déviables par l'action d'un prisme. Ce phénomène constitue ce qu'on appelle la *dispersion*.

Rappelons-nous maintenant qu'une lentille est un composé de prismes dans lesquels les petites facettes d'entrée et de sortie des rayons font' entre elles des angles de plus en plus grands, à mesure qu'on marche du centre de la lentille vers ses bords.

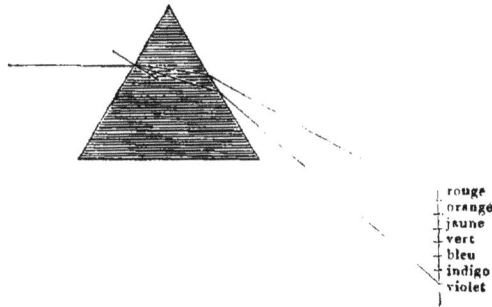

Fig. 66. — Dispersion de la lumière.

Ce que nous avons dit précédemment de la formation du foyer, en supposant que toutes les parties constituantes d'un faisceau blanc de rayons parallèles se réfractaient en un faisceau également blanc et aussi délié que le faisceau incident, pourra être appliqué à chacun des rayons inégalement réfrangibles dont nous venons de découvrir que la lumière blanche se compose. Nous aurons donc ainsi autant de foyers différents que nous avons trouvé de couleurs dans le faisceau émergent. Le premier de ces foyers, le plus voisin de la surface de la lentille, sera formé par les rayons violets, ceux qui, en traversant les prismes, se dévient le plus. Le foyer le plus éloigné de la surface de la lentille sera formé par la réunion des rayons rouges, c'est-à-dire par les rayons qui se réfractent le moins. Entre ces deux foyers violets et rouges se trouveront placés sur une même ligne, c'est-à-dire en divers points de l'axe de la lentille, les foyers orangé, jaune, vert, bleu et indigo.

L'objet NZ (fig. 67), d'où les rayons émanent, et que nous avions d'abord supposés blancs, fournira donc, au lieu d'une seule image blanche aussi, sept images distinctes à diverses distances de la lentille N^1Z^1 (rouge), N^2Z^2 (orange),... N^7Z^7 (violette).

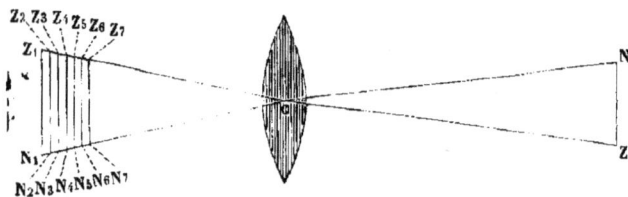

Fig. 67. — Images focales diversement colorées.

Or, personne n'ignore qu'un objet ne se voit nettement avec une lentille oculaire que lorsque cette lentille est à une distance déterminée de l'objet; que si cette distance augmente ou diminue, l'objet devient diffus. Une semblable lentille ne pouvant être placée à la même distance des images violettes, vertes et rouges, puisqu'elles sont inégalement éloignées de la lentille objective, ne donnera une peinture distincte que d'une seule de ces images, et cette netteté sera troublée par le mélange de l'image nette avec les images confuses fournies par les autres rayons.

L'aberration qui résulte de la formation d'images distinctes et diversement colorées, placées à différentes

distances de l'objectif est ce qu'on a appelé, depuis
Newton, l'*aberration de réfrangibilité*.

Cette aberration nuit à l'observation des objets, faite
à l'aide d'une lentille objective et d'une lentille oculaire,
beaucoup plus que l'aberration de sphéricité dont nous
avons parlé précédemment.

CHAPITRE XI

LUNETTES ACHROMATIQUES

Une lentille objective ne produit l'image des objets
éloignés qu'à raison de la forme prismatique de ses éléments constituants, laquelle amène un faisceau de rayons
parallèles à coïncider en un seul et même point de l'axe.
Supprimez cette forme prismatique, et il n'existe plus
d'images focales. Mais les rayons dont la lumière blanche
se compose étant inégalement réfractés, nous avons
reconnu qu'ils se réunissent en plusieurs foyers, d'où
résultait une confusion dans les images produites. Ce
mal semblait irrémédiable. Pour savoir s'il en était réellement ainsi, Newton imagina de placer deux prismes de
matières différentes, en telle sorte que l'angle du second
prisme correspondît à la base du premier et réciproquement, comme la figure ci-jointe (fig. 68) le représente et de rechercher si, avec ces deux prismes dont les
angles pouvaient être très-différents l'un de l'autre, on ·
n'obtiendrait pas définitivement une réfraction sans séparation de couleurs. Newton ne varia pas assez ses expériences et conclut d'un petit nombre d'essais que les rayons
sortaient définitivement sans couleur de l'ensemble des

deux prismes, alors seulement qu'en les traversant tous
les deux ils n'étaient pas réfractés. Dès lors, en supposant
le fait exact, il restait établi qu'on ne pouvait pas composer une lentille de deux sortes de substances dans
lesquelles les facettes d'entrée et de sortie auraient la
propriété de réfracter les rayons lumineux sans séparer
ceux qui sont doués de couleurs différentes. Mais l'expérience de Newton était heureusement inexacte.

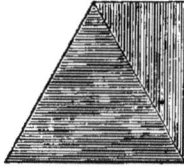

Fig. 68. — Achromatisme des prismes.

On a trouvé plus tard qu'en opposant des prismes convenablement ouverts, l'un formé du verre ordinaire de
nos glaces (*crown-glass*), l'autre composé du cristal
dans la fabrication duquel il entre une quantité notable
de plomb (*flint-glass*), on peut obtenir que les rayons
qui les ont traversés se soient déviés du côté où les eût
transportés le prisme de *crown-glass* tout seul, et cependant en restant blancs.

Ainsi, depuis cette observation, qui date de 1758, et
que nous pouvons faire remonter à Dollond, opticien
anglais, on a vu qu'il était possible de former des lentilles composées de deux sortes de verres, et à travers
lesquelles la lumière blanche passe en donnant des foyers
uniques.

Ces lentilles, qui ont été nommées achromatiques (sans

couleurs), se composent ordinairement d'une lentille biconvexe de crown-glass et d'une lentille plano-concave de flint–glass (fig. 69) ayant même axe que la première.

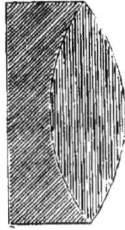

Fig. 69. — Achromatisme des lentilles.

En suivant par la pensée la route des rayons situés, par exemple, à gauche de l'axe central, on voit qu'après avoir passé à travers des prismes de crown-glass dont la base est tournée vers l'axe central, les rayons rencontrent des prismes de flint-glass dont la base est située du côté opposé. L'ensemble des deux prismes, en anéantissant la séparation des rayons colorés, laisse la prépondérance, quant à la réfraction, aux prismes de crown-glass, c'est-à-dire qu'au total un faisceau blanc qui a traversé les deux lentilles est infléchi sans coloration, et va rencontrer le faisceau central en un seul foyer.

Telle est la composition ordinaire des lentilles achromatiques. Aux difficultés inhérentes à la fabrication des lentilles d'une seule nature de verre, s'ajoute ici la difficulté nouvelle résultant de la nécessité de combiner les courbures des deux lentilles superposées, de manière que les petits faisceaux, après avoir traversé leur ensemble, sortent parfaitement blancs.

Les objectifs achromatiques sont les seuls dont on se

sert maintenant dans les observations astronomiques.

Chacun comprendra que la difficulté du travail et celle de se procurer des masses de verre bien pures ou exemptes de stries, rendent les objectifs achromatiques beaucoup plus chers que les objectifs ordinaires dont on faisait usage avant 1758.

CHAPITRE XII

MANIÈRE DONT S'OPÈRE LA VISION

Jusqu'ici, nous n'avons considéré le grossissement d'une petite lentille que comme un fait connu de tout le monde, ou que chacun peut aisément vérifier.

Il nous reste maintenant à expliquer comment le microscope simple du naturaliste, comment la lentille oculaire grossit les objets matériels ou les images de ces objets engendrées au foyer d'une première lentille; mais cette explication exigera que nous rendions compte de la manière dont s'opère la vision.

Revenons sur nos pas. Nous n'avons encore parlé des foyers qu'en tant qu'ils résultent des inflexions imprimées aux faisceaux parallèles ou non parallèles par une seule lentille. Il résulte du calcul et de l'expérience que ces mêmes faisceaux forment des foyers lorsqu'ils traversent plusieurs lentilles superposées; or, l'œil de l'homme peut être considéré comme étant composé de trois lentilles en contact placées les unes devant les autres (fig. 70, p. 114). La première, c'est-à-dire la lentille extérieure terminée par la *cornée*, est formée d'un liquide assez semblable à l'eau pure et qu'on nomme l'*humeur aqueuse*.

Vient ensuite la lentille *cristalline*, formée d'un milieu
consistant. La troisième et dernière lentille, en contact
avec le cristallin, constitue ce que les anatomistes ont
appelé l'*humeur vitrée*.

C'est à travers ces trois lentilles en contact que les
rayons lumineux qui ont pénétré dans l'œil par l'ouverture circulaire nommée la *pupille,* se réfractent pour se
réunir sur les divers points de l'image que cet assemblage
de lentilles doit produire.

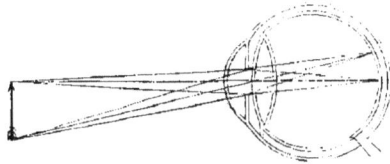

Fig. 70. — Constitution de l'œil.

Lorsque nous nous occupions de l'image formée par
la lentille objective d'une lunette, nous avons vu que
cette image se reproduisait dans le vide, ou, si l'on veut,
dans l'atmosphère; les images engendrées par les trois
lentilles de l'œil tombent, au contraire, sur une membrane qui tapisse le fond de l'organe et qu'on appelle la
rétine. Si la rétine coïncide avec le plan focal des trois
lentilles, les images qui vont se peindre sur sa surface
interne ont de la netteté. Chaque point extérieur est représenté par un point, et la rétine, qui en réalité est une
extension du nerf optique, va porter au *sensorium* la
sensation sans confusion des objets extérieurs.

Supposons maintenant que la rétine ne coïncide pas
avec les foyers des divers rayons.

Il y aura ici deux cas à considérer. Imaginons que les

rayons se réunissent avant d'atteindre la membrane. Après avoir dépassé la surface focale, les rayons qui s'étaient croisés exactement sur chacun des points de cette surface idéale vont en divergeant; chaque point d'un objet extérieur qui aurait été représenté par un point sans dimension, si la rétine avait été placée à la distance convenable, sera, dans sa position défectueuse, représenté par une surface d'une certaine étendue.

Les images des points voisins empiéteront ainsi les unes sur les autres, et la confusion de l'image totale ne pourra manquer de se manifester par une confusion correspondante de la sensation.

Des considérations analogues s'appliqueront au cas où la rétine est plus près du cristallin qu'il ne faut. Les foyers tendent à se former alors au delà de la rétine; les rayons ne sont pas encore réunis lorsqu'ils rencontrent cette membrane; elle coupe le cône formé par les rayons infléchis partis de chaque point de l'objet, avant son sommet. Chacun de ces points se trouvera représenté par une surface d'une certaine étendue. L'image totale sera confuse, quoique par une raison différente de la première, et la vision manquera également de netteté.

Comment peut-on parer à ce double inconvénient?

Dans le premier cas, les rayons, eu égard à la position défectueuse de la rétine, s'étaient trop réfractés en traversant les trois lentilles dont l'œil est composé. Si l'on pouvait convenablement diminuer cette réfraction, on ramènerait les choses à l'état normal. Or, le foyer d'un faisceau de rayons divergents qui traversent une ou plusieurs lentilles, est toujours plus loin que le foyer des rayons parallèles. En donnant aux rayons qui pénétraient d'abord dans la pupille parallèlement entre eux une certaine divergence, les foyers qui se produisaient en avant de la rétine pourront ainsi être ramenés exactement sur sa surface.

Dans le second cas, lorsque les foyers tendent à se former au delà de la rétine, c'est que les lentilles n'ont pas suffisamment dévié les rayons qui les traversent. Il faut ajouter à cette insuffisance, en rendant les rayons convergents avant leur pénétration dans l'œil.

Ce résultat s'obtient, dans le premier cas, en plaçant devant l'œil une lentille *double concave* convenable, et, dans le second cas, à l'aide d'une lentille *double convexe*.

Ces lentilles additionnelles, que chacun doit choisir exprès suivant la nature de ses yeux, ont pris le nom de *besicles*.

Les yeux dans lesquels les rayons se réfractent trop, dans lesquels les surfaces des lentilles ont une courbure trop prononcée, et où la perfection de la vision exige l'emploi de besicles biconcaves, s'appellent des yeux *myopes*.

Les yeux dans lesquels les surfaces des lentilles sont trop aplaties et ne réfractent pas assez les rayons pour amener les foyers sur la surface de la rétine; les yeux pour lesquels il faut produire une réfraction auxiliaire, à l'aide d'un verre biconvexe placé en dehors de l'œil, s'appellent des yeux *presbytes*.

CHAPITRE XIII

GROSSISSEMENT DES LENTILLES OCULAIRES

L'œil ne jouit que d'une puissance de perception bornée. Lorsque l'objet sous-fend un angle d'une seule minute, son image sur la rétine devient tellement petite, qu'elle ne produit pas d'effet, du moins pour la généralité des hommes. Ainsi un cercle ou un carré blancs, dessinés sur un fond noir, sont totalement invisibles, lorsque le diamètre du cercle ou le côté du carré sous-tendent un angle d'une minute ou au-dessous. Ces deux figures géométriques seraient au contraire aperçues, si leur distance à l'œil était telle qu'elles sous-tendissent un angle de deux minutes. Rien de plus facile, au premier aspect, que d'arriver à ce résultat. Un objet ne sous-tend-il qu'une minute à la distance qui le sépare de l'œil, l'angle sous-tendu sera double si la distance primitive est réduite à moitié, ce même angle sera triple si la distance est réduite au tiers, il deviendra décuple quand la distance sera amenée au dixième, et ainsi de suite. Il existe donc un moyen simple de grossir les objets, c'est de les observer de très-près.

Mais les rayons qui pénètrent dans l'œil, en partant d'un point voisin de cet organe, ont une divergence exagérée. Les trois lentilles dont l'œil est composé ne suffisent plus pour les amener à se croiser sur la rétine. Un point de l'objet est représenté sur cette membrane par une surface, les images des points voisins empiètent les unes sur les autres, et l'image totale devient confuse ; il

faut donc regarder comme solution acceptable du problème que nous nous sommes proposé, celle-là seulement
qui, en agrandissant les images sur la rétine, leur con-
servera toute la netteté désirable.

Eh bien, supposons que l'œil soit conformé de manière
à voir nettement par des rayons parallèles. Des rayons
partant de tous les points d'un petit objet situé à la distance d'un demi-mètre, qu'embrasse l'ouverture circulaire de la pupille, doivent être considérés comme satisfaisant suffisamment à cette condition de parallélisme.

Soit AB (fig. 71) un objet situé à un demi-mètre de

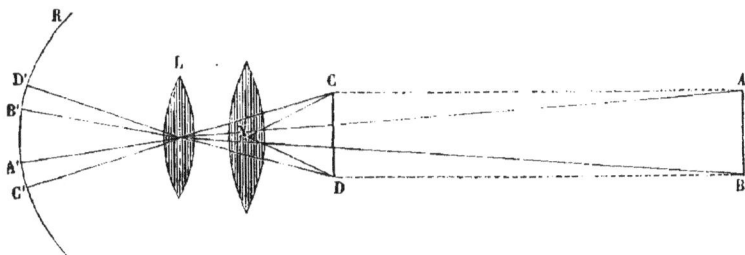

Fig. 71. — Moyen de bien voir les très-petits objets.

l'œil. Pour simplifier l'explication, réduisons l'œil à la
lentille cristalline L ; soit R la rétine.

L'objet AB, à la distance d'un demi-mètre qui le
sépare de l'œil, sera représenté sur la rétine par l'image
A'B', déterminée à l'aide des rayons aboutissant aux
deux extrémités de l'objet et se croisant au centre optique
du cristallin. Si on transporte l'objet AB parallèlement à
lui-même jusqu'à la position CD, beaucoup plus voisine
de l'œil, l'image C'D' sur la rétine sera plus étendue que
l'image A'B', correspondante à la position AB ; seulement, dans cette seconde position, les rayons divergents

partis des différents points C et D ne se réunissant plus exactement en des points uniques sur la rétine, l'image C′D′, notablement plus grande que l'image AB, aura le défaut d'être confuse. Ne pourrait-on pas conserver à cette image C′D′ sa grandeur, tout en lui donnant de la netteté? Or, c'est là une condition à laquelle la lentille oculaire, comme nous l'avons nommée, nous permet d'arriver. On doit se rappeler que les rayons partant de chacun des points d'une image ou d'un objet situé dans le plan focal d'une lentille sortent par la face opposée, parallèlement entre eux, et, de plus, parallèlement à la ligne qui joint le point rayonnant et le centre optique N de la lentille. Si donc nous interposons entre l'objet CD et l'œil une lentille au foyer de laquelle l'objet CD soit placé, les rayons divergents partant de C sortiront par la seconde surface de la lentille, parallèlement entre eux et à la ligne CN; les rayons divergents partant de D, devenus parallèles à leur émergence de la lentille, pénétreront de même dans l'organe parallèlement entre eux et à la ligne DN. Donc, à cause de leur parallélisme, ils se réuniront aux points C′ et D′, autour desquels les images confuses des points C et D venaient se former, quand le parallélisme n'existait pas, ou qu'il n'y avait point de loupe entre l'objet CD et l'œil.

Une lentille convenablement placée est donc un moyen d'observer les objets de très-près, en évitant la confusion qui semblait inhérente à cette condition.

On prouverait en outre facilement, par la théorie des triangles semblables, que l'agrandissement de l'image sur la rétine est en raison inverse de la distance focale de la lentille dont on se sert. En telle sorte qu'une lentille ayant un millimètre de foyer permet d'examiner les objets, à une distance dix fois plus petite qu'une lentille de dix millimètres de distance focale, et les grossit dix fois plus comparativement à celle-ci.

Relativement à une lentille de dix millimètres de foyer, celle dont la distance focale s'élèverait seulement à un demi-millimètre grossirait vingt fois, et ainsi de suite.

Si, comme nous l'avons supposé, un œil bien conformé voit les objets lorsqu'ils sont à un demi-mètre ou à cinq cents millimètres de distance, une lentille d'un millimètre de foyer permettant de voir ces mêmes objets lorsqu'ils sont placés à un millimètre de l'œil, les grossira dans le rapport de 1 à 500.

On ne saurait croire jusqu'où l'industrie humaine est arrivée dans la construction de ces lentilles à court foyer. Le père Della Torre, en fondant des boules de verre sous l'action du dard d'un chalumeau et les recevant dans des cavités pratiquées sur des plaques de tripoli, parvint à exécuter des lentilles dont la distance focale était de un dixième de millimètre de diamètre.

Pour *une dimension donnée*, les lentilles ont des foyers d'autant plus courts que la puissance réfringente de la matière dont elles sont composées est plus grande.

CHAPITRE XIV

DES GROSSISSEMENTS DES LUNETTES

Soient AB (fig. 72) l'objectif d'une lunette, C son centre optique, ML un objet éloigné; du point M au centre

C menons la ligne MCM', ce sera sur cette ligne que viendront se réunir les rayons sensiblement parallèles partis
du point M. Ce sera également sur la ligne LCL' que
se formera le foyer des rayons parallèles émanant du
point L.

L'image focale de ML sera représentée par M'L' ; l'objet ML, que je suppose placé très-loin, puisque les
rayons partis de M et de L, et qu'embrasse l'objectif,
sont parallèles entre eux, serait vu à l'œil nu situé au
centre optique C de l'objectif, sous l'angle MCL, ou, ce
qui revient au même, sous l'angle M'CL', puisque les
angles opposés par le sommet sont égaux entre eux.

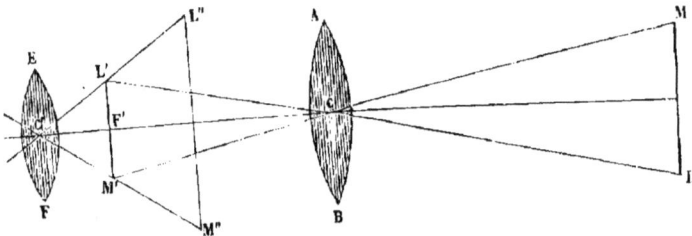

Fig. 72. — Explication du pouvoir grossissant linéaire d'une lunette.

Si la lunette fait voir l'objet ML en L''M'' sous un angle
L''C'M'' double de MCL ou de M'CL', elle grossira deux
fois ; si l'angle sous lequel on voit l'image focale de ML
est triple de M'CL', la lunette grossira trois fois ; enfin,
si l'image M'L' était vue sous un angle cent fois' plus
grand M'CL', la lunette grossirait cent fois, et ainsi de
suite.

Soit EF la lentille oculaire placée de telle manière que
L'M' en occupe le foyer et soit C' son centre optique ;
L'M' sera vu par l'œil situé derrière l'oculaire comme s'il

était en C′, par conséquent sous l'angle L′C′M′. Le rapport qu'il y aura entre l'angle L′C′M′ et l'angle L′CM′ donnera la valeur du grossissement. Or, nous nous sommes déjà servis de ce principe, que l'angle sous-tendu par un objet est en raison inverse de la distance qui nous en sépare. L'angle sous-tendu en C′ par l'image M′L′ sera donc à l'angle sous-tendu en C par cette même image comme F′C, distance focale de l'objectif, est à F′C′ distance focale de l'oculaire.

Si F′C est double de F′C′, le grossissement sera deux fois; si F′C est triple de F′C′, le grossissement sera trois fois; si F′C est cent fois F′C′, le grossissement sera cent fois, et ainsi de suite.

Le grossissement s'obtiendra donc toujours en voyant combien de fois la distance focale de l'oculaire est contenue dans la distance focale de l'objectif, ou en divisant ce second nombre par le premier.

Reprenons maintenant la marche des rayons parallèles qui tombent sur l'objectif. Les rayons extrêmes viennent, après leur réfraction, se croiser au point M′

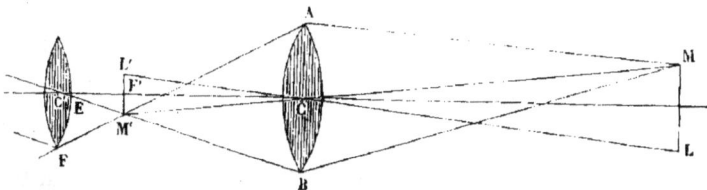

Fig. 73. — Grossissement en surface d'une lunette.

(fig. 73); ils continueront leur marche jusqu'à l'oculaire, et sortiront parallèles entre eux. Il est évident que la dis-

tance des rayons, après leur émergence, est égale à EF ;
par conséquent, si on compare les triangles ABM' et
EM'F, on peut substituer le rapport de AB à EF à celui
de CF' à C'F', c'est-à-dire que le grossissement linéaire
s'obtient en divisant le diamètre de l'objectif par le diamètre du faisceau émergent de l'oculaire, ce qui fournit,
par parenthèse, un moyen très-simple d'obtenir le grossissement de la lunette. Si le rapport de AB à EF est le
grossissement linéaire de la lunette, le rapport du carré
de AB au carré de EF donnera le grossissement superficiel.

Le grossissement en surface s'obtiendra donc en divisant la superficie de l'objectif par la surface du pinceau
suivant lequel émergent des rayons parallèles émanant
d'un seul point éloigné et ayant embrassé la totalité de
la surface de l'objectif.

Les personnes qui auront bien compris cette démonstration ne demanderont plus, en visitant un observatoire,
combien grossit une lunette qui passe sous leurs yeux,
ou ne s'étonneront pas, du moins, qu'on leur réponde :
« Elle grossit suivant l'oculaire qu'on y adapte. »

La question : « Quel est le plus grand grossissement
que la lunette puisse supporter ? » sera, au contraire,
très-raisonnable. Il est clair, en effet, que l'objectif ayant
une étendue déterminée, l'image focale portée sur la
rétine aura d'autant moins d'éclat qu'elle y occupera une
plus grande étendue; en sorte que si l'on a égard à l'intensité lumineuse, il y a une limite aux grossissements
d'une lunette.

Théoriquement, cette limite n'existe pas. Quand on

veut déterminer le grossissement d'après les éléments constitutifs d'une lunette, il faut trouver expérimentalement à quelle distance du centre optique des deux lentilles dont elle se compose, l'image des objets éloignés, l'image du Soleil, par exemple, viennent se peindre avec netteté, et diviser l'une de ces distances par l'autre ; lorsque l'oculaire a un très-court foyer, quand ce foyer n'est que d'un ou deux millimètres et au-dessous, l'erreur qu'on pourrait commettre sur la mesure d'une si petite distance aurait la plus grande influence sur la valeur du grossissement ; aussi la méthode que nous venons d'indiquer, très-exacte théoriquement, a été remplacée dans la pratique par des méthodes différentes, entre autres par la comparaison du diamètre de l'objet au diamètre du faisceau émergent de l'oculaire et par celle que nous exposerons dans le chapitre suivant.

CHAPITRE XV

MOYEN DE MESURER LES GROSSISSEMENTS

Il existe des cristaux dans lesquels la lumière éprouve une bifurcation. Un pinceau tombant même perpendiculairement sur une de leurs faces donne naissance, à sa sortie, à deux pinceaux également intenses : l'un, qui a suivi la route qu'aurait parcourue la lumière traversant une matière transparente ordinaire sous les mêmes conditions, s'appelle le *pinceau ordinaire*, l'autre se nomme le *pinceau extraordinaire ;* l'angle formé par ces deux pinceaux varie avec la nature du cristal. On parvient, pour un cristal donné, à augmenter la séparation des deux pinceaux, ou l'angle qu'ils forment entre eux, en taillant le cristal suivant certaines directions sous la forme d'un prisme. Le prisme cristallin est ensuite achromatisé à l'aide d'un autre prisme placé en sens contraire et formé d'une matière qui ne possède pas de double réfraction.

A travers l'ensemble des deux prismes, on voit nettement deux images des objets qu'on regarde et elles sont exemptes de couleurs.

Supposons que l'objet observé soit un cercle qui ait pour diamètre horizontal la ligne AB (fig. 74) ; suppo-

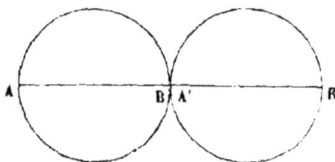

Fig. 74. — Contact des deux images ordinaire et extraordinaire fournies par un cristal biréfringent.

sons de plus que la déviation extraordinaire se fasse horizontalement et à droite. Alors, à droite du cercle AB, que j'admets être l'image ordinaire, se verra un cercle de même grandeur A′B′. Mettons que le diamètre AB, vu du lieu où l'observateur est placé, sous-tende par exemple un angle de vingt minutes, et que vingt minutes soient aussi la mesure de l'angle que forment à la sortie du double prisme le rayon ordinaire et le rayon extraordinaire, alors le cercle A′B′ sera tangent au cercle AB, comme la figure le représente. Ce double prisme donnera toujours le moyen de reconnaître quand une mire donnée

sous-tend exactement vingt minutes. L'angle sous-tendu
par AB est-il plus petit que vingt minutes, la seconde
image A′B′ sera séparée de l'image AB (fig. 75); le

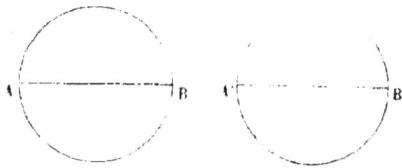

Fig. 75. — Séparation des deux images d'un cristal biréfringent.

cercle AB sous-tend-il un angle plus grand que vingt
minutes, l'image A′B′ ne sera pas totalement séparée de
l'angle AB : elles empiéteront l'une sur l'autre (fig. 76).

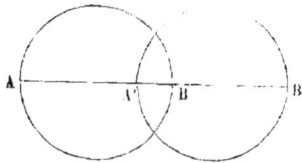

Fig. 76. — Empiétement des deux images d'un cristal biréfringent.

Enfin, répétons-le, les images AB et A′B′ ne seront tangentes l'une à l'autre que lorsque AB sera exactement
de vingt minutes.

Il n'en faudra pas davantage pour comprendre le
moyen de mesurer les grossissements que fournit le
prisme doublement réfringent.

Supposons que, sur une planche noire très-éloignée,
on trace des cercles qui, du lieu que l'observateur
occupe, sous-tendent des angles de 1, 2, 3, 4, 5 secondes,
et ainsi de suite. Si, vu avec la lunette, le cercle de 1″
sous-tend un angle de 10″, la lunette grossit 10 fois; si

une seconde, par l'intermédiaire de la lunette, devient 100 secondes, la lunette grossit 100 fois, et ainsi de suite.

Dans les vingt minutes, quantité dont le prisme sépare les images par hypothèse, il y a un nombre de secondes égal à 20 fois 60, ou 1,200 secondes; dirigeons la lunette sur la série de mires dont nous venons de parler, la mire d'une seconde devient-elle dans la lunette 1,200″, la lunette grossit 1,200 fois. Mais comment savoir si, dans la lunette, le cercle de 1″ est devenu 1,200 fois plus grand? La question sera résolue en plaçant le double prisme entre l'oculaire et l'œil, et voyant si les images du petit cercle amplifié sont tangentes l'une à l'autre. Si ce sont seulement les deux images du cercle de 2″ qui sont tangentes entre elles, quand on regarde avec le prisme placé toujours entre l'oculaire et l'œil, c'est une preuve que la lunette grossit 2″ au point de les rendre égales à 1,200″, c'est-à-dire que le grossissement est égal à $\frac{1,200}{2}$, ou à 600 fois.

S'il faut recourir à la mire de 3″ pour que, grossie par la lunette, elle devienne 1,200″, le grossissement de cette lunette sera $\frac{1,200}{3}$, ou 400 fois, et ainsi de suite pour les grossissements inférieurs aux précédents quels qu'ils soient.

Ce moyen de mesurer les grossissements ne suppose, comme on voit, aucune connaissance de la théorie des lunettes, ou du rôle que jouent l'objectif et l'oculaire de ces instruments; elle est une application directe du mot grossissement convenablement entendu et elle conduit au résultat cherché avec toute la précision désirable.

Nous avons supposé que la séparation des deux images s'opérait dans le sens horizontal ; il suffirait de faire tourner le prisme sur lui-même, dans un sens ou dans l'autre, de 90°, pour que l'image extraordinaire se plaçât au-dessus ou au-dessous de l'image ordinaire. Du reste, les observations dans cette position du prisme se feraient exactement comme dans le premier cas.

Ce qui contribue à l'exactitude de ce moyen de mesurer le grossissement, c'est la facilité avec laquelle on juge de la tangence des deux images prismatiques. Une discussion, qui serait ici hors de propos, prouverait aisément qu'à l'aide de ce procédé bien employé on n'aurait pas à craindre une incertitude d'une unité sur cent, dans la valeur numérique du grossissement cherché.

Kepler, le véritable inventeur des lunettes astronomiques, c'est-à-dire des lunettes formées de deux lentilles convexes, les seules dont on fasse usage aujourd'hui, ne dit rien dans ses ouvrages sur les moyens de déterminer, de mesurer le pouvoir amplificatif de ces instruments d'après la courbure et la position des lentilles dont ils sont formés. Descartes aborda le problème, mais il ne le résolut pas. Huygens invitait même les lecteurs de la *Dioptrique* si célèbre de notre compatriote, à ne point s'obstiner à comprendre « quant à la raison et à l'effet des lunettes, ce qui (suivant lui) n'a aucun sens. »

C'est Huygens qui, le premier, assigna le véritable rôle de l'objectif et de l'oculaire d'une lunette ; c'est à Huygens que l'on doit la règle si simple à l'aide de laquelle le grossissement pourrait se déduire de la valeur des distances focales des deux lentilles.

CHAPITRE XVI

POURQUOI LES LUNETTES D'UN FAIBLE POUVOIR AMPLIFICATIF
SEMBLENT-ELLES NE PAS GROSSIR DU TOUT

Lorsqu'on applique à l'observation de la Lune, par exemple, une bonne lunette d'un très-faible pouvoir amplificatif, une lunette grossissant cinq à six fois, on dirait qu'elle ne grossit pas du tout. Les personnes qui font cette expérience reconnaissent volontiers qu'une telle lunette éclaircit les images, qu'elle fait voir les objets éloignés avec plus de netteté; mais elles ne vont pas au delà : le grossissement leur paraît nul, elles diraient volontiers que la lunette a diminué les dimensions apparentes des objets. Voici, ce me semble, la cause de ces illusions et le moyen de les faire disparaître. Le jugement que nous portons sur la grandeur d'un objet dépend beaucoup de la distance à laquelle nous supposons cet objet placé; mais l'évaluation que nous faisons de cette distance provient d'un grand nombre de circonstances, au premier rang desquelles il faut placer la netteté de la vision. Quand nous voyons avec une grande précision les plus petites parties d'un objet, nous sommes portés à admettre que cet objet est très-près, et dès lors à lui supposer des dimensions réelles plus petites que celles que nous lui attribuerions, si l'objet nous paraissait à la distance réelle. Eh bien, toutes les parties de la Lune aperçues dans une lunette ne grossissant que cinq à six fois se voient avec une telle netteté, que l'astre paraît être placé à la portée de la main, et doit conséquemment nous sembler plus petit qu'on ne devrait le conclure de l'étendue de son image amplifiée. Voulez-vous faire disparaître cette illusion ? ouvrez l'œil avec lequel vous clignez d'abord, l'œil qui n'était pas en face de la lunette. Dès ce moment, vous verrez deux images de la Lune, l'une avec ses dimensions naturelles, l'autre avec ses dimensions amplifiées. Mais les images étant alors rapportées à la même distance, on verra bien que le diamètre de celle qui est fournie par la lunette est cinq à six fois plus grand que le diamètre de l'image vue à l'œil nu.

C'est un moyen très-simple de faire disparaître une illusion à laquelle les astronomes eux-mêmes n'échappent pas, et de montrer combien se trompent ceux qui veulent réduire l'office des lunettes à l'éclaircissement des images et croient pouvoir déduire de l'expérience que je viens de citer qu'elles ne grossissent pas.

La comparaison d'un objet observé à l'œil nu, avec ce même objet vu simultanément à l'aide d'une lunette, constitue la méthode dont Galilée fit usage pour déterminer le grossissement de ses premiers instruments.

CHAPITRE XVII

CHAMP DE LA VISION A TRAVERS UNE LUNETTE

Rien n'est plus dangereux, en matière de science, que les assimilations : elles sont presque toujours fondées sur des aperçus vagues et conduisent à des opinions erronées, dont les vraies lumières de la théorie triomphent ensuite difficilement. Ne sortons pas du sujet. Pour le

commun des hommes, l'objectif de la lunette est comme
la fenêtre d'un appartement; plus il aura de largeur, et
plus on verra d'objets à la fois ou d'un même coup d'œil,
en un mot, pour me servir d'une expression consacrée,
plus la lunette aura de *champ*.

Cette conséquence, toute logique qu'elle paraît au
premier aspect, est une grande erreur, comme il est
facile de le démontrer.

Soient **AB** l'objectif et **CD** l'oculaire d'une lunette
(fig. 77). Menons par les bords extrêmes **C** et **D** de cet

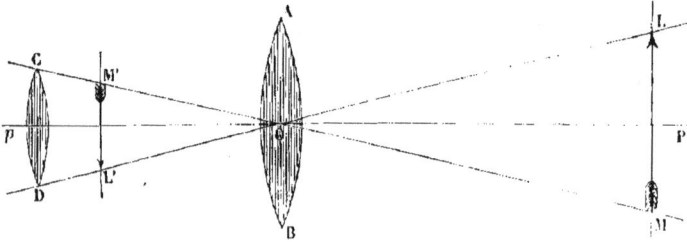

Fig. 77. — Champ d'une lunette.

oculaire, et par le centre optique **O** de l'objectif, les
lignes **COM** et **DOL**. L'objet **ML** sera représenté en **M'L'**.
On voit que les points plus éloignés de la ligne centrale
Pp que les points **L** et **M**, se peindront sur l'image, au-
dessous du point **L'** et au-dessus du point **M'**; par conséquent, les rayons partant de tous les points, au-dessus
de **L**, et au-dessous de **M**, n'iront pas après leur croisement, surtout quand le grossissement est un peu fort,
tomber sur la lentille oculaire, dont aucune partie n'est
en face de ces points, et dès lors ils ne seront pas
aperçus.

Le double de l'angle formé par l'axe **Pp** et la ligne **OL** représente l'étendue angulaire des objets qu'on peut voir dans la lunette, lorsqu'on ne la déplace pas.

Le double de l'angle POL est ce qu'on appelle l'*étendue du champ*. Cette étendue varie donc avec les dimensions de la lentille oculaire; et, lorsque cette lentille est enchâssée dans un anneau de cuivre, qu'on nomme sa *sertissure*, le champ dépend de l'étendue que la sertissure laisse à découvert, et presque pas de la largeur de l'objectif. Une conséquence immédiate de cette théorie, c'est que le champ d'une lunette diminue avec le grossissement; car, à mesure que le grossissement augmente, les dimensions transversales de la lentille oculaire doivent diminuer.

CHAPITRE XVIII

MICROMÈTRE

Le micromètre, comme son nom l'indique, est destiné à la mesure des petits angles, c'est-à-dire des objets compris dans le champ d'une lunette.

Je vais essayer de donner une idée claire et précise de la construction et des propriétés des micromètres à fils.

L'oculaire d'une lunette sert, comme nous avons vu, à amplifier la peinture aérienne qui se forme au foyer de l'objectif. *Un objet matériel placé dans le lieu même qu'occupe cette peinture aérienne se verra nettement en même temps que la peinture elle-même;* c'est sur ce fait capital de théorie et d'expérience que repose essentiellement la construction des micromètres.

Supposons qu'à une grande distance du lieu où l'observateur est placé, on ait tracé sur un tableau noir un petit cercle dont tous les diamètres sous-tendent un angle d'une minute, par exemple, ce cercle vient se peindre au foyer aérien de la lunette. Placez à ce foyer deux fils très-déliés qui, vus avec l'oculaire, soient tangents à l'image circulaire aux deux extrémités de son diamètre horizontal, on aura déterminé ainsi l'intervalle qui, dans le champ de la lunette, correspond à une minute, quel que soit l'objet vers lequel la lunette soit dirigé.

Il est évident, en effet, qu'en passant de la direction horizontale à une direction inclinée quelconque, voire même à une direction verticale, l'écartement des deux fils qui correspond à une minute dans la première position, doit toujours rester le même.

Un troisième fil, éloigné du second comme celui-ci était éloigné du premier, donnera un second intervalle d'une minute, il en sera de même d'un quatrième fil comparé au troisième, pourvu que les distances restent toujours égales, et ainsi de suite des quarante fils, par exemple, qu'on peut placer dans le champ parallèlement les uns aux autres.

Si l'on craignait de ne pouvoir placer mécaniquement les fils voisins à des distances exactement égales à la distance qui sépare les deux premiers, on procéderait ainsi expérimentalement. A l'observation d'un objet circulaire sous-tendant un angle d'une minute, on ferait succéder l'observation d'un objet où l'angle sous-tendu serait de deux minutes; si le diamètre horizontal de ce second objet était exactement compris entre le premier fil et le troisième, ce scrait une preuve que ce troisième fil serait écarté du second d'une quantité égale à une minute.

Un quatrième fil serait placé dans la position convenable relativement au troisième, en se réglant sur le diamètre horizontal d'une mire circulaire qui sous-tendrait un angle de trois minutes, et ainsi de suite.

Les repères, ainsi placés au foyer de la lunette et invariablement fixés au tuyau, serviraient à évaluer les diamètres angulaires horizontaux de tous les objets terrestres ou célestes vers lesquels la lunette pourrait être dirigée.

On aurait opéré de même s'il s'était agi de se procurer des repères propres à la mesure des diamètres verticaux. L'ensemble de ces fils horizontaux et verticaux formerait dans le champ de la vision un treillis composé de carrés juxtaposés, dont les deux dimensions, dans les deux sens, auraient été chacune de 60 secondes.

Un pareil système pourrait servir à déterminer en minutes ou en soixantaines de secondes les diamètres horizontaux et verticaux du Soleil, de la Lune et ceux des planètes. S'agit-il, en effet, du diamètre vertical, en faisant bouger la lunette on met le bord inférieur du disque de l'astre tangentiellement à l'un des fils horizontaux, et l'on cherche à la vue quel est le fil parallèle à ce premier qui affleure le bord supérieur.

Le diamètre vertical renferme autant de minutes qu'il embrasse d'intervalles, seulement s'il ne se trouve aucun fil affleurant exactement le bord supérieur du disque, si ce bord vient se terminer entre deux des fils du treillis, il y aura une appréciation à faire. Le diamètre se composera du nombre de minutes égal au nombre d'intervalles entiers que le diamètre comprend, plus une fraction de minute qui sera une demie, un tiers, un quart, suivant l'évaluation arbitraire de l'astronome.

Quand on veut mesurer l'étendue angulaire du diamètre horizontal d'un astre, on procède de même. Seulement, les repères sont dans ce cas-ci des fils verticaux dont l'un est maintenu tangentiellement à l'un des bords de l'astre, tandis que l'œil cherche à saisir celui qui est tangent au bord opposé.

La nécessité d'évaluer les fractions de minutes lorsque le diamètre à mesurer n'est pas exactement compris entre deux des fils du treillis, jointe à l'inconvénient qui résultait de cette multitude de fils se projetant simultanément sur l'astre, conduisit les astronomes à modifier le procédé précédent mais sans en changer le principe.

Cette modification consiste à placer au foyer commun de l'objectif et de l'oculaire un fil fixe et un fil mobile qui peut être placé à volonté à toutes les distances possibles du premier. Ce fil mobile est attaché à une plaque qu'entraîne une vis. Si la vis est bien régulière, si ses filets sont également espacés, à chaque tour de vis, le fil mobile, que la plaque entraîne avec elle, s'éloignera du fil fixe de la même quantité ; il ne restera plus qu'à déterminer expérimentalement, à l'aide de mires suffisamment éloignées, la valeur angulaire de l'espace dont le fil se déplace parallèlement au fil fixe à chaque tour de la vis qui l'entraîne.

Si cet espace est d'une minute, par exemple, et si l'on a à mesurer un diamètre d'environ trente minutes, on fera faire trente tours à la vis, comptés à partir du point où le fil mobile coïncidait avec le fil fixe.

Si le diamètre est de trente minutes et une fraction, l'observation des deux tangences aura exigé qu'on ait fait tourner la vis du micromètre de trente tours entiers et d'une fraction de tour dont la valeur pourra être obtenue par une partie proportionnelle en fraction de minute ou de seconde. On voit que par ce procédé on substitue une mesure à une évaluation, laquelle, par sa nature, devait toujours laisser quelques doutes dans l'esprit de l'observateur.

Ce micromètre exige que, par un mouvement convenable de la lunette, on puisse maintenir l'un des bords de l'astre qu'on veut mesurer, tangentiellement au fil fixe, pendant qu'on amène le fil mobile à être tangent au bord opposé. Cette condition est quelquefois difficile à remplir, mais ce n'est pas ici le lieu d'indiquer comment on a vaincu cette difficulté.

Ce qui précède donne du micromètre une idée suffisante pour que je puisse, dans tout ce qui va suivre, supposer qu'on s'est servi de cet instrument dans la mesure des petits angles.

، J'ai insisté, comme on a pu le remarquer, sur la nécessité de placer à une grande distance les mires terrestres qui servent à régler les intervalles constants des fils dans le micromètre à treillis, ou les distances variables du fil mobile au fil fixe dans les micromètres qui sont devenus d'un usage habituel.

Cette circonstance est commandée par la nécessité d'avoir, dans les épreuves préparatoires, la même distance focale de la lunette que lorsqu'on observe les objets célestes.

Il est clair, en effet, qu'une minute doit sur le plan focal embrasser un espace d'autant plus étendu que la distance focale de la lunette est plus grande. Quant à la lentille oculaire, on peut la changer à volonté sans altérer la valeur angulaire des tours de la vis micrométrique. Supposons qu'avec un grossissement donné, deux fils soient tangents aux deux bords d'une image, la tangence subsistera quel que soit le grossissement, lors même que, par un changement dans la lunette, on doublerait ou triplerait le grossissement primitif, puisqu'on augmentera alors également la dimension de la peinture aérienne de l'objet auquel on vise, et l'intervalle compris entre les deux fils qu'on a pris pour repère.

CHAPITRE XIX

DES MICROSCOPES

On se sert de microscopes en astronomie pour grossir les divisions des instruments gradués. Ces microscopes sont simples ou composés. Lorsque le microscope est simple ou formé d'une seule lentille, il prend le nom de *loupe ;* alors il ne diffère pas, quant à son mode d'action, de la lentille dont se servent les naturalistes pour grossir les objets, ou de celle qu'on applique dans les lunettes à l'amplification des images aériennes formées au foyer de l'objectif.

Les microscopes composés, ordinairement employés pour examiner les divisions des cercles méridiens, ont le même but, mais diffèrent essentiellement de la loupe proprement dite, quoique celle-ci en forme la partie principale.

Quand un objet est placé exactement au foyer d'une lentille, les rayons qui partent de chacun de ses points, après s'être réfractés, sortent par la face opposée parallèles entre eux. Ces rayons ne sauraient donc former une image de l'objet ; ils ne produisent pas davantage d'image réelle, lorsque l'objet est placé entre le foyer et la surface du verre. Les rayons partant de chaque point de l'objet, sortent alors de la lentille en divergeant, et ils ne se réunissent pas, pour donner lieu à une image aérienne. Lorsque, au contraire, l'objet est situé plus loin de la lentille que le foyer des rayons parallèles, les rayons réfractés se réunissent toujours et forment une image de cet objet. Ajoutons que, tout restant égal, l'image se forme d'autant plus loin, et dès lors est d'autant plus étendue, que l'objet exposé à la lentille est plus près du foyer.

Si on adapte maintenant à l'observation de cette image aérienne ainsi amplifiée une lentille oculaire, comme dans les lunettes, on aura construit ce qu'on appelle un *microscope composé*. Ce microscope est susceptible de porter des réticules composés de fils, comme la lunette astronomique, et peut ainsi, lorsque ces fils sont mobiles avec une vis, servir à subdiviser les espaces compris entre les traits que l'artiste a gravés sur le limbe et vers lesquels le microscope est dirigé.

L'amplification des microscopes composés tient particulièrement à la lentille objective, qui a un très-court foyer, très-près duquel sont placés les objets qu'on veut agrandir ; tandis que dans une lunette, c'est à la lentille oculaire qu'est dû en plus grande partie le grossissement.

Les lentilles objectives d'un microscope étant très-courbes ont très-peu de surface. On peut donc trouver facilement du verre propre à leur fabrication. On a vu qu'il n'en était pas de même des lentilles objectives des lunettes astronomiques. Les artistes sont parvenus à exécuter de très-petites lentilles de microscope formées de flint et de crown, de manière à leur conserver l'achromatisme.

CHAPITRE XX

UN OBJET LUMINEUX AYANT UN DIAMÈTRE SENSIBLE, CONSERVE LE MÊME ÉCLAT A TOUTES DISTANCES

Pour apprécier les quantités comparatives de lumière que des corps rayonnants projettent sur un point donné, il est nécessaire de tenir compte de deux éléments distincts et également importants : de l'étendue *superficielle apparente* de ces corps, vus du point donné, de leur *éclat spécifique* ou *intrinsèque*.

Supposons, tout le reste demeurant constant, que le diamètre du Soleil soit réduit, à la moitié, au tiers, au quart...., au dixième du diamètre qu'il a aujourd'hui; sa surface apparente, diminuée dans le rapport des carrés de ces mêmes nombres, ne sera plus que le quart, le neuvième, le seizième...., le centième de sa valeur actuelle; cette surface ne lancera sur le point où l'observateur s'est placé, que le quart, le seizième...., le

centième des rayons qu'elle y envoyait précédemment.
Qui ne comprend, en effet, que les choses se passeraient
comme si on couvrait successivement avec un écran les
$\frac{3}{4}$, les $\frac{8}{9^{es}}$, les $\frac{15}{16^{es}}$...., les $\frac{99}{100}$ de la surface du Soleil, ou, en
d'autres termes, comme si des portions équivalentes de
cette surface venaient successivement à s'éteindre ou à
être anéanties.

Il n'est pas moins évident que si la surface lumineuse
apparente conservant la même étendue, chacun des éléments dont elle se compose, chacune de ses parties d'un
millimètre carré, par exemple, acquérait un éclat spécifique, double, triple, quadruple...., centuple de l'éclat
spécifique antérieur, la faculté éclairante de l'ensemble triplerait, quadruplerait...., centuplerait. Voyez la Lune,
son éclat spécifique moyen, son éclat intrinsèque étant,
comme nous le verrons plus tard, la 300,000ᵉ partie de
celui du Soleil, la lumière qu'elle répand sur chaque
point du globe n'est que la 300,000ᵉ partie de celle qui
provient du Soleil, lors même que les deux astres, vus
de la Terre, sous-tendent le même angle, se présentent
sous la même étendue superficielle apparente.

Rappelons d'abord ce principe : la lumière qui, émanant *d'un point* rayonnant, pénètre dans l'œil, diminue
dans la proportion du carré des distances.

Supposons maintenant, que l'œil restant en O (fig. 78),

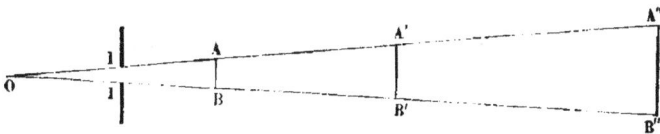

Fig. 78. — Variation de l'intensité de la lumière avec la distance.

un observateur soit censé regarder par la petite ouverture circulaire I I, sous-tendant un angle d'une minute ; supposons de plus que la surface incandescente AB soit transportée successivement en A'B' à une distance double ; en A''B'' à une distance triple, etc., etc. Je dis que dans toutes ces positions, l'ouverture I I paraîtra avoir le même éclat.

En effet, les diamètres AB, A'B', A''B'', etc., sont entre eux :: 1 : 2; :: 1 : 3, etc. Les surfaces des cercles dont ces lignes constituent les diamètres, sont entre elles :: 1 : 4; :: 1 : 9; etc. *Le nombre des points* lumineux contenus dans les cercles AB, A'B', A''B'', etc., augmente donc proportionnellement au carré des distances. Ces cercles représentent les étendues superficielles qui concourent, à différentes distances, à la formation des images d'une minute ; ces images augmenteraient d'intensité dans les rapports des carrés des distances, si chaque point conservait toujours le même éclat. Mais la lumière d'un point, considérée isolément, diminue, nous l'avons déjà établi, comme le carré des distances. Dès lors, si le cercle A'B' contient 4 fois plus de points rayonnants que le cercle AB, d'autre part, chacun de ces points est représenté dans l'image avec une intensité égale au quart seulement de ce que produisent les points contenus dans AB. Il y a donc compensation quand on quadruple d'un côté le nombre de points rayonnants, tandis que d'un autre côté l'éclat de ces points est réduit au quart de l'éclat primitif; l'éclat primitif reste donc intact.

CHAPITRE XXI

DURÉE DE LA SENSATION DE LA VUE

Certaines de nos sensations subsistent encore un temps très-appréciable après que leur cause a cessé d'agir. La sensation de la vue est dans ce cas; sans cela, un charbon enflammé parcourant rapidement un cercle, n'offrirait pas une *ligne* CONTINUE *de lumière,* car le charbon ne saurait être dans tous les points du cercle à la fois. Il faut, pour que la ligne continue existe, que le charbon décrive la courbe dans un temps qui ne surpasse pas la durée de la sensation lumineuse qu'il engendre en divers points de la rétine.

Des expériences de D'Arcy, faites en 1765, ont montré que la courbe lumineuse présente *des solutions de continuité* aussitôt que le temps de la révolution du charbon surpasse 8 tierces, c'est-à-dire $\frac{8}{60^{es}}$ de seconde $= 0''.13$.

En disposant l'expérience d'une autre manière, en faisant tourner devant le charbon, cette fois immobile, un cercle opaque percé près de sa circonférence d'un trou qui, à chaque tour, allait se placer en face du charbon, D'Arcy trouva que ce charbon n'éprouvait pas d'éclipse, qu'il était toujours visible, tant que le cercle opaque rotatif n'employait pas plus de 9 tierces à faire son tour, et l'on a 9 tierces $= \frac{9}{60^{es}}$ de seconde $= 0'.15$.

Une très-vive lumière blesse nos yeux, et y laisse une impression plus ou moins durable. Qu'on regarde le Soleil, ne fût-ce que l'espace d'une seconde, avec un œil, sans l'interposition d'aucun verre affaiblissant ; l'observateur, même après avoir fermé l'œil, croira voir une image bien définie de l'astre.

La Hire dit, dans son *Traité des différents accidents de la vue* (*Académie des sciences*, t. IX) : que cette image, vue l'œil fermé paraît d'abord rouge, et qu'ensuite elle passe successivement au jaune, au vert et au bleu.

La Hire ajoute que cette régularité dans la succession des couleurs de *la tache représentant le Soleil*, ne se manifeste plus si l'œil *restant ouvert* se porte sur des objets diversement colorés. La tache est-elle jaune, l'œil fermé : elle paraîtra verte, si l'expérimentateur regarde du bleu. Est-elle bleue, l'œil fermé : elle semblera encore verte à l'instant où l'expérimentateur, ouvrant l'œil, la projettera en quelque sorte sur un fond jaune.

La Hire explique ce résultat, en remarquant que *le vert se forme par le mélange du jaune et du bleu.*

CHAPITRE XXII

OBSERVATION DES OBJETS TRÈS-FAIBLES

L'œil plus ou moins ébloui par l'action d'une forte lumière ne revient à l'état normal que peu à peu, la sensibilité de la rétine une fois émoussée, ne se rétablit que graduellement.

Ces faits ont dû être connus de toute antiquité. Une expérience journalière ne montre-t-elle pas, en effet, que si en venant du grand jour, on passe subitement dans un lieu très-faiblement éclairé, on a besoin d'un temps assez long pour y apercevoir les objets?

De *faibles lumières* produisent des effets analogues relativement à des lumières *beaucoup plus faibles* encore; de très-faibles lumières suffisent pour engendrer (si l'expression m'est permise) des *éblouissements momentanés* sous l'influence desquels certains objets restent complétement invisibles.

« *Vingt minutes*, dit William Herschel, n'étaient pas de trop quand je venais d'une pièce éclairée, si je voulais que ma vue reposée me permît de discerner dans le télescope des objets très-délicats. » Après le passage d'une étoile de deuxième grandeur dans le champ de l'instrument, il fallait à l'illustre astronome un pareil intervalle de vingt minutes, pour que l'œil reprît sa *tranquillité*.

Herschel fils rapporte qu'il ne commençait à voir les satellites d'Uranus dans ses grands télescopes, qu'après être resté, *pendant un gros quart d'heure,* l'œil appliqué à l'oculaire et en se garantissant de plus en plus soigneusement de l'action de toute lumière extérieure.

Une grande lumière empêche d'apercevoir les lumières très-faibles placées dans son voisinage.

Ce fait est constant. Je puis même citer des cas dans lesquels, chose singulière, Uranus, qui se voit à peine à l'œil nu, jouait le rôle de *grande lumière*.

Le premier satellite d'Uranus disparaissait toujours pendant les observations de William Herschel, faites avec un télescope de vingt pieds anglais ($6^m.10$), lorsqu'il se trouvait à moins de $14''$ du centre de la planète; le second satellite disparaissait à son tour, dès que cette distance angulaire descendait au-dessous de $17''$. De très-petites étoiles disparaissaient de même à des distances plus ou moins grandes d'Uranus, suivant leur intensité.

Le phénomène pourrait tenir à plusieurs causes distinctes ou à leur combinaison. Il serait possible que l'ébranlement communiqué à la rétine par les rayons concourant à la production de l'image de la planète s'étendît un peu au delà du contour de cette image et y rendît plus difficile la visibilité de très-faibles lumières; on pourrait aussi imaginer qu'à raison de quelques défauts, de quelque aberration dans le miroir du télescope, l'image principale était entourée, jusqu'à de certaines distances, d'une sorte d'auréole lumineuse.

CHAPITRE XXIII

CHAMP DE LA VISION NATURELLE

Ptolémée annonçait avoir reconnu expérimentalement, que le champ de la vision, que *l'espace qui est visible dans une position invariable de l'œil* se trouve limité par un *cône rectangle*, c'est-à-dire par un cône ayant son sommet à la pupille et dans lequel les arêtes diamétralement opposées sont perpendiculaires entre elles. Cette donnée nous a été transmise par Héliodore de Larisse, car le premier livre de l'Optique de Ptolémée est perdu. Les auteurs modernes l'ont adoptée. Il en résulte que pour voir du même coup d'œil l'horizon et le zénith, il faut diriger l'axe visuel à 45° de hauteur, et que jamais, l'œil ne tournant pas dans son orbite, nous ne pouvons apercevoir simultanément plus d'un quart de la surface du ciel.

A. — I.

Venturi a trouvé d'autres nombres. Chez lui, dans le sens horizontal, l'amplitude angulaire de la vision allait à 135°. Dans le sens vertical, elle n'était que d'environ 112°. Le physicien italien n'étend même pas à 18° le champ naturel de la vision *passablement distincte*. Suivant Brewster, l'amplitude angulaire dans le sens horizontal serait de 150° et dans le sens vertical de 120°.

Faut-il, cela posé, expliquer comment il arrive que nous voyons ou que, du moins, nous nous imaginons voir simultanément assez distinctement l'ensemble des parties d'un gros objet? Nous pourrons presque nous borner à copier Euclide ou Ptolémée.

« Si nous croyons voir un objet tout entier, cela provient, dit Euclide, de la rapidité extrême avec laquelle notre vue en parcourt d'un mouvement continu les diverses parties sans en oublier aucune. »

« La vue, de sa nature, pénétrante et vive, dit à son tour Ptolémée, examine toutes les régions d'un objet avec beaucoup de vitesse; l'axe optique se dirige successivement vers chaque point avec une rapidité sans pareille. Voilà de quelle manière une image complète et exacte de l'objet se communique à nos sens. »

CHAPITRE XXIV

DES TÉLESCOPES

L'image que fournissent les miroirs concaves (chap. III, p. 77) peut être observée de près avec un verre grossissant, comme nous l'avons dit lorsqu'il s'agissait de l'image formée au foyer d'une lentille objective.

Mais dans le cas de la lentille objective, les rayons partant de l'objet et se réunissant au foyer n'avaient rencontré sur leur route aucun corps opaque qui les arrêtât, il n'en est pas de même du cas actuel.

L'observateur qui, pour examiner l'image focale d'un miroir concave, se placerait en face de cette image armé de sa loupe oculaire, arrêterait par sa tête une très-grande partie des rayons destinés à tomber sur le miroir. Consé quemment, au lieu d'examiner l'image dans sa position naturelle, on la réfléchit latéralement à l'aide d'un petit miroir qui, n'ayant pas besoin d'être plus grand que l'image elle-même, n'intercepte qu'une petite partie des rayons tombant sur le miroir principal. C'est dans cette position latérale que l'image est observée avec des lentilles oculaires semblables à celles dont nous nous sommes servis dans les lunettes astronomiques.

Cette disposition constitue ce qu'on appelle le télescope de Newton.

Dans un pareil télescope, dont les figures ci-jointes donneront une idée exacte (fig. 79 et 80, p. 148 et 149), l'observateur regarde perpendiculairement à la ligne qui va du point qu'il occupe à l'objet observé.

Il est une autre forme de ces télescopes qu'on appelle la forme grégorienne et qui diffère à certains égards de celle adoptée par Newton.

Dans la forme grégorienne (fig. 81 et 82, p. 150 et 151), on place un peu au delà de l'image focale un miroir dont les dimensions n'ont pas besoin d'être considérables ; ce miroir perpendiculaire cette fois à l'axe du télescope n'est plus plan, il a une courbure sphérique telle que l'image fournie par le premier miroir, après s'être

Fig. 79. — Vue du télescope de Newton [1].

1. Le miroir concave placé au fond du tube fournit une image que le miroir plan *b* placé vers l'orifice réfléchit latéralement pour que l'œil puisse l'observer avec l'oculaire *d*. On dirige l'instrument à l'aide du chercheur *a*, en soulevant le cadre *m* dans des coulisses à l'aide de la manivelle *h*. En avant on fait aussi mouvoir l'instrument de haut en bas ou de bas en haut par les engrenages *g* et *f*, qui permettent des mouvements lents ou rapides. On le fait enfin marcher de droite à gauche ou de gauche à droite à l'aide de l'engrenage *e*.

réfléchie dans le petit miroir concave, fournit une seconde image, laquelle va se former au dehors de l'instrument par un trou pratiqué au centre du grand miroir; c'est là que la lentille oculaire s'en saisit pour le grossir.

Quand on observe avec un télescope grégoryen, l'observateur est donc placé, par rapport aux astres, comme s'il se servait d'une lunette.

Fig. 80. — Coupe du télescope de Newton [1].

Il est évident, par ce qui précède, que les télescopes ne diffèrent des lunettes qu'en ce que les images des objets éloignés destinées à être grossies par la lentille oculaire, au lieu d'être formées par voie de réfraction, le sont par réflexion. Voyons si ces nouvelles images présentent sur les premières quelque avantage manifeste.

L'intensité de l'image focale dépend de l'intensité des rayons qui se réunissent dans chacun de ses points. Plus ces rayons sont nombreux et plus, les circonstances restant les mêmes, cette image aura d'éclat. Or, le nombre de rayons qui se réunissent au foyer du miroir d'un télescope, en chaque point de l'image d'un objet, sera

---

1. Le miroir M placé au fond du tube fournit une image qui, avant la réunion des rayons lumineux C'MN à son foyer, est réfléchie par le miroir N incliné à 45° par rapport à l'axe du tube. Ce miroir N renvoie l'image en *ab*; la lentille oculaire *o* la fait voir en *a'b'*.

toujours proportionnel à la surface de ce miroir. Mais comme on construit des miroirs de télescope de dimen-

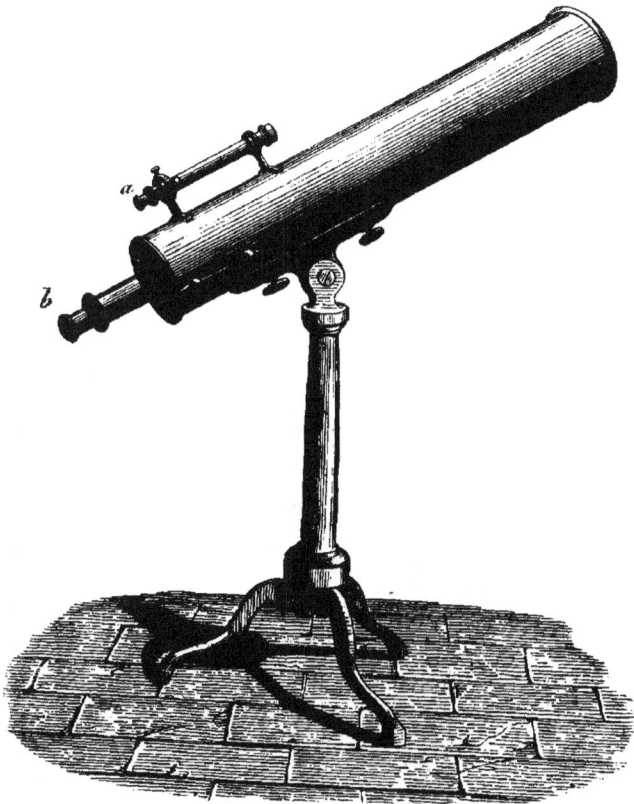

Fig. 81. — Vue du télescope de Grégory [1].

sions beaucoup plus étendues que celles qu'on est parvenu à donner aux objectifs des lunettes, les images focales auront plus d'éclat dans les télescopes que dans les

---

1. *a* est une lunette qu'on nomme un *chercheur; b* est l'oculaire, qu'on approche ou qu'on éloigne pour l'approprier à la vue de l'observateur. — L'instrument est monté sur un pied autour duquel il peut tourner.

lunettes, et elles seront dès lors susceptibles de supporter de plus fortes amplifications.

Cependant il est nécessaire de faire subir par la pensée une réduction assez considérable à l'image télescopique quand on veut la comparer à l'intensité de l'image formée au foyer d'une lunette.

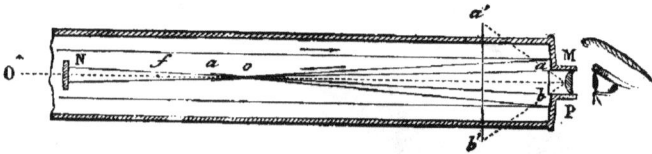

Fig. 82. — Coupe du télescope de Grégory [1].

Supposons que le miroir d'un télescope de Newton ou de Grégory ait une étendue superficielle égale à huit fois l'étendue superficielle d'un objectif : l'image focale du télescope semblerait devoir être en intensité égale à huit fois celle de l'image de la lunette. Il n'en est rien cependant; et cela tient à ce que les miroirs les mieux polis ne réfléchissent pas la totalité de la lumière qui tombe sur leur surface. Admettons, ce qui n'est pas très-loin de la vérité, que la lumière réfléchie par un métal poli ne soit que la moitié de la lumière incidente, l'image focale d'un télescope n'aura alors que la moitié de la viva-cité qu'elle aurait eue si une portion notable de la lumière incidente ne s'était absorbée dans l'acte de la réflexion.

1. Le miroir concave placé au fond du tube donne son image en *a* entre le foyer *f* et le centre *o* d'un second miroir concave N très-petit placé près de l'orifice du tube O. Le miroir N fournit alors une image en *ab* vers le fond du tube, où une lentille oculaire MP adaptée à la vision distincte de l'observateur fait voir l'image de l'astre grossie et droite en *a'b'*.

Mais les rayons de l'image focale ne parviennent à la place où la lentille oculaire doit se saisir de l'image pour la grossir, qu'après avoir été réfléchis sur un second miroir métallique. La première réflexion avait réduit l'intensité de l'image à moitié, la seconde réflexion devant éteindre la lumière dans la même proportion, il n'en restera plus dans l'image définitive placée au foyer de la lentille oculaire que la moitié de la moitié, ou un quart.

Les rayons qui passent perpendiculairement à travers le verre diaphane dont est formé l'objectif d'une lunette, n'éprouvent presque pas d'affaiblissement; on voit donc que pour comparer sous le rapport de l'intensité un télescope à une lunette proprement dite, il faut réduire, par la pensée, la surface du télescope au quart de ses dimensions réelles.

Nous avons vu précédemment (chap. IX, p. 105) que par un défaut qu'on a appelé l'aberration de sphéricité, les rayons parallèles qu'embrasse la surface d'un objectif sphérique ne se réunissent pas tous dans des foyers mathématiques, et qu'il résulte de cette aberration une certaine diffusion dans les images qu'on ne parvient à atténuer, sinon à faire totalement disparaître, qu'en donnant aux surfaces de l'objectif une forme approchant plus ou moins de la forme parabolique ou hyperbolique. Cette même aberration existe dans les images télescopiques formées au foyer de miroirs sphériques; on ne peut parvenir à la détruire, ainsi que Descartes l'a démontré, qu'en donnant à la surface réfléchissante une courbure parabolique ou hyperbolique. Mais hâtons-nous de signaler le principal avantage des images formées par réflexion sur celles qu'on obtient à l'aide de lentilles de verre simple. Ces dernières sont multiples à cause de l'inégale réfraction des rayons de différentes couleurs, ce qui donne lieu à une intolérable diffusion. Les rayons de toutes les couleurs n'étant point séparés les uns des autres par la réflexion, les images télescopiques sont totalement exemptes de l'aberration dite de réfrangibilité.

Disons pourquoi on n'a pas renoncé à construire des télescopes, quoiqu'on ait découvert depuis longtemps les moyens de parer à l'aberration de réfrangibilité.

Si dans la masse de verre destinée à la construction d'un objectif de lunette, il y a çà et là des stries, elles donnent lieu à des réfractions irrégulières qui troublent considérablement la netteté des images. La même diffusion peut résulter d'une inégale réfringence dans les diverses parties vitreuses dont la masse se compose.

Un défaut d'homogénéité dans la masse métallique destinée à la construction d'un miroir de télescope, n'a pas les mêmes conséquences, puisque les rayons se réfléchissent suivant les mêmes lois, quelle que soit la densité ou la contexture d'un métal. On peut craindre seulement qu'en polissant le métal, les parties différentes par leur dureté ne s'entament diversement, et qu'elles ne fassent pas partie, quand le travail est achevé, d'une seule et même courbe régulière.

Si l'on me demandait maintenant pourquoi les télescopes à réflexion ne sont pas appliqués aux instruments divisés, je répondrais que cela tient à leur poids beaucoup plus grand que celui des lunettes proprement dites, et à la difficulté de maintenir le miroir dans une position parfaitement invariable par rapport au tuyau qui le renferme.

Le poids du télescope dépend de l'épaisseur considérable qu'on est obligé de donner au miroir, sans quoi sa courbure change très-sensiblement, même par le plus léger changement de pression dans un point particulier de la surface.

TÉLESCOPE DE M. FOUCAULT.

M. Léon Foucault, frappé de ce fait que le verre se travaille mieux que le métal, et d'un autre côté qu'une réaction chimique permet de recouvrir le verre d'une couche d'argent susceptible de se polir facilement, a imaginé, en 1857, de remplacer le miroir métallique des télescopes par un miroir en verre argenté. Il a ainsi donné le moyen d'obtenir sans une dépense excessive une très-grande surface parfaitement réfléchissante, inoxydable à l'air et d'une régularité à peu près mathématique. Son idée a donné lieu à la construction d'un magnifique télescope, du genre newtonien, construit par M. Eichens, directeur des ateliers de M. Secrétan; cet instrument a été achevé en 1864 pour être employé dans un observatoire du Midi.   J.-A. B.

LIVRE IV

CHAPITRE PREMIER

HISTOIRE DES TÉLESCOPES

Des historiens ont rapporté que Ptolémée Évergète avait fait établir au sommet du phare d'Alexandrie un instrument avec lequel on découvrait de très-loin les vaisseaux. Laissant de côté, quant à la distance, les exagérations dont ces récits étaient accompagnés, on a prétendu prouver que l'instrument en question ne pouvait être qu'un miroir concave réfléchissant.

Le père Abat a démontré, comme beaucoup de ses prédécesseurs l'avaient déjà fait, qu'on peut regarder à l'œil nu les images des objets éloignés formés au foyer d'un miroir réfléchissant concave, et que ces images ont beaucoup d'éclat.

Dans les essais du père Abat, et dans toutes les expériences analogues, les télescopes à réflexion se trouvent réduits à leur plus simple expression; c'est dire qu'on en a supprimé la lentille oculaire. Tel devait être le système mis en usage sur le phare d'Alexandrie, s'il est vrai

qu'on y ait jamais employé un miroir pour découvrir
les objets éloignés.

On voit sous quel point de vue les admirateurs enthou-
siastes des anciens pourraient soutenir que l'invention du
télescope à réflexion, en tant qu'appliquée à l'observation des objets terrestres, serait de la plus haute antiquité.
Du reste, il est certain que chez les Romains on connaissait parfaitement la propriété dont jouissent les miroirs
concaves, de former à leur foyer des images remarquables par leur grandeur et par leur éclat. Je pourrais le
prouver clairement par plusieurs passages empruntés aux
Questions naturelles de Sénèque. Mais un sentiment de
décence m'empêche de rapporter ce que dit à ce sujet le
philosophe romain.

Divers auteurs rapportent qu'Archimède incendia, à
l'aide des rayons du soleil, la flotte de Marcellus pendant
le siége de Syracuse, et que Proclus, dans le ve siècle,
se servit d'un moyen analogue pour incendier la flotte
ennemie durant le siége de Constantinople. On a induit
de ces faits, vrais ou imaginaires, que les anciens avaient
porté l'art de construire des miroirs bien au delà de tout
ce que les modernes sont parvenus à exécuter. Mais c'est
là une conclusion hasardée. Les deux incendies dont
parlent les historiens ont pu être engendrés par la réunion
en un même foyer des rayons solaires réfléchis par une
série de miroirs disposés comme nous l'avons dit plus
haut (chap. III, p. 74). C'est ce qui a été démontré
d'abord par le père Kircher, ensuite par Hartsoeker,
enfin et surtout par Buffon. On sait que le miroir brûlant
de ce célèbre naturaliste était composé de 168 glaces

étamées, de 16 centimètres sur 22, éloignées les unes des autres d'environ 9 millimètres. Chacune de ces glaces pouvait séparément se mouvoir dans tous les sens.

Le 10 avril, Buffon enflamma, presque subitement, une planche de sapin goudronnée à la distance de 49 mètres, avec 148 glaces seulement. Le foyer embrasé avait 41 centimètres de diamètre.

Le même jour, 148 glaces enflammèrent une planche de hêtre, goudronnée en partie, et placée aussi à la distance de 49 mètres.

Ainsi les deux incendies en question ont pu être produits sans le concours d'un véritable miroir concave.

Le premier qui paraisse avoir appliqué une lentille oculaire à l'observation d'une image engendrée par réflexion sur un miroir concave, est le père Zucchi, jésuite italien. Dans un ouvrage publié à Lyon en 1652, intitulé *Optica philosophica*, cité par Fontenelle et par le père Abat, le père Zucchi dit « qu'il lui vint en pensée, en 1616, d'employer des miroirs concaves de métal à la place des objectifs de verre, pour obtenir par la réflexion les mêmes effets qu'on produit par la réfraction, et qu'ayant appliqué une lentille concave à l'observation de l'image formée au foyer d'un miroir qui s'était rencontré accidentellement sous sa main, il se trouva avoir formé un instrument avec lequel il put observer, comme avec les lunettes découvertes sept ans auparavant, les objets terrestres et célestes. »

Si la première édition de l'ouvrage du père Zucchi est de 1652, il faut rapporter, suivant des principes incontestables en matière d'invention, à cette même année 1652 la date de la construction d'un télescope, et non pas à l'année 1616.

Du reste, l'auteur n'ayant parlé ni d'un petit miroir propre à rejeter latéralement l'image focale, ni d'une ouverture pratiquée au centre du grand miroir, comme le faisait Grégory, il est évident que la tête de l'observateur arrêtait une grande partie des rayons qui auraient formé l'image focale, ou que l'axe du miroir devait former un angle sensible avec la ligne menée de l'objet au centre de figure, disposition qui n'est admissible que pour les très-grands télescopes, et qui, dans tous les cas, nuit sensiblement à la netteté des images.

Les dispositions adoptées par Grégory et par Newton appartiennent donc à ces deux physiciens et non au père Zucchi.

Le télescope de Grégory (fig. 81, p. 150) fut décrit, sinon exécuté, en 1663.

Mersenne, dans une lettre à Descartes de 1639, avait déjà parlé d'un télescope à réflexion, mais cette lettre n'ayant été imprimée qu'en 1666, la priorité appartient incontestablement à Grégory.

En 1672, le jour même de son élection comme membre de la Société royale, Newton fit présent à ce corps illustre d'un télescope à réflexion exécuté de ses propres mains (fig. 79, p. 148). En l'essayant, on reconnut avec satisfaction que le nouvel instrument surpassait beaucoup les lunettes de même dimension en netteté et en pouvoir amplificatif.

L'artiste Short déploya, dans la première moitié du siècle dernier, une grande habileté; ses instruments se répandirent alors dans tous les observatoires de l'Europe.

En 1672, Cassegrain, artiste français, modifia la forme du télescope proposé par Grégory. Il substitua au petit miroir concave du savant écossais un miroir convexe, lequel conséquemment devait être plus rapproché du grand miroir que le foyer principal de celui-ci : par cet artifice, le télescope devenait un peu plus court. On a découvert depuis que le télescope de Cassegrain, toutes circonstances étant égales, donne plus d'éclat aux images que celui de Grégory. On a expliqué cette supériorité par la circonstance que les rayons se réfléchissent sur le petit miroir convexe avant de s'être croisés, et en supposant qu'une partie des rayons s'éteint dans l'acte de leur croisement.

Mais c'est surtout à partir des travaux de William Herschel que les télescopes à réflexion deviennent populaires.

Avant d'avoir trouvé des moyens directs, certains, de donner aux miroirs la forme de sections coniques avec lesquelles l'aberration de sphéricité devait disparaître, il fallait bien qu'Herschel, comme tous les opticiens ses prédécesseurs, cherchât à atteindre le but en tâtonnant; seulement ses essais étaient dirigés de telle sorte que dans son mode de travail il ne pouvait y avoir de pas rétrograde.

Dans ce mode de travail, le mieux, quoi qu'en dise un ancien adage, n'était jamais l'ennemi du bien. Quand Herschel entreprenait la construction d'un télescope, il fondait et façonnait plusieurs miroirs à la fois, dix par exemple. Celui de ces miroirs auquel des observations célestes faites dans des circonstances favorables assignaient le premier rang, était mis de côté et l'on retravaillait les neuf autres. Lorsqu'un de ceux-ci devenait fortuitement supérieur au miroir réservé, il en prenait la place jusqu'au moment où à son tour un autre le primait, et ainsi de suite. Est-on curieux de savoir sur quelle large échelle marchaient ces opérations, même à l'époque où, dans la ville de Bath, Herschel n'était qu'un simple amateur d'astronomie? Il fit deux cents miroirs newtoniens de 7 pieds anglais de foyer (2^m.13) ; jusqu'à cent cinquante miroirs de 10 pieds (3^m), et environ quatrevingts miroirs de 20 pieds (6^m).

Il paraît que pendant sa résidence à Slough, Herschel parvint, après mille tentatives, à substituer des procédés directs et sûrs à la routine méthodique dont je viens de parler. Ces procédés ne sont pas encore connus du public. Leur efficacité, cependant, ne saurait être douteuse, si j'en juge par ce que sir John Herschel m'écrivait à la date du 5 juillet 1839 : « En suivant de point en point les règles que mon père a laissées, en me servant de ses appareils, j'ai réussi, en un seul jour, à polir avec un succès complet, et cela sans me faire aider par personne, trois miroirs newtoniens de près de 19 pouces anglais d'ouverture (48 centimètres). »

Le plus grand télescope qu'ait exécuté Herschel père, et qu'il ait employé à des observations utiles à la science, avait 39 pieds 4 pouces anglais de long (12 mètres) et 4 pieds 10 pouces de diamètre (1^m.47). On regardait ordinairement dans ce télescope sans l'aide des seconds miroirs mis en usage par Newton et par Grégory. Le grand miroir n'était pas mathématiquement centré sur le

tuyau qui le contenait, il y était placé un peu obliquement (fig. 83 et 84). Cette légère inclinaison était telle,

Fig. 83. — Vue du télescope d'Herschel.

que les images allaient se former, non plus dans l'axe
du tuyau, mais très-près de sa circonférence ou, si l'on
veut, de sa bouche extérieure. L'observateur pouvait donc
aller les y observer directement à l'aide d'un oculaire.
Une petite portion de la tête de l'astronome empiétait
alors, il est vrai, sur le tuyau, elle y formait écran et
arrêtait quelques rayons incidents ; mais dans un grand

télescope la perte n'est pas à beaucoup près de moitié, comme elle le serait inévitablement par l'effet du petit miroir.

Ces télescopes où l'observateur, placé à l'extrémité antérieure du tuyau, regarde directement dans la direction du miroir en tournant le dos aux objets, Herschel les a appelés *front view telescope* (télescopes à vue de front, de face). C'est le mode indiqué par le père Zucchi dans l'ouvrage déjà cité, mais il est permis de douter que le père jésuite l'eût appliqué, le *front view* ne pouvant être utile que pour de grands miroirs.

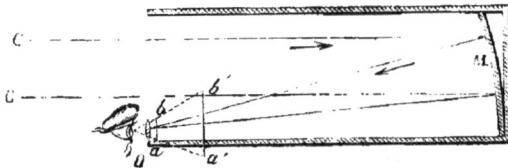

Fig. 84. — Coupe du télescope d'Herschel [1].

Dans le bel instrument dont il a doté l'astronomie, lord Rosse a beaucoup dépassé les dimensions auxquelles Herschel, malgré toute son audace, s'était arrêté. Le nouvel instrument a 55 pieds anglais de long ($16^m.76$) et 6 pieds anglais de diamètre ($1^m.83$). Le miroir pèse 3 tonnes 3/4 ou 3809 kilogrammes, environ 38 quintaux métriques. Le tube pèse 6 tonnes 1/2 ou 6604 kilogrammes, environ 66 quintaux métriques. Le poids total de la machine est égal à 104 quintaux métriques, plus de 200 quintaux anciens.

---

1. Le miroir concave M placé au fond du tube fournit, vers l'autre extrémité C et sur le côté, une image *ab* qu'un oculaire O grossit en *a'b'*.

Le miroir travaillé par lord Rosse lui-même, et suivant des procédés de son invention, est presque totalement exempt d'aberration de sphéricité. On a calculé que pour arriver à ce résultat, il a fallu façonner le miroir de manière que sur les bords il différât de la forme sphérique de $\frac{1}{400^e}$ de millimètre.

CHAPITRE II

LES ANCIENS CONNAISSAIENT LE VERRE

Il est des érudits qui doivent refuser aux anciens la connaissance des lentilles grossissantes, et, à plus forte raison, celle des lunettes, puisque, suivant eux, les Grecs et les Romains n'eurent que des notions très-imparfaites sur la fabrication du verre. Hâtons-nous de taxer cette dernière opinion d'erreur manifeste.

Je ne citerai pas ici un passage d'Aristophane, duquel il résulte que l'on vendait des boules de verre, du temps de cet auteur comique, chez les épiciers d'Athènes. Mes citations seront encore plus explicites, plus nettes s'il est possible.

Pline nous apprend que l'immense théâtre (il pouvait contenir quatre-vingt mille spectateurs) élevé à Rome par Scaurus (beau-fils de Sylla), avait trois étages de hauteur, et que le second de ces étages était entièrement incrusté d'une mosaïque de verre.

On lit dans le septième livre des *Recognitions* de saint Clément, que saint Pierre, étant allé dans l'île d'Aradus, y vit un temple dont les colonnes tout en verre, d'une grandeur et d'une grosseur extraordinaires, excitèrent encore

plus son admiration que les belles statues de Phidias dont
ce même temple était orné.

Sénèque parle, dans ses *Questions naturelles,* des phénomènes de coloration que l'on aperçoit lorsqu'on regarde
les objets à travers des angles saillants de verre.

Sous le règne de Néron, on se servait à table, comme
Pline l'atteste, de vases, de *coupes de verre blanc,* qui
le disputaient en limpidité aux coupes de cristal de roche.

C'était souvent sur des globes de verre qu'on traçait,
vers la même époque, les constellations célestes.

Enfin, on a ouvert peu de tombeaux anciens sans y trouver des urnes lacrymales de verre nommées *lacrymatoires.*

Ptolémée a inséré dans son Optique une table des
réfractions que la lumière éprouve, sous diverses incidences, en passant de l'air dans le verre. La valeur de
ces angles, très-peu différents de ceux qu'on obtient en
faisant l'expérience sur le verre de nos glaces, prouve que
le verre des anciens différait peu de celui que nous fabri-
quons aujourd'hui.

CHAPITRE III

LES ANCIENS CONNAISSAIENT LES PROPRIÉTÉS ÉCHAUFFANTES DES FOYERS DES LOUPES

Une plaisanterie d'Aristophane (431-404 avant Jésus-
Christ) nous apprend qu'on savait très-bien chez les anciens que la lumière solaire se condense considérablement
derrière une boule de verre et qu'elle y allume les corps
combustibles. Dans la comédie des *Nuées,* Strepsiade
explique, en effet, à Socrate qu'au moyen des boules de

verre il pourra désormais se dispenser de payer ses dettes, puisque, dit-il, elles lui fourniront les moyens de détruire de loin toute espèce d'assignation dans les mains de ses créanciers sans qu'ils puissent s'en apercevoir.

Les propriétés des boules de verre étaient également connues des Romains. A défaut de la pierre infernale, ces boules exposées au soleil leur servaient à cautériser les chairs malades. C'est aussi à l'aide de la chaleur empruntée aux rayons solaires condensés que les Romains rallumaient le feu du temple lorsque, par négligence, les vestales l'avaient laissé éteindre.

CHAPITRE IV

LES ANCIENS ONT-ILS CONNU LES EFFETS GROSSISSANTS DES VERRES COURBES

La question que je pose dans le titre de ce chapitre peut être abordée et résolue de deux manières différentes. Nous examinerons d'abord si, parmi les produits parvenus jusqu'à nous de l'industrie et des arts des anciens peuples, il en existe qui n'aient pas pu être exécutés sans le secours de verres grossissants. Quelques passages puisés à des sources authentiques serviront à contrôler les résultats de la première investigation.

Il y a dans notre Cabinet des médailles un cachet dit de Michel-Ange, dont l'exécution remonte, dit-on, à une époque très-ancienne, et sur lequel quinze figures ont été gravées dans un espace circulaire de quatorze millimètres de diamètre. Ces figures *ne sont pas toutes visibles à l'œil nu.* (Dutens, 2e édition, t. II, p. 224.)

Cicéron a mentionné une *Iliade* d'Homère écrite sur un parchemin (membrane), qui tenait dans une coquille de noix. » (Pline, *Histoire naturelle*, livre VII, ch. XXI.)

Pline rapporte que « Myrmécide (Milésien) exécuta en ivoire un quadrige qu'une mouche couvrait de ses ailes. » (Pline, *Hist. nat.*, livre VII, ch. XXI. Voir aussi Élien, *Hist.*, liv. Ier, chap. XVII.)

A moins de prétendre que la vue de nos ancêtres surpassait en puissance celle des artistes modernes les plus exercés, ce qui serait démenti par bien des observations astronomiques, ces faits établissent que l'on connaissait en Grèce et à Rome, il y a près de vingt siècles, la *propriété amplificative* dont jouissent les loupes. Nous pouvons, au reste, faire un pas de plus et emprunter à Sénèque un passage d'où ressortira la même vérité d'une manière encore plus directe, plus décisive.

Dans le livre Ier des *Questions naturelles*, ch. VI, on lit : « Quelque petite et obscure que soit l'écriture, elle paraît plus grande et plus claire à travers une boule de verre remplie d'eau. »

Dutens a vu au musée de Portici des loupes anciennes qui n'avaient que 9 millimètres de foyer. Il possédait luimême une de ces loupes, mais d'un plus long foyer. provenant des fouilles d'Herculanum. (Dutens, 2e édition, tome II, p. 224.)

Dutens aurait été plus exact en disant : J'ai vu au musée de Portici des sphérules de verre. Le mot *loupe* implique, en effet, des usages optiques, et les petites sphères de Pompéi, d'Herculanum, étaient uniquement destinées à remplacer les pierres précieuses dans la parure des femmes peu opulentes. La remarque et la trouvaille de Dutens n'acquièrent une valeur réelle qu'en les rapprochant du passage de Sénèque. On peut admettre que si ce philosophe a parlé seulement des effets des sphères d'eau, c'est qu'il répondait alors à des objections contre sa théorie de l'arc-en-ciel.

Dans la réunion de l'Association britannique tenue à Bedford en 1852, sir David Brewster a montré une lame de cristal de roche, façonnée sous la forme de lentille, trouvée récemment dans les fouilles de Ninive. Sir David Brewster, si compétent en pareille matière, a soutenu que cette lentille avait été destinée à des usages optiques et qu'elle ne fut jamais un objet de parure.

CHAPITRE V

A QUELLE DATE REMONTE L'INVENTION DES BESICLES, OU PETITES LENTILLES TRÈS-PEU COURBES DESTINÉES A PERFECTIONNER LA VUE DES MYOPES OU DES PRESBYTES

Les émeraudes concaves dont parle Pline, et à travers lesquelles, dit-il, on voit mieux qu'à l'œil nu, celle, par exemple, dont Néron se servait pour voir les combats des gladiateurs, ne sont autre chose que l'espèce de besicles employées aujourd'hui par les myopes. Il paraît seulement que les anciens attribuaient à la nature intime de cette gemme une propriété qu'elle tirait de sa forme, et qu'un morceau de verre ordinaire d'une égale courbure aurait possédée au même degré; sans cela, eussent-ils jamais songé à défendre aux graveurs d'exécuter aucun de leurs travaux sur des émeraudes concaves? Pline ne se

trompait pas moins quand il admettait qu'une émeraude
de cette espèce aidait toutes sortes de vues, car personne
n'ignore à présent qu'un presbyte, pour voir de près,
doit nécessairement regarder au travers de surfaces convexes. L'invention des besicles ne saurait donc être attribuée aux anciens. Quelques auteurs italiens rapportent
que les besicles furent inventées vers 1280 par un banquier florentin nommé Salvino degli Armati. Ils en donnent pour preuve une inscription placée sur la tombe de
ce banquier, mort en 1317. Mais quelle authenticité peut
avoir aux yeux des savants une inscription inspirée par
la reconnaissance d'une famille, ou seulement peut-être
par le caprice d'un graveur de lettres?

Au reste, cette inscription a été détruite; elle n'existe
plus. Il est évident, comme on va le voir par des citations
d'ouvrages imprimés, que les besicles existaient en 1305,
et il paraît certain que ce fut en Italie qu'on les inventa.

Gordon, professeur de médecine à Montpellier, disait
dans un ouvrage publié en 1305 : « Ce collyre a une telle
vertu, qu'il peut mettre un vieillard en état de lire les
caractères les plus fins sans le secours des lunettes. »
(Ameilhon, *Acad. des inscript.*, t. XLII.)

Suivant le même auteur, Guy de Chauliac, en 1363,
dans son livre intitulé *la Grande chirurgie*, indique des
recettes pour la vue, puis il ajoute : « Si ces collyres ne
réussissent pas, vous aurez recours aux lunettes. »

L'invention des besicles, avec laquelle nous nous fami-
liarisons dès notre enfance et dont nous jouissons sans y
penser, mérite peut-être le premier rang parmi les divers
moyens dont l'industrie humaine s'est avisée pour com-

battre les mille et une infirmités qui semblent inséparables
de notre nature. Si quelques personnes, plus frappées de
la simplicité de l'appareil que de son utilité, trouvaient
mes paroles empreintes d'un peu d'exagération, je croirais
pouvoir les inviter à ne prononcer qu'après avoir examiné
autour d'elles, dans le cercle borné de leurs relations pri-
vées, tout ce qui adviendrait le jour où cette invention
serait perdue; tarderont-elles beaucoup, par exemple, à
rencontrer un individu dont la vue est si courte qu'il ne
distingue plus les objets dès qu'on les place à quatre ou
cinq centimètres; eh bien, par cela seul cent carrières
lui sont interdites. La nature l'avait peut-être destiné à
commander des armées, à diriger des escadres, à compléter l'exploration du globe sur les traces des Bougain-
ville et des Cook. Mais pour tout cela il faut voir à de
grandes distances, apprécier au premier aspect les accidents d'un terrain; juger la position et la force de l'ennemi; surtout ne pas le confondre avec ses propres
troupes : une myope ne saurait donc commander. Suivez-
le ensuite dans la vie ordinaire, une promenade est pour
lui un supplice. Voyez, en effet, comme il est incertain
dans sa démarche; avec quelle maladresse il va se heur-
ter contre mille obstacles, combien sont inutiles pour lui
les indications multipliées qu'une administration pré-
voyante place sur la route des citoyens. Rien à ses yeux
n'a un contour décidé; le plus beau paysage est une masse
de lumière plus ou moins éclatante, tout y est confondu
et sur le même plan : il ne discerne ni les habitations, ni
les arbres, ni les montagnes. Ne lui parlez pas de peinture, il ne peut s'en faire une idée; un tableau de Raphaël

s'offre à lui comme un amas confus de diverses nuances. Il coudoie un ami sans le connaître, il n'a jamais surpris sur les traits de ses proches ni la tristesse qui appelle des consolations ni la joie que sa présence fait naître; à peine enfin reconnaît-il sa femme et ses enfants quand ils ne lui parlent pas.

Plaçons-nous à l'autre terme de l'échelle; choisissons une personne à qui des yeux aplatis ne permettent de voir que de loin; nous la trouverons en proie à des embarras d'une autre espèce, mais ce seront encore de cruels embarras. Privez, en effet, le presbyte des lunettes qu'il emploie, et dès lors il n'y a plus dans nos bibliothèques un seul livre dont il puisse faire usage; il est à la merci de ceux qui l'entourent, de ses domestiques, des étrangers. Le trouvera-t-on enfin moins à plaindre que le myope, si l'on songe seulement qu'un ami absent n'osera jamais épancher une confidence dans son sein, car il faudra qu'il se rappelle qu'un tiers, qu'un indifférent, qu'un ennemi peut-être en serait le premier dépositaire.

CHAPITRE VI

LES ANCIENS CONNAISSAIENT-ILS LES LUNETTES

Les anciens, a-t-on dit, avaient sur la constitution du ciel des notions que les modernes n'ont pu *vérifier* qu'avec des télescopes. Comment les auraient-ils acquises sans le secours de ces instruments?

Suivant Démocrite, la Voie lactée contenait une quantité innombrable d'étoiles, et le mélange confus de leur

lumière était la vraie, l'unique cause de cette blancheur
lactée, à peu près circulaire, qui a été l'objet de tant de
suppositions singulières au sein des nations civilisées et
chez les peuples barbares.

Nous savons aujourd'hui que l'explication est exacte
en grande partie; mais il ne répugne pas de supposer
que Démocrite la découvrit par voie conjecturale et sans
le secours d'aucune observation directe.

Le même philosophe disait : « Les taches de la Lune
sont les ombres que projettent des montagnes excessivement élevées. » Ici. on pourrait d'autant moins supposer
des observations faites par Démocrite, que les *taches* proprement dites, que les taches *visibles à l'œil nu*, ne sont
pas des ombres de montagnes; la plus faible lunette le
démontre avec évidence.

Un passage de Strabon constitue le plus fort argument
sur lequel se soient appuyés les admirateurs aveugles de
l'antiquité, pour établir que l'invention des lunettes n'appartient pas aux modernes. Le célèbre géographe s'étant
demandé pourquoi le Soleil paraît plus grand à son lever
et à son coucher, répond en ces termes : « Cela vient des
vapeurs qui s'élèvent des eaux de la mer, et au travers
desquelles les rayons visuels se brisent comme s'ils passaient par des tuyaux. »

Mais d'après l'opinion unanime des plus célèbres hel-
lénistes, Vossius, Coray, Hase, etc., ce passage a été
altéré par les copistes. Après l'avoir rectifié, Coray et La
Porte du Theil en ont donné la traduction suivante. dans
laquelle toute allusion à des lunettes, *à des tuyaux*, a
totalement disparu :

« Quant à ce que, sur mer, le Soleil paraît plus grand à son coucher et à son lever, cela vient du plus grand nombre de vapeurs qui s'élèvent des eaux de la mer; comme elles sont transparentes, elles transmettent les rayons visuels qui, par leur réfraction, nous font paraître les objets plus grands qu'ils ne le sont en effet. La même chose nous arrive lorsque le Soleil ou la Lune, à leur lever ou à leur coucher, viennent frapper notre vue au travers d'un nuage sec et léger; outre l'augmentation apparente du volume, ces astres nous paraissent rougeâtres. » (Strabon, tome Ier, livre III, pages 387 et 388 de la traduction française de MM. Coray et de La Porte du Theil.)

Aristote, en parlant *des tubes* à travers lesquels les anciens regardaient les objets éloignés, compare leur effet à celui de la main posée sur le front ou *à l'effet d'un puits du fond duquel on voit les étoiles en plein jour.* (V^e livre de *la Génération des animaux*, cité par Ameilhon. *Acad. des inscriptions*, tome XLII, page 497.)

Ceux qui ont prétendu doter l'antiquité de tous les moyens d'investigation mis en usage parmi les modernes, ont cité certain dessin joint à un vieux manuscrit, et dans lequel Ptolémée est représenté observant les astres avec une prétendue lunette. Mais ce dessin, dont Mabillon a parlé le premier, exécuté par Conrad en 1212, prouve seulement, ce qui, du reste, est parfaitement établi par le passage d'Aristote cité plus haut, que chez les anciens on examinait quelquefois les astres avec de longs tuyaux.

CHAPITRE VII

LUNETTES D'APPROCHE

L'histoire détaillée de la découverte des lunettes figurerait mieux dans un traité de physique que dans cet ouvrage; mais, attendu que les parties des traités de physique relatives aux lunettes ne renferment pas de notions précises sur le véritable inventeur de ces merveilleux instruments, j'ai pensé que les lecteurs me pardonneraient d'avoir rempli cette lacune d'après des documents découverts et publiés depuis peu d'années. On remarquera d'ailleurs que, sans le secours des lunettes, l'astronomie moderne différerait à peine de l'astronomie ancienne.

Les instruments dont les astronomes font usage ne méritent pas moins d'exciter la curiosité du public que les admirables résultats auxquels on est parvenu.

Rien de grand, d'inusité, n'arrive dans le monde physique sans quelques signes précurseurs. On peut dire la même chose du monde intellectuel. Chaque découverte est un coup de force qui absorbe, qui concentre, qui résume une multitude de petits essais, de petits faits antérieurs dépourvus jusque-là de netteté, de cohérence et de grandeur. L'histoire de la découverte des lunettes d'approche confirme plus que toute autre peut-être la justesse de ces réflexions.

Dans l'ouvrage de Fracastor, intitulé *Homocentrica*, publié à Venise en 1538, on trouve, IIe section, chap. VIII, un passage dont voici la traduction :

« Si l'on regarde à travers deux verres oculaires (*spe-*

cilla ocularia), placés l'un sur l'autre (*altero alteri su-
perposito*), on voit toutes choses plus grandes et plus
proches. »

La section III, chap. XXIII, renferme cet autre paragraphe :

« On fait certains verres oculaires d'une telle *épaisseur*
(littéralement densité), que si on regarde, à travers ces
verres, la Lune ou un autre astre, on les juge tellement
proches que leur distance ne paraît pas excéder celle des
clochers (*turres*). »

Faut-il considérer ces paroles de Fracastor comme une
indication suffisamment nette, suffisamment précise des
lunettes d'approche proprement dites? Le lecteur décidera lui-même.

Après que la découverte de la lunette fut constatée,
on chercha si elle n'aurait pas été déjà décrite dans des
auteurs appartenant au XVIᵉ siècle. Kepler lui-même, cet
homme si peu accessible à des sentiments de jalousie,
crut trouver des indices manifestes du nouvel instrument
dans la *Magie naturelle* de Porta. Napolitain, publiée
en 1590. Voici le passage sur lequel s'appuyait l'opinion
du rival de Galilée : « La lentille convexe montre les
objets plus grands et plus clairs. Une lentille concave,
au contraire, fait voir les objets éloignés plus petits, mais
distincts; *par conséquent*, en les combinant ensemble on
pourra voir agrandis et distincts tant les objets voisins
que les objets éloignés. »

La conséquence des prémisses n'est pas aussi manifeste que l'auteur veut bien le dire, mais il nous paraît
évident que Porta n'en avait pas moins indiqué la com-

binaison de deux lentilles formant une lunette. (Venturi,
t. 1er, p. 84.)

À des combinaisons imparfaites et vagues, nous allons
voir succéder maintenant des instruments qui, sous le
rapport des dispositions générales et de leurs effets, ne
donneront plus lieu à aucune équivoque.

On a trouvé dans les archives de La Haye des documents à l'aide desquels Van Swinden et Moll sont parvenus à des conclusions décisives sur le premier, sur le
véritable inventeur des lunettes d'approche.

On lit dans ces documents qu'un fabricant de besicles,
nommé Jean Lippershey, à Middelbourg, mais natif de
Wesel, adressa, le 2 octobre 1606, une supplique aux
États-Généraux, dans laquelle il demandait un brevet
de trente années qui lui assurât, soit la construction pri-
vilégiée d'un instrument nouveau de son invention, soit
une pension annuelle, sous la condition de n'exécuter cet
instrument que pour le service du pays. La supplique
qualifiait ainsi le nouvel instrument :

« Il sert à faire voir au loin, *ainsi que cela a été prouvé
à MM. les membres des États-Généraux.* »

Le 4 octobre 1608, les États-Généraux nommèrent un
député de chaque province pour essayer le nouvel instrument sur une tour du palais du stathouder. (Huygens
dit que les premières lunettes avaient un pied et demi de
long.)

Le 6 octobre, la commission déclara que l'instrument
de Lippershey serait utile au pays ; elle demanda, cependant, qu'il fût perfectionné en telle sorte qu'on *pût voir
des deux yeux.*

Le 9 décembre, Lippershey ayant annoncé qu'il avait résolu le problème, Van Dorth, Magnus et Van der Aa furent chargés de vérifier le fait. Ces commissaires firent un rapport favorable le 15 décembre 1608. L'instrument, *construit pour les deux yeux*, avait été trouvé bon.

En lisant les extraits des archives de La Haye, donnés par M. Moll, on remarque avec bonheur combien les commissaires des États-Généraux mirent de promptitude à examiner les lunettes de Lippershey. Mais bientôt le déplaisir succède à la satisfaction, car on voit un grand corps national marchander ces instruments incomparables, tout comme s'il se fût agi de quelques caisses d'épices venant des Indes orientales. Enfin, l'indignation vous gagne lorsque les commissaires des États, vaniteux comme des échevins en costume, décident que la lunette restera imparfaite tant qu'on n'y regardera pas des deux yeux, tant que l'observateur sera réduit à la *nécessité* de cligner, et mettent l'opticien dans l'obligation de consacrer à l'exécution de *binocles*, un temps qu'il eût beaucoup mieux employé à perfectionner la lunette simple.

Lippershey reçut 900 florins pour trois de ses binocles; mais les États décidèrent qu'on lui refuserait un brevet, parce qu'*il était notoire que déjà différentes personnes avaient eu connaissance de l'invention.*

Parmi ces différentes personnes, il faut compter sans doute, Jacques Adriaan'z (Métius), quatrième fils d'Adrien Métius, bourgmestre d'Alcmaar, celui-là même qui découvrit le fameux rapport du diamètre à la circonférence : 113 : 355. Jacques Métius avait adressé aux

États-Généraux, le 17 octobre 1608, une supplique ainsi conçue :

« Je suis parvenu, après deux années de travail et de méditation, à faire un instrument à l'aide duquel on peut voir nettement les objets trop éloignés pour être visibles, ou du moins pour être visibles distinctement. Celui que je présente, fabriqué seulement pour l'essai, avec de mauvais matériaux, est pourtant tout aussi bon, d'après le jugement de Son Excellence (le stathouder) et celui de plusieurs autres personnes qui ont pu faire la comparaison, *que l'instrument présenté récemment à Leurs Seigneuries par un bourgeois de Middelbourg*. Je suis certain de le perfectionner encore beaucoup ; je demande donc un brevet par lequel il serait défendu, pendant vingt-deux années, sous peine d'amende et de confiscation, *à quiconque ne serait pas déjà en possession* de cette invention et ne l'aurait pas mise en œuvre, de vendre et d'acheter un instrument semblable. »

Les États engagèrent le suppliant à porter l'instrument à sa perfection, se réservant, s'il y avait lieu, de récompenser plus tard Jacques Métius d'une manière convenable.

Galilée est considéré en Italie comme ayant retrouvé par ses propres efforts la lunette hollandaise sur laquelle il n'avait reçu, au commencement de 1609, que les renseignements les plus imparfaits. On remarque que, dans sa lettre aux chefs de la république vénitienne, renfermant les propriétés des nouveaux instruments, Galilée leur annonçait qu'il n'en construirait que pour l'usage des marins et des armées de la république, si on le désirait.

Mais le secret était inutile, puisqu'on fabriquait de ces instruments en Hollande à des prix modérés. Du reste, l'auteur ne faisait aucune mention des travaux antérieurs des Hollandais, ni dans une première lettre que Venturi nous a conservée (tome Iᵉʳ, page 81), ni dans un décret du sénat de Venise, en date du 25 août 1609 [1]. La découverte est présentée comme la conséquence des principes secrets de la perspective.

C'est à tort que les auteurs italiens prétendent que la doctrine des réfractions a joué un rôle important dans la seconde découverte faite par Galilée de la lunette hollandaise. Nous avons sur ce point des arguments décisifs, nous avons le récit fait par Galilée lui-même de la série de déductions à l'aide de laquelle ce grand homme produisit les premiers instruments.

Huygens disait, dans sa *Dioptrique* : « Je mettrais sans hésiter au-dessus de tous les mortels celui qui par ses seules réflexions, celui qui sans le concours du hasard serait arrivé à l'invention des lunettes. »

Voyons si Lippershey, si Jacques Métius, etc., ont été ces hommes sans pareils.

Hieronymus Sirturus rapporte qu'un inconnu, *homme ou génie*, s'étant présenté chez Lippershey, lui commanda plusieurs lentilles convexes et concaves. Le jour convenu, il alla les chercher, en choisit deux, l'une concave, la seconde convexe, les mit devant son œil, les écarta peu à

---

1. Les premiers travaux de Galilée sur les lunettes paraissaient être du mois de mai 1609. Il résulte d'un passage d'un journal de Pierre l'Estoile, que dans le mois d'avril de cette même année on vendait publiquement à Paris des lunettes hollandaises. (Voyez le *Magasin Pittoresque*, année 1853, p. 7.)

peu l'une de l'autre, sans dire si cette manœuvre avait pour objet l'examen du travail de l'artiste ou toute autre cause, paya et disparut. Lippershey se mit incontinent à imiter ce qu'il venait de voir faire, reconnut le grossissement engendré par la combinaison des deux lentilles, attacha les deux verres aux extrémités d'un tube, et se hâta d'offrir le nouvel instrument au prince Maurice de Nassau.

Suivant une autre version, les enfants de Lippershey, en jouant dans la boutique de leur père, s'avisèrent de regarder au travers de deux lentilles, l'une convexe, l'autre concave; ces deux verres s'étant trouvés à la distance convenable, montrèrent le coq du clocher de Middelbourg grossi ou notablement rapproché. La surprise des enfants ayant éveillé l'attention de Lippershey, celui-ci, pour rendre l'épreuve plus commode, établit d'abord les verres sur une planchette; ensuite il les fixa aux extrémités de deux tuyaux susceptibles de rentrer l'un dans l'autre. A partir de ce moment, *la lunette était trouvée.*

Les principaux documents qui ont servi à rédiger ce chapitre, en ce qui concerne Lippershey, ont été empruntés à un Mémoire de M. Olbers, publié dans l'*Annuaire* de Schumacher de 1843.

J'ai supprimé de l'article d'Olbers un passage extrait d'une lettre de Fuccarius à Kepler, passage qui cherchait à montrer que Galilée avait déjà vu et touché de ses mains une lunette hollandaise quand il reproduisit cet admirable instrument.

Il m'a semblé qu'on ne devait pas accueillir sans

preuve les assertions de Fuccarius, qui tendraient à
ébranler la juste admiration dont le monde savant a
entouré l'immortel Galilée.

On disait, du temps de Galilée, que le pape Léon X
possédait une lunette au moyen de laquelle il voyait de
Florence les oiseaux qui volaient à Fiesole.

Je ne vois pas la conclusion qu'il est possible de tirer
raisonnablement d'un pareil fait contre la sincérité du
grand philosophe florentin.

Les lunettes sorties des mains de Galilée grossirent
successivement, quatre, sept et trente fois les dimensions
linéaires des astres. Ce dernier nombre, l'illustre astronome de Florence ne le dépassa jamais.

Quant aux instruments à l'aide desquels Huygens fit
ses belles observations, je crois que c'étaient des lunettes
de 12 et de 23 pieds de long (de 4^m et $7^m.5$), de 2 pouces 1/3 d'ouverture (63 millimètres), et qu'elles ne gros-
sissaient que quarante-huit, cinquante et quatre-vingt-
douze fois. Rien ne prouve que Jean-Dominique Cassini
ait jamais appliqué à ses meilleures lunettes des grossissements linéaires de plus de cent cinquante fois. Auzout,
qui, en même temps astronome et artiste, était parfaitement au courant de l'état de l'optique pratique à son
époque (1664), cite les meilleures lunettes du célèbre
Campani de Rome, des lunettes de 17 pieds de long
($8^m. 5$), qui ne donnaient sur le ciel qu'un grossissement
de cent cinquante fois. Il cite encore une lunette de 35
pieds ($11^m.5$), sortie des ateliers de Rives, à Londres, présentée en cadeau par le roi d'Angleterre au duc
d'Orléans, et dont le grossissement maximum s'élevait à

cent fois; une lunette de 12 pieds (4^m) de long, où le grossissement n'était pas porté au delà de soixante-quatorze fois; une lunette de lui-même (Auzout), de 31 pieds (10^m), armée d'un grossissement de cent quarante fois; enfin, une lunette travaillée aussi par Auzout, et qui, avec la colossale longueur focale de 300 pieds (97^m.5), ne grossissait que six cents fois. Il est bien entendu que, lorsque les objectifs avaient des distances focales si démesurées, on les employait sans tuyau. C'est dans ce but qu'on voyait jadis dans le jardin de l'Observatoire de Paris de grands mâts, et même un grand échafaudage en charpente qui avait servi à la construction de la célèbre machine de Marly, et qu'on destinait à porter ces précieux objectifs, l'observateur devant se promener l'oculaire à la main à une distance convenable de l'image aérienne. On fit alors la remarque curieuse que les rayons qui passaient transversalement dans l'espace compris entre l'objectif et son foyer ne troublaient nullement la netteté de l'image focale.

Je dois dire que la confusion que l'on fait souvent du microscope et du télescope jette de l'obscurité sur l'histoire de l'invention de ces deux instruments. Aussi insisterai-je ici sur les caractères qui peuvent les faire distinguer. Les microscopes et les télescopes, comme l'indique l'étymologie des noms qu'ils portent, servent respectivement à examiner les *petits* objets et les objets *éloignés*. D'après l'étymologie du mot télescope, il est évident d'ailleurs qu'il s'applique aux télescopes proprement dits où l'on observe des images réfléchies sur des miroirs, et aux lunettes qu'on a appelées télescopes diop-

triques, et où l'on n'observe qu'avec des verres ou lentilles; les télescopes à miroirs ont été aussi divisés en
catoptriques, quand ils n'ont que des miroirs, et en
catadioptriques quand ils sont composés de miroirs et de
lentilles. Les télescopes et microscopes diffèrent essentiellement les uns des autres par les dispositions des deux
verres qui les composent. Dans le télescope dioptrique,
ou lunette, le verre à long foyer et à large ouverture est
tourné du côté de l'objet : c'est l'objectif de l'instrument.
L'objectif dans le microscope est au contraire le verre
de plus court foyer.

John Dollond prit part, en 1757, à la polémique qu'Eu-
ler avait soulevée, touchant la possibilité d'exécuter des
lunettes sans couleurs, des lunettes *achromatiques*, comme
on a dit plus tard (liv. III, chap. XI, p. 110). On sait
qu'aux yeux du grand géomètre allemand cette possibilité résultait d'un prétendu achromatisme de l'œil. Klin-
genstierna répandit sur le sujet quelque clarté nouvelle;
enfin, Dollond constata que l'expérience de Newton, sur
laquelle roulait le débat, était entachée d'erreur. En opposant un prisme à angle variable et rempli d'eau à un
prisme de verre ordinaire, le célèbre opticien montra que
le rayon qui sortait *sans coloration* de l'ensemble des
deux prismes *s'était réfracté*, et, d'autre part, que ce même
rayon, quand il n'éprouvait pas de réfraction, quand il
sortait de l'appareil parallèlement à sa direction initiale,
formait un *spectre coloré* sensible, offrant à ses deux bords
surtout des iris manifestes.

Dès qu'il fut établi ainsi que certaines combinaisons de
prismes déviaient la lumière sans opérer la séparation des

rayons de différentes couleurs, la possibilité de construire
des lentilles, des objectifs achromatiques, ne pouvait plus
soulever un doute. Il restait seulement à chercher des
matières solides qui produisissent aussi bien ou mieux les
effets obtenus par la combinaison de prismes ordinaires et
de prismes d'eau. Dollond ayant trouvé que les deux
verres flint-glass et crown-glass satisfaisaient aux conditions désirées, exécuta aussitôt, en 1757-1758, d'excel-
lentes lunettes achromatiques, les seules dont on fasse
usage aujourd'hui. L'illustre opticien reçut à cette occasion, de la Société royale de Londres, la médaille de
Copley.

Les lunettes achromatiques subirent le sort ordinaire
des grandes inventions; à peine eurent-elles paru, qu'on
prétendit qu'un propriétaire campagnard, nommé Hall,
en avait exécuté plusieurs d'après les mêmes principes
dès l'année 1733. Cette prétention donna lieu, en chan-
cellerie, à un procès en déchéance du brevet de Dollond.

Le lord chancelier Mansfield, tout en déclarant, d'a-
près l'enquête faite par ses ordres, qu'il était convaincu
que Hall avait précédé Dollond dans la construction des
lunettes sans couleur, refusa d'annuler le brevet par le
motif que Hall n'avait rien publié à ce sujet, qu'il s'était
même entouré de toutes les précautions imaginables pour
empêcher que les artistes qui exécutaient les lentilles
devinassent dans quel but on les faisait travailler.

Au surplus, la médaille de Copley, accordée par la
Société royale à Dollond, montre avec une entière évidence que cet éminent artiste était considéré par la très-

grande majorité des savants anglais contemporains, si ce n'est par l'unanimité, comme le véritable inventeur de la découverte. Ce serait une témérité que de vouloir, après un siècle, revenir sur une décision aussi solennelle.

On est vraiment peiné de voir qu'à l'époque en question, le célèbre artiste Ramsden se rangea avec passion parmi les adversaires de son beau-frère Dollond.

L'industrie de la fabrication des lunettes achromatiques était passée, au commencement de ce siècle, de l'Angleterre dans le continent. Quelques indices font supposer que nos voisins sauront se ressaisir bientôt de leur supériorité primitive. On était particulièrement arrêté dans les îles Britanniques, comme sur le continent, par la difficulté de trouver de larges plaques de flint-glass exemptes de stries; mais maintenant, quand il s'agit de lunettes de grandes dimensions, comme de 33 centimètres d'ouverture, par exemple, on a la même peine à se procurer du crown-glass d'une pureté convenable. Les plus grandes lunettes achromatiques actuellement employées sont celles de Poulkova, de Cambridge (Amérique) et de Paris; elles ont toutes les trois 14 pouces (38 centimètres) d'ouverture.

Les deux premières sont sorties des célèbres ateliers de Munich; la troisième a été exécutée par Lerebours.

LIVRE V

CHAPITRE PREMIER

INTRODUCTION

Nous supposerons souvent, dans les études astronomiques auxquelles nous allons nous livrer, que les étoiles sont vues en plein jour, même au méridien. A la rigueur, nous pourrions regarder cette possibilité comme un fait d'observation. J'ai pensé, malgré les difficultés du sujet, que je devais donner ici une explication d'un phénomène qui double, pour ainsi dire, la vue des observateurs, en permettant de suivre le cours des astres tout aussi bien le jour que la nuit. Je sais qu'on peut se passer de ces explications; j'ai connu et je connais encore des observateurs très-habiles qui ne s'en font pas la moindre idée. Mais j'ai considéré que les méthodes dont les astronomes font usage ne doivent pas moins intéresser par ce qu'elles offrent d'ingénieux que par la beauté des résultats auxquels elles ont conduit. J'avertis toutefois les personnes qui ne seraient pas touchées de ces considérations ou que la difficulté du sujet rebuterait, qu'elles pourront laisser ce livre de côté sans que, astronomiquement parlant, elles en éprouvent aucun inconvénient.

CHAPITRE II

UN DES EFFETS DES LUNETTES SUR LA VISIBILITÉ
DES ÉTOILES

L'œil n'est doué que d'une sensibilité bornée. Quand la lumière qui frappe la rétine n'a pas assez d'intensité pour l'ébranler, il ne sent rien. C'est par un manque d'intensité que beaucoup d'étoiles, même dans les nuits les plus profondes, échappent à nos observations faites à l'œil nu.

Les lunettes ont pour effet, *quant aux étoiles*, d'augmenter l'intensité de l'image.

En effet, le faisceau cylindrique de rayons parallèles venant d'une étoile qui s'appuie sur la surface de la lentille objective, qui a cette surface circulaire pour base, se trouve considérablement resserré à la sortie de la lentille oculaire. Le diamètre du premier cylindre est au diamètre du second comme la distance focale de l'objectif est à la distance focale de l'oculaire; ou bien, comme le diamètre de l'objectif est au diamètre de la portion de l'oculaire qu'occupe le faisceau émergent.

Puisque tous les pinceaux embrassés par la surface de l'objectif sont contenus dans le cylindre émergent de l'oculaire, l'intensité de la lumière dans ce dernier cylindre sera à l'intensité de la lumière dans le premier comme la base de l'un est à la base de l'autre.

Le faisceau émergent, quand la lunette grossit, étant plus étroit que le faisceau cylindrique qui tombe sur l'objectif, il est évident que la pupille, quelle que soit son ouverture, recueillera plus de rayons par l'intermédiaire de la lunette que sans elle ; la lunette augmentera donc toujours l'intensité de la lumière des étoiles.

Le cas le plus favorable, quant à l'effet des lunettes, est évidemment celui où l'œil reçoit la totalité du faisceau émergent, le cas où ce faisceau a moins de diamètre que la pupille. Alors, toute la lumière que l'objectif embrasse concourt, par l'entremise de la lunette, à la formation de l'image. A l'œil nu, au contraire, une portion seule de cette même lumière serait mise à profit : c'est la petite portion que la surface de la pupille découperait dans le faisceau incident naturel.

L'intensité de l'image télescopique d'une étoile est donc à l'intensité de l'image à l'œil nu comme la surface de l'objectif est à celle de la pupille.

Ce qui précède est relatif à la visibilité d'un seul point, d'une seule étoile. Venons à l'observation d'un petit objet ayant des dimensions angulaires sensibles, à l'observation d'une planète si l'on veut.

Supposons que l'on parte d'un grossissement particulier suffisant pour que les rayons émanant de chaque point de l'objet, et tombant sur la totalité de l'objectif, soient compris à leur émergence de l'oculaire, dans l'ouverture de la pupille. Cette même condition se trouvera évidemment remplie pour tous les grossissements supérieurs à celui-là. A compter de ce moment, les images dans l'œil seront invariablement formées pour chaque point, et conséquemment pour leur ensemble, par la même quantité de rayons dont la mesure est donnée par la surface de l'objectif. Mais ces rayons seront répartis sur la rétine, sur des espaces de plus en plus grands à mesure que le grossissement augmentera; l'intensité de l'image d'une planète, à partir du grossissement pour lequel la totalité des rayons tombant sur l'objectif parviennent à la rétine, sera donc d'autant plus faible que le grossissement aura plus de force.

Dans quel rapport cet affaiblissement s'opère-t-il en passant d'un grossissement à un autre?

Nous avons vu plus haut (livre III, chap. XIV, p. 123) que les grossissements superficiels s'obtiennent en divisant la surface de l'objectif par les surfaces des sections faites perpendiculairement au cylindre émergent que fournissent les rayons parallèles qui, partant d'un point donné, sont tombés sur l'objectif.

Les intensités étant en raison inverse des étendues superficielles, seront, pour deux lentilles oculaires données, inversement comme les surfaces des sections circulaires faites dans les cylindres émergents. Au reste, pour la suite de nos explications, tout ce qu'il importe de se rappeler, c'est que l'intensité d'une image va considérablement en diminuant à mesure que le grossissement augmente.

L'atmosphère peut être considérée comme une planète à dimensions indéfinies, puisque chacune de ses molécules envoie vers l'œil des rayons comme le font tous les points d'une planète.

La portion d'atmosphère qu'on verra dans une lunette subira donc aussi la loi d'affaiblissement que nous venons d'indiquer : le champ tout entier sera d'autant plus obscur qu'on se servira d'un plus fort grossissement.

CHAPITRE III

DE LA SENSIBILITÉ DE L'ŒIL POUR LA VISION DES ÉTOILES

La sensibilité de l'œil est très-variable suivant les points de la rétine où l'image vient se former. Ainsi, lorsqu'on regarde directement une très-faible étoile avec un télescope, on peut ne pas la voir, tandis qu'on aperçoit distinctement des étoiles qui ne sont pas plus brillantes situées à droite ou à gauche de la première. Les astronomes ont eu mille fois l'occasion de remarquer que pour observer les très-faibles satellites de Saturne, il faut diriger sa vue à quelque distance du point où le satellite se trouve ; en ce sens, on peut dire sans paradoxe, que pour apercevoir un objet très-peu lumineux, il faut ne pas le regarder.

Cette remarque est citée dans un ouvrage d'Herschel comme résultant de ses propres observations, mais elle était déjà consignée dans un Mémoire de Cassini IV.

Peut-être expliquera-t-on le fait d'une manière très-simple, en faisant observer que le centre de la rétine étant le point qui, dans l'acte de la vision est le plus fréquemment employé, doit conséquemment le premier perdre de sa sensibilité.

Il y a de très-grandes différences quant à la sensibilité entre des vues d'ailleurs très-saines.

Tout le monde se rappelle ce vers d'Ovide sur les Pléiades :

Quæ septem dici, sex autem esse solent.

« Lesquelles sont appelées les *sept* quoiqu'il n'en paraisse que *six*. »

Eh bien! il y a des personnes qui en voient réellement sept. Le docteur Long était de ce nombre. Il cite un de ses amis qui en comptait huit. Kepler rapporte même que son maître Mæstlin, sans le secours de lunettes ou de besicles, distinguait dans ce même groupe des Pléiades jusqu'à quatorze étoiles.

La visibilité des très-petits objets, et particulièrement des étoiles, dépend non-seulement de la sensibilité de la rétine, mais encore de la perfection avec laquelle les images vont se peindre sur cet organe. La concentration des images dans un petit espace exerce surtout une grande influence lorsqu'il s'agit de la visibilité d'objets voisins. C'est probablement à cette cause qu'il faut attribuer les jugements contradictoires auxquels on est arrivé sur la possibilité de voir à l'œil nu les satellites de Jupiter. Pour soumettre cette idée à l'épreuve d'une expérience directe, je fis construire une lunette qui avait un objectif et un oculaire exactement de même foyer; un pareil instrument permettait bien de terminer les images des objets, de faire disparaître en très-grande partie ces longs rayons divergents qui accompagnent l'image d'une étoile sans rien ajouter à la puissance optique de l'œil. Avec cette lunette d'un nouveau genre, tous les jeunes astronomes de l'Observatoire de Paris (MM. E. Bouvard, Laugier, Mauvais, Goujon, Faye), ont pu apercevoir dès le premier essai un satellite convenablement écarté de la planète.

M. D'Anjou rapporte que des peuplades de la Sibérie,

les Iakoutes, ont différentes fois remarqué que l'étoile bleue (Jupiter) avalait (*swallow*) une autre très-petite étoile, et que bientôt après elle la rendait (*send it*). Ainsi ces peuplades avaient observé à l'œil nu les immersions et les émersions des satellites de Jupiter. Était-ce à cause de la sensibilité de leur rétine ou de la perfection avec laquelle les images venaient s'y peindre? L'expérience faite à Paris, avec une lunette sans grossissement, vient à l'appui de la seconde hypothèse.

La visibilité d'un objet se peignant sur un point donné de la rétine, est affectée par la formation d'images très-faibles dans les points environnants, même lorsque aucun rayon divergent n'en émane ostensiblement.

Ce fait a été constaté par des observations faites à Rome dans l'Observatoire de cette ville. Le père Vico et ses collaborateurs remarquèrent que les faibles satellites de Saturne étaient visibles dans une lunette de Cauchoix, alors seulement qu'on avait le soin de placer l'image de la planète sous une lame opaque. Voici l'explication que j'ai cru pouvoir donner de ce phénomène :

La cornée, soit à cause de sa teinte spéciale, soit à raison des stries solides ou liquides qui la sillonnent, disperse dans tous les sens une portion notable de la lumière qui la traverse, comme le ferait un verre légèrement dépoli. Si un astre éclatant se trouve dans le champ de la vision, la rétine ne peut donc manquer d'être fortement éclairée dans tous ses points. Dès lors les autres astres ne sauraient devenir visibles que si leurs images régulières prédominent sur cette lumière diffuse. Ceci posé, lorsque dans les observations de Rome la plaque opaque focale couvrait Saturne , la rétine de l'astronome cessait d'être illuminée par voie de dispersion, les sixième et septième satellites se peignaient sur des fibres nerveuses placées dans une obscurité à peu près complète, et produisaient un effet sensible. Saturne venait-il, au contraire, à se montrer, toute la rétine s'éclairait, surtout près de l'image de la planète. Les images des deux faibles satellites étaient dès lors noyées dans cette lumière générale, et n'ajoutaient pas assez à son intensité pour que l'organe le plus délicat parvînt à saisir quelque différence entre les points où elles se peignaient et les points voisins.

CHAPITRE IV

QUELLE EST LA LUMIÈRE QUI EN FAIT DISPARAÎTRE UNE AUTRE

Les astres, en plein jour, se voyant à travers l'espèce de rideau de lumière que l'atmosphère nous envoie, et ce rideau étant quelquefois assez intense pour faire disparaître la lumière des étoiles et des planètes, il est important de déterminer par des expériences directes quel est le rapport qui doit exister entre deux lumières vues dans la même direction, pour que la plus brillante fasse disparaître totalement la plus faible.

Voici comment on a résolu ce problème photométrique :

Soient AB (fig. 85) un corps opaque placé verticalement sur une feuille de papier; L , M , deux lumières de même intensité, AD, l'ombre de AB déterminée par la lumière L; AC, l'ombre correspondante à M.

Si les deux distances AM, AL, sont égales, les ombres AD, AC, paraîtront également grises, je ne dis pas également *noires*, parce que l'ombre géométrique AD est éclairée par la lumière partant de M, et que l'ombre AC est éclairée par la seconde lumière L; ces ombres imparfaites n'existent même que parce qu'en dehors de leurs limites géométriques le papier est éclairé par L et par M à la fois.

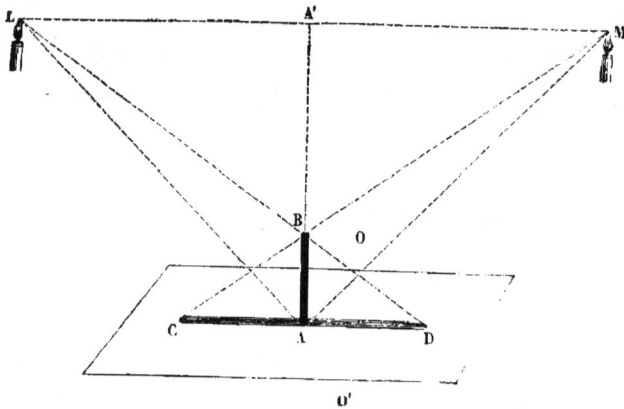

Fig. 85. — Expérience photométrique sur la comparaison de deux lumières.

Si AL surpasse AM, l'ombre AD sera moins obscure que AC; à mesure que la distance AL s'agrandira, la distance AM restant constante, l'ombre AD s'affaiblira graduellement; on trouvera enfin une distance pour laquelle AD disparaîtra tout à fait : chez le commun des hommes, cette disparition aura lieu quand AL sera huit fois plus grand que AM, c'est-à-dire quand la lumière L éclairera le corps opaque et les parties du papier environnantes soixante-quatre fois moins que la lumière M. L'expérience donne toujours le même résultat, quelle que

A. — I.

13

soit l'intensité *absolue* de M et de L. Examinons les conséquences auxquelles cette expérience conduit.

L'ombre AD reçoit constamment la lumière M ; les parties environnantes reçoivent à la fois cette lumière M et la lumière L ; ainsi, au moment de la disparition, les espaces O et O′ sont éclairés par $M + \frac{M}{64}$. L'ombre géométrique AD n'est éclairée que par M. Puisque l'œil ne découvre aucune différence d'intensité entre O, O′ et AD, il en résulte qu'un soixante-quatrième d'augmentation sur une lumière quelconque ne produit pas d'effet perceptible sur notre organe. Sans rien changer aux autres circonstances de l'expérience, remuez d'abord avec beaucoup de lenteur le corps AB, les résultats resteront les mêmes que dans le cas de l'immobilité absolue. Imprimez-lui ensuite de brusques mouvements directs ou d'oscillations, l'ombre géométrique éprouvera aussitôt des mouvements pareils qui la rendront visible.

Un mouvement d'une certaine vitesse rend donc perceptibles des différences d'intensité que l'œil ne découvre pas dans l'état de repos, c'est-à-dire des différences d'intensité au-dessous de $\frac{1}{64^e}$.

CHAPITRE V

DES OBJETS D'UNE CERTAINE ÉTENDUE CONSERVENT LE MÊME ÉCLAT, LES BORDS EXCEPTÉS, SOIT QU'ON LES APERÇOIVE A L'AIDE DE LA VISION CONFUSE OU DE LA VISION DISTINCTE.

Soit ABCD (fig. 86) une surface lumineuse par elle-même ou par la diffusion d'une lumière éclairante ; supposons qu'elle soit uniformément éclairée. Nous allons faire voir qu'elle paraîtra d'une égale intensité soit qu'on l'aperçoive par la vision confuse, ou par la vision distincte. A l'aide de la vision confuse, chaque point du contour devient un petit cercle ; l'ensemble de ces petits cercles donne les circonférences extérieure et intérieure ponctuées sur le dessin ; entre ces circonférences la lumière

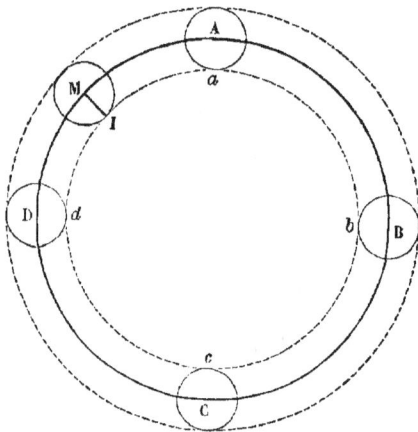

Fig. 86. — Uniformité de l'éclat d'une surface de grande étendue.

est décroissante de dedans en dehors, mais tout point situé dans l'intérieur du cercle *abcd* paraîtra aussi clair que si la lumière qui en émane ne s'éparpillait pas sur la rétine. En effet, soit I un de ces points ; par la vision confuse, la lumière qui en provient s'étale sur un cercle dont IM est le rayon. Le centre I serait donc considérablement affaibli, si d'autres rayons ne venaient pas s'ajouter à ceux qu'il a conservés ; or, d'où viennent ces rayons ? De *tous les points du cercle* IM, *mais de ces points seulement*. Ainsi, si, d'une part, la lumière de I se répand uniformément sur toute l'étendue du cercle IM, de l'autre, il n'y a pas un seul point de ce cercle qui, à son tour, n'envoie sa quote-part de rayons au point I; ce que le point de la rétine, où se serait formée l'image distincte de I, avait perdu d'intensité par suite de l'éparpillement de la lumière dans un cercle, il le retrouve exactement, puisque l'ensemble des points de ce cercle lui restitue l'équivalent de ce qu'il a perdu. Ce raisonnement tomberait à faux, si le cercle IM dépassait le cercle réel ABCD.

CHAPITRE VI

DES INTENSITÉS DES IMAGES DES ASTRES DANS LES LUNETTES

Les intensités comparatives, non plus de points isolés, mais des deux images d'une planète qui se forment sur la rétine à l'œil nu et par l'intermédiaire d'une lunette, doivent évidemment diminuer proportionnellement aux étendues superficielles de ces deux images.

Ainsi, sans autre explication, l'image d'une planète est d'autant plus faible que le pouvoir amplificatif est plus grand.

Dans quel rapport cet affaiblissement s'opère-t-il en passant d'un grossissement à un autre?

Si A est la surface du faisceau émergent venant d'un point pour un certain oculaire et A' la surface du faisceau émergent pour un second oculaire, on trouvera pour les grandeurs comparatives des images sur la rétine le rapport de A et A'. Ce sera donc dans le même rapport que se trouvera l'image d'une planète ou de tout autre corps avec ces objets.

Les dimensions linéaires des deux images sont entre elles comme le diamètre de l'objectif est au diamètre du faisceau émergent. Le nombre de fois que la surface de l'image amplifiée surpasse la surface de l'image à l'œil nu, s'obtiendra donc en divisant le carré du diamètre de l'objectif par le carré du diamètre du faisceau émergent, ou bien la surface de l'objectif par la surface de la base circulaire du faisceau émergent.

Le rapport des quantités totales de lumière qui engendrent les deux images d'une étoile, s'obtient en divisant la surface de l'objectif par la surface de la pupille. Ce nombre est plus petit que le quotient auquel on arrive en divisant la surface de l'objectif par la surface du faisceau émergent de la lunette. Il en résulte, quant aux planètes :

Qu'une lunette fait moins gagner en intensité de lumière qu'elle ne fait perdre en agrandissant la surface des images sur la rétine; l'intensité de ces images doit donc aller continuellement en s'affaiblissant à mesure que le pouvoir amplificatif de la lunette ou du télescope s'accroît.

La portion d'atmosphère qu'on verra dans une lunette subira donc aussi la loi d'affaiblissement que nous venons d'indiquer. Les lunettes, sous le rapport de l'intensité, ne favorisent donc pas la visibilité des planètes.

Il n'en est point ainsi des étoiles. L'intensité de l'image d'une étoile est plus forte avec une lunette qu'à l'œil nu; au contraire, le champ de la vision, uniformément éclairé dans les deux cas par la lumière atmosphérique, est plus clair à l'œil nu. Il y a deux raisons, sans sortir des con-

sidérations d'intensité, pour que dans une lunette l'image
de l'étoile prédomine sur celle de l'atmosphère, notablement plus qu'à l'œil nu.

Cette prédominance doit aller graduellement en augmentant avec le grossissement. En effet, abstraction faite
de certaine augmentation de l'étoile, conséquence de
divers effets de diffraction ou d'interférences; abstraction
faite aussi d'une plus forte réflexion que la lumière subit
sur les surfaces plus obliques des oculaires de très-courts
foyers, l'intensité de la lumière de l'étoile est constante
tant que l'ouverture de l'objectif ne varie pas. Comme on
l'a vu, la clarté du champ de la lunette, au contraire,
diminue sans cesse à mesure que le pouvoir amplificatif
s'accroît. Donc, toutes autres circonstances restant égales,
une étoile sera d'autant plus visible, sa prédominance sur
la lumière du champ du télescope sera d'autant plus
tranchée qu'on fera usage d'un grossissement plus fort.

A l'œil nu, les étoiles paraissent fort dilatées. C'est
pour cela que Tycho-Brahé, qui n'avait pas de lunettes,
attribuait au plus lumineux de ces astres jusqu'à des diamètres de deux minutes et demie.

Ne prenons, si l'on veut, qu'une minute pour le diamètre d'une étoile vue à l'œil nu. Une bonne lunette
réduira ce diamètre factice à trois secondes. Les disques
circulaires sur lesquels la lumière de l'astre se trouvera
dispersée dans les deux hypothèses, ayant des diamètres
dans le rapport de 20 : 1, le rapport des surfaces des
disques, ou celui des intensités de lumière dans les deux
images, sera le rapport de 400 : 1.

Dans la vision à l'œil nu, la lumière 1 de chaque point

de l'image dilatée devrait être au moins la soixantième partie de la lumière atmosphérique qui éclaire uniformément le fond de la rétine pour que l'étoile devînt apparente. Dans la vision par la lunette, il suffira que 400 fois l'intensité 1 égale cette soixantième partie.

CHAPITRE VII

PHÉNOMÈNES DE VISIBILITÉ DES ASTRES OBSERVÉS LA NUIT OU EN PLEIN JOUR A L'ŒIL NU OU A L'AIDE DES LUNETTES

Nous voici parvenus au terme de la laborieuse et délicate carrière que nous avions à parcourir pour expliquer complétement le phénomène de la visibilité des astres, de nuit, comme de jour, à l'œil nu ou avec des lunettes.

Voyons d'abord ce qui se passe la nuit.

Au-dessous d'une certaine grandeur, la lumière qu'une étoile nous envoie est trop faible pour produire une impression sensible sur la rétine. Une lunette, comme on l'a vu page 197, augmente l'intensité de l'image formée dans l'œil, dans le rapport de la surface de l'objectif à la surface de la pupille. Il n'est donc pas étonnant qu'avec une lunette on aperçoive la nuit dans le firmament un nombre d'étoiles infiniment supérieur à celui qu'on y découvre à l'œil nu.

Passons aux observations qui se font de jour.

Quand on cherche à découvrir une étoile à l'œil nu, il se forme sur la rétine une image lumineuse de la portion d'atmosphère qui est située dans la même direction. Pour qu'une étoile se voie, il faut donc, d'après l'expérience que nous avons rapportée, que sa lumière surpasse

de $\frac{1}{64e}$ celle du champ lumineux sur lequel elle vient se
peindre. Mais des phénomènes de vision indistincte jouent
ici un rôle essentiel. Une étoile ne se voit jamais avec
une netteté complète quand on l'observe à l'œil nu ; son
image paraît plus ou moins dilatée, conséquemment dans
chacun de ses points sa lumière doit être très-affaiblie :
au contraire, l'intensité du champ, comme nous venons
de le voir, reste constante vue par la vision confuse ou
par la vision distincte. Pour qu'une étoile soit visible à
l'œil nu, il faut donc que la lumière, considérablement
affaiblie de son image indistincte, diffère en plus de $\frac{1}{64e}$ de
la lumière atmosphérique qui est répandue sur tous les
points de la rétine. Or, cette dernière lumière peut être
de beaucoup supérieure à celle des plus brillantes étoiles
du ciel ainsi affaiblie par dilatation, et les effacer entièrement à l'œil nu.

Les étoiles sont, il est vrai, entraînées dans le mouvement diurne de la sphère étoilée de l'orient à l'occident ; elles se déplacent donc dans le champ de la vision.
Mais ce déplacement est très-lent ; il rentre dans la catégorie de ceux qui, dans l'expérience rapportée tout à
l'heure (chap. IV, p. 194) ne contribuent pas à faciliter
la visibilité des lumières faibles se projetant sur des
lumières plus fortes.

Visons maintenant à l'étoile avec une lunette, son
image sera beaucoup plus concentrée qu'à l'œil nu. Cette
seule cause suffit pour rendre visibles des étoiles qui
d'abord n'étaient pas aperçues. La lunette grossit les
mouvements tout aussi bien que les dimensions. Le déplacement diurne multiplié par le grossissement acquerra

une valeur assez grande pour rentrer dans la catégorie
des mouvements qui facilitent la visibilité d'une faible
lumière se projetant sur un fond lumineux.

Enfin, comme dans la lunette, le champ de la vision
éclairé par l'atmosphère devient de plus en plus obscur à
mesure que le grossissement augmente, tandis que l'intensité de l'étoile est constante; la lunette, toutes les circonstances restant les mêmes, doit faire voir des étoiles
d'autant plus faibles que le grossissement est plus fort,
ce qui est conforme aux observations.

Quant aux planètes, leur visibilité n'est pas favorisée
par l'augmentation du grossissement. Cette augmentation
diminue l'intensité de l'image planétaire, mais la diminution ayant lieu dans le même rapport que celle du
champ, le rapport de ces deux lumières reste le même en
passant d'un grossissement à l'autre; seulement, plus le
grossissement est fort, plus le déplacement de la planète
tenant au mouvement diurne du ciel paraît rapide. Or,
dans certaine limite, cette rapidité accroît la visibilité
comme nous l'avons établi.

J'ai fait abstraction, dans tout ce qui précède, de certaines augmentations des diamètres des étoiles, provenant
d'effets de diffraction ou d'interférences, et qui doivent
un peu atténuer la visibilité des étoiles dans des lunettes.
Nous n'avons pas non plus mentionné la plus forte réflexion que la lumière subit sur les surfaces obliques des
oculaires de très-courts foyers. La discussion de détails
aussi minutieux serait ici hors de place.

Nous devons remarquer en finissant, que la distinction
établie entre les observations faites de nuit et les observa-

tions faites de jour n'est pas absolue, mais seulement
relative; que la nuit même le champ de la vision d'une
lunette est éclairé d'une certaine lumière très-faible, dont
l'origine pourrait, à certains égards, paraître incertaine,
mais qui est suffisante pour faire disparaître les étoiles
d'une excessive petitesse. Si ces étoiles deviennent visibles
lorsque le grossissement est très-fort, c'est que, par l'effet
de ce grossissement, l'intensité de cette lumière va sans
cesse en diminuant à mesure qu'on se sert de lentilles
oculaires d'un plus court foyer. Nous ferons usage de
cette remarque quand nous nous occuperons de la résolution de certaines nébuleuses en étoiles.

CHAPITRE VIII

DE LA VISIBILITÉ DES ASTRES DANS LES PUITS

Aristote dit qu'on aperçoit les étoiles quand on est placé
au fond d'un puits.

Buffon rapporte l'observation du philosophe grec dans
son article DE L'HOMME, mais sans mentionner l'ouvrage
d'où il l'a extraite.

Ameilhon, dans les *Mémoires de l'Académie des inscriptions et belles-lettres*, tome XLII, publié en 1786, nous
apprend que le passage en question est contenu dans le
Vᵉ livre de la *Génération des animaux*. Dans ce même
livre, Aristote dit encore que, pour bien voir les étoiles,
on se servait de longs tubes; mais tout prouve que de
pareils tubes agissaient comme des puits, et ne renfer-
maient intérieurement aucune espèce de verre.

Pline, comme le Stagyrite, assure aussi qu'on voit les

étoiles en plein jour quand on se place au fond d'une cavité étroite. Peut-être ce philosophe célèbre avait-il, suivant son usage, emprunté l'observation à Aristote sans la vérifier? Pline, en tous cas, ne me paraît pas devoir être cité comme garant du fait qu'il rapporte.

On lit dans l'ouvrage de Scheiner, intitulé *Rosa ursina*, page 417, le passage suivant :

« Je tiens d'un Espagnol, homme très-instruit et très-digne de foi, qu'il est de fait notoire, en Espagne, que dans les puits profonds, dont l'ouverture est à découvert, le ciel et les étoiles brillant par réflexion comme dans un miroir se voient très-distinctement, même à l'heure de midi, et que lui personnellement les avait ainsi contemplées très fréquemment.... Les étudiants de Coïmbre, et d'autres observateurs, affirment qu'on les aperçoit au bas d'un puits très-profond. »

Voici ce que je trouve dans le *Traité d'astronomie* de sir John Herschel (1ᵉ édition anglaise, p. 63) :

« Les brillantes étoiles qui passent au zénith peuvent (*may even be*) être discernées à l'œil nu, par les personnes situées au fond d'une cavité profonde et étroite, comme le sont les puits ordinaires ou les *shafts* des mines. J'ai entendu moi-même raconter par un célèbre artiste (Troughton, je crois), que la première circonstance qui tourna son attention vers l'astronomie fut l'apparition régulière à certaine heure. pendant plusieurs jours consécutifs, d'une étoile considérable dans la direction du tuyau de sa cheminée. »

En supposant, comme ces témoignages nous autorisent à l'admettre, que certaines étoiles soient visibles à l'œil

nu du fond d'un puits ou à travers un long tube noir semblable à un tuyau de cheminée, comment expliquer le
fait? D'une manière très-simple, ce me semble.

Le champ de la vision à l'œil nu, c'est-à-dire la série
des objets que l'œil peut saisir d'un seul coup en restant
immobile, est de 90° d'après les anciens, de 135° horizontalement et de 112° verticalement suivant Venturi;
de 150° horizontalement, et de 120° verticalement selon
M. Brewster.

L'œil immobile et tourné vers le firmament reçoit donc
des rayons de tous les points de l'atmosphère occupant
une surface circulaire de plus de 100° de diamètre. On
voit quel doit être dans cette position l'éclairement régulier de la rétine. Ajoutons que la cornée n'est pas parfaitement diaphane, qu'elle agit jusqu'à un certain point
comme un verre dépoli, que dès lors elle répand sur la
rétine les rayons atmosphériques qui la frappent dans
tous les sens.

Envisagée sous cet aspect, la rétine d'un œil dirigé vers
le zénith doit recevoir des rayons provenant de tous les
points de l'atmosphère contenus dans un hémisphère
entier, et être assez fortement éclairée pour que l'image
d'une étoile ne puisse prédominer sur ce fond lumineux.
Arrêtez à l'aide d'un tuyau la plus grande partie de la
lumière qui arrivait à la cornée, et dès ce moment, les
rayons de l'étoile, concentrés en un point sur la rétine,
pourront prédominer sur ceux qui éclairent le même point,
soit directement, soit par voie de diffusion.

Remarquons, d'après ce que nous avons dit (liv. III,
ch. XII, p. 115) que dans la position particulière où nous le

plaçons ici, un presbyte pourrait voir très-bien des étoiles
là où un myope n'en apercevrait pas la moindre trace.

CHAPITRE IX

DE LA VISIBILITÉ DES ÉTOILES EN PLEIN JOUR

Les guides dirent à M. de Saussure qu'on voyait des
étoiles en plein jour au sommet du Mont-Blanc, à l'œil
nu ; quant à lui, il ne songea pas à le vérifier. (T. ɪᴠ,
in-4°, p. 199.)

L'observation des guides du célèbre voyageur genevois
tendrait à prouver expérimentalement que la lumière
atmosphérique est le principal obstacle à la vision des
objets lumineux par eux-mêmes et situés au delà des dernières limites de l'atmosphère, car tout le monde sait que
le ciel paraît beaucoup plus noir ou moins lumineux au
sommet d'une montagne que dans la plaine.

Cardan se vantait de posséder le don surnaturel de
voir en plein jour le ciel semé d'étoiles; mais comme en
même temps il s'attribuait les facultés de connaître l'avenir, d'entendre ce qu'on disait de lui en son absence,
nous pouvons sans scrupule ranger sa première prétention parmi les rêveries dont les biographes du célèbre
géomètre ont eu à recueillir une si longue liste. (Notice sur
Cardan par M. Frank, insérée au *Moniteur* du 7 octobre 1844.)

Venons maintenant aux observations de Morin, faites
avec des lunettes.

Morin aperçut des étoiles avec une lunette, *après le
lever du Soleil*, à la fin du mois de mars 1635.

La première fois, Arcturus était encore visible, vers le couchant, plus d'une demi-heure après le lever du Soleil : « J'en eus une si grande joie, dit Morin, que je faillis renverser la lunette et l'instrument. »

Le lendemain, Morin vit Vénus en forme de croissant, pendant une heure et plus après le soleil levé.

Cette découverte de la possibilité de voir les astres en plein soleil transporta l'astrologue Morin d'enthousiasme. Il attribuait sa bonne fortune à une intervention surnaturelle. « Un jour, dit-il, j'examinais les satellites de Jupiter, lorsqu'un messager céleste vint à tire d'aile se présenter à moi, et me tint ce discours : — Pourquoi fatiguer inutilement tes yeux à regarder avec cet instrument la Lune, le Soleil et Jupiter? Laisse ces amusements aux autres; applique-toi à des choses plus utiles, auxquelles tu es destiné. Si tu suis ce conseil, une plus grande gloire t'est réservée, *puisque tu verras en plein jour les planètes et les principales étoiles qu'aucun mortel n'a jusqu'ici pu apercevoir, si ce n'est pendant la nuit.* »

La sixième section de la *Science des longitudes*, où ce passage se trouve, a été imprimée, suivant Fouchy, en 1635 (*Mém. de l'Académie*, 1787, page 391), et, suivant Delambre, en 1636. (*Astron. moderne*, t. ii, p. 254.)

Morin avait envoyé son ouvrage aux célébrités astronomiques de son temps, entre autres à Galilée.

Dans une lettre à Lorenzo Realio, en date de 1637, Galilée dit qu'avec ses lunettes perfectionnées on voit pendant tout le jour (*si vede tutto il giorno*) Jupiter, Vénus, les autres planètes et une bonne partie (*buona parte*) des étoiles fixes. (Galilée, tome vii de l'édition de Milan, page 312.)

En juin 1637, Galilée était atteint, à la villa d'Arcetri, d'une fluxion aux yeux qui le rendait presque aveugle. Les observations qu'il cite de planètes et d'étoiles, vues en plein jour, devaient donc être d'une date antérieure; mais quelle est cette date?

Les termes dont se sert Galilée sont trop absolus. La visibilité de Jupiter pendant toute la journée, surtout à l'aide d'une petite lunette grossissant trente fois seulement, dépend de la distance angulaire de la planète au Soleil. Cette circonstance aurait dû, je crois, figurer dans le récit que Galilée faisait de ses observations de jour.

Au reste, en jugeant comme il est toujours indispensable de le faire, sauf de rares exceptions, les questions de priorité d'après les dates des publications, il est évident que c'est à Morin qu'il faut remonter pour trouver la première observation authentique d'une étoile vue en plein jour.

Cette observation avait été probablement oubliée même en France, car on nous apprend, dans l'histoire de l'Académie, que Picard, en 1669, le 3 mai, fut très-surpris de pouvoir *observer* la hauteur méridienne du cœur du Lion (Régulus) près de treize minutes avant le coucher du Soleil.

Le 13 juillet de la même année, Picard observa la hauteur méridienne d'Arcturus, lorsque le Soleil était encore à 17 degrés de hauteur.

Picard donne lui-même la date de 1668 à sa décou-

verte de la visibilité des étoiles en plein jour. (Mémoire lu
à l'Académie en octobre 1669.)

Dans une lettre de Picard à Hévélius, en date du
16 novembre 1674, mais dont la traduction n'a paru
qu'en 1787, l'astronome français cite, comme une
observation dont on n'avait pas même eu l'idée avant
lui, la détermination de la hauteur de Vénus faite le
16 avril 1670, peu de temps avant midi. Picard rappelle
à l'astronome de Dantzig qu'à l'aide de ses pinnules
télescopiques (de ses lunettes) il observe les hauteurs
méridiennes des plus belles étoiles peu de temps avant ou
peu de temps après midi. (*Mémoires de l'Académie des
sciences*, 1787, page 398.)

Dans l'ouvrage publié par Derham en 1726, intitulé :
*Philosophical experiments and observations of the late
eminent doctor Robert Hooke*, je trouve, page 257, une
leçon du célèbre physicien, portant la date de février
1693, et à la page 265 de cette même leçon, le passage
suivant :

« Par le secours du télescope, je découvris la parallaxe
de l'orbite terrestre, et la visibilité des étoiles fixes à
toutes les époques de la journée. »

Autant que j'ai pu le comprendre, Hooke faisait remonter cette découverte à l'année 1677. Elle aurait donc été
de quarante-deux ans postérieure aux observations de
Morin, et de huit ans plus moderne que l'annonce imprimée de la découverte de Picard, faite dans les Mémoires
de l'Académie des sciences. Ainsi, de ce côté, il n'y a pas
de réclamation possible. Une note de Derham, à cette
occasion, n'eût certainement pas été hors de propos.

Remarquons que Hooke naquit à Freshwater, dans l'île de Wight, en 1635, l'année même où Morin vit pour la première fois les étoiles en plein jour.

CHAPITRE X

DE LA SCINTILLATION

Pour une personne regardant à l'œil nu, la scintillation consiste en des changements d'éclat des étoiles très-fréquemment renouvelés. Ces changements sont le plus souvent accompagnés de variations de couleurs, d'altérations dans le diamètre apparent des astres ou dans les longueurs des rayons divergents qui paraissent s'élancer de leur centre, suivant diverses directions. La scintillation se manifeste dans les lunettes avec des apparences particulières. Ce phénomène tient aux propriétés spéciales que possèdent les divers rayons dont se compose la lumière blanche, de se mouvoir avec des vitesses différentes à travers les couches atmosphériques, et de donner ce qu'on appelle des interférences. Nous avons consacré une Notice entière à l'explication de ce fait curieux, qui a occupé la plupart des astronomes; il serait trop long de la reproduire ici, et nous croyons inutile de l'analyser. Il nous suffira de dire que les changements rapides d'éclat et de couleur que présentent les astres sont rattachés aujourd'hui aux lois connues de la physique, et notamment à celles des interférences lumineuses. Les explications plus ou moins vagues de la scintillation données par divers astronomes sont inadmissibles; elles ne montrent pas pourquoi les planètes, par exemple, ne scintillent pas ou presque pas, pourquoi certaines étoiles scintillent moins que d'autres, pourquoi la pureté du ciel, la basse température des nuits ajoutent à la beauté du phénomène.

LIVRE VI

DU MOUVEMENT DIURNE

CHAPITRE PREMIER

DÉFINITION DE L'HORIZON. — MOUVEMENT DIURNE. — CE MOUVE-
MENT S'EXÉCUTE TOUT D'UNE PIÈCE ET COMME SI LES ÉTOILES
ÉTAIENT ATTACHÉES A UNE SPHÈRE SOLIDE.

Transportons d'abord l'observateur dans un lieu où
rien ne borne sa vue, sur le bord de la mer, par exemple,
ou bien au milieu d'une plaine sans monticule ni bâtisse
d'aucune sorte, le ciel lui paraîtra une voûte surbaissée
reposant sur la Terre par un contour circulaire [1].

Le contour circulaire, intersection apparente du ciel
et de la terre, dont l'observateur est entouré de toutes
parts, et au centre duquel il se croit situé, s'appelle
l'*horizon terrestre* ou *horizon sensible*. Voyons si l'horizon peut être défini géométriquement, voyons si, en
supposant cet horizon caché par un obstacle, on pourrait,
dans un lieu donné, déterminer la direction de la ligne
visuelle qui aboutirait aux points invisibles.

Attachons un poids suffisamment lourd à un fil très-

---

1. Hâtons-nous de dire que cette voûte n'existe pas, que c'est une
pure illusion dépendante des propriétés optiques de l'air qui nous
entoure.

flexible, la direction de ce fil sera la même quelle que soit la nature du poids; cette direction s'appelle la *verticale* du lieu où l'on opère. Le point du ciel au-dessus de la tête de l'observateur auquel aboutit cette verticale indéfiniment prolongée, porte le nom de *zénith;* le point du ciel qui rencontrerait la même verticale prolongée en sens inverse de la première fois, s'appelle le *nadir* [1]. Une ligne droite perpendiculaire à la verticale, quelle que soit son orientation, s'appelle une horizontale; le plan contenant l'ensemble des lignes perpendiculaires à la verticale, et passant par un de ses points, prend le nom de plan horizontal.

Supposons que dans un lieu donné, où l'on aperçoit l'horizon terrestre de toutes parts, on fixe au sol une règle inflexible, bien dressée, parallèlement au fil à plomb, et susceptible de tourner sur elle-même sans cesser d'être verticale; appliquons l'un des bras d'une équerre à la face verticale de la règle, et nous trouverons qu'une pinnule ordinaire, ou une pinnule télescopique, attachée à l'autre bras, pointe un tant soit peu au-dessus de l'horizon quelle que soit son orientation; le point où s'arrête cette ligne visuelle est d'autant moins éloigné de l'horizon proprement dit, que l'observateur est moins élevé au-dessus du sol. On peut même dire, sans erreur sensible, que, pour les positions de l'observateur peu élevées, les lignes perpendiculaires à la verticale aboutissent dans toutes les directions à l'horizon. D'après cette remarque, qu'aucune observation n'a démentie, on pourra

1. Ces deux mots sont empruntés à la langue arabe.

dans tous les lieux de la terre déterminer la position des
lignes qui aboutiraient à l'horizon lorsque des obstacles
matériels en dérobent la vue.

L'horizon terrestre qui, comme nous l'avons dit, est à
très-peu près un plan, marque la limite qui sépare les
objets visibles de ceux qui ne le sont pas, tout ce qui se
passe au-dessous est invisible. Plaçons un observateur
dans un lieu où l'horizon ne soit masqué d'aucun côté,
dans une plaine de la Beauce, voisine de Paris, par
exemple; supposons d'abord que la face de cet observateur soit tournée vers cette région de la Terre qu'on appelle
le midi ou le sud, vers cette région où le Soleil est placé
au milieu de la journée, l'*orient* sera à sa gauche, l'*occident* à sa droite et le *nord* par derrière. Ces points : sud,
nord, est, ouest, s'appellent les *points cardinaux*. Nous
montrerons bientôt comment on en détermine exactement
la position.

L'angle horizontal formé par une ligne aboutissant
à un point de l'horizon avec la ligne qui rencontre le
point cardinal sud s'appelle un *angle azimutal*. Les
angles azimutaux sont quelquefois comptés à partir du
point *nord*. L'observateur doit toujours avoir la précau-
tion d'avertir si un angle azimutal compté sur l'horizon
a pour origine le point sud ou le point nord diamétralement opposé, et s'il faut le compter à droite ou à gauche,
à l'est ou à l'ouest d'une de ces deux origines.

Si l'observateur, tourné du côté du midi, porte ses
regards vers l'orient, il verra les étoiles devenir successivement visibles en atteignant l'horizon dans des points
qu'on appelle les *points de lever*, parvenir graduellement

à des hauteurs inégales pour chacune d'elles, redescendre ensuite comme elles étaient montées, rencontrer l'horizon de nouveau, et disparaître dans des points qui s'appellent les *points de coucher*.

Les objets terrestres, dans la direction desquels un astre se lève ou se couche, restent à très-peu près constants pour un astronome qui les observe d'un point déterminé, non-seulement pendant plusieurs jours consécutifs, mais encore pendant toute la durée de sa vie.

Si l'observateur se tourne ensuite du côté du nord, il verra la même série de phénomènes, les étoiles se lèveront à l'orient et se coucheront à l'occident dans des points également déterminés comme au midi. Du côté du midi, il avait aperçu des étoiles qui ne se montraient au-dessus de l'horizon que pendant peu d'instants, qui se couchaient presque immédiatement après s'être levées; du côté du nord, il trouvera des étoiles qui se lèveront au contraire peu d'instants après s'être couchées. Les phénomènes au midi devaient faire soupçonner qu'il y avait des étoiles qui dans leur déplacement n'atteignaient pas l'horizon, et l'observation, comme nous allons le dire bientôt, a confirmé cette conjecture. Du côté du nord, on remarquera des étoiles dont la hauteur angulaire au-dessus de l'horizon varie sans cesse avec l'heure de l'observation, mais qui ne se lèvent ni ne se couchent, en un mot qui n'atteignent jamais l'horizon. Enfin, sans cesser de regarder dans cette région du ciel, on trouve des étoiles dont le mouvement, toujours dirigé de l'orient à l'occident, est à peine sensible.

Ce mouvement général, qui entraîne toutes les étoiles

avec une vitesse apparente plus ou moins grande, de l'orient à l'occident, s'appelle le *mouvement diurne*.

Nous avons supposé l'observateur à Paris ; transportons-le maintenant dans un point de la terre plus méridional, à Bourges, par exemple, les phénomènes du mouvement diurne s'y produiront exactement comme à Paris. Seulement on apercevra dans cette seconde station et dans la région céleste du sud, des étoiles qui étaient toujours invisibles dans la première, qui restaient constamment au-dessous de son horizon. Dans la région céleste du nord, au contraire, des astres dont la course diurne s'opérait à Paris tout entière au-dessus de l'horizon, se cachent pendant quelques instants quand on les observe à Bourges. Les étoiles qui, à Paris, restaient couchées pendant un certain temps, disparaîtront dans la nouvelle station pendant un temps plus long.

Ces phénomènes seront d'autant plus manifestes que l'observateur se sera déplacé davantage du nord au midi ; ils ne peuvent évidemment être expliqués qu'en admettant que les horizons des différents lieux de la Terre ne sont pas parallèles entre eux, que les verticales auxquelles ces horizons sont perpendiculaires s'inclinent ainsi que les horizons vers le midi à mesure qu'on marche dans cette direction. Ces horizons, après s'être inclinés vers le midi, atteignent des étoiles dont la course diurne s'opérait tout entière au-dessus du premier horizon, et le mouvement de bascule soulève l'extrémité opposée jusqu'à des astres qui n'atteignaient l'horizon primitif ni le jour ni la nuit.

Nous avons supposé l'observateur dépourvu d'instru-

ments, munissons-le maintenant d'un appareil avec lequel
il pourra mesurer la distance angulaire des deux étoiles,
c'est-à-dire fournissons-lui deux pinnules (fig. 87) ou

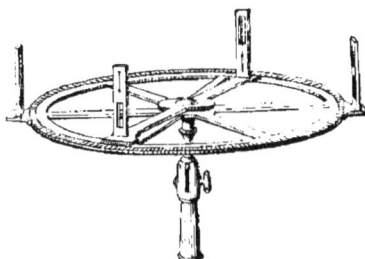

Fig. 87. — Mesure des distances angulaires des étoiles à l'aide
de pinnules.

deux lunettes (fig. 88) mobiles autour d'un même cen-

Fig. 88. — Mesure des distances angulaires des étoiles à l'aide
de deux lunettes.

tre, et jointes entre elles par un arc gradué. Admettons
qu'à l'aide de cet instrument, l'observateur détermine
la distance angulaire de deux étoiles peu éloignées l'une
de l'autre quelque temps après leurs levers, qu'il renou-
velle l'observation lorsque le mouvement diurne les a
amenées l'une et l'autre à des hauteurs plus ou moins
considérables, qu'il la répète autant de fois qu'il voudra

lorsque les étoiles se rapprochent de l'horizon pour se coucher, la distance angulaire sera toujours la même.

Ce fait avait d'autant plus besoin de vérification, que par une illusion d'optique, dont nous essaierons d'assigner la cause plus tard, la distance angulaire de deux étoiles semble d'autant plus grande que ces étoiles sont plus près de l'horizon. Supposons qu'au lieu de comparer deux étoiles voisines l'une de l'autre, on les choisisse très-distantes, supposons même qu'elles occupent les régions du ciel les plus éloignées, le mouvement diurne n'altérera nullement la distance angulaire qui les sépare, cette distance n'éprouvera pas la moindre variation.

Le mouvement diurne s'opère donc tout d'une pièce de l'orient à l'occident, comme si les étoiles étaient invariablement attachées à une sphère solide dont l'observateur occuperait le centre. Cette dernière conséquence ne découle pas moins nécessairement des observations que la première ; il est évident, en effet, que la distance angulaire des étoiles ne peut être la même à toutes les heures de la journée que dans le cas où elle est toujours observée du centre de la sphère, c'est-à-dire d'un point également éloigné de ceux que les étoiles occupent successivement sur la surface.

CHAPITRE II

FORMATION D'UN GLOBE CÉLESTE OU D'UNE REPRÉSENTATION
EXACTE DU FIRMAMENT. — DÉNOMINATIONS DE FIXES DONNÉES
AUX ÉTOILES PAR SUITE DE LA COMPARAISON DES SPHÈRES MO-
DERNES AVEC CELLES D'HIPPARQUE. — PREMIÈRES CONSÉQUENCES
AUXQUELLES CETTE COMPARAISON CONDUIT RELATIVEMENT AUX
IMMENSES DISTANCES DES ÉTOILES A LA TERRE.

Proposons-nous maintenant de former une représentation exacte du ciel ; la mesure de la distance angulaire
des étoiles nous conduira au but. Formons une sphère
de carton, ce sera la miniature de la sphère étoilée ;
prenons pour point de départ, pour point de repère,
l'étoile la plus brillante du firmament, l'étoile qu'on
appelle Sirius ; choisissons sur la sphère de carton un
point quelconque, tout à fait arbitraire, pour être la représentation de cette étoile ; prenons une seconde étoile qui
doive figurer sur la sphère, mesurons avec l'instrument
dont nous faisions usage tout à l'heure (fig. 87 et 88,
p. 216) la distance angulaire de cette seconde étoile à
Sirius, supposons que cette distance soit de 10°, prenons
un arc de grand cercle de 10°, appliquons-le exactement
sur la sphère de carton, de manière qu'une de ses extrémités aboutisse au point qui représente Sirius, faisons
tourner cet arc autour de Sirius comme centre, son autre
extrémité déterminera sur la sphère tous les points qui
sont à 10° de Sirius. Ce sera sur l'un quelconque de ces
points, disposés d'ailleurs en cercle, comme tout le
monde peut le concevoir, que la seconde étoile devra être
inévitablement placée. Sa position n'est plus entièrement

arbitraire, comme l'était d'abord la place donnée à Sirius ;
elle est quelque part sur le cercle dont nous venons de
parler, et non ailleurs. Faisons choix d'un quelconque
de ces points éloignés de Sirius de 10° pour représenter
la seconde étoile ; tout est maintenant déterminé, rien
n'est plus arbitraire dans notre tracé. Proposons-nous,
en effet, de placer une troisième étoile dont les distances
angulaires à Sirius et à la seconde étoile aient été trou-
vées, à l'aide de notre instrument, de 15° et de 12° par
exemple. Avec un arc de 15° tournant autour de Sirius
comme centre, traçons le contour du cercle sur lequel
cette troisième étoile est nécessairement située. Avec un
arc de 12° tournant autour de la seconde étoile comme
centre, décrivons un cercle qui déterminera un des
points que la troisième étoile doit indispensablement occuper. Nous avons vu que cette étoile devait déjà se
trouver sur le cercle décrit de Sirius avec un arc de 15° ;
le point d'intersection de ces deux cercles jouit donc seul
de la propriété d'être, comme la troisième étoile, à 15° de
Sirius et à 12° de la seconde étoile ; sa place est donc
complétement donnée par cette construction [1].

En mesurant les distances angulaires d'une quatrième
étoile à deux de celles qui sont déjà placées, on aura les
éléments d'une construction semblable à celle que nous
venons de faire, et qui nous donnera la position de la
quatrième étoile, comme nous avions trouvé celle de la

---

[1]. Les deux cercles se coupent en deux points, mais il suffit de
savoir en quel sens, en avant ou en arrière, la troisième étoile est
située relativement aux deux autres étoiles, pour qu'il n'y ait pas
d'incertitude sur celle des deux intersections qu'il faut choisir.

troisième. On pourra faire ainsi le tour entier du ciel.

Une opération de ce genre, la mesure des distances angulaires de mille vingt-six étoiles, ayant été faite cent vingt ans avant notre ère par Hipparque de Rhodes, on peut y puiser, comme on voit, tous les éléments nécessaires pour dessiner une représentation exacte du firmament correspondante à cette époque reculée. Cette représentation, comparée à la sphère étoilée moderne, nous conduit à un résultat remarquable : les étoiles sont situées aujourd'hui, les unes relativement aux autres, comme elles l'étaient à peu près il y a environ deux mille ans ; cet espace de temps n'a apporté à leurs distances angulaires que des variations insignifiantes : de là la dénomination de *fixes* par laquelle les étoiles proprement dites sont désignées.

Les observations d'Hipparque avaient été faites à Rhodes et à Alexandrie, en Égypte. Les observations que nous leur avons comparées sont de Paris, ou même, si l'on veut, de Stockholm, en Suède. L'observateur de Stockholm était plus près des étoiles boréales que l'observateur d'Alexandrie, comment expliquer l'égalité de distance angulaire? Ne semble-t-il pas, d'après les principes les plus élémentaires de la géométrie, que l'observateur de Stockholm devait trouver une plus grande distance angulaire pour les étoiles boréales, et une moins grande distance pour les étoiles australes, que l'observateur grec. Examinons cette difficulté avec soin, et il en découlera des conséquences très-curieuses sur la distance rectiligne des étoiles à la Terre.

Rigoureusement parlant, les observateurs de Stock-

holm et d'Alexandrie ont dû trouver des valeurs différentes en mesurant les distances angulaires des étoiles
inégalement éloignées de ces deux villes. Mais ne serait-il
pas possible que la différence fût au-dessous des incertitudes que les observations comportent, car, il faut bien
se le rappeler, rien de ce que nous déterminons à l'aide
d'instruments matériels ne s'obtient avec une précision
mathématique. Examinons la question de ce point de vue.

Regardons une seconde de degré comme la dernière
limite à laquelle il soit possible d'atteindre dans la mesure
des angles, et supposons que l'observateur de Stockholm
détermine la distance angulaire de deux étoiles boréales,
et qu'il la trouve, par exemple, de $4,000''$; admettons
que cet observateur marche ensuite vers le midi jusqu'au
moment où sa distance rectiligne aux étoiles observées
dans la première station se sera augmentée de 1,000
lieues; si ces 1,000 lieues sont la $4,000^e$ partie de la
distance rectiligne des étoiles à Stockholm, l'angle que
les deux étoiles sous-tendront dans la seconde station
sera plus petit que dans la première de $\frac{1}{4,000^e}$; cet angle
sera donc de $3,999''$. Pour qu'en passant de Stockholm
à la seconde station, l'angle n'ait pas varié de $1''$, il faut
que 1,000 lieues ne soient pas la $4,000^e$ partie de la distance rectiligne des étoiles à Stockholm. Or, en faisant
de point en point cette série d'opérations, on trouve la
même distance angulaire sans variation d'une seconde
entre les deux stations; il est donc établi rigoureusement
que la distance rectiligne des étoiles observées à Stockholm est de plus de 4,000 multiplié par 1,000, ou de
4,000,000 de lieues.

Qu'on le remarque bien, nous n'avons obtenu qu'une limite en deçà de laquelle les étoiles observées ne sont pas situées; leurs distances réelles pourraient évidemment être des milliers ou des milliards de fois plus grandes que la limite assignée.

Nous nous sommes placés, quant à la fixation de cette limite, dans une condition très-défavorable, en prenant pour repères des étoiles séparées l'une de l'autre par un si petit nombre de secondes. Choisissons maintenant à Stockholm deux étoiles situées dans la région du nord, distantes cette fois l'une de l'autre de 40,000″, transportons-nous ensuite dans une seconde station méridionale, où nous serons plus éloignés de ces mêmes étoiles de 1,000 lieues. Si ces 1,000 lieues forment la 40,000^e partie de la distance rectiligne primitive, l'angle compris entre les rayons visuels, aboutissant aux deux astres, sera plus petit dans la seconde station que dans la première de $\frac{1}{40,000^e}$, l'angle sera de 39,999″; or, il est de 40,000″, sauf une petite fraction que les instruments ne permettent ni d'apprécier ni de voir; donc la distance rectiligne de ces deux étoiles à Stockholm dépasse l'évaluation qui nous avait conduit à une diminution de distance angulaire de 1″, c'est-à-dire que 1,000 lieues sont inférieures à la 40,000^e partie de la distance rectiligne des étoiles observées à Stockholm, en d'autres termes, que cette distance surpasse 40,000 fois 1,000 lieues, ou 40,000,000 de lieues.

Nous ne pousserons pas plus loin ces calculs, car nous nous étions ici proposé de montrer comment les premières notions du mouvement diurne conduisent mathématiquement à de curieux résultats sur la distance des étoiles. L'astronomie perfectionnée nous permettra d'opérer sur de bien plus grandes bases, et d'arriver à des conséquences qui étonnent l'imagination.

CHAPITRE III

MOUVEMENT DIURNE OBSERVÉ AVEC UN THÉODOLITE. — DÉFINITION DU MÉRIDIEN ; DIVERS MOYENS DE LE DÉTERMINER. — AXE DU MONDE. — NATURE DES COURBES DÉCRITES PAR LES ÉTOILES. — PARALLÈLES CÉLESTES. — ÉQUATEUR DU MONDE.

Nous allons maintenant perfectionner les premières notions que nous avons obtenues sur le mouvement diurne, en nous servant pour l'étudier de l'instrument connu sous le nom de théodolite [1] (fig. 89, p. 224), et composé de deux cercles gradués servant à la fois à la mesure des angles horizontaux et des angles verticaux.

Dirigeons la lunette du théodolite au point de l'horizon où une étoile se lève, dirigeons-la ensuite au point de coucher de la même étoile. Dans le passage de la première position à la seconde, l'alidade du cercle horizontal aura parcouru sur la division un certain nombre de degrés. Partageons cet arc en deux parties égales, fixons l'alidade à ce point milieu, et voyons alors quel est l'objet terrestre qui est dans la direction de la lunette du cercle vertical. Répétons cette observation en nous servant d'une seconde, d'une troisième étoile, d'autant d'étoiles que nous voudrons, situées dans la région du sud, l'ali-

1. De deux mots grecs, θέω, prendre, δολιχός, longueur.

dade, qui partage en deux parties égales les arcs de longueurs inégales, parcourus entre les points de lever et les

Fig. 89. — Théodolite construit par M. Froment [1].

1. **T,** pied triangulaire de l'instrument reposant sur les trois vis
à caler V, V, V. — **C,** Cercle vertical portant un limbe en argent divisé
en degrés et fractions de degrés. Concentriquement à ce cercle C
tourne un cercle alidade ayant quatre verniers * dont la lecture est

---

* Le vernier est une pièce mobile qui porte des divisions un peu plus petites que celles
d'une règle ou d'un cercle gradués; il sert à apprécier des fractions que l'on ne pourrait
évaluer autrement avec certitude. L'invention du vernier est décrite dans un ouvrage
imprimé à Bruxelles en 1631, et intitulé : *La construction, l'usage et les propriétés du
cadran nouveau;* elle est due au géomètre Pierre Vernier, d'Ornans (Franche-Comté).

points de coucher, prendra constamment la même position, et la lunette du cercle vertical sera toujours dirigée vers le même objet terrestre. En nous tournant du côté du nord, nous trouverons que les points de lever et de coucher des étoiles situées dans cette région du ciel seront à la même distance angulaire du point de l'horizon auquel aboutit le prolongement de la ligne unique qui partage en deux parties égales les arcs de l'horizon compris entre les points de lever et de coucher des étoiles australes.

Les points de lever et de coucher des étoiles situées dans toutes les régions du ciel, sont donc symétriquement placés de part et d'autre d'une ligne dont nous savons maintenant déterminer la position : position que nous pouvons d'ailleurs fixer par une mire.

Revenons à l'étoile méridionale primitivement observée, et dirigeons de nouveau la lunette du théodolite à son point de lever; suivons-la dans sa course ascensionnelle.

Après être montée pendant un certain temps, cette étoile atteindra la région du ciel où sa hauteur est au

facilitée par des microscopes *m, m*. Cette alidade porte aussi la lunette principale L dont l'oculaire est muni d'un réticule. *x* est l'axe horizontal de ces cercles concentriques. — P, contre-poids destiné à équilibrer tout le système supérieur autour de l'axe Y dont la verticalité se règle à l'aide du niveau à bulle d'air N et des vis à caler V. — C′, cercle horizontal en tout semblable au cercle vertical, mais n'ayant que deux verniers, parce que la tête de l'observateur ne pourrait pas s'approcher suffisamment du limbe pour faire avec facilité la lecture en quatre endroits différents placés à 90° l'un de l'autre. L'alidade du cercle horizontal C′ porte l'axe Y qui se meut avec lui, ainsi que tout le système supérieur. L′ est une lunette de repère pour s'assurer que le cercle C′ de l'instrument n'a pas bougé pendant qu'on opère.

maximum; on en sera averti parce qu'alors, pendant quelques instants, l'étoile ne montera ni ne descendra, et semblera parcourir une ligne horizontale; bientôt après elle descendra comme elle était montée, et parviendra à son point de coucher. On trouvera que le plan passant par le milieu de la ligne horizontale très-courte que l'étoile a parcourue lorsqu'elle avait atteint son maximum de hauteur, est précisément celui qui passe par la ligne divisant en deux parties égales l'angle formé par les lignes visuelles aboutissant aux points de lever et de coucher, et dont la position est déterminée, comme nous l'avons vu, par une mire terrestre. Le résultat aurait été exactement le même, quelle que fût l'étoile méridionale que l'on eût observée.

Les points les plus élevés des courbes que décrivent les étoiles boréales en vertu du mouvement diurne, sont aussi situés dans un même plan, et ce plan est celui dont nous avions précédemment fixé la direction en observant les étoiles australes; mais dans la région du nord, on a la facilité d'ajouter une observation précieuse; on peut, en effet, déterminer dans quel plan sont situés les points les plus bas des courbes que décrivent les étoiles qui ne se couchent pas; ces points les plus bas sont contenus dans un même plan, et ce plan est précisément celui dont nous avions trouvé la position en observant les points les plus hauts. Le plan vertical, passant par la mire terrestre, dont nous avons fixé la position, le plan vertical qui coupe l'horizon suivant une droite partageant en deux parties égales l'angle formé par les deux lignes aboutissant aux points de lever et de coucher de chaque étoile; le plan vertical contenant les points les plus élevés des courbes décrites par les étoiles australes, les points les plus hauts et les plus bas des courbes décrites par les étoiles boréales, s'appelle le *plan méridien*.

Nous avons déterminé la position de ce plan par les points de lever et de coucher; mais ces observations sont incertaines parce que l'horizon est ordinairement masqué en quelques points par des objets matériels, et de plus par des vapeurs épaisses. Nous avons aussi déterminé ce plan en observant le point le plus haut de la courbe parcourue par une étoile entre le lever et le coucher; mais cette observation est douteuse, parce que l'étoile, parvenue à son point le plus haut, reste pendant quelque temps sensiblement à la même hauteur. Nous arriverons à fixer plus exactement la position du plan méridien à l'aide des considérations très-dignes de remarque que je vais développer.

Suivons une étoile avec la lunette théodolite depuis le moment de son lever; déterminons le plan dans lequel elle est située lorsqu'elle parvient à 15° de hauteur, par exemple; déterminons ensuite le plan situé de l'autre côté du méridien, et qu'elle occupera lorsque, dans sa course descendante, elle sera de nouveau à 15° de hauteur. On trouvera que ces deux plans sont également éloignés du plan méridien, ce qui revient à dire que tout est parfaitement semblable dans la partie ascendante et dans la partie descendante de la courbe; la similitude de hauteur pourra donc conduire à la détermination du méridien. On voit que si la méthode que nous venons de donner, et qui est appelée méthode des *hauteurs correspondantes*, est plus exacte que celle qui se fonde sur l'observation de la plus grande hauteur de l'astre, cela tient à ce qu'il n'y a pas d'incertitude sur le moment où l'étoile atteint 15° de hauteur ; la variation de cet élément étant très-sensible lorsqu'on est notablement éloigné de la position à laquelle correspond la hauteur maximum.

Le point de l'horizon auquel aboutit la trace horizontale du méridien, s'appelle, comme nous l'avons vu plus haut, le *sud astronomique*. Le point de l'horizon diamétralement opposé s'appelle le *nord ;* une ligne perpendiculaire à celle qui joint le nord et le sud détermine l'*est* et l'*ouest*. Ainsi, comme nous l'avons annoncé, chacun dans un lieu donné saura trouver la position des quatre points cardinaux, c'est-à-dire les quatre points qui servent à fixer l'*orientation des objets*.

Il ne serait peut-être pas difficile de déduire de l'ensemble des phénomènes que nous venons d'étudier cette conséquence que toutes les étoiles décrivent, en vertu du mouvement diurne, des circonférences de cercle; mais cette vérité est trop capitale pour n'avoir pas besoin d'une vérification directe, c'est à quoi nous allons procéder.

Si les étoiles laissaient après elles une trace lumineuse, on pourrait en un instant reconnaître, comme on le fait pour l'arc-en-ciel, la nature des courbes suivant lesquelles elles se meuvent. La vérification sera plus longue, elle durera même un jour entier pour chaque étoile, puisque ce n'est qu'après un jour entier que chacune d'elles s'est transportée dans tous les points de la courbe que le mouvement diurne lui fait décrire.

A quel caractère distinguerons-nous une courbe placée dans l'éloignement et qui est circulaire, de toute autre courbe, d'une ellipse par exemple? à ce caractère qu'il y aura pour la première un point qui semblera également distant de tous les points de son contour. Cette égalité de distance sera attestée par l'égalité des angles sous-tendus. Ainsi, dans le cas d'une courbe dans le plan de laquelle l'observateur ne peut se transporter pour y pratiquer les opérations ordinaires, on substituera à un compas matériel un compas optique.

Remarquons maintenant que si une étoile boréale qui ne se couche pas décrit un cercle, le centre apparent de cette courbe sera situé juste au milieu de l'intervalle angulaire compris entre sa plus grande et sa plus petite hauteur. Supposons que le changement de hauteur soit de 20°, ce sera 10° plus bas que le point le plus haut, et 10° plus haut que le point le plus bas, qu'il faudra chercher le centre, lequel sera d'ailleurs situé dans le plan méridien; fixons dans ce plan un axe aboutissant à ce point milieu, et dirigeons une pinnule ou une lunette, qui sera susceptible de tourner autour de l'axe, vers le point où l'étoile est à son maximum de hauteur. Une pinnule, qui, dans cette première position, formera par hypothèse avec l'axe dont nous venons de parler un angle de 10°, est située dans le plan méridien. L'étoile entraînée par le mouvement diurne de l'est à l'ouest, ne restera dans la direction de la pinnule qu'un seul instant; si donc on veut suivre l'astre, on sera obligé de faire tourner la pinnule ou la lunette autour de l'axe dans le même sens. Or, ce mouvement suffira complétement; jamais l'observateur n'aura besoin ni de rapprocher ni d'éloigner la lunette de l'axe intérieur. L'angle de ces deux lignes sera toujours de 10°, la distance rectiligne de l'étoile au point de l'axe situé dans le plan méridien sous-tend toujours le même angle, ce qui est, comme nous l'avons dit, le trait caractéristique d'une circonférence de cercle. L'étoile semble donc se mouvoir suivant cette nature de courbe.

Après avoir complété cette première observation, écartons la lunette de l'axe intérieur demeuré invariable, de manière qu'elle forme avec lui par exemple un angle de 25°. L'étoile vers laquelle la lunette sera maintenant dirigée décrira une plus grande courbe que la première; mais on reconnaîtra, par les mêmes procédés, qu'elle est circulaire et que son centre est également situé sur la ligne autour de laquelle la lunette fait sa révolution. Un système semblable d'observations, appliqué aux étoiles méridionales, nous prouvera que la portion limitée de courbe que les étoiles décrivent au-dessus de l'horizon est circulaire, et que le centre de chacune de ces courbes est situé sur le prolongement non visible de la ligne qui contenait les centres des cercles parcourus par les étoiles boréales.

Dans la région du nord, les circonférences étaient d'autant moins étendues que la lunette faisait avec l'axe des angles plus petits; il en est de même des observations faites vers le prolongement méridional de l'axe : dans le passage de l'une de ces positions extrêmes de la lunette à l'autre, il en est une où les circonférences des cercles décrits par les étoiles ont un maximum de grandeur; ce cas se présente lorsque la lunette est perpendiculaire à l'axe de rotation.

Revenons sur nos pas pour donner quelques définitions. L'axe autour duquel le mouvement de rotation de la sphère étoilée paraît s'exécuter, cet axe qui contient les centres des courbes décrites par les étoiles en vertu du mouvement diurne s'appelle l'*axe du monde*.

Le point du ciel visible dans nos climats auquel aboutit l'axe du monde s'appelle le *pôle nord, boréal* ou *arctique*. Le point du ciel caché par notre horizon auquel aboutit l'axe du monde s'appelle le *pôle sud, austral* ou *antarctique*.

Les circonférences de cercle décrites par les étoiles dont les plans sont perpendiculaires à l'axe du monde, dont les centres sont situés sur cet axe, se nomment les *parallèles célestes*. Ces parallèles sont très-petits dans le voisinage du pôle nord; ils sont également très-petits dans le voisinage du pôle austral. Le parallèle intermédiaire le plus grand de tous, ce parallèle dont le plan perpendiculaire à l'axe du monde passe par le lieu que l'observateur occupe et par les points cardinaux est et ouest, ce plan qui déjà avait fixé notre attention, s'appelle le *plan de l'équateur*.

Le plan méridien peut être maintenant plus nettement défini que nous ne l'avons fait jusqu'ici. Ce plan contient partout l'axe du monde et la verticale du lieu, ce qui suffit pour fixer sa position, car deux lignes non parallèles déterminent complétement un plan.

Nous avons supposé l'observateur situé à Paris, et il a trouvé que l'axe du monde passe par cette ville; hâtons-nous d'ajouter qu'il fût arrivé à la même conséquence en quelque lieu de la Terre qu'il eût placé le théâtre de ses observations. Que conclure de ce résultat singulier? La conclusion qui en découle confirme ce que nous avons

déduit d'un autre mode d'observation, de l'égalité des
distances angulaires des étoiles, quels que soient les lieux
où on les observe : la petitesse des dimensions de la Terre
comparée à la distance des étoiles.

L'axe du monde passe, suivant toute apparence, par le
centre de la Terre ; mais, vu la légère incertitude dont les
observations sont susceptibles, il est indifférent de supposer qu'il aboutit à un point quelconque pris dans toute
l'étendue de notre globe.

CHAPITRE IV

LES ÉTOILES PARCOURENT LES PARALLÈLES D'UN MOUVEMENT UNIFORME

Nous allons maintenant supposer que l'observateur
peut disposer d'une montre ou d'une pendule marchant
uniformément, et nous nous servirons de ce nouveau
moyen d'investigation pour étudier la marche d'une étoile
dans les différentes parties de son parallèle. L'ensemble
des lignes visuelles aboutissant à tous les points du parallèle forme un cône droit, à base circulaire, ayant pour axe
géométrique l'axe du monde, et pour sommet l'œil de
l'observateur ; introduisons dans l'intérieur de ce cône
idéal un cercle matériel gradué, distant du sommet de
un mètre par exemple, et que toutes les lignes visuelles
ou arêtes du cône viendront effleurer. L'une de ces arêtes
passera par le zéro de la division, et marquera dans l'espace, sur le parallèle lui-même, un point correspondant
que nous appellerons aussi *zéro*. Les lignes visuelles qui
toucheront le cercle aux divisions 1,2,3,4,....360 mar-

queront sur le parallèle les divisions 1,2,3,4,....360.
Ainsi, nous aurons partagé ce parallèle, placé à un très-
grand éloignement, en parties égales, à l'aide de divisions
également espacées et tracées sur un cercle à notre portée. A l'aide de la montre, marquons le moment où
l'étoile se trouve dans la direction de la ligne visuelle
passant par le zéro ; attendons que le mouvement diurne
l'ait transportée sur les lignes visuelles correspondantes
aux divisions 10,20,30,40, etc. ; notons le moment de chacune de ces coïncidences, et nous trouverons que l'étoile
a employé le même temps à franchir chacun de ces intervalles de 10°, soit qu'ils aient été choisis dans la partie
élevée ou la partie basse de la courbe, soit dans la partie
orientale ou la partie occidentale ; en un mot, que cette
courbe est parcourue par l'étoile d'un *mouvement uniforme.*

Nous pourrons obtenir, à l'aide du même système
d'observations, le temps qu'emploie à parcourir 10° de
son parallèle une seconde, une troisième étoile plus ou
moins voisine du pôle, et nous assurer ainsi que les arcs
de même étendue angulaire sont parcourus dans des
temps exactement égaux, soit lorsqu'on compare entre
eux les arcs pris sur un seul et même parallèle, soit
lorsqu'on compare des arcs situés sur des parallèles différents. De cette uniformité de mouvement diurne découle cette conséquence qu'il faut bien remarquer, c'est
que les petits degrés des parallèles très-voisins du pôle
sont parcourus précisément dans le même temps que les
degrés des parallèles situés dans le voisinage de l'équateur, et que les degrés de l'équateur lui-même.

CHAPITRE V

DU MOUVEMENT DES ÉTOILES CONSIDÉRÉ COMME UN MOYEN DE DÉTERMINER EXACTEMENT LA POSITION DU MÉRIDIEN

Nous avons vu plus haut (chap. ɪɪ, p. 218) que pour former sur un globe une représentation exacte du firmament, il suffisait de connaître les distances angulaires respectives des différentes étoiles; que ces distances s'obtenaient à l'aide d'un instrument très-simple, composé de deux lunettes ou de pinnules jointes entre elles par un arc gradué; mais cette observation n'est pas aussi facile qu'on pourrait le croire au premier abord; la mobilité des étoiles, conséquence du mouvement diurne, apporte des obstacles sérieux à la précision des mesures. Si l'observateur est seul, il commencera à pointer une des deux lunettes sur la première étoile; mais, pendant le temps qu'il mettra à diriger la seconde lunette sur la seconde étoile, la première aura poursuivi sa course et quitté la place qu'elle occupait au début. Pendant que l'observateur reviendra à cette première étoile pour rectifier le pointé, la seconde aura aussi abandonné la direction où il l'avait préalablement observée; on n'aura donc jamais la certitude complète que, à un instant donné, les fils des deux lunettes sont exactement dirigés sur les deux étoiles. La difficulté est moins grande, mais elle ne disparaît pas tout à fait, quand deux personnes doivent simultanément concourir aux observations.

Lorsque dans la formation d'une représentation du ciel nous viserons à une extrême précision, il faudra substituer aux moyens directs de mesure qui s'étaient présentés immédiatement à nous et que nous avons admis théoriquement, de nouvelles méthodes, fussent-elles indirectes, pourvu qu'elles nous permettent d'éviter les difficultés que nous venons de signaler. Ces difficultés s'appliquent aussi, dans une certaine mesure, aux observations des hauteurs correspondantes d'après lesquelles nous avons fixé la position du plan méridien. En effet, on peut facilement, en prenant pour repère le fil horizontal de la lunette du théodolite qui se meut sur le cercle vertical de l'instrument, observer à quel instant une étoile parvient à une hauteur déterminée d'avance. Mais remarquons que cette observation ne suffit pas : il faut savoir encore dans quel plan azimutal le fait est arrivé, ce qui exige que l'étoile soit constamment maintenue par un mouvement de rotation du théodolite de l'est à l'ouest sous le fil vertical de la lunette. Cette nécessité de maintenir à la fois l'étoile sous le fil horizontal et sous le fil vertical, est accompagnée de difficultés que tous les observateurs ont reconnues et constatées ; elles sont, chacun le sent, dépendantes du mouvement continuel des étoiles. Ce mouvement, qui était un obstacle, est devenu un précieux moyen de mesure, quand il a été convenablement envisagé. Voyons d'abord comment on en a déduit une méthode propre à la détermination exacte du méridien.

Nous avons vu que sur chaque parallèle les arcs égaux sont parcourus dans des temps égaux ; il résulte de là que des arcs inégaux sont parcourus dans des temps inégaux.

Cela posé, soit ABCD (fig. 90) le contour du parallèle décrit par une étoile circompolaire ; supposons l'observateur muni d'une lunette mobile sur un axe horizontal
et dont l'axe optique décrive conséquemment un plan
vertical. Tournons cette lunette vers la région du nord,
et admettons que EF soit la section que son plan supposé

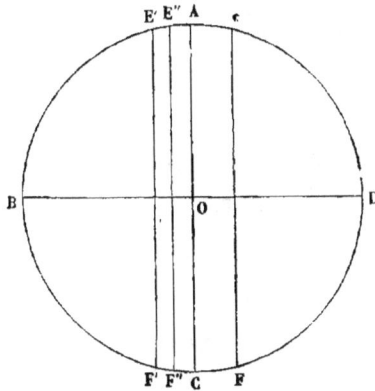

Fig. 90. — Détermination du méridien.

prolongé formera dans le parallèle de l'étoile que nous
avons choisie ; si cette section est à droite du centre du
cercle, elle le partagera en deux portions inégales, l'arc
EABCF sera plus grand que l'arc EDF. L'étoile emploiera
donc à aller de E en F en passant par A et B, plus de
temps qu'il ne lui en faudra pour monter de F en E en
passant par D. Sans voir ni le contour du parallèle ni son
centre, nous pourrons ainsi découvrir que la section EF
laisse ce centre à sa gauche. Visons une mire terrestre
qui soit dans la direction de la lunette et qui permette
de nous replacer, si cela est nécessaire, dans le plan où
auront été faites les premières mesures. Donnons à notre
lunette, tout en conservant son axe horizontal, un mouve-

ment azimutal dirigé de l'est à l'ouest; supposons que dans sa nouvelle position, son plan supposé prolongé fasse dans le cercle que nous avons considéré une section E'F', il faudra à l'étoile, pour aller du point E' situé dans le haut de la section au point F' situé en bas, en passant par B, moins de temps qu'elle n'en emploiera pour revenir de F' en E'. Dans la première observation, le plan vertical décrit par la lunette passait à droite du centre, dans la seconde il passera à sa gauche; ce sera entre ces deux positions que doit se trouver le plan du méridien, puisqu'il jouit de la propriété de partager en deux parties égales les cercles parcourus au-dessus de l'horizon par les étoiles boréales.

Plaçons-nous maintenant dans une position intermédiaire entre la mire terrestre correspondante au plan E'F' et la mire terrestre correspondante au plan EF, nous aurons évidemment dans le plan du parallèle une section E''F'' plus voisine du plan méridien que la section E'F'; nous saurons d'ailleurs si elle est à gauche ou à droite du plan méridien, d'après ce caractère, que dans le premier cas l'étoile emploiera, par un mouvement dirigé de droite à gauche, moins de temps pour aller de E'' à F'' en passant par B qu'il ne lui en faudra pour se transporter de F'' en E''. Après quelques essais, on arrivera enfin à trouver la position dans laquelle l'étoile mettra le même temps à aller de haut en bas qu'à retourner de bas en haut. La lunette décrit alors le plan méridien. Lorsque cette condition est satisfaite, on fixe à l'horizon, et dans l'éloignement, une mire dans la direction de la lunette, et l'on a obtenu ainsi la direction du méridien cherché. Il est bon de le répéter, loin que le mouvement des étoiles

ait été un obstacle à ce système de mesure, il est devenu
au contraire un moyen exact de conduire au but. Cette
méthode pour déterminer la position du méridien est
celle dont on fait généralement usage pour orienter, dans
les observatoires, les instruments et les constructions qui
doivent être dirigés exactement du midi au nord. Il faut
bien distinguer cette méthode effective de celle que nous
avons déjà expliquée et qui ne donne que des moyens de
démonstration privés dans la pratique de l'exactitude que
réclament les observations modernes.

CHAPITRE VI

DÉTERMINATION DE LA POSITION DE L'AXE DU MONDE — DE LA LATITUDE — DE LA HAUTEUR DU PÔLE

Nous pourrons maintenant déterminer la position de
l'axe du monde sans aucun tâtonnement et sans être obligé
de suivre pas à pas une étoile circompolaire, afin de saisir
le moment où elle a atteint le point le plus élevé de sa
course ou le point le plus bas. Ces deux points sont évidemment situés dans le plan du méridien dont nous
savons trouver la position. Qu'un cercle soit établi suivant
ce plan (fig. 91), quand une étoile *f* parvient dans la partie
supérieure, elle est élevée au-dessus du pôle de la même
quantité dont elle sera abaissée au-dessous de ce point,
lorsqu'elle reviendra dans le méridien une seconde fois en
f'. Notez le degré où la lunette s'est arrêtée sur le cercle au
moment du premier passage, le degré où elle s'est aussi
arrêtée au moment de la seconde observation, ce sera au
milieu de l'intervalle parcouru que la lunette devrait être

fixée pour pointer exactement au pôle. L'angle POH que
la lunette forme dans cette direction avec une horizontale
est ce qu'on appelle la *hauteur du pôle*. Cette hauteur
varie avec le lieu de l'observation. L'équateur étant un plan
perpendiculaire à l'axe du monde, il sera facile de déterminer sa trace EE′ sur le cercle méridien ; il faudra pour
cela porter, à partir de la ligne du pôle, un arc de 90°.
L'angle ZOE compris entre le point Z du cercle auquel

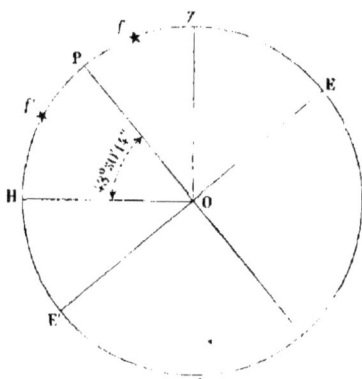

Fig. 91. — Détermination de l'axe du monde

aboutit une verticale passant par son centre, et le point E
que nous venons de marquer comme correspondant à
l'équateur, est ce qu'on appelle la *latitude du lieu*.

Nous obtiendrons de même la distance de la verticale
à la ligne du pôle et la distance angulaire de l'équateur à
l'horizon. Ces quatre quantités sont liées entre elles ou
déductibles les unes des autres par des relations que la
figure ci-jointe (fig. 92, p. 240) rendra évidentes.

Soit HOH′, une horizontale située dans le plan du méridien, OP la ligne aboutissant au pôle, OZ la verticale
du lieu ou une ligne passant par le zénith, OE la trace

de l'équateur perpendiculaire à la ligne OP. L'angle HOZ
étant de 90° est égal à l'angle POE qui est aussi de 90°.
Mais l'angle HOZ se compose de l'angle HOP, plus
l'angle POZ. L'angle POE se compose de l'angle ZOE et
de l'angle POZ. Lorsque deux quantités sont égales, si
on en retranche la même quantité, les restes doivent être
égaux. En retranchant l'angle POZ de la distance HOZ de

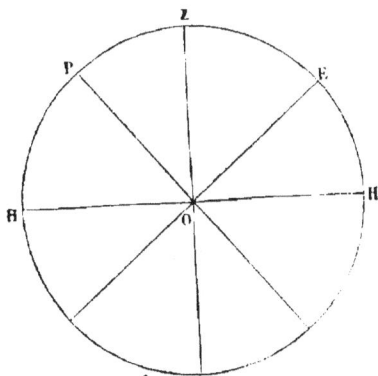

Fig. 92. — Latitude d'un lieu ou hauteur du pôle.

l'horizon au zénith et de l'angle POE égal au précédent,
distance angulaire du pôle à l'équateur, ce qui restera
sera d'un côté l'angle HOP, et de l'autre l'angle ZOE.
Ainsi, la hauteur du pôle est égale à la latitude, c'est-
à-dire à la distance du zénith à l'équateur. On prouvera
de même que la distance du pôle au zénith, complément de la hauteur du pôle ou de la latitude, est égale
à la hauteur de l'équateur.

A Paris, sur la face méridionale de l'Observatoire, la
hauteur du pôle ou la latitude du lieu est égale à 48° 50′
14″. La hauteur de l'équateur ou la distance du pôle au

zénith est le complément de ce premier nombre à 90° ou
41° 9′ 46″.

CHAPITRE VII

OPINIONS DES ANCIENS SUR LE MOUVEMENT DIURNE.
— IDÉES DES ÉPICURIENS.

S'il faut en croire Achille Tatius, Xénophanes, qui
vivait de 617 à 510 avant notre ère, donnait à la Terre,
pour la soutenir, des fondements qui s'étendaient à l'infini.

Avec de pareils fondements il eût été impossible que le
Soleil, la Lune et les étoiles complétassent leur révolution
par-dessous le globe; l'appui solide et indéfini y aurait
mis obstacle. L'appui solide et indéfini une fois admis, les
idées des Épicuriens étaient de vérité nécessaire ; les
astres devaient inévitablement s'éteindre tous les jours à
l'occident, puisqu'on ne les voyait pas revenir au point
de leur lever ; ils devaient quelques heures après se ral-
lumer à l'orient.

Du temps d'Auguste, Cléomède se voyait encore obligé
de combattre les idées des Épicuriens sur les couchers et
les levers des étoiles ou du Soleil. «Ces immenses sottises,
s'écriait le philosophe, ont pour seul fondement un conte
de vieille femme, suivant lequel les Ibères entendent tous
les soirs le sifflement que le Soleil incandescent produit
en s'éteignant comme un fer rouge dans les eaux de
l'Océan. »

CHAPITRE VIII

LES CIEUX SOLIDES

Dans son commentaire de l'ouvrage d'Aristote sur le
ciel, Simplicius nous révèle la répugnance des anciens
observateurs à admettre qu'un astre pût rester suspendu
dans l'espace; qu'il pût se mouvoir librement de lui-
même, c'est-à-dire sans être entraîné. Voilà probablement
ce qui donna naissance aux prétendus cieux solides. Cette
conception, toute singulière qu'elle doit paraître aujour-
d'hui, a formé pendant un grand nombre de siècles la
base des théories astronomiques. Déterminons, si cela se
peut, à quelle époque elle remonte; voyons quels philosophes l'adoptèrent.

Anaximènes, qui vivait vers 543 avant Jésus-Christ,
prétendait déjà que le ciel extérieur est solide, cristallin,
et que les étoiles sont attachées à sa surface sphérique
comme des clous. Plutarque ne dit pas sur quelles conjectures se fondait Anaximènes; mais Anaximandre, dont
ce philosophe était le disciple, n'ayant pas cru pouvoir
imprimer de mouvement aux astres sans les placer sur
des appuis solides, il est présumable que les mêmes considérations donnèrent naissance à l'hypothèse d'Anaximènes.

Divers auteurs prétendent que Pythagore (car Pythagore n'a rien écrit) considérait aussi le firmament comme
une voûte sphérique et solide à laquelle les étoiles étaient
attachées. Avait-il emprunté cette idée aux Perses? On
pourrait le supposer, car chez ce peuple, les plus anciens
astronomes croyaient, dit le Zend-Avesta, à des cieux

solides emboîtés. Nous n'avons, toutefois, sur ce point d'histoire scientifique, aucune donnée certaine.

Pythagore vivait de 580 à 500 avant Jésus-Christ.

Eudoxe, qui vivait vers 405 avant Jésus-Christ, admettait également la solidité des cieux. Aratus, le reproducteur en vers des opinions de l'astronome de Cnide, le déclare sans aucune équivoque; seulement il ne nous apprend rien concernant les observations qui, dans l'opinion d'Eudoxe, rendaient cette supposition nécessaire.

Aristote (on sait avec assez de certitude qu'il vécut de 384 à 322 avant notre ère), a été pendant longtemps considéré, dans nos écoles, comme l'inventeur du système des cieux solides, mais il lui donna seulement l'appui de sa haute et entière adhésion. La sphère des étoiles était pour lui le huitième ciel. Les cieux solides, moins élevés, dont il admettait également l'existence, servaient à expliquer, tant bien que mal, les mouvements propres du Soleil, de la Lune et des planètes.

Aristote admettait que le mouvement de son huitième ciel solide, le plus élevé, était uniforme; que jamais aucune perturbation ne le troublait.

«Dans l'intérieur du monde (dit ce philosophe, si toutefois l'ouvrage intitulé *De mundo* est de lui), il y a un centre stable et immobile que le sort a donné à la terre... Au dehors du monde il y a une surface qui le termine de toutes parts et en tout sens. La région la plus élevée du monde est appelée le ciel... Elle est remplie de corps divins que les hommes connaissent sous le nom d'astres; et elle se meut d'un mouvement éternel, emportant dans la même révolution ces corps immortels, qui suivent tous la même marche en cadence, sans interruption et sans fin. »

Euclide le géomètre (voir l'ouvrage intitulé *Phéno-mènes*) enchâssait les étoiles dans une sphère solide ayant l'œil de l'observateur à son centre. Ici la conception était présentée comme la déduction de ces observations exactes et fondamentales : La révolution se fait tout d'une pièce ; elle n'altère, à aucune époque de la journée, ni la forme ni les dimensions des constellations.

Ces opinions, ces résultats d'observations remontent à environ 275 ans avant notre ère.

Cicéron, à une époque comprise entre l'an 106 et l'an 43 avant notre ère, se déclarait le partisan de la solidité des cieux. Suivant lui l'éther était trop peu dense pour imprimer le mouvement aux étoiles ; il fallait donc qu'elles fussent placées sur une sphère particulière et indépen-dante de l'éther.

Du temps de Sénèque, l'existence des cieux solides avait dû soulever déjà des difficultés, car le philosophe n'en fait mention que sous la forme de question et avec l'expression du doute. Voici ses propres paroles : « Le ciel est-il solide et d'une substance ferme et compacte ? » (*Questions naturelles*, livre II.)

Au vᵉ siècle, Simplicius, commentateur d'Aristote, par-lait aussi de la sphère des fixes. Cette sphère ne s'offrait pas seulement à lui comme un artifice propre à caracté-riser avec précision les phénomènes du mouvement diurne : elle était à ses yeux un objet matériel et solide.

CHAPITRE IX

OPINIONS DES ANCIENS SUR L'AXE DU MONDE

Anaxagore, suivant Diogène Laërce, croyait que dans l'origine tous les astres tournaient autour du zénith, ou qu'ils décrivaient des cercles parallèles à l'horizon en se mouvant autour d'un axe vertical. A cette première époque, le zénith était donc le pôle du monde ; par la suite l'axe s'inclina !

Mais de quel zénith Anaxagore entendait-il parler ? Il ignorait donc que les verticales des différents lieux de la terre ne sont pas parallèles, qu'elles n'aboutissent pas aux mêmes points du ciel.

Géminius, contemporain de Cicéron, signalait l'emploi d'une dioptre tournant autour d'une ligne parallèle à l'axe du monde, comme le moyen de s'assurer que les étoiles décrivent des cercles en vertu du mouvement diurne.

Le moyen était excellent ; c'est l'instrument connu aujourd'hui sous le nom de machine parallatique ; mais Géminius ne dit pas s'il en avait fait usage.

Dans la bouche des astronomes modernes, les mots *axe du monde* n'impliquent pas l'idée de l'existence d'un axe matériel. Les anciens, au contraire, croyaient que le mouvement de révolution du ciel s'opérait en réalité autour d'un axe solide, pourvu de pivots tournant dans des crapaudines fixes. Personne n'élèvera de doute à ce sujet, après avoir lu ces paroles de Vitruve :

« Le ciel est ce qui tourne incessamment autour de la

terre et de la mer sur un essieu, dont les extrémités sont
comme deux pivots qui le soutiennent; car en ces deux
endroits la puissance qui gouverne la nature a fabriqué
et mis ces pivots comme deux centres, dont l'un va de la
terre et de la mer se rendre au haut du monde, auprès
des étoiles du septentrion; l'autre est à l'opposite, sous
terre, vers le midi; et autour de ces pivots, comme autour
de deux centres, elle a mis de petits moyeux pareils à
ceux d'une roue, ou d'un tour, sur lesquels le ciel tourne
continuellement. » (Traduction de Perrault.)

CHAPITRE X

MUSIQUE CÉLESTE

L'idée d'une musique céleste, d'accords engendrés par
les mouvements des astres, était fort répandue parmi les
anciens; on la retrouve même chez les poëtes modernes.
Témoin ces vers de Jean-Baptiste Rousseau :

> Quel plus sublime cantique
> Que ce concert magnifique
> De tous les célestes corps !
> Quelle grandeur infinie,
> Quelle divine harmonie
> Résulte de leurs accords !

LIVRE VII

CHAPITRE PREMIER

JOUR SIDÉRAL

L'ensemble des étoiles répandues dans le firmament paraît entraîné de l'orient à l'occident ; ce mouvement, auquel toutes les étoiles participent, s'appelle, comme nous l'avons vu dans le livre précédent, le *mouvement diurne*. C'est en vertu de ce mouvement que les étoiles se lèvent, qu'elles se couchent, et qu'aux époques intermédiaires, entre le lever et le coucher, elles atteignent diverses hauteurs au-dessus de l'horizon.

Le firmament se présente sous la forme d'une sphère. Un observateur, quel que soit le lieu de la Terre qu'il occupe, peut se supposer sans erreur appréciable quand il s'agit des étoiles et même du Soleil, au centre de cette sphère.

Les deux points de la sphère céleste qu'on dirait immobiles s'appellent *pôles*. Le pôle visible dans notre hémisphère porte le nom d'*arctique*, celui qui est situé au-dessous de l'horizon s'appelle *antarctique*.

La ligne passant par ces deux pôles, la ligne autour de

laquelle tous les astres paraissent faire leurs révolutions
de l'orient à l'occident, semble aussi, sans erreur sensible, passer par un point quelconque du globe terrestre.
Avec un peu de réflexion, on verra que cela signifie que
les dimensions de notre Terre sont tout à fait insensibles,
comparées aux distances qui nous séparent des astres.

Supposons maintenant que dans un lieu donné on fasse
passer, par la ligne des pôles et par la verticale du lieu,
un plan qui sera censé immobile ; ce plan vertical est
celui qu'on appelle le *plan méridien*. Le plan méridien
coupe la sphère céleste suivant un grand cercle qui
aboutit aux deux pôles.

Cela posé, considérons l'équateur céleste, c'est-à-dire
le grand cercle de la sphère, également éloigné de ces
deux pôles, et qui contient dans son contour un grand
nombre d'étoiles. A partir d'une quelconque de ces étoiles,
divisons l'équateur en 360 parties égales, je veux dire en
360 degrés.

Par chacune de ces divisions et par la ligne des pôles
célestes, faisons passer des plans. Chacun de ces plans
coupera la sphère suivant un demi-grand cercle se terminant aux deux pôles. L'ensemble de ces 360 demi-
cercles partage la sphère en 360 fuseaux, semblables à
des tranches de melon, égaux entre eux, larges à l'équateur et s'amincissant graduellement vers les pôles arctique
et antarctique.

Les plans ou les cercles terminateurs de ces divers
fuseaux, ou, en revenant à ma première comparaison,
de ces diverses tranches de melon, seront, à un instant
quelconque de la journée, inclinés les uns vers l'orient,

les autres vers l'occident ; un seul d'entre eux, à tour de rôle, sera vertical et coïncidera avec le plan méridien. Chacun de ces cercles passera par une série particulière d'étoiles, toujours les mêmes, dont les unes seront équatoriales et les autres plus ou moins rapprochées des pôles. Cette permanence des étoiles dans le cercle qu'elles ont une fois occupé tient à ce que le mouvement du firmament s'effectue tout d'une pièce, et comme si les étoiles étaient invariablement attachées à une sphère solide.

L'équateur céleste et les étoiles qu'il renferme sont entraînés dans le mouvement général du ciel de l'orient à l'occident. Pendant la révolution de la sphère céleste, chacun des 360 plans dont il vient d'être parlé, chacun des 360 demi-cercles avec les étoiles par lesquelles il passe, viendra coïncider, se confondre avec le plan immobile du méridien ou avec la section circulaire méridienne. Le moment où un astre vient se placer dans le plan du méridien s'appelle, dans tous les traités d'astronomie, le moment du passage au méridien de l'astre en question. Le moment du passage au méridien s'observe très-facilement, soit à l'œil nu, soit à l'aide d'instruments particuliers d'une grande précision.

Le nombre plus ou moins grand de degrés de l'équateur compris entre deux de ces cercles, passant par deux astres donnés, détermine les temps comparatifs, les heures comparatives où s'effectueront les passages au méridien de ces deux astres. On voit maintenant pourquoi ces plans, pourquoi ces cercles s'appellent des *cercles horaires* [1].

1. La considération des cercles horaires est contenue d'une ma-

Supposons que le temps de la révolution de la sphère étoilée, que le temps qu'emploient les 360 degrés de l'équateur à traverser le méridien, soit de 24 heures 0 minutes et 0 secondes. 24 heures égalent 1,440 minutes ou 4 minutes multipliées par 360. 1 degré emploiera donc 4 minutes à traverser le méridien. Les divers cercles horaires dont nous avons parlé se succéderont au méridien, viendront coïncider avec lui après des intervalles de 4 minutes.

Le temps de la révolution de la sphère céleste, le temps qui s'écoule entre deux passages successifs d'une étoile quelconque au méridien, le temps compris entre deux coïncidences successives d'un même cercle horaire avec le méridien, constitue ce qu'on appelle le *jour sidéral*.

Les 24 heures dont se compose le jour sidéral ne doivent pas être confondues avec les 24 heures d'une autre espèce dont nous parlerons dans un instant.

Pour savoir si une pendule est réglée sur le jour sidéral, si elle marque exactement 24 heures pendant la durée d'un tel jour, il faut donc observer deux passages successifs, deux passages à deux jours consécutifs d'une

---

nière implicite dans l'explication de la plupart des phénomènes astronomiques relatifs au mouvement diurne. J'ai cru que j'ajouterais à la netteté des démonstrations en ne laissant rien de sous-entendu. Je sais bien que les esprits irréfléchis éprouvent, de prime abord, quelques difficultés à concevoir que les divers points d'un cercle horaire oblique, étant à des distances différentes du méridien, viennent coïncider simultanément avec lui; mais c'est qu'ils n'ont pas assez remarqué que le mouvement diurne qui entraîne le firmament de l'orient à l'occident, est d'autant moins considérable qu'on se rapproche davantage des deux pôles, et qu'au pôle même ce mouvement est nul.

même étoile au méridien, ou bien le passage d'une étoile un certain jour avec le passage le lendemain de l'une quelconque des étoiles situées sur le même cercle horaire. Cette dernière remarque permet de décider si une montre, si une pendule sont réglées sur le temps sidéral, lors même qu'un nuage vient cacher, au moment de son passage au méridien, l'étoile observée la veille.

Le temps de la révolution de la sphère étoilée est le même dans tous les siècles, le même quel que soit le lieu où se fasse l'observation.

Le jour sidéral égal au temps de cette révolution jouit donc de la principale qualité qui doit appartenir à toutes les unités de mesure; aussi les astronomes en font-ils généralement usage, soit à cause de cette propriété inappréciable, soit à raison de la facilité qu'ils y trouvent de transformer le temps en degrés.

Par l'angle compris entre deux plans ou, ce qui revient au même, entre deux cercles horaires, on entend le nombre de degrés, de minutes, de secondes qui séparent les points dans lesquels ces cercles viennent rencontrer l'équateur. Cet angle est de 1, de 10, de 20°, suivant que l'arc de grand cercle, qui fixe la plus grande largeur du fuseau, est de 1, de 10, de 20°.

Ainsi, quand on a déterminé les heures comparatives du passage de deux étoiles au méridien, on a l'angle formé par leurs plans horaires, à raison de 15° par heure, 15′ par minute, 15″ par seconde.

Indiquons encore ici un avantage très-précieux du jour sidéral et qui lui appartient exclusivement. Si une horloge est bien réglée sur la durée de ce jour, une étoile qui passe au méridien à une certaine heure, y passera à la même heure le lendemain, le surlendemain, etc., indéfiniment. Une pareille horloge s'appelle *horloge sidérale.*

En jetant un coup d'œil sur l'horloge sidérale, l'astronome sait donc quelles étoiles vont arriver au méridien, à quelles observations il doit se préparer.

CHAPITRE II

DOUBLE MOUVEMENT DU SOLEIL

Examinons le mouvement du Soleil en le rapportant d'abord à l'horizon ; c'est un plan de comparaison que nous avions déjà choisi quand il s'agissait d'étudier le mouvement diurne apparent des étoiles.

Le Soleil se lève toujours vers l'orient, un peu au nord ou un peu au sud de la direction qui marque ce point cardinal, monte graduellement au-dessus du plan de l'horizon jusqu'à certaines hauteurs qui varient avec le jour de l'année, descend comme il était monté et se cache sous l'horizon dans un point situé vers l'occident. Le Soleil, comme les étoiles, participe donc au mouvement diurne de la sphère étoilée.

Plaçons maintenant le Soleil dans la sphère si régulièrement divisée par les cercles horaires que nous avons considérée, nous verrons que cet astre est entraîné, comme toutes les étoiles, par le mouvement général du firmament dirigé de l'orient à l'occident, que c'est à ce mouvement que sont dus les levers et les couchers. Mais les étoiles ne paraissaient obéir qu'à ce mouvement commun ; le Soleil éprouvera en outre un mouvement propre dont la direction, considérée dans son ensemble, est celle de l'occident à l'orient.

Les personnes peu habituées aux considérations de mécanique ou d'astronomie, se font difficilement une idée exacte, comme j'ai eu l'occasion de le reconnaître maintes fois, de ce double mouvement que le Soleil éprouve, de la combinaison du mouvement diurne avec le mouvement propre.

Pour faire bien apprécier la coexistence de ces deux mouvements, je ne reculerai pas devant la plus vulgaire des comparaisons, comme tout-à l'heure j'ai eu recours aux tranches de melon lorsqu'il s'agissait d'expliquer le partage de la sphère en fuseaux par les cercles horaires.

Qu'on imagine un de ces globes en carton, mobiles autour de deux points opposés, à l'aide desquels on étudie la géographie ou la cosmographie. Le mouvement de ce globe dirigé de l'orient à l'occident, le mouvement des points isolés marqués sur la surface courbe du carton, le mouvement des grands cercles aboutissant aux deux points fixes, y figureront très-bien le mouvement diurne du ciel, des étoiles et de leurs cercles horaires.

Placez maintenant sur ce globe, à l'équateur même ou dans les régions voisines, une mouche qui se meuve lentement de l'occident à l'orient, pendant que le globe se meut en sens contraire, de l'orient à l'occident. La mouche sera entraînée par ce second mouvement diurne; en tant qu'elle se déplace sur le globe, en tant qu'elle vient prendre sur ce même globe, à raison de son mouvement propre, des positions de plus en plus orientales, elle arrive au méridien plus tard que les points fixes auxquels elle avait primitivement correspondu : cette mouche est le Soleil.

Nous pouvons maintenant, après cette assimilation dont je demande pardon au lecteur, nous occuper de l'astre radieux.

CHAPITRE III

MOUVEMENT PROPRE DU SOLEIL

Chaque étoile se lève et se couche aux mêmes points de l'horizon pendant toute l'année ; les points du lever et du coucher du Soleil, au contraire, varient continuellement. Depuis le 21 décembre jusqu'au 21 juin le Soleil se lève chaque jour dans des situations de plus en plus boréales ; depuis le 21 juin jusqu'au 21 décembre suivant, on remarque une marche opposée. Les courses diurnes des étoiles semblaient attachées à un horizon déterminé par des points fixes ; on voit au contraire que les points de ce même horizon où aboutissent les courses diurnes apparentes du Soleil, changent perpétuellement. Une étoile déterminée parvenait tous les jours à la même hauteur angulaire au-dessus de l'horizon, au moment de son passage au méridien ; la hauteur diurne *maximum* du Soleil est très-variable. Supposons d'abord que l'astronome soit réduit à faire ses observations à l'œil nu et qu'il compare le Soleil aux étoiles qui se couchent peu de temps après lui, l'intervalle compris entre le coucher du Soleil et celui des étoiles plus orientales, ira de jour en jour en diminuant, les étoiles qui lui servent de termes de comparaison se plongeront enfin dans la lumière solaire et disparaîtront Admettons maintenant que l'astronome porte ses regards vers l'orient, les étoiles qui atteignent l'horizon ou se lèvent avant le Soleil sont, je suppose, assez dégagées de la lumière crépusculaire pour être aperçues ; si le premier jour l'observation n'est possible que difficilement, elle deviendra les jours suivants de plus en plus facile, parce que le Soleil se sera graduellement éloigné des étoiles plus occidentales que lui. De ces deux remarques faites sur le coucher et le lever, nous pouvons conclure que le Soleil se rapproche des étoiles plus orientales que lui, et qu'il s'éloigne au contraire des étoiles plus occidentales. Ce double effet peut être expliqué, soit en supposant que le Soleil s'est rapproché des étoiles immobiles par un mouvement dirigé de l'occident à l'orient, soit en admettant que les étoiles ont marché à la rencontre du Soleil, qui ne se déplacerait pas, par un mouvement général indépendant du mouvement diurne, et dirigé de l'orient à l'occident.

Cette dernière hypothèse a paru d'abord la plus naturelle, tant nous sommes enclins à douer de mouvements les petits corps et à laisser immobiles ceux qui paraissent avoir de très-grandes dimensions ; mais en y réfléchissant davantage, on vit que le mouvement supposé des étoiles ne dispenserait pas d'attribuer un déplacement propre au Soleil, car il fallait expliquer les changements considérables dans les points de lever et de coucher de cet astre que nous avons notés depuis le 21 décembre jusqu'au 21 juin, et les changements dans la direction contraire qui s'observent depuis le 21 juin jusqu'au 21 décembre. Cette réflexion a ramené à l'idée que les étoiles n'éprouvent d'autre déplacement que celui qui provient du mouvement diurne, et que le Soleil entraîné par ce même mouvement marche en outre dans la sphère des étoiles de l'occident à l'orient.

Le mouvement propre du Soleil que nous venons de constater sert à expliquer très-simplement comment l'aspect du ciel change perpétuellement la nuit dans le courant de l'année. En effet, le Soleil en arrivant par son déplacement propre dans les diverses constellations, efface, à cause de la vivacité de sa lumière, celle des étoiles dont elles se composent et ne laisse entièrement visibles que les constellations dont il est éloigné ou qui ne sont pas au-dessus de l'horizon en même temps que lui.

CHAPITRE IV

DÉTERMINATION DE LA POSITION DE LA COURBE LE LONG DE LAQUELLE S'EFFECTUE LE MOUVEMENT PROPRE ANNUEL DU SOLEIL. — SOLSTICES, ÉQUINOXES, LONGUEUR DE L'ANNÉE EN JOURS SIDÉRAUX. — CERCLE MURAL. — LUNETTE MÉRIDIENNE.

Étudions maintenant le mouvement propre du Soleil en employant ces trois instruments, la lunette méridienne, le cercle mural et la pendule sidérale. Nous avons dit tout à l'heure ce que l'on devait entendre par pendule sidérale.

Par des observations antérieures (livre VI, chap. VI, p. 240) nous avons déterminé à quelle division d'un cercle vertical situé dans le plan méridien du lieu de l'observation la lunette correspond, quand elle est dirigée vers le pôle, et conséquemment dans quelle position elle doit s'arrêter pour être située dans le plan de l'équateur, cette position étant à 90° de la première.

On appelle *cercle mural*[1] un cercle gradué (fig. 93 et

Fig. 94. — Cercle mural de l'Observatoire de Paris (vue de profil).

L. DUJARDIN. s.

Fig. 93. — Cercle mural de l'Observatoire de Paris (vue de face).

L. GUIGUET. c.

[1]. O est l'oculaire et L l'objectif de la lunette qui tourne avec le

A. — I.

94), fixé à un axe horizontal tournant sur deux coussinets placés dans l'intérieur d'un mur ou pilier. Ce cercle doit être exactement dans le méridien du lieu, et par conséquent son axe est orienté dans le sens est-ouest. Une lunette est mobile parallèlement à ce cercle, et par conséquent exactement dans le méridien; elle peut être fixée sur les divers points de la graduation. Ce cercle sert à la mesure de la déclinaison des astres, c'est-à-dire de leur distance à l'équateur du monde.

Supposons la lunette du cercle mural fixée dans le plan de l'équateur; le Soleil sera austral lorsqu'il passera au méridien au-dessous de la direction de la lunette; il sera boréal lorsqu'il passera au-dessus.

On reconnaîtra ainsi, sans faire aucune mesure, que le Soleil est pendant six mois au midi de l'équateur, et pendant six mois au nord de ce plan.

Si chaque jour de l'année on vise au centre du Soleil, au moment où cet astre arrive au méridien, on aura sa déclinaison, c'est-à-dire la position du cercle parallèle à l'équateur qu'il occupe, en comparant le degré où la lunette s'est arrêtée à celui qui correspond à l'équateur;

cercle mural dont elle est un des diamètres. On obtient la rotation du cercle autour de son centre par un mouvement rapide en appuyant, à l'aide de poignées b garnies de velours, sur les divers rayons que montre le dessin, et ensuite par de petits mouvements lents produits par des vis de rappel c. Le cercle est gradué sur sa tranche, et six microscopes a permettent de faire la lecture des angles dont on le fait tourner. Pour faciliter le mouvement du cercle et pour soulager les coussinets, on a disposé des galets qui sont suspendus à des tringles d, tirées de bas en haut par des contrepoids, et qui supportent une partie du poids du cercle et de la lunette.

on trouvera ainsi que c'est dans une zone comprise entre 23° 27′ 1/2 de déclinaison australe et 23° 27′ 1/2 de déclinaison boréale qu'est contenue tout entière la courbe décrite par le Soleil en vertu de son mouvement propre apparent. Les 365 observations au cercle mural faites dans les 365 jours de l'année, comparées à la position invariable de l'équateur, nous font connaître les 365 parallèles sur lesquels le Soleil s'est successivement transporté. A ces 365 résultats, ajoutons les 365 positions des cercles horaires du Soleil que nous obtiendrons en comparant chaque jour le moment du passage de l'étoile Sirius par le méridien, au moment du passage du centre du Soleil par le même plan. Les intersections de ces cercles horaires avec les parallèles correspondants aux mêmes jours donneront les 365 places que le Soleil occupe dans l'année. Nous pourrons donc, sur la sphère qui renfermera une représentation du ciel étoilé, dessiner exactement les positions du Soleil.

Ces positions jouissent d'une propriété extrêmement remarquable : elles ne sont situées ni sur un petit cercle, ni sur une ligne sinueuse comme cela aurait pu arriver; elles correspondent toutes au contour d'une courbe continue, sans zigzag d'aucune sorte. Cette courbe est un grand cercle de la sphère, dont une moitié est située au nord de l'équateur et l'autre au midi.

Le plan ABCD (fig. 95, p. 260) dans lequel est contenue la courbe que le Soleil semble parcourir s'appelle, par des raisons que nous verrons plus tard, *le plan de l'écliptique*. Pour le moment, il suffit de dire que c'est la position du Soleil et de la Lune, relativement à ce plan, qui détermine quand il y aura éclipse de Soleil ou de Lune ; de là le nom d'*écliptique* donné à ce plan.

L'inclinaison du plan de l'écliptique sur le plan de l'équateur AECF prend le nom d'*obliquité de l'écliptique*. L'angle qui mesure cette inclinaison est maintenant de 23° 27′ 30″. Cette obliquité n'est pas constante comme on doit le soupçonner d'après le mot *maintenant* dont nous venons de nous servir en faisant connaître sa valeur actuelle. Sa variation est de moins d'une demi-seconde par an. Nous aurons l'occasion de revenir ailleurs sur cet objet important.

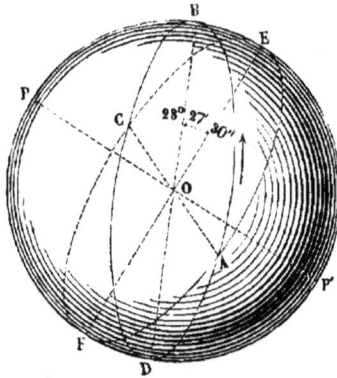

Fig. 95. — Obliquité de l'écliptique.

Il y a, dans la courbe qui résulte de l'intersection de la sphère étoilée et de l'écliptique, de cette courbe plane suivant laquelle le Soleil se déplace, quatre points remarquables qu'il importe de considérer à part Deux de ces points sont ceux de l'équateur par lesquels le Soleil passe quand il va du midi au nord et quand il revient du nord au midi. Les deux autres points sont ceux qui déterminent les limites de l'excursion boréale et de l'excursion australe, les points dans lesquels le Soleil étant parvenu à ses plus grandes déclinaisons commence, soit par un mouvement dirigé du nord au midi, soit par un mouvement contraire, à se rapprocher de l'équateur. Ces deux derniers points s'appellent *les solstices*, les deux autres portent le nom d'*équinoxes*. L'équinoxe de *printemps* est le point A de l'équateur que le Soleil rencontre quand il va du midi au nord; l'équinoxe d'*automne* est le point diamétralement opposé C par lequel passe ce même astre quand il va du nord au midi en vertu de son mouvement propre. Le milieu B du demi-cercle ABC de l'écliptique est le *solstice d'été*; le milieu D de l'autre demi-cercle CDA de l'écliptique est le *solstice d'hiver*.

La position des points équinoxiaux est fixée par l'intersection de la courbe équatoriale avec la courbe écliptique que nous avons tracée graphiquement sur la sphère à l'aide des éléments empruntés aux observations; on sera peut-être bien aise de voir comment on peut substituer le calcul à une construction graphique.

Supposons que le 20 mars, à midi, on ait trouvé, par l'observation faite au cercle mural, que le centre du Soleil était au sud de l'équateur de 5′; que le 21, des observations analogues nous aient appris que le Soleil, parvenu au nord de l'équateur, en était éloigné de 15′ et qu'il se soit écoulé 24 heures 4 minutes sur la pendule sidérale entre ces deux observations. Le mouvement en déclinaison se faisant à peu près uniformément, nous pourrons établir la proportion suivante : Si 20′ (15′ + 5′) ont exigé 24 heures 4 minutes pour être parcourues par le Soleil, en combien de temps seront parcourues les 5′,

distance de cet astre à l'équateur le 20? Le quatrième
terme de cette proportion ou règle de trois fera connaître
le nombre d'heures, de minutes, de secondes qu'il faudra
ajouter à l'heure sidérale du midi le 20 mars pour avoir
l'instant intermédiaire entre le 20 et le 21 qui a correspondu au passage du Soleil par le plan de l'équateur,
en d'autres termes qui a correspondu à l'équinoxe. On
ferait un calcul analogue s'il fallait fixer à quel instant le
Soleil, allant du nord au midi, a rencontré le plan de
l'équateur.

Quand l'instant où l'équinoxe arrive est trouvé, on
peut déterminer sa place ou la position du cercle horaire
qui lui correspond à l'aide d'une partie proportionnelle.
Supposons en effet que par le calcul précédent on ait
trouvé que le Soleil a passé par le point équinoxial à six
heures après le midi du 20 mars, et que l'intervalle compris sur l'équateur entre les intersections des cercles
horaires du Soleil le 20 et le 21 soit de 1°; dans l'hypothèse parfaitement légitime du mouvement uniforme du
Soleil pendant un jour on fera la proportion suivante : Si
24 heures 4 minutes ont correspondu à une différence du
cercle horaire du Soleil de 1°, quel sera le déplacement
qui correspondra à 6 heures, intervalle compris entre le
midi du 20 mars et l'équinoxe; le quatrième terme de
cette proportion fera connaître le nombre de minutes et
de secondes de degré qu'il faudra ajouter à la position du
cercle horaire du 20 mars pour avoir celle qui correspond
à l'équinoxe. Ces calculs, répétés pendant plusieurs années
sur des éléments numériques différents, nous apprendront
que la position de l'équinoxe n'est pas fixe sur le plan de

l'équateur, qu'elle n'est pas toujours à la même distance angulaire du cercle horaire de Sirius, qu'elle s'avance tous les ans de l'orient à l'occident d'environ 50″.3. Ce phénomène serait également indiqué par des calculs appliqués aux observations faites dans le voisinage de l'équinoxe d'automne. Ainsi le plan de l'orbite solaire coupe l'équateur suivant une ligne droite qui ne reste pas fixe dans la sphère étoilée, qui change tous les ans de 50″.3 par un mouvement dirigé de l'orient à l'occident, et qu'on appelle la *précession des équinoxes*. En vertu de la précession, l'équinoxe a lieu successivement dans tous les points de l'équateur en vingt-cinq à vingt-six mille ans.

Les calculs que nous venons d'indiquer, lorsqu'ils sont effectués pour les équinoxes de même nom, correspondant à deux années consécutives, nous conduisent à la détermination d'un élément très-important dans la théorie du Soleil, à la fixation du temps que cet astre emploie à revenir au même équinoxe en vertu de son mouvement apparent, pour tout dire en un mot à la connaissance de la longueur de l'année. Cette longueur, exprimée en jours sidéraux ou égaux à la durée de la révolution du ciel, est de 366 j. 242264.

Si l'on craignait que deux équinoxes consécutifs ne fissent pas connaître la longueur de l'année avec une précision suffisante, on prendrait deux équinoxes embrassant 10 ou 20 années, et l'on diviserait par 10 ou par 20 l'intervalle fourni par le calcul.

La lunette méridienne sert à déterminer l'instant du passage des astres par le plan du méridien. Cet instrument (fig. 96 et 96 bis) consiste en une lunette dont l'axe horizontal repose sur deux coussinets portés par deux piliers

Fig. 96. — Lunette méridienne [1].

1. Cette figure représente la vue perspective d'une lunette méridienne annexée à un cercle méridien, construite par M. Brunner sur les indications de M. Laugier. On voit à droite un chronomètre pouvant remplacer la pendule sidérale dans les observations des instants des passages ; à gauche se trouve la lampe nécessaire pour éclairer, pendant la nuit, les fils du réticule et les divisions du cercle méridien. Ce cercle, destiné à fournir les déclinaisons des astres, n'accompagne pas les lunettes méridiennes ordinaires. Cet instrument portatif donne des résultats qui ont presque la précision de ceux fournis par les instruments méridiens fixes des grands observatoires.

verticaux. La lunette est placée de façon que son axe
optique puisse prendre toutes les directions possibles dans
le plan méridien du lieu où elle est installée.

Pour les usages astronomiques, il est indifférent que
le jour sidéral commence lorsque telle ou telle étoile
passe au méridien ; aussi, prévoyant sans doute l'impossibilité de s'entendre sur le choix de l'étoile dont le passage au méridien coïnciderait avec 0 heure 0 minute
0 seconde de la pendule sidérale, a-t-on choisi pour
origine de ce jour, pour cercle horaire initial, le cercle
qui correspond à un point de l'équateur déterminé par
un phénomène astronomique saillant, le cercle horaire
aboutissant au point de l'équateur que le Soleil a rencontré en passant du midi au nord de ce plan, c'est-à-dire
l'équinoxe du printemps.

En combinant l'observation de la pendule sidérale et
celle de la lunette méridienne, on détermine la distance
au cercle horaire initial du cercle horaire d'un astre,
c'est-à-dire du cercle du passage de cet astre au méridien
du lieu. Cette distance est l'*ascension droite* de l'astre.

CHAPITRE V

DIVERSES UNITÉS DE TEMPS — DU JOUR ET DES HEURES

Parmi les unités que les hommes de toutes les époques
et de tous les pays ont employées pour mesurer le temps,
il faut placer en première ligne le jour et ses subdivisions,
les heures, ou 24ᵉˢ de jour ; les minutes, ou 60ᵉˢ d'heure ;
les secondes, ou 60ᵉˢ de minute.

Entrons dans quelques explications sur les diverses significations que comporte le mot *jour*, et sur les procédés plus ou moins complexes à l'aide desquels on est parvenu à donner à cette unité de temps la régularité nécessaire pour satisfaire aux besoins de la vie civile.

Le mot *jour*, dans son acception la plus générale, s'est toujours appliqué au temps que le Soleil paraît employer à faire une révolution entière du firmament.

Le même mot signifie aussi quelquefois l'intervalle compris entre deux levers, entre deux couchers consécutifs du Soleil.

L'unité de temps, suivant l'une quelconque de ces définitions, n'a pas, comme nous l'avons vu, en étudiant la marche annuelle du Soleil, la régularité, l'égalité désirables.

Dans le langage vulgaire, le mot *jour* indique quelquefois le temps pendant lequel le Soleil nous éclaire, le temps qui s'écoule entre le lever de cet astre et le coucher qui lui succède. La nuit est l'intervalle compris entre le coucher et le lever suivant.

Les Grecs avaient dans l'expression *nyctémère* ou *nyctimère*, c'est-à-dire nuit et jour, le moyen de prévenir les équivoques que notre langue peut comporter.

De temps immémorial, le *nyctémère* a été divisé en vingt-quatre parties ou heures.

Quelques peuples comptaient ces vingt-quatre heures de suite, de une à vingt-quatre. Chez d'autres, le nyctémère se composait de deux périodes consécutives de douze heures chacune. Nous ne parlerons pas de la tentative faite en 1793 de partager la durée du jour en dix

heures seulement, dont chacune se composait de cent
minutes; cette division n'a pas été adoptée, et l'on est
généralement revenu au jour de vingt-quatre heures.

Les vingt-quatre heures, quand on les comptait de
une jusqu'à vingt-quatre, et non pas en deux groupes de
douze heures, étaient en général égales entre elles[1]. A
une certaine époque, nous trouvons en Grèce, pour le
jour proprement dit, pour le temps de la présence du
Soleil sur l'horizon, un groupe de douze heures égales;
la nuit, le temps compris entre le lever et le coucher
du Soleil était partagé entre douze heures pareillement
égales.

On voit manifestement qu'en été les heures du premier groupe étaient plus longues que celles du second;
en hiver, au contraire, les heures de la nuit surpassaient
celles du jour. Il n'y avait égalité parfaite entre ces deux
espèces d'heures qu'au 21 mars et au 23 septembre, car
à ces deux époques le jour et la nuit ont la même durée.
Pour calculer les observations, Ptolémée ne manquait
jamais de transformer les heures temporaires en heures
équinoxiales[2].

On a beaucoup varié sur le choix du moment où il de-

1. Galien, quand il s'occupe de la durée des accès de fièvre, parle
d'heures équinoxiales. Ces expressions ont fait supposer que, sous
les Antonins, les heures d'égale durée n'étaient pas, à Rome, d'un
usage général.

2. Dans aucune observation rapportée par Ptolémée, le temps
n'est indiqué plus exactement qu'à un quart d'heure près; les modernes tiennent compte des secondes et même des dixièmes de
seconde. Cette remarque pourra être utilement méditée par ceux
qui prétendent que depuis les Grecs l'astronomie n'a fait aucun
progrès.

vait être le plus convenable de fixer le commencement
du jour civil.

Les Juifs, les anciens Athéniens, les Chinois, les Italiens, etc., commençaient le jour au coucher du Soleil.

Jusqu'à ces derniers temps, chez les Italiens, on
comptait tout d'un trait vingt-quatre heures entre deux
couchers consécutifs du Soleil, et non pas deux périodes
de douze heures.

Une horloge italique ou réglée en telle sorte qu'elle
indiquait 0^h 0^m 0^s au coucher du Soleil, le jour du solstice d'hiver, et vingt-quatre entre les couchers des 21 et
22 décembre, avançait graduellement d'une manière sensible, c'est-à-dire marquait plus de 0^h 0^m 0^s aux moments
des couchers du Soleil qui suivaient celui du 21 décembre.
La différence grandissait à mesure qu'on s'approchait du
solstice d'été. Le contraire avait lieu quand le Soleil, par
un mouvement rétrograde, revenait du solstice d'été au
solstice d'hiver. Dans l'un et dans l'autre cas, les écarts
en plus ou en moins se seraient élevés à plusieurs heures.
Il fallait donc toucher sans cesse à l'horloge.

On a cru justifier cette méthode si défectueuse de
régler les montres en disant que, dans un instant quelconque, elle apprenait aux voyageurs de quel nombre
d'heures et de minutes de jour ils pouvaient disposer
avant que la nuit les atteignît. Le Soleil devant toujours
se coucher à 24 heures d'une montre italique, si cette
montre marque 21 heures, 20 heures, 19 heures, etc.,
c'est qu'il y a encore 3 heures, 4 heures, 5 heures, etc.,
de jour proprement dit à courir. Mais de quel poids peut
être un pareil avantage, quand on songe à l'inconvé-

nient d'être obligé de toucher sans cesse le temps (*toccare il tempo*), comme on dit de l'autre côté des Alpes, quand on réfléchit que les horloges italiques se concilient difficilement avec une vie méthodique, car les heures des repas, des travaux, du repos, les heures où commencent et finissent les fonctions publiques, ne sauraient être fixes dans un pareil système, et changent notablement suivant les saisons. Tels sont au surplus, en substance, les arguments que des Italiens éminents ont présentés à leurs compatriotes, pour les arracher à une pratique en faveur de laquelle on ne pouvait réellement invoquer que son ancienneté.

Les Babyloniens, les Syriens, les Perses, les Grecs modernes, les habitants des îles Baléares, etc., ont pris pour commencement du jour le lever du Soleil.

Un pareil choix n'a pu être fait que dans des temps d'ignorance. Une horloge bien réglée ne saurait marquer la même heure, pendant plusieurs jours consécutifs, au moment du lever du soleil. Parmi les phénomènes astronomiques, il n'en est pas d'ailleurs dont l'observation soit sujette à plus d'incertitude, à plus d'erreurs que celle du lever ou du coucher des astres.

Chez les anciens Arabes, suivis en cela par l'auteur de l'*Almageste*, par Ptolémée, le jour commençait à midi.

Les astronomes modernes ont généralement adopté cet usage. Le moment de changer de date se trouve alors marqué sans équivoque, par un phénomène facile à observer quand le ciel est serein. Le passage du Soleil dans un plan orienté suivant le méridien, la marche ou la longueur de l'ombre d'un style, même sur un cadran grossier, indiquent avec toute la précision désirable le moment où un jour vrai finit, le moment où le jour vrai suivant commence : les mêmes procédés d'observation, en tenant compte de l'équation de temps, déterminent aussi le commencement et la fin des jours solaires moyens.

Les astronomes modernes, ainsi que Ptolémée, comptent vingt-quatre heures consécutives entre deux midis.

Enfin, comme pour prouver que toutes les variétés possibles se rencontrent dans les choix abandonnés au libre arbitre des hommes, les Égyptiens, et parmi eux Hipparque, les anciens Romains, les Français, les Anglais, les Espagnols, ont invariablement fixé à minuit le commencement du jour civil. Copernic, parmi les astronomes modernes, suivait cet usage.

Remarquons que le commencement du jour astronomique, quand il est réglé sur le midi, est postérieur de douze heures au commencement du jour civil.

CHAPITRE VI

JOURS SOLAIRES

Nous avons appelé *jour sidéral* l'intervalle de temps qui s'écoule entre deux passages successifs d'une étoile au méridien ou entre deux coïncidences du cercle horaire aboutissant à cette étoile avec ce même méridien; on appelle *jour solaire vrai* l'intervalle de temps compris entre deux passages consécutifs du Soleil au méridien, c'est-à-dire entre deux coïncidences avec le méridien des cercles horaires sur lesquels cet astre a été placé dans deux jours successifs.

Le jour solaire est évidemment plus long que le jour sidéral ; en effet, quand reviendra aujourd'hui au méridien le cercle horaire sur lequel le Soleil était situé la veille, ou, ce qui revient au même, quand le jour sidéral sera révolu, cet astre, en vertu du déplacement propre qu'il a éprouvé depuis la veille, se trouvera sur un cercle horaire plus oriental ; il faudra que la sphère étoilée marche encore d'une certaine quantité de l'orient à l'occident, pour que le jour solaire soit complet, pour que le Soleil semble avoir fait un tour entier en vertu du mouvement diurne.

Le jour solaire, comme le jour sidéral, est partagé en vingt-quatre heures ; seulement, les heures, les minutes, les secondes d'une horloge réglée sur le Soleil, sont un peu plus longues que les heures, les minutes et les secondes d'une horloge réglée sur les étoiles.

La cause de la différence que nous venons d'indiquer entre le jour solaire et le jour sidéral conduit à une conséquence sur laquelle je dois appeler l'attention du lecteur.

Le cercle horaire d'une étoile et le cercle horaire du Soleil arrivent aujourd'hui, je suppose, au méridien au même moment ; le lendemain, lorsque le jour sidéral est révolu, le cercle horaire du Soleil est dans une position plus orientale, le surlendemain l'angle de ces deux cercles horaires s'est encore augmenté d'une certaine quantité ; ces petits mouvements accumulés finiront par amener les cercles horaires dans une position rectangulaire, en sorte que si celui de l'étoile aboutit au zéro de l'équateur, celui du Soleil tombera sur 90 degrés.

L'étoile qui à l'origine passait au méridien en même temps que le Soleil, y passera environ un quart de jour avant lui. Ce n'est pas à 90 degrés que se bornera l'écartement des deux cercles horaires mentionnés, les points de l'équateur auxquels ils aboutiront, finiront par être à 180 degrés de distance; ce jour-là l'étoile précédera le Soleil, avec lequel elle passait au méridien simultanément quelque temps auparavant, du nombre d'heures qui est nécessaire pour que la sphère fasse une demi-révolution, ou d'environ un demi-jour.

Lorsque les deux points de l'équateur auxquels les deux cercles horaires aboutissent seront distants de 270 degrés ou des trois quarts de la circonférence entière, il s'écoulera trois quarts de jour entre le passage anticipé de l'étoile et le passage du Soleil; enfin le cercle horaire de l'étoile et celui du Soleil viendront coïncider de nouveau, et ils passeront au méridien au même instant; mais il faut bien le remarquer, dans l'intervalle entre ces deux coïncidences l'étoile aura passé au méridien une fois de plus que le Soleil.

CHAPITRE VII

ANNÉE TROPIQUE — PÉRIGÉE — APOGÉE

Le mouvement apparent du Soleil dans le plan de l'écliptique, mesuré en degrés, minutes et secondes, constitue ce qu'on est convenu d'appeler *mouvement propre angulaire*.

L'intervalle de temps que le Soleil emploie à revenir au même équinoxe ou au même solstice, c'est-à-dire à faire en vertu de son mouvement propre une révolution apparente complète, a été appelé *année tropique*. L'année tropique ne se compose pas d'un nombre exact de jours solaires, elle est égale à 365 de ces jours, plus environ un quart de jour ou exactement à 365 j. 242264. Cette durée de l'année donne en fraction de degré la valeur *moyenne* du mouvement propre du Soleil; il suffit, en effet, de diviser les 360° dont se compose le contour entier du cercle écliptique que le Soleil parcourt, par les 365 jours 1/4; le résultat est 0° 59′ 8″.3.

Je ne tiens pas compte, à dessein, d'un petit mouvement de l'équinoxe, appelé par les astronomes la *précession;* ce petit mouvement d'environ 50 secondes par an, comme nous l'avons déjà dit, ne modifierait pas d'une manière appréciable la valeur que nous venons de trouver pour le déplacement diurne moyen du Soleil.

Les distances angulaires variables du Soleil à l'équateur, mesurées sur les cercles horaires, constituent ce qu'on appelle les *déclinaisons* du Soleil. Ces déclinaisons sont boréales depuis l'équinoxe de printemps jusqu'à l'équinoxe d'automne; elles sont australes entre l'équinoxe d'automne et l'équinoxe de printemps. La plus grande déclinaison boréale correspond au solstice d'été; elle est maintenant, en nombre rond, de 23° 27′ 30″. La plus grande déclinaison australe a la même valeur, et correspond au solstice d'hiver.

Le Soleil ne parcourt pas le grand cercle contenu dans le plan de l'écliptique d'un mouvement uniforme; ici on trouve que ce mouvement, en 24 heures sidérales, a été d'un peu plus de 1 degré : ailleurs on trouve sensiblement moins. Le point dans lequel le mouvement propre du Soleil est le plus considérable s'appelle le *périgée*.

Le point dans lequel ce mouvement est le moindre, porte le nom d'*apogée;* il est diamétralement opposé au premier. Ainsi que nous venons de le dire, en moyenne, le mouvement propre journalier de cet astre est de 0° 59′ 8″. 3.′

Nous avons dit sommairement que, dans sa course, le Soleil marchait de l'occident à l'orient. En examinant avec attention l'orientation individuelle des arcs diurnes parcourus par le Soleil en vertu de son mouvement propre, et assimilables, à cause de leur peu d'étendue, à des lignes droites, l'orientation de ces arcs qui, placés bout à bout, nous ont fourni le grand cercle écliptique, nous n'en trouverons que deux, situés aux solstices, qui soient exactement dirigés de l'ouest à l'est. Il est d'autres arcs, particulièrement ceux qui touchent aux équinoxes, qui sont sensiblement inclinés par rapport à la ligne est-ouest.

CHAPITRE VIII

DÉTERMINATION DE LA LOI SUIVANT LAQUELLE LES VITESSES DU SOLEIL VARIENT ET DE LA NATURE DE LA COURBE QU'IL PARCOURT.

Nous avons marqué, sur la sphère des étoiles, les 365 positions où le Soleil s'est transporté dans le courant de l'année, au moment du passage de l'astre au méridien. Ces moments ne sont pas séparés par des intervalles

parfaitement égaux; mais on peut, à l'aide d'un petit
calcul, tenir compte des différences, et s'assurer ainsi
qu'à des temps égaux ne correspondent pas des déplacements angulaires égaux. C'est au mois de juillet qu'ont
lieu les moindres déplacements; c'est au commencement
de janvier que le Soleil parcourt le plus grand nombre
de minutes dans le même espace de temps. On reconnaît, par l'inspection des 365 points marqués sur la
sphère, qu'entre la plus grande et la plus petite vitesse,
et entre la plus petite et la plus grande, tout s'effectue
graduellement.

Ce changement de vitesse est-il réel, ou dépend-il
d'une variation dans la distance de l'astre à la Terre?
C'est ce qu'il faut déterminer.

Supposons les dimensions du Soleil invariables. L'angle
qu'il sous-tend, vu de la Terre, augmentera s'il se rapproche, et diminuera s'il s'éloigne. Aux données que
nous avons déjà obtenues, ajoutons 365 mesures du diamètre apparent du Soleil, nous verrons que ce diamètre
varie perpétuellement dans le courant de l'année, et,
chose singulière, qu'il est plus grand en hiver qu'en été;
en sorte qu'on arrive à ce résultat paradoxal dont, au
reste, nous rendrons compte en temps et lieu : nous
sommes plus près du Soleil quand il fait froid que lorsqu'il fait chaud.

Envisageons la chose de plus près. Le diamètre du
Soleil est plus grand dans les points où nous avons trouvé
que sa vitesse angulaire était un maximum, et le plus
petit dans les points où cette même vitesse angulaire
était la moindre de toutes. Il ne faut pas se hâter de

conclure de cette remarque numérique que la variation dans la vitesse angulaire a uniquement pour cause le changement de distance de l'astre; en effet, pour que cette explication fût légitime, il faudrait que le changement de vitesse fût proportionnel au changement de distance : ce qui est démenti par toutes les observations; le changement de vitesse est plus grand que ne le comporterait le changement de distance, indiqué par les variations de diamètre.

Marquons sur une feuille de papier le point que la Terre occupe, et tirons les lignes qui aboutissent aux positions du Soleil qui correspondent aux midis des 21, 22, 23 mars, etc., pendant toute l'année. Ces lignes s'appellent les rayons vecteurs. Les angles que ces rayons forment entre eux s'obtiendront en comparant sur la sphère étoilée les points successifs que le Soleil y est venu occuper. Nous avons déjà dit que ces angles seront les plus grands, les intervalles des temps étant égaux, vers le 1er janvier, les plus petits vers le 1er juillet, et qu'ils auront des valeurs intermédiaires aux époques comprises entre ces deux extrêmes. Prenons sur un des rayons vecteurs, sur celui qui correspond au 1er janvier, par exemple, une certaine longueur arbitraire pour représenter la distance du Soleil à la Terre, et divisons-la en 1,000 parties; rien, dans la figure que nous avons à tracer, n'est plus indéterminé : les longueurs de tous les autres rayons vecteurs seront une conséquence du choix qu'on vient de faire. En effet, le rayon vecteur à une date quelconque et celui que nous avons pris et divisé en 1,000 parties auront des longueurs proportionnellement réciproques aux diamètres solaires observés aux deux époques. Nous pourrons donc porter sur chaque rayon vecteur la longueur qui lui correspond, et faire passer par leurs extrémités une courbe qui sera la représentation exacte de celle que le Soleil parcourt dans le plan de l'écliptique. Cette courbe n'est pas circulaire, elle est allongée dans la direction de la ligne qui passe par les positions du 1ᵉʳ juillet et du 1ᵉʳ janvier; quand on l'examine avec attention, on reconnaît que c'est une ellipse et que la Terre occupe le foyer voisin du sommet où le Soleil se transporte le 1ᵉʳ janvier.

Les points de la courbe situés aux extrémités du grand axe de l'ellipse, ces points où le Soleil éprouve le plus grand et le plus petit déplacement angulaire diurne s'appellent le *périgée* et l'*apogée*. En comparant les observations séparées les unes des autres par un certain nombre d'années, on reconnaît que le périgée ne reste pas fixe dans le ciel, qu'il se rapproche des étoiles situées dans son voisinage par un mouvement dirigé de l'occident à l'orient, que son déplacement annuel est de 12″.

Il nous reste encore à trouver par quelles lois les variations de vitesse et les variations de distance sont liées entre elles. Après des recherches continuées pendant un grand nombre d'années, Kepler découvrit que l'arc variable parcouru par le Soleil en vingt-quatre heures dans divers points de l'orbite, multiplié par la moitié du rayon vecteur correspondant, est une quantité constante. Or ce produit est la mesure de la surface comprise entre deux rayons vecteurs consécutifs, la mesure du nombre d'hectares, si l'on veut, que renferment ces deux rayons

et l'arc qui joint leurs extrémités ; le rayon vecteur du
Soleil décrit donc des surfaces égales dans un temps
donné. Pour satisfaire à cette loi, l'angle compris entre
deux rayons successifs sera d'autant plus petit que ces
rayons vecteurs devront être plus prolongés.

En résumé, nous avons découvert dans ce chapitre,
à l'aide d'observations que tout le monde peut contrôler,
que la courbe décrite par le Soleil dans le plan de l'écliptique est une ellipse à l'un des foyers de laquelle la Terre
est située, que cette ellipse est parcourue d'un mouvement inégal, mais lié aux distances variables du Soleil à
la Terre, que les surfaces décrites par les rayons vecteurs
du Soleil dans des temps égaux sont égales entre elles :
en sorte que, si on les compte à partir d'un rayon vecteur déterminé, les surfaces parcourues sont proportionnelles au temps.

CHAPITRE IX

LONGITUDES ET LATITUDES ASTRONOMIQUES

Nous avions d'abord rapporté les étoiles au cercle
horaire de Sirius ; maintenant on sait comment on détermine l'arc de l'équateur, qui sépare le point qui correspond au cercle horaire de Sirius, du point de ce même
équateur où est situé l'équinoxe de printemps ; on pourra
donc prendre désormais pour point de départ des arcs
mesurés sur l'équateur, et servant à la fixation des places
des étoiles, le cercle horaire des équinoxes de printemps.
Ces distances prises à partir de l'équinoxe de printemps,
et comptées de l'occident à l'orient, s'appellent, comme

on l'a vu, les *ascensions droites*. On a déjà dit aussi que les distances des étoiles à l'équateur comptées sur les cercles horaires correspondants se nomment les *déclinaisons*.

Nous avons déterminé la position des étoiles en les rapportant au pôle et à l'équateur, deux repères qui nous étaient fournis par les circonstances mêmes du mouvement diurne. Nous connaissons maintenant comment est située la courbe que le Soleil paraît décrire chaque année. Nous pourrons donc fixer la place des étoiles, en les rapportant désormais à cette courbe. Supposons qu'à partir d'une étoile on mène un arc de grand cercle perpendiculaire à l'écliptique : la distance de l'étoile à l'écliptique, mesurée sur cet arc perpendiculaire, sera, par rapport à l'écliptique, ce qu'était la déclinaison par rapport à l'équateur. Cette distance angulaire s'appelle la *latitude*. La distance angulaire à l'équinoxe de printemps, du point d'intersection de l'écliptique avec le cercle de latitude de l'étoile, comptée non plus sur l'équateur, mais sur l'écliptique, s'appelle la *longitude*. On voit, en un mot, que la longitude et la latitude sont, par rapport au cercle écliptique, ce que les ascensions droites et les déclinaisons étaient relativement à l'équateur.

Les longitudes et les latitudes peuvent se déduire des ascensions droites et des déclinaisons avec toute la précision désirable, soit par une construction graphique exécutée sur le globe où sont déjà tracés l'équateur et l'écliptique, soit, ce qui est préférable, à l'aide du calcul.

Les longitudes sont sujettes, comme les ascensions droites, à un changement annuel dépendant de ce mou-

vement que nous avons appelé la précession des équinoxes, mais il faut établir ici une distinction essentielle,
sur laquelle nous nous appuierons avec avantage quand
nous remonterons des apparences à la réalité : c'est que
le mouvement de précession altère à la fois les ascensions
droites et les déclinaisons, tandis qu'il laisse les latitudes constantes ; en telle sorte que si l'on veut, à
l'exemple des anciens, expliquer ces changements dans
les coordonnées des astres, en laissant invariables dans
le firmament l'équateur et l'écliptique, on est conduit à
supposer que l'ensemble de toutes les étoiles est doué,
indépendamment du mouvement diurne, d'un mouvement annuel de 50″.3 par an, parallèle au plan de l'écliptique et dirigé de l'orient à l'occident.

Les anciens mesuraient directement avec leurs instruments les longitudes et les latitudes. Les modernes ont
préféré déterminer les ascensions droites et les déclinaisons, et en déduire les deux autres coordonnées par le
calcul; cette méthode est beaucoup plus exacte que la
première, parce que la lunette méridienne et le cercle
mural se prêtent à des vérifications faciles, ce qui était
loin d'exister pour les instruments employés autrefois.

CHAPITRE X

DE L'INFLUENCE QU'EXERCENT LES DÉCLINAISONS DU SOLEIL SUR
LA DURÉE DES JOURS DANS TOUTES LES RÉGIONS DE LA TERRE

Nous admettrons que les dimensions de la Terre sont
insignifiantes relativement aux distances des astres, en
sorte que les phénomènes rapportés à des plans paral-

lèles seraient presque exactement les mêmes observés du centre du globe ou d'un point situé à la surface. Nous pourrons donc sans erreur sensible, tant qu'il ne sera question que des levers et des couchers du Soleil, supposer qu'ils sont observés du centre de la Terre, et que l'horizon ou le plan qui sépare les objets visibles de ceux qui ne le sont pas passe par ce même centre, et est parallèle à l'horizon de la surface. Pour simplifier l'explication, nous supposerons le Soleil sans dimensions appréciables, ou réduit à un point lumineux. On passera facilement de cette condition hypothétique à la réalité en admettant que le point dont il faut déterminer le lever ou le coucher est de 15′ plus nord ou plus sud que le centre du Soleil, le demi-diamètre ou le rayon de cet astre étant en moyenne de 15′. Nous admettrons encore que le Soleil décrit chaque jour un parallèle correspondant à la déclinaison de son centre au moment où il passe au méridien pour deux jours consécutifs. Le mouvement de cet astre vers le nord ou le midi est quelquefois d'environ 20′; mais nous pouvons négliger ces particularités lorsqu'il s'agit seulement de faire comprendre comment le déplacement du Soleil, considéré dans la direction du sud ou la direction opposée, influe sur la durée du jour.

L'observation a prouvé qu'il existe sur la Terre une série de points dans lesquels les verticales sont perpendiculaires à l'axe du monde, une série de points à ... s zéniths se trouvent à 90° des deux pôles. Leur ensemble constitue ce qu'on est convenu d'appeler l'*équateur terrestre*. Dans tous les points de l'équateur terrestre l'ho-

rizon contiendra l'axe du monde, les pôles seront situés
sur deux points diamétralement opposés du grand cercle
dont le contour circulaire dessine l'horizon. Prenons le
Soleil le **21** mars; ce jour-là l'astre décrit l'équateur,
l'équateur est partagé en deux parties égales par l'horizon
des régions équatoriales, puisque cet horizon contient
l'axe du monde; il s'ensuit que les deux parties comprises entre le point de lever et le point de coucher, et
celle qui rattache par dessous l'horizon le point de coucher au point de lever, sont égales entre elles. Le jour
est égal à la nuit, et le Soleil, à son passage au méridien,
est précisément au zénith. Depuis le **21** mars jusqu'au
23 septembre suivant, le Soleil ne décrit plus, en vertu de
son mouvement diurne, des grands cercles; mais les centres des petits cercles parcourus sont tous situés sur la
ligne des pôles, laquelle, comme nous l'avons remarqué,
est dans l'horizon. L'horizon partage donc tous les petits
cercles diurnes décrits par le Soleil en deux parties égales,
et du lever au coucher il s'écoule le même temps que du
coucher au lever. En d'autres termes, le jour est constamment égal à la nuit. Les jours dont nous venons de
parler se distinguent de celui du **21** mars par cette circonstance, que le Soleil, au moment de sa plus grande
hauteur, ne correspond pas au zénith; le **21** juin, il en
est même éloigné de 23° 27′ 1/2, valeur de l'obliquité
de l'écliptique. Les phénomènes observés pendant que le
Soleil parcourt la partie méridionale de son orbite sont
exactement les mêmes que ceux constatés dans la course
septentrionale de cet astre; l'équateur pourra donc être
défini ainsi : c'est la région de la Terre dans laquelle les

jours sont toujours égaux aux nuits, et où le Soleil passe au zénith deux fois dans l'année.

Il y a sur la Terre deux contrées dont les navigateurs ont beaucoup approché sans cependant jamais les atteindre, à cause des glaces impénétrables qui les entourent, et où les deux verticales coïncideraient avec l'axe du monde, où le zénith se confondrait avec le pôle nord et le pôle sud. Nous ne parlerons que de la région nord, tout ce que nous dirons s'appliquerait mot pour mot à la région diamétralement opposée. Dans celle du pôle nord, pour avoir la direction de l'horizon, il faudrait mener par le centre de la Terre un plan perpendiculaire à la verticale; quant à l'équateur, ce plan passant toujours par le centre de la Terre, il devrait être perpendiculaire à l'axe du monde. Ces deux lignes, la verticale et l'axe du monde coïncidant, les plans qui leur sont perpendiculaires doivent coïncider aussi : donc la direction de l'horizon du pôle nord se confond avec celle de l'équateur. Tout ce qui est situé au-dessus de ce plan sera visible, tout ce qui sera au-dessous disparaîtra. Le Soleil ayant une déclinaison boréale depuis le **21** mars jusqu'au **23** septembre, ne descendra donc pas au-dessous de l'horizon d'un observateur situé au pôle nord ; le Soleil, pendant six mois consécutifs, ne se couchera pas, il décrira tous les jours une circonférence de cercle dont le plan est perpendiculaire à l'axe du monde, une circonférence de cercle dont tous les points seront à la même distance de l'horizon. Le **21** mars et le **23** septembre, jours où le centre du Soleil coïncide avec l'équateur, la moitié boréale de cet astre sera perpétuellement visible dans les vingt-quatre heures, la moitié inférieure ne se verra pas. Tel est le phénomène singulier par lequel sera marquée la transition d'un jour de six mois à une nuit de semblable durée.

CHAPITRE XI

EXPLICATION DES INÉGALITÉS DES JOURS SOLAIRES

Examinons maintenant ce que les inégalités de grandeur dans le mouvement journalier du Soleil, ce que les dissemblances d'orientation et ce que les distances diverses des arcs parcourus à l'équateur peuvent amener de variation dans les jours solaires.

Si, en vertu de son mouvement propre, le Soleil passait exactement, pendant la durée de chaque jour solaire, d'un des 360 cercles horaires, que nous avons définis précédemment (chap. 1er, p. 249), au cercle horaire suivant, tous les jours solaires surpasseraient de la même quantité les jours sidéraux; ils seraient donc égaux entre eux. Cette régularité n'existe point.

Le Soleil ne se meut pas uniformement, comme nous l'avons déjà dit; il se déplace plus dans le point de son orbite appelé *périgée* qu'au point opposé nommé *apogée*. C'est le déplacement propre de l'astre qui fait la différence du jour solaire au jour sidéral; les déplacements étant inégaux, il faudra, suivant l'époque de l'année, ajouter des quantités dissemblables aux jours sidéraux pour avoir les jours solaires. Ainsi, par cette seule cause, les jours solaires ne peuvent pas manquer d'être inégaux.

On l'a déjà remarqué, il est des points de l'orbite solaire (les solstices) dans lesquels le mouvement propre du Soleil est exactement dirigé de l'ouest à l'est; il est d'autres points (les équinoxes) où ce même mouvement fait, avec une ligne pointant à l'est, des angles considérables. Cela est une seconde cause d'inégalité dans les jours solaires. En effet, considérons le moment où arrive au méridien le cercle horaire sur lequel une étoile et le Soleil se trouvaient simultanément placés la veille. Pour avoir le cercle horaire dont la coïncidence avec le plan méridien déterminera, aujourd'hui, la fin du jour solaire, il faut, au moment de la coïncidence en question, porter, à partir de ce méridien et du point par lequel le Soleil a passé la veille, un arc égal au mouvement propre diurne de cet astre. Or, qui ne voit qu'en appliquant cet arc d'une longueur donnée sur la sphère, son extrémité aboutira à une position d'autant moins orientale, qu'il sera plus incliné relativement à une ligne est-ouest?

Ainsi le cercle horaire, passant par l'extrémité de l'arc diurne, sera d'autant moins éloigné du méridien, que cet arc diurne déviera davantage de la ligne est-ouest; en d'autres termes, la quantité dont le jour solaire différera du jour sidéral sera liée à l'obliquité du mouvement diurne de l'astre.

Examinons la troisième cause d'inégalité, celle qui dépend des déclinaisons variables entre zéro et les points solsticiaux, en d'autres termes, entre 0° et 23° 27′, où s'opère, aux différents jours de l'année, le mouvement propre du Soleil.

Partons de nouveau du moment où le cercle horaire, qui passait par le Soleil et par une étoile la veille, coïncide aujourd'hui avec le méridien. Le jour sidéral se

trouve révolu. Pour savoir de combien le jour solaire en
diffère, il faut, à partir du méridien, et comme tout à
l'heure, à partir du point par lequel le Soleil a passé la
veille d'après sa déclinaison, tracer sur la sphère et dans
l'orientation convenable un arc de grand cercle égal au
mouvement propre de cet astre en vingt-quatre heures;
l'extrémité orientale de cet arc déterminera donc un plan
horaire plus oriental que celui de l'étoile en question, et
dont la coïncidence avec le plan méridien viendra marquer
la fin du jour solaire. Mais un fuseau est d'autant plus étroit
qu'on se rapproche davantage du pôle, et d'autant plus
large que l'on considère des points plus près de l'équateur. Conséquemment, si le mouvement propre du Soleil,
sa grandeur et sa direction restant les mêmes, s'était
effectué plus au nord que celui qui vient de nous servir à
trouver de combien le jour sidéral diffère du jour solaire,
cet arc diurne ne pourrait être contenu entre les deux
cercles qui terminent le précédent fuseau, son extrémité
orientale déterminerait donc un fuseau plus large que le
précédent, et, par conséquent, une plus grande différence entre les deux jours en question. Le contraire aurait
lieu, tout restant égal de part et d'autre, si le mouvement propre s'était opéré plus près de l'équateur; alors
évidemment le cercle horaire, aboutissant à l'extrémité
de l'arc diurne décrit par le Soleil, serait moins oriental
que celui que nous avions déterminé dans la position initiale de cet astre.

Ainsi, en thèse générale, le jour solaire différerait
d'autant plus du jour sidéral, tout restant d'ailleurs égal
de part et d'autre, que l'arc diurne parcouru par le Soleil

serait plus boréal ou correspondrait à une déclinaison plus grande.

Résumons tout ce qui vient d'être dit :

Trois causes[1] concourent à rendre les jours solaires de longueurs différentes : l'inégalité du mouvement diurne du Soleil, les orientations diverses de ce mouvement, et les plus ou moins grandes distances angulaires à l'équateur où ce mouvement s'opère.

Pour que les jours solaires surpassassent les jours sidéraux de la même quantité toute l'année, il faudrait donc que le Soleil se déplaçât uniformément, et de plus dans un petit cercle parallèle à l'équateur, ou dans l'équateur lui-même. Cette seconde condition est aussi indispensable que la première.

CHAPITRE XII

TEMPS MOYEN

Il n'est nullement nécessaire de se rendre un compte minutieux des trois causes qui font varier la durée des jours solaires, pour comprendre qu'un soleil qui se mouvrait uniformément, dans le plan de l'équateur, avec une vitesse angulaire de $0° 59' 8''.3 = \frac{360°}{365 \text{ j}.\ 2422}$, s'avancerait chaque jour vers l'orient de quantités égales relativement

---

1. Lorsqu'on étudie les causes qui influent sur l'inégalité de durée des jours solaires, en faisant usage de considérations et même de formules mathématiques, on trouve au fond qu'il n'y en a que deux : le mouvement irrégulier du Soleil dans son orbite, et l'obliquité de l'écliptique.

Les développements que le texte renferme, outre leur signification intrinsèque, pourront servir de commentaire à la méthode plus savante à laquelle je fais allusion.

aux cercles horaires des étoiles, et marquerait conséquemment des jours solaires moyens plus longs que les
jours sidéraux, mais parfaitement égaux entre eux.

Supposons qu'un tel soleil existe, et que son point de
départ ait une position déterminée relativement au soleil
réel; on pourra facilement, à l'aide de tables que les
astronomes ont construites, et qu'on appelle *tables du
Soleil*, déterminer par le calcul, et jour par jour, la
position du cercle horaire aboutissant à ce soleil fictif,
relativement au cercle horaire qui passe par le soleil
réel.

On saura ainsi, en minutes et secondes, de combien
le midi déterminé par le soleil fictif précède le midi fixé
par le soleil réel, ou de combien le soleil réel avance sur
le soleil fictif.

On pourra donc régler une montre sur ce soleil fictif,
puisque la position de ce soleil relativement au soleil
visible, au soleil observable et observé, sera connue pour
tous les jours de l'année. Si le soleil réel doit, d'après le
calcul, précéder le passage au méridien du soleil fictif
de 5 minutes, une montre sera réglée sur ce dernier
soleil, lorsqu'au moment du midi vrai elle marquera
11 heures 55 minutes.

Si le calcul montrait, au contraire, que le soleil fictif
passe au méridien 5 minutes avant le soleil véritable, la
montre réglée sur le soleil fictif devrait marquer 12 heures 5 minutes au moment du midi vrai.

Quel avantage, dira-t-on, peut-on trouver à régler sa
montre ou son horloge sur un soleil qu'on ne voit pas?
Je réponds qu'une horloge, qu'une pendule marchant

uniformément, ne peuvent pas s'accorder avec les retours
au méridien du soleil vrai ; car ces retours n'ont pas lieu
après des intervalles de temps égaux ; ceux-là font donc
un très-médiocre éloge de leur montre, qui disent qu'elle
va avec le soleil. Seulement, lorsqu'on voudra que les
horloges publiques s'accordent avec les retours au méridien du soleil fictif équatorial, il faudra que les midis de
ce soleil diffèrent peu des midis du soleil réel ; car c'est
le soleil réel qui, par sa présence au-dessus de l'horizon,
règle et doit régler les travaux de la société.

Il faut donc placer le soleil fictif équatorial, celui qui
détermine le temps moyen, de manière que les midis
marqués par ce soleil fictif ne diffèrent jamais notablement des midis marqués par le soleil réel ; on a satisfait
à cette condition ainsi qu'il suit.

Au moment où le soleil réel passe au périgée et s'avance
de l'occident à l'orient en décrivant des arcs d'étendues
inégales, en vertu de ce qu'on appelle le *mouvement
propre angulaire*, on imagine qu'un soleil fictif en parte
et se meuve dans le cercle écliptique avec une vitesse
angulaire uniforme et égale à la vitesse angulaire moyenne
du soleil réel. L'angle formé jour par jour à midi, entre
le cercle horaire du soleil réel et le cercle horaire de ce
soleil fictif situé dans le plan de l'écliptique, sera facilement déterminable par les astronomes en possession de
tables faisant connaître les mouvements du soleil réel. Il
est évident, par exemple, qu'à partir du périgée, point
de la plus grande vitesse angulaire du Soleil, le cercle
horaire du soleil réel sera plus oriental que le cercle
horaire du soleil moyen écliptique, qu'ils ne se réuniront

A. — I.   19

de nouveau qu'à l'apogée, et qu'à partir de ce point jusqu'au nouveau passage par le périgée, le cercle horaire
du soleil réel sera moins oriental que le cercle horaire du
soleil fictif. Les deux soleils n'arriveront pas en même
temps à l'équateur, c'est-à-dire à l'équinoxe de printemps;
à l'instant où le soleil moyen fictif qui parcourt l'écliptique
passe par ce point, on imagine qu'un second soleil fictif
parte de cet équinoxe doué de la même vitesse angulaire
et se meuve dans le plan de l'équateur. Les positions jour
par jour des cercles horaires de ce soleil fictif équatorial
par rapport aux cercles horaires du premier soleil fictif
qui parcourt l'écliptique seront facilement déterminables.
Mais nous avions déjà trouvé les positions des cercles
horaires du soleil fictif situé dans l'écliptique par rapport
au soleil réel; donc nous connaîtrons, par une simple
addition ou par une simple soustraction, les positions des
cercles horaires du soleil fictif équatorial relativement aux
cercles horaires du soleil réel. Les jours solaires, déterminés par ce soleil équatorial, seront évidemment égaux
entre eux; c'est ce soleil qui règle définitivement le temps
moyen. C'est au moment des coïncidences successives
de son plan horaire avec le méridien qu'ont lieu les midis
moyens [1].

1. L'exactitude que les modernes ont cherché à introduire dans
la division du temps, en ayant recours à des soleils fictifs, n'aurait évidemment pas été nécessaire chez les anciens, même à l'époque où l'on commençait à faire usage des clepsydres. A Rome, par
exemple, c'était un huissier des consuls qui, monté sur la terrasse
du palais du sénat, annonçait à grands cris le moment où le soleil
se levait et celui de son passage au méridien. Lorsque l'astre était
caché par des nuages, tout dans la journée tombait dans la confusion (Voir liv. ii, chap. v, p. 44).

Voyons maintenant en point de fait si les midis correspondants à ce soleil diffèrent jamais notablement des
midis marqués par le soleil réel.

Par exemple, en 1851, le 3 novembre, au milieu du
jour, le cercle horaire du soleil moyen était en arrière du
cercle horaire du soleil vrai d'un angle qui n'a été parcouru qu'en 16^m 17^s.2 de temps moyen. C'est la plus
grande quantité dont le midi vrai a précédé, en 1851,
le midi moyen.

Le 11 février 1851, au milieu du jour, le cercle horaire
du soleil moyen se trouvait au contraire en avance sur
le cercle horaire du soleil vrai d'un angle qui a été parcouru en 14^m 32^s.6. C'est la plus grande quantité dont
le midi vrai a été en retard, en 1851, sur le midi moyen.

En examinant les positions respectives du soleil réel et
du soleil fictif équatorial sur lequel se mesure le temps
moyen, on trouve par le fait que leurs cercles horaires
coïncident quatre fois dans l'année. Cette coïncidence
a eu lieu à Paris en l'année 1851 :

Entre les midis des 15 et 16 avril.
$\qquad$ des 15 et 16 juin.
$\qquad$ des 31 août et 1er septembre.
$\qquad$ des 24 et 25 décembre.

A ces quatre dates, les midis moyens et les midis
vrais sont arrivés presque exactement aux mêmes instants
du jour.

Nous avons distingué dans la courbe que le Soleil parcourt en vertu de son mouvement propre, et qui nous a
paru circulaire, quatre points remarquables : les équi-

noxes et les solstices. A partir de l'équinoxe de printemps, les mouvements journaliers du Soleil, d'inclinés qu'ils étaient, par rapport à une ligne marquant l'est, se rapprochent graduellement de cette orientation jusqu'au solstice d'été ; du solstice d'été jusqu'à l'équinoxe d'automne, on trouve les mêmes changements d'inclinaison, mais dans un ordre inverse. De l'équinoxe de printemps jusqu'au solstice d'été, les arcs diurnes que le Soleil parcourt sont situés à des distances de plus en plus considérables de l'équateur ; on trouve la même série de distances, mais dans l'ordre inverse, si l'on considère la portion de la courbe solaire comprise entre le solstice d'été et l'équinoxe d'automne. Il semblerait donc que, par les deux causes mentionnées, les moments où le soleil vrai et le soleil moyen coïncident entre eux, au lieu d'être irrégulièrement distribués dans l'année, devraient occuper des places symétriques relativement aux équinoxes et aux solstices ; mais il faut remarquer que le point où le Soleil se meut le plus vite, le périgée, et le point où il se meut le plus lentement, l'apogée, ne coïncident *maintenant* ni avec les équinoxes, ni avec les solstices ; il en résulte que l'inégalité du mouvement propre du Soleil dans son orbite, l'une des trois causes des différences que présentent les jours solaires vrais, vient troubler la symétrie sur laquelle on aurait pu compter sans cela.

On a dû noter le mot *maintenant* que j'ai souligné dans le précédent paragraphe. Le périgée, en effet, se déplace, ce qui est une des causes qui empêchent que les calculs sur les passages successifs du soleil vrai et du soleil moyen puissent servir indéfiniment, et met dans

l'obligation de faire, à cet égard, un calcul spécial pour
chaque année.

Comparons maintenant les temps que le soleil vrai et
le soleil moyen emploient à faire leurs révolutions diurnes
aux époques où ces révolutions sont les plus dissemblables, et nous saurons de combien une montre, réglée
sur le temps moyen, peut avancer ou retarder en vingt-
quatre heures sur le temps vrai.

Le 17 novembre 1851, par exemple, la révolution du
soleil vrai a été plus courte que la révolution du soleil
moyen de 21ˢ.2. Une montre réglée sur le temps moyen
retardait donc à cette époque de 21ˢ.2 en vingt-quatre
heures sur le soleil vrai.

Le 24 décembre 1851, la révolution du soleil vrai était
plus longue que la révolution du soleil moyen de 30ˢ.1. Une
montre réglée sur le temps moyen avançait donc à cette
époque, en vingt-quatre heures sur le soleil vrai, de 30ˢ.1.

Un observateur en possession de tables astronomiques
faisant connaître les positions relatives des cercles horaires
du soleil réel et du soleil moyen équatorial, pourra régler
sa montre sur le temps moyen. Mais, pour dispenser
de ce calcul assez long, les astronomes l'exécutent eux-
mêmes, en publiant les résultats de plusieurs années
d'avance. Dans le calendrier annuel de l'*Annuaire du
Bureau des Longitudes*, la colonne intitulée : *Temps
moyen au midi vrai* [1], fait connaître l'heure que doit mar-

---

1. Dans l'*Annuaire du Bureau des Longitudes,* le temps moyen au
midi vrai est donné en nombre rond de secondes; dans la *Connaissance des temps,* on a poussé la précision jusqu'aux centièmes de
seconde.

quer une montre réglée sur le soleil moyen équatorial ou
sur le temps moyen, au moment du passage du soleil
réel au méridien, passage observable, soit à l'aide d'un
cadran solaire exactement construit, soit à l'aide d'observations bien connues des marins, soit plus exactement
encore au moyen de la lunette astronomique qu'on appelle,
dans tous les observatoires, *lunette méridienne* (liv. VII,
chap. IV, p. 264).

CHAPITRE XIII

ÉQUATION DU TEMPS

Les résultats du calcul indiquant à midi les positions
relatives du soleil réel et du soleil fictif équatorial sur
lequel se règle le temps moyen, sont imprimés quelquefois sous le titre d'*Équation du temps*.

Ces deux méthodes reviennent évidemment au même.
Si l'on veut avoir l'équation du temps pour tous les jours
de l'année, on n'a qu'à prendre pour chacun de ces jours
la quantité dont le temps moyen au midi vrai, donnée
par la colonne de l'*Annuaire du Bureau des Longitudes*,
diffère de douze heures. Supposons qu'à l'aide d'une table
d'équation du temps on veuille déterminer si une montre
avance ou retarde sur le temps moyen ; admettons, pour
fixer les idées, que le soleil moyen doive arriver au méridien après le soleil vrai, on observera à quelle heure de
la montre le soleil vrai passera au méridien. Si l'heure
marquée sur la montre au moment du passage du soleil
réel au méridien diffère de douze heures d'une quantité
égale à l'équation du temps, elle est bien réglée ; si cette

heure diffère de douze heures d'une quantité plus grande que l'équation du temps, la montre retarde; si l'instant du passage observé diffère de douze heures d'une quantité inférieure à l'équation du temps, la montre avance. Le même mode de raisonnement s'appliquerait au cas où le midi moyen précéderait le midi réel.

Le mot *équation* n'a pas, en astronomie, la même signification qu'en analyse. Dans l'analyse, on appelle *équation* l'expression de l'égalité de deux quantités. En astronomie, on appelle de ce nom la quantité qu'il faut ajouter à la position moyenne ou qu'il faut retrancher de cette même position pour avoir la position véritable d'un astre. Le mot *équation* indique aussi, mais plus rarement, la quantité qu'il faut ajouter à la position réelle ou retrancher de cette même position pour avoir la position moyenne.

Comme nous l'avons dit dans le chapitre précédent, la table de l'équation du temps pour chacun des 365 ou 366 jours de l'année varie d'une année à l'autre. Des formules assez compliquées, dans l'étude desquelles nous ne croyons pas utile d'entrer dans cet ouvrage, sont employées par les astronomes chargés de calculer à l'avance les tables qui figurent dans la *Connaissance des temps* ou dans l'*Annuaire du Bureau des Longitudes*. Il doit nous suffire de dire ici que les époques où l'équation du temps devient nulle ne diffèrent que peu, d'une année à l'autre, des époques que nous avons indiquées pour 1851, et que les plus grandes valeurs de cette quantité s'éloignent peu également de celles données page 293. Notons bien encore que le mot équation du temps s'applique aux mouvements d'autres astres, comme nous le verrons en faisant l'histoire des planètes.

CHAPITRE XIV

A PARTIR DE QUELLE ÉPOQUE LES HORLOGES DE PARIS ONT-ELLES ÉTÉ RÉGLÉES SUR LE TEMPS MOYEN

Jusqu'à l'époque de la seconde Restauration, les horloges de Paris étaient réglées sur le temps vrai, c'est-à-dire sur les passages du soleil vrai au méridien; il fallait donc chaque jour, ou au moins chaque semaine, modifier leur marche. Maintenant ces horloges sont réglées sur le passage du soleil fictif équatorial au méridien, elles indiquent le temps moyen; elles sont donc tantôt en avance et tantôt en retard sur l'heure marquée par les cadrans solaires ordinaires, à moins que ces cadrans ne portent une courbe à peu près semblable à un 8, qu'on appelle *la méridienne du temps moyen*, et par laquelle les rayons solaires passant par le trou de la plaque du style doivent venir se projeter aux différentes époques de l'année.

Il est résulté de ce changement, que les horloges publiques ont été mieux construites, qu'elles n'ont pas besoin d'être sans cesse rectifiées et qu'elles sont plus d'accord entre elles. Il n'arrivera plus maintenant qu'un astronome puisse entendre la même heure, sonnée par différentes horloges, pendant une demi-heure, ainsi que Delambre me disait en avoir fait la remarque plusieurs fois.

M. de Chabrol, préfet de la Seine, avant d'introduire cette modification dans les horloges de la capitale, voulut pour sa garantie avoir un rapport du Bureau des Longitudes ; il craignait que ce changement n'amenât un mouvement insurrectionnel dans la population ouvrière ; que celle-ci ne refusât d'accepter un midi qui, par une contradiction dans les termes, ne correspondrait pas au milieu du jour, un midi qui partagerait en deux portions inégales le temps compris entre le lever et le coucher du soleil. Ces sinistres appréhensions ne se réalisèrent point : le changement passa inaperçu.

Quant aux horlogers, ils ont unanimement témoigné leur satisfaction de voir enfin la mesure du temps ramenée à une régularité qu'ils appelaient de tous leurs vœux ; ils ne sont plus maintenant exposés à entendre des acheteurs ignorants se lamenter de voir leurs montres en désaccord avec le Soleil. Auparavant, les horlogers répondaient : C'est la faute du Soleil et non celle de la montre. Peu de personnes se contentaient de cette explication, que certaines taxaient même d'impiété.

Ce qui n'était, en 1816, que de simple convenance, est devenu plus tard d'une nécessité absolue ; les moments des départs et des arrivées des convois des chemins de fer devant être réglés avec une grande précision, il est indispensable que les horloges employées dans les diverses stations soient comparables entre elles, ce à quoi on ne parviendra avec certitude qu'en les réglant sur le temps moyen. Il faut éviter surtout qu'on ne se serve dans un lieu de temps moyen et dans un autre de temps vrai, ce qui pourrait amener des différences, ainsi qu'on l'a vu plus haut, de $16^m 17^s.2$.

De telles dissemblances dans les heures, combinées

avec celles qui tiennent à la différence de longitude terrestre, particulièrement dans les chemins orientés de l'est
à l'ouest, comme celui de Paris à Strasbourg, pourraient
être la cause de déplorables catastrophes[1].

1. C'est pour cette raison que toutes les compagnies de chemins
de fer ont pris l'habitude de régler leurs horloges sur la seule
heure de la capitale de chaque grand État. Il en résulte, il est vrai,
que l'heure du chemin de fer avance ou retarde sur l'heure du
temps moyen de toutes les stations qui ne sont pas situées sur le
méridien de la ville capitale, et que tout d'un coup l'heure change
d'une quantité assez considérable lorsque, à une frontière, on
monte dans le convoi d'un chemin de fer appartenant à une nouvelle nation. Mais ces inconvénients sont bien légers auprès du
danger signalé avec raison par Arago.   J.-A. B.

LIVRE VIII

DES CONSTELLATIONS

CHAPITRE PREMIER

FORMATION D'UN CATALOGUE D'ÉTOILES

Une fois en possession d'un cercle méridien sur lequel sont marqués les points correspondants à la ligne des pôles et à l'équateur, indiquons le parti qu'on tire de ces instruments pour former un catalogue d'étoiles. Ce que nous allons dire n'est pas un moyen de démonstration, c'est l'indication de la méthode actuellement en usage dans tous les observatoires.

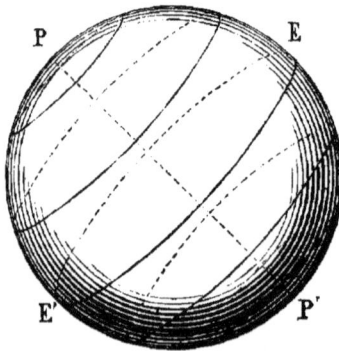

Fig. 97. — Parallèles célestes.

Concevons que par les différentes étoiles, on fasse passer des plans perpendiculaires à l'axe du monde. La

sphère étoilée se trouvera ainsi partagée, comme nous
l'avons déjà dit (liv. vi, chap. iii, p. 231), en zones plus
ou moins épaisses, terminées sur les deux sens par des
circonférences de cercle appelées des parallèles célestes,
allant en grandissant depuis le pôle nord P (fig. 97,
p. 299) jusqu'à l'équateur EE', et en diminuant au contraire depuis l'équateur jusqu'au pôle austral P'.

Imaginons que par les diverses étoiles et par la ligne
des pôles on fasse passer une série de plans PEP', PAP',
PBP', etc. (fig. 98), il en résultera une suite de grands

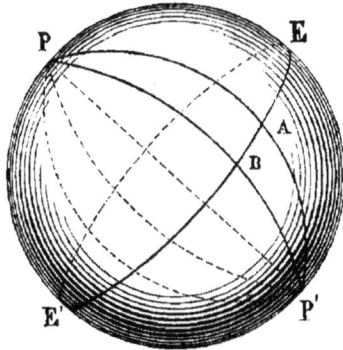

Fig. 98. — Cercles horaires.

cercles aboutissant aux deux pôles; chacun de ces grands
cercles est incliné vers l'orient depuis le moment du lever
de l'étoile qu'il contient, jusqu'au moment du passage
de cette étoile au méridien, l'inclinaison aura lieu vers
l'occident depuis ce même moment du passage au méridien jusqu'à celui du coucher. Il est évident que ces divers
plans et les cercles qui les terminent coïncideront entièrement avec le méridien, lorsque l'étoile par laquelle ils
passent sera elle-même dans le plan méridien. En effet,

deux plans coïncident parfaitement quand ils ont trois
points communs ; or, les trois points communs sont maintenant l'étoile qui momentanément est située dans le
méridien et les deux pôles. Ces divers cercles, qui viendront se confondre avec le méridien à des heures différentes, ont été nommés par cette raison des *cercles horaires*,
ainsi que nous avons déjà eu occasion de le dire (liv. vii,
chap. i^{er}, p. 249).

Une étoile est complétement déterminée lorsqu'on connaît le parallèle et le cercle horaire sur lesquels elle est
située. Voyons à quel système d'observation méridienne
nous pourrons avoir recours pour trouver les deux éléments qui fixent ainsi la position des étoiles dans l'espace.
Tous les points du parallèle d'une étoile sont à la même
distance du pôle ; si nous trouvons cette distance pour
un seul de ces points, nous l'aurons obtenue pour tous
les autres. Lorsqu'en vertu du mouvement diurne, une
étoile vient se placer dans le méridien, on dirige la lunette
du cercle méridien sur cette étoile, et l'on marque sur la
graduation le point où elle s'est arrêtée. Antérieurement
on avait déterminé, comme on l'a vu plus haut (liv. vi,
chap. vi, p. 238), le point où la lunette correspondait,
quand elle était tournée vers le pôle ; on a ainsi, par la
simple comparaison de deux divisions, la distance du pôle
à tous les points du parallèle de l'étoile. Retranchant
cette distance observée de 90°, on aura évidemment
l'arc du méridien compris entre l'étoile et l'équateur.
Cette dernière distance s'appelle, avons-nous déjà dit
(liv. vii, chap. iv, p. 258), la *déclinaison* de l'astre. S'il
fallait placer cette étoile à la surface d'un globe, on sau-

rait par là sur quel parallèle elle devrait être dessinée.

Les cercles horaires venant chacun à leur tour coïncider avec le plan du méridien, ne peuvent être distingués les uns des autres ; nous aurons donc à faire un choix et à fixer arbitrairement celui auquel tous les autres seront comparés, celui qui passera par la division *zéro* de l'équateur. Supposons que le cercle horaire aboutisse à l'étoile la plus brillante du ciel, à l'étoile nommée Sirius ; l'intersection de ce grand cercle et du parallèle de Sirius, dont nous avons pu trouver la position d'avance, donnera la véritable place de cette étoile. Tout est maintenant parfaitement déterminé. Le mouvement de révolution du ciel se fait uniformément ; deux cercles horaires, quelle que soit la distance qui les sépare, viendront coïncider avec le plan méridien après un temps qui sera à celui que la sphère emploie à faire une révolution complète, comme l'angle que ces deux cercles embrassent sur la division de l'équateur est à la circonférence entière ou 360°.

Supposons que l'observateur soit muni d'une montre ou d'une pendule qui marque par exemple exactement 24 heures entre deux passages successifs du cercle horaire passant par Sirius avec le méridien : ainsi *zéro* heure et 24 heures correspondent à deux passages du point *zéro* de l'équateur par le méridien, ou à 360° de cet équateur. Cette montre ou cette pendule prend le nom de *montre* ou *pendule sidérale*. Le temps qu'elle marque s'appelle *le temps sidéral* (liv. VII, chap. Iᵉʳ, p. 250 ; chap. IV, p. 265).

Considérons maintenant une étoile qui arrive au méridien une heure après Sirius, elle sera située sur un cercle horaire qui formera avec celui de cette étoile un angle égal à $\frac{360^\circ}{24} = 15^\circ$. L'étoile qui viendra au méridien deux heures après Sirius appartiendra à un cercle horaire faisant, avec celui que nous avons pris pour terme de comparaison, un angle égal à $\frac{360^\circ}{12} = 30^\circ$. On voit donc que dans la supposition d'où nous sommes partis, une heure correspond toujours à 15°; en effectuant le calcul numérique, on trouvera qu'une minute de temps correspond à 15′ de degré, et une seconde de temps à 15″ de degré. Quel que soit l'intervalle évalué en heures, minutes, secondes de temps, qui s'est écoulé entre le passage de Sirius et celui d'une autre étoile, nous saurons quel est en degrés l'angle formé par les cercles horaires de ces deux étoiles, ou quelle est la division du cercle équatorial où se termine le cercle horaire de la seconde étoile, le premier (celui de Sirius) passant toujours par le *zéro*.

Si la montre qui sert à faire ces observations, au lieu de marquer vingt-quatre heures entre deux passages consécutifs de Sirius au méridien indiquait un nombre différent, 25 heures par exemple, il faudrait pour transformer les heures en degrés faire cette proportion : 25 heures correspondent à 360°, le nombre d'heures indiquant l'intervalle compris entre le passage de Sirius et celui de l'étoile qu'on lui compare étant déterminé par l'observation, trouver à quel nombre de degrés il correspond.

On voit, je le répète, que dans ce système d'observations le mouvement diurne, loin d'être un obstacle, est devenu le moyen de mesure, et les heures, minutes, secondes de temps sont transformées en degrés, minutes, secondes de degré. L'arc de l'équateur compris entre le point *zéro*, entre le point où s'arrête le cercle horaire de Sirius et la division où aboutit le cercle horaire d'une autre étoile, forme ce qu'on appelle (liv. VII, chap. IV, p. 265) l'*ascension droite* de cette étoile ; cette ascension droite est exprimée soit en degrés, minutes et secondes de degré, soit en heures, minutes et secondes de temps, d'après la supposition que 24 heures correspondent à 360°.

Toutes les étoiles, plus ou moins voisines du pôle, qui sont situées sur un même cercle horaire, toutes les étoiles qui arrivent au méridien au même moment, ont la même ascension droite ; ce qui, en d'autres termes, veut dire que le nombre de degrés compris entre le *zéro* de l'équateur et le point où aboutit un cercle horaire, serait le même quel que fût le parallèle sur la graduation duquel on mesurerait l'intervalle des deux intersections ; ainsi, pour que l'on comprenne bien le sens de ce qui précède, supposons que le cercle horaire de Sirius passe toujours par le point *zéro* de l'équateur, que le cercle horaire d'une étoile corresponde à 15° de ce même équateur : eh bien, si les points d'intersection de tous les parallèles avec le cercle horaire de Sirius sont marqués *zéro*, les points d'intersection de ces mêmes parallèles avec le cercle horaire de la seconde étoile seront au 15ᵉ degré de la division de chacun d'eux. En d'autres termes, on voit que les degrés des parallèles, quelque petits qu'ils soient, emploient exactement le même temps à traverser le méridien.

L'exactitude avec laquelle on est parvenu à déterminer les ascensions droites, a dépendu en très-grande partie de la résolution qu'on a prise dans tous les observatoires modernes d'observer les passages au méridien avec un instrument spécial, la lunette méridienne. Cette lunette, par sa construction, peut être amenée à décrire un plan presque mathématique (voir livre VII, chap. IV, p. 264), ce qu'on obtenait difficilement quand la lunette était toujours attachée à un limbe quelque bien dressé qu'il fût. Le nom du savant à qui l'on doit cette innovation me paraît devoir être mentionné ici, c'est Rœmer. Les déclinaisons avaient été de tout temps observées avec des quarts de cercle auxquels on donnait de très-grandes dimensions ; l'énormité de ces dimensions avait empêché d'exécuter des cercles entiers, mais depuis que les progrès qu'on a faits dans la mécanique permettent d'évaluer sur des instruments de grandeurs modérées les plus minimes subdivisions du degré, des cercles entiers ont été substitués aux anciens quarts de cercle. Avec ces instruments attachés à des murs orientés du sud au nord et qu'on appelle des *cercles muraux* (liv. VII, chap. IV, p. 257), l'astronome peut observer à la fois les étoiles méridionales et les étoiles boréales en les rapportant toutes directement au pôle, ou par un calcul très-simple à l'équateur.

CHAPITRE II

COORDONNÉES DES ÉTOILES

Dans ce qu'on est convenu de nommer un catalogue d'étoiles les positions des astres sont définies par ce qu'on peut appeler les coordonnées des astres, savoir : les déclinaisons et les ascensions droites, ou bien les latitudes et

les longitudes. Une première colonne verticale renferme
le nom de chaque étoile, une seconde colonne l'heure du
passage au méridien de ces étoiles, sur la supposition que
l'équinoxe de printemps passe à 0^h 0^m 0^s et que 24 heures
s'écoulent entre deux passages successifs de cet équinoxe
au méridien; une troisième colonne contient l'évaluation
des ascensions droites des diverses étoiles en degrés,
minutes et secondes : c'est à proprement parler une simple transformation des nombres compris dans la seconde.
Une quatrième colonne renferme, soit la distance polaire
de chaque étoile, soit la déclinaison ou la distance de
l'astre à l'équateur. Dans le cas où le catalogue contient
les déclinaisons au lieu des distances polaires, il faut
avoir le soin de dire si ces déclinaisons sont australes ou
boréales; on désigne quelquefois les déclinaisons boréales
par le signe $+$ et les déclinaisons australes par le
signe $-$.

Les astronomes, au lieu d'insérer dans les catalogues
les ascensions droites et les déclinaisons des étoiles, donnent très-souvent leurs longitudes et leurs latitudes; nous
avons défini ces deux coordonnées des étoiles (liv. vii,
chap. ix, p. 279); nous placerons ici un dessin qui fera
bien comprendre les relations qui existent entre les deux
systèmes.

Soient e (fig. 99) une étoile sur la sphère céleste, PCP′
l'axe du monde et EE′ le cercle équatorial perpendiculaire à CP. Si nous menons par l'axe du monde le grand
cercle horaire P em et que O soit le point de l'équinoxe
du printemps, d'après les définitions données, Om est
l'ascension droite et *em* la *déclinaison* de l'étoile. Imagi-

nons maintenant le cercle de l'écliptique AOA' sur lequel a lieu le mouvement apparent du Soleil (liv. vii, chap. iv, p. 260), traçons son axe QCQ' qui lui est perpendiculaire; conduisons en outre l'arc du grand cercle Qen ;

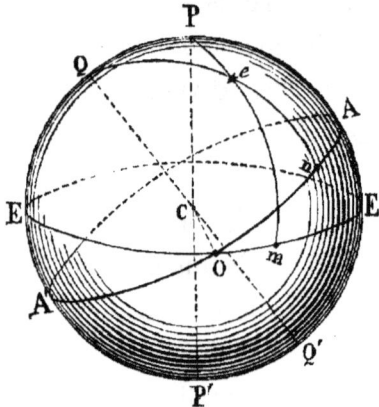

Fig. 99. — Ascension droite, déclinaison, longitude et latitude des étoiles.

On est la *longitude* céleste et *en* est la *latitude* céleste de l'étoile *e*. Le grand cercle Q*en* perpendiculaire à l'écliptique est le cercle de latitude et les points Q et Q' sont les pôles de l'écliptique.

CHAPITRE III

PRINCIPAUX CATALOGUES D'ÉTOILES ET ATLAS CÉLESTES.

Les catalogues d'étoiles contiennent tous les éléments nécessaires pour former sur un globe une représentation exacte du ciel étoilé, dans lequel les étoiles seraient non-seulement déterminées de position les unes par rapport aux autres, mais encore relativement aux pôles et à l'équateur. Ces déterminations pourraient avoir une très-grande précision, presque égale à celle des observations elles-mêmes, si le globe employé avait des dimensions comparables à celles dont Tycho s'est servi, savoir dix pieds (3^m.30) de diamètre.

Le premier catalogue que nous possédions, dans lequel les étoiles sont rangées par longitudes et latitudes, est celui que Ptolémée nous a conservé en y faisant de légères modifications. Il faut faire honneur de ce catalogue à Hipparque. Il renferme 1026 étoiles.

Dans les catalogues modernes, les étoiles sont classées généralement par ordre d'ascensions droites auxquelles sont jointes les déclinaisons. Il est bien entendu que dans les différents catalogues on trouve les mêmes étoiles.

Je vais citer les plus célèbres des catalogues connus, en m'appuyant le plus souvent sur l'autorité de mon illustre ami Alexandre de Humboldt (*Cosmos*, t. III, p. 120 et suivantes).

Parmi les catalogues dus aux Arabes, un des plus célèbres est celui d'Ulugh Beigh, petit-fils de Tamerlan; il a été primitivement écrit en persan; il contient 1019 positions d'étoiles réduites à l'an 1437 d'après les observations faites au Gymnase de Samarcande sous la latitude d'environ 39° 52′, sauf pour quelques étoiles australes invisibles à Samarcande et qui ont été calculées d'après Ptolémée. Un commentaire subséquent de ce catalogue contient 300 étoiles de plus, dont les positions ont été déterminées en 1553 par Abou-Bekri Altizini. La meilleure édition du catalogue d'Ulugh Beigh a été donnée par le savant Hyde.

Le catalogue de Tycho, calculé et édité par Kepler, ne comprend que 1000 étoiles.

Le catalogue du landgrave de Hesse (Guillaume IV) a été dressé avec le concours de Rothmann et de Byrgius; il contient 400 étoiles.

Le catalogue d'Hévélius contient 1564 positions d'étoiles pour l'an 1660.

Ces catalogues sont les derniers qui aient été établis d'après l'observation à l'œil nu.

Le premier catalogue qui ait paru, depuis l'époque où Morin et Gascoigne enseignèrent à réunir les lunettes aux anciens instruments de mesure, est le catalogue des étoiles australes dont Halley avait déterminé la position, pendant le court séjour qu'il fit à Sainte-Hélène, en 1677 et 1678.

Parurent ensuite les catalogues suivants :

Lacaille, 9776 étoiles australes, observées en moins de dix mois, de 1751 à 1752, à l'aide d'une lunette qui n'avait qu'un grossissement de huit fois, réduites à l'année 1750 par Henderson.

Tobie Mayer, 998 étoiles, pour 1756.

Flamsteed, premier directeur de l'Observatoire de Greenwich, 2866 étoiles, parmi lesquelles un grand nombre ne peuvent être aperçues qu'à l'aide de télescopes; par les soins de Baily, 564 étoiles y ont été ajoutées. Ce catalogue fait partie de l'ouvrage intitulé : *Histoire céleste britannique*, 3 volumes in-folio.

Bradley, 3222 étoiles, réduites à l'année 1755 par Bessel.

Pond, 1112 étoiles.

De Zach, 381 étoiles : ce catalogue, travail précieux

d'un de nos plus grands astronomes, a été publié à Gotha en 1792.

Piazzi, 7646 étoiles réduites à l'année 1800.

Thomas Brisbane et Rümker, 7385 étoiles australes observées à la Nouvelle-Hollande dans les années 1822 à 1828.

Airy, 2156 étoiles réduites à l'année 1845.

Rümker, 12000 étoiles pour Hambourg.

Argelander, 560 étoiles pour Abo.

Taylor, 11015 étoiles pour Madras.

Baily (*Bristish association catalogue of Stars*, 1845), 8377 étoiles.

Jérôme de Lalande (*Histoire céleste*), 47390 étoiles dont beaucoup sont de neuvième grandeur, et dont quelques-unes sont plus faibles encore. Ce catalogue est fondé sur des observations faites de 1789 à 1800 par Le Français de Lalande et Burckhardt; il a été calculé et réduit soigneusement, par ordre de l'*Association britannique pour l'avancement des sciences*, sous la direction de Francis Baily.

Pour le ciel austral, il faut citer les riches catalogues de Henderson, de Maclear, au Cap, et de Johnson, à Sainte-Hélène.

Je mentionnerai aussi les atlas si utiles pour l'examen du ciel étoilé.

Je dois citer d'abord les cartes de Bayer, les premières qui aient été faites avec intelligence et avec soin (1603).

L'atlas de Bode (1789-1801) renferme 17240 étoiles.

L'atlas de Flamsteed, composé de 28 cartes (1729), a servi à tous les astronomes dans le siècle dernier.

L'atlas de Harding, composé de 27 cartes, donne plus de 50000 positions d'étoiles tirées de la vaste collection des astronomes français.

Les *zones* de Bessel contiennent 75000 observations depuis le parallèle céleste — 15° jusqu'à celui + 45°; ce travail a exigé huit années, de 1825 à 1833. De 1841 à 1843, Argelander a continué ces zones jusqu'au parallèle de 80°, et a fixé les lieux de 22000 étoiles.

Weisse, directeur de l'observatoire de Cracovie, a été chargé par l'Académie de Saint-Pétersbourg de réduire les zones de Bessel; il a calculé pour 1825, les positions de 31895 étoiles dont 19738 sont de neuvième grandeur.

L'atlas des *Cartes de l'Académie de Berlin* se compose de 24 cartes basées sur les observations de Bessel; elles renferment toutes les étoiles comprises dans les neuf premiers ordres de grandeur, que nous expliquerons plus loin, et même une partie des étoiles de dixième grandeur.

CHAPITRE IV

REMARQUES SUR L'UTILITÉ DES CONSTELLATIONS ET SUR LES RÉFORMES QUI ONT ÉTÉ PROPOSÉES A CE SUJET

Pour aider la mémoire dans l'étude des étoiles dont le firmament est parsemé, on les a partagées de très-bonne heure en groupes distincts qui portent le nom de *constellations* ou d'*astérismes*. Les figures de ces groupes sont celles d'êtres vivants ou d'objets inanimés dessinés sur toute l'étendue de la sphère céleste. Ici on a représenté un bélier, là un taureau, plus loin deux enfants jumeaux, ailleurs une écrevisse, un scorpion, un dragon, une ourse, etc. L'ensemble des étoiles contenues dans ces figures s'appelle respectivement les constellations du Bélier, du Taureau, des Gémeaux, de l'Écrevisse, du Scorpion, du Dragon, de l'Ourse, etc. Les cartes ci-jointes (fig. 100 et 101, p. 320) donnent les dessins des astérismes admis par les astronomes, sous les formes les plus usitées, pour l'hémisphère boréal et pour l'hémisphère austral.

Il faut remarquer que la disposition des étoiles n'a, en général, aucun rapport avec le contour de la figure qui les renferme ; je dis en général, car il est de rares exemples où l'on paraît avoir été déterminé dans le choix de la figure dessinée, ou de la constellation, par l'arrangement des étoiles qu'elle contient. Parmi les constellations qui ont ainsi quelque rapport avec les figures par lesquelles on les représente, nous citerons le Scorpion, qui a la forme d'un cerf-volant, la Couronne, le Serpent, le Dragon et même le Taureau, où la disposition triangulaire des étoiles principales qui le compose a quelque ressemblance avec la partie osseuse de la tête d'un bœuf [1].

---

1. Goguet rapporte qu'au moment de la découverte de l'Amérique, on trouva que les habitants des rives de l'Amazone appelaient les Hyades, le groupe principal de la constellation du Taureau, Tapiira Rayouba, qui signifie dans leur langue mâchoire de tapiira, devenue depuis mâchoire de bœuf.

Herschel fils prétend que la constellation d'Orion, quand on la voit par des latitudes australes modérées, représente passablement une figure humaine, mais inverse de celle que nos cartes attribuent à cet astérisme ; les étoiles qui maintenant sont les épaules d'Orion apparaissent, dit l'astronome anglais, comme les genoux de la figure ; l'étoile qui porte le nom de Rigel forme la tête.

Il faut aussi remarquer que la longue traînée lumineuse qui fait le tour du ciel fut appelée par les Grecs Galaxie, à cause de sa blancheur de lait ; les astronomes modernes la nomment Voie lactée [1].

Ce partage des étoiles en constellations avait dispensé de donner un nom à chacune d'elles ; ainsi l'on disait : l'œil du Taureau, le cœur du Scorpion, l'épaule droite d'Orion, le cœur de l'Hydre, le cœur du Lion, l'épi de la Vierge, etc., suivant la place que l'étoile occupait dans l'astérisme. Plusieurs des étoiles les plus remarquables ont été cependant désignées par des noms particuliers. Voici ceux de ces noms que l'usage a consacrés, les uns tirés des Grecs, les autres empruntés aux Arabes, nos premiers maîtres en astronomie :

Sirius est le nom de la principale étoile du Grand Chien (cette étoile est en même temps la plus brillante du firmament).

Antarès est le nom donné au cœur du Scorpion.

Aldebaran désigne l'œil du Taureau.

Régulus, le cœur du Lion.

Dénébola, la seconde étoile de la constellation du Lion.

Rigel, le pied d'Orion.

Bételgeuze, l'étoile de l'épaule droite d'Orion, la plus brillante de cette constellation.

Bellatrix, l'étoile de l'épaule gauche d'Orion.

Procyon, l'étoile la plus brillante du Petit Chien.

1. Les Chinois l'appellent le *Fleuve céleste*. Les sauvages de l'Amérique septentrionale la désignaient sous le nom de *Chemin des âmes*, nos paysans la nomment le *Chemin de Saint-Jacques de Compostelle*.

Castor, l'étoile brillante située sur la tête la plus occidentale des Gémeaux.

Pollux, l'étoile brillante située sur la tête la plus orientale des Gémeaux.

Fomalhaut, la bouche du Poisson austral.

Markab, l'étoile brillante située dans l'aile de Pégase.

Algenib, l'étoile brillante située à l'extrémité de l'aile de Pégase.

Algol est l'étoile la plus brillante de la Tête de Méduse, placée dans la main de Persée.

Shéat, l'étoile brillante située dans l'épaule droite de Persée.

Wéga, l'étoile la plus brillante de la Lyre.

La Perle, l'étoile la plus brillante de la Couronne boréale.

Deneb, l'étoile la plus brillante du Cygne.

La Chèvre, l'étoile la plus brillante du Cocher.

Arcturus, l'étoile la plus brillante du Bouvier.

La Vendangeuse, l'étoile située près de la main droite de la Vierge.

Achernard, l'étoile la plus brillante de la constellation l'Eridan, invisible en Europe.

Ataïr, l'étoile la plus brillante de l'Aigle.

Canopus, l'étoile australe si brillante, placée sur le gouvernail du Vaisseau.

On donne le nom de la Polaire [1] à l'étoile la plus brillante de la Petite Ourse, parce qu'elle est tout près du pôle boréal ou arctique [2]. Cette étoile est quelquefois appelée la Tramontane.

---

1. Du verbe grec πολέω, je tourne.
2. Du grec ἄρκτος, qui signifie ourse.

En 1603, lorsque Bayer publia ses belles cartes célestes, il désigna les étoiles de chaque constellation par les lettres des alphabets grec et romain [1]. On avait supposé que dans ces désignations le célèbre jurisconsulte-astronome d'Augsbourg avait affecté la lettre α à l'étoile la plus brillante de chaque astérisme, β à la seconde, γ à la troisième, ainsi de suite ; et qu'il n'avait passé aux lettres a, b, c, de l'alphabet romain qu'après l'épuisement entier des lettres de l'alphabet grec. Ceci a été récemment contesté par un astronome allemand très-célèbre, M. Argelander : nous examinerons ailleurs dans quelles limites cette opinion nouvelle, relativement à la classification de Bayer, doit être admise. Toujours est-il qu'en général les lettres α, β, γ, δ, représentent les quatre principales étoiles de chaque constellation, en sorte qu'en passant d'un astérisme à un autre, ces lettres α, β, γ, δ, etc., sont affectées à des étoiles d'éclat très-différent. Ainsi lorsqu'on dira, α du Grand Chien, α du Taureau,

1. Nous placerons ici en note l'alphabet grec avec sa prononciation française, pour l'usage des personnes qui ne sont pas familiarisées avec la langue des Hellènes :

α	....	alpha	ν	....	nu
β ϐ	....	bêta	ξ	....	xi
γ	....	gamma	ο	....	omicron
δ	....	delta	π	....	pi
ε	....	epsilon	ρ	....	rho
ζ	....	zêta	σ ς	....	sigma
η	....	êta	τ	....	tau
ϑ	....	thêta	υ	....	upsilon
ι	....	iôta	φ	....	phi
χ	....	cappa	χ	....	chi
λ	....	lambda	ψ	....	psi
μ	....	mu	ω	....	oméga

α d'Orion, etc., il sera bien entendu qu'on veut désigner
Sirius, Aldebaran, l'Épaule droite d'Orion ou Béteigeuze, etc., sans prétendre que toutes ces étoiles aient le
même éclat.

Lorsqu'on a épuisé les lettres de l'alphabet grec et de
l'alphabet romain, les modernes désignent le surplus des
étoiles contenues dans chaque constellation, soit par des
chiffres indiquant le rang d'inscription de ces étoiles
dans un catalogue connu, tels que ceux de Flamsteed,
Piazzi, etc., soit mieux encore par les nombres qui fixent
leur position dans le firmament.

CHAPITRE V

NOMBRE DES CONSTELLATIONS

Ptolémée comptait 48 constellations, 21 au nord, 15
au midi et 12 dans la région intermédiaire, près de
l'équateur, ou plutôt dans cette zone du ciel que parcourt
le Soleil dans sa course annuelle, et que nous avons nommée l'écliptique (liv. VII, chap. IV, p. 259).

Comme deux constellations contiguës ne peuvent pas
s'emboîter exactement l'une dans l'autre, il y avait dans
le ciel de Ptolémée beaucoup d'étoiles qui n'appartenaient
à aucune des deux constellations entre lesquelles on les
voyait briller ; ces étoiles, non renfermées dans les formes
des astérismes, s'appelaient par cette raison des *étoiles
informes.*

Les astronomes modernes se sont emparés de ces
étoiles informes pour faire des constellations nouvelles.
Par flatterie, par reconnaissance, par caprice, on fit

ainsi figurer dans le ciel des noms de princes, de grands hommes, d'animaux et d'instruments de toutes sortes.

Les 12 constellations placées autour de l'écliptique et décrites par Ptolémée, sont :

Le Bélier,

Le Taureau,

Les Gémeaux,

L'Écrevisse *ou* le Cancer,

Le Lion,

La Vierge *ou* Cérès,

La Balance *ou* les Serres du Scorpion,

Le Scorpion,

Le Sagittaire *ou* Chiron,

Le Capricorne *ou* le Bouc,

Le Verseau *ou* Deucalion, *ou* l'Homme qui porte une urne,

Les Poissons.

Les 21 constellations placées dans le ciel boréal par Ptolémée, sont :

La Petite Ourse, *ou* le Petit Chariot, *ou* Cynosure, *ou* la Queue du Chien,

La grande Ourse *ou* le Chariot de David,

Le Dragon,

Céphée,

Le Bouvier *ou* le Gardien de l'Ourse,

La Couronne boréale,

Hercule *ou* l'Homme à genoux,

La Lyre *ou* le Vautour tombant,

Le Cygne, *ou* l'Oiseau, *ou* la Croix,

Cassiopée, *ou* la Chaise, *ou* le Trône,

Persée,

Le Cocher, *ou* le Charretier, *ou* Érichthon,

Ophiuchus, *ou* le Serpentaire, *ou* Esculape,

Le Serpent,

La Flèche et son Arc *ou* le Dard,

L'Aigle *ou* le Vautour volant,

Le Dauphin,

Le Petit Cheval *ou* le Buste du Cheval,

Pégase, *ou* le Cheval ailé, *ou* la Grande Croix,

Andromède *ou* la Femme enchaînée,

Le Triangle boréal *ou* le Delta.

Les 15 constellations décrites par Ptolémée vers la partie méridionale de l'écliptique, sont :

La Baleine,

Orion,

Le Fleuve Éridan *ou* le Fleuve d'Orion,

Le Lièvre,

Le Grand Chien,

Le Petit Chien *ou* le Chien précurseur,

Le Navire, *ou* le Vaisseau, *ou* Argo, *ou* le Chariot de mer,

L'Hydre femelle *ou* la Couleuvre,

La Coupe, *ou* l'Urne, *ou* le Vase,

Le Corbeau,

L'Autel *ou* la Cassolette,

Le Centaure,

Le Loup, *ou* la Lance du Centaure, *ou* la Panthère, *ou* la Bête,

La Couronne australe, *ou* le Caducée, *ou* Uraniscus,
Le Poisson austral.

Tycho-Brahé, entre les astronomes modernes, est le premier qui ait ajouté vers 1603 deux constellations à celles de Ptolémée; ce sont :

La Chevelure de Bérénice, comprenant les étoiles informes situées près de la gueule du Lion,
Antinoüs, composé des étoiles qui sont près de l'Aigle.

A la même époque que Tycho-Brahé, Jean Bayer, d'après Americ Vespuce et les navigateurs qui jouirent les premiers du ciel du Nouveau Monde, ajouta douze constellations nouvelles aux constellations australes de Ptolémée, savoir :

Le Paon,
Le Toucan *ou* l'Oie d'Amérique,
La Grue,
Le Phénix,
La Dorade *ou* Xiphias,
Le Poisson volant,
L'Hydre mâle *ou* le Serpent austral,
Le Caméléon,
L'Abeille *ou* la Mouche,
L'Oiseau de paradis, *ou* l'Oiseau indien, *ou* l'Oiseau
    sans pied,
Le Triangle austral,
L'Indien.

Augustin Royer, en 1679, et Hévélius, en 1690, ont formé de nouveaux groupes stellaires, parmi lesquels il y en a quelques-uns de communs; quelques-uns aussi se trouvent déjà dans le planisphère de Bartschius publié en 1624. En défalquant les doubles emplois, on trouve 16 nouvelles constellations aujourd'hui admises; ce sont :

11 pour Hévélius,

La Girafe *ou* le Caméléopard,

La Licorne *ou* le Monoceros,

Le Fleuve Jourdain, *ou* les Chiens de chasse, *ou* les Lévriers, *ou* Astérion et Chara.

Le Fleuve du Tigre *ou* le Renard et l'Oie.

Le Lézard *ou* le Sceptre et la Main de Justice.

Le Sextant d'Uranie,

Le Petit Lion,

Le Lynx,

L'Écu *ou* le Bouclier de Sobieski.

Le Petit Triangle,

Cerbère et le Rameau;

5 pour Augustin Royer,

La Colombe de Noé,

La Croix du Sud *ou* le Trône de César,

Le Petit Nuage,

Le Grand Nuage,

La Fleur de Lis *ou* la Mouche.

Halley a détaché de la partie sud du Navire Argo un groupe d'étoiles qu'il a représenté par un arbre, et qu'il appelle le Chêne de Charles II en souvenir du chêne qui a sauvé la vie à ce roi du temps de ses infortunes.

Dans les cartes de Flamsteed, parmi d'autres constellations faisant double emploi avec les précédentes, on trouve en outre le Mont Ménale et le Cœur de Charles II, dont la principale étoile est placée sur le collier de Chara, l'un des Chiens de chasse d'Hévélius.

Lacaille (*Mémoires de l'Académie des sciences* pour 1752), a cherché à combler les vides laissés par les anciennes constellations dans l'hémisphère austral, en créant 14 constellations nouvelles ; il a donné la liste suivante, que nous copions textuellement dans son Mémoire :

I. L'*Atelier du sculpteur*, composé d'un scabellon qui porte un modèle et d'un bloc de marbre sur lequel on pose un maillet et un ciseau ;

II. Le *Fourneau* chimique, avec son alambic et son récipient ;

III. L'*Horloge* à pendule à secondes ;

IV. Le *Réticule* rhomboïde, petit instrument astronomique qui a servi à dresser le catalogue fait par l'auteur, et que l'on construit par l'intersection de quatre droites tirées de chaque angle d'un carré au milieu de deux côtés opposés ;

V. Le *Burin* du graveur : la figure est composée d'un burin et d'une échoppe en sautoir, liés par un ruban ;

VI. Le *Chevalet* du peintre, auquel est attachée une palette ;

VII. La *Boussole* ou le compas de mer ;

VIII. La *Machine pneumatique* avec son récipient, pour représenter la physique expérimentale ;

IX. L'*Octant* ou le quartier de réflexion, principal instrument des navigateurs pour observer la hauteur du pôle, etc. ;

X. Le *Compas* du géomètre;

XI. L'*Équerre* et la règle de l'architecte;

XII. Le *Télescope* ou la grande lunette astronomique suspendue à un mât;

XIII. Le *Microscope* : selon les figures qu'on lui donne ordinairement, c'est un tuyau placé au-dessus d'une boîte carrée;

XIV. Enfin, au-dessous du Grand Nuage, Lacaille a mis la *Montagne de la Table*, si célèbre, dit-il, au cap de Bonne-Espérance par sa figure de table, et principalement par un nuage blanc qui la vient couvrir en forme de nappe à l'approche d'un vent violent du sud-est; d'ailleurs la plupart des navigateurs appellent Nuages du Cap, ce que nous appelons Nuées de Magellan, ou le Grand et le Petit Nuage.

En 1776, Lemonnier fit, entre Cassiopée et l'étoile polaire, une constellation nommée le Renne, et il ajouta la constellation du Solitaire, oiseau des Indes, au-dessous du Scorpion.

Lalande a ajouté le Messier à côté du Renne, dans son *Globe céleste*.

Poczobut, en 1777, a mis le Taureau royal de Ponia-towski entre l'Aigle et le Serpentaire.

Le Père Hell a formé dans l'Éridan un groupe nouveau, qu'il a appelé la Harpe de Georges.

Enfin, dans les cartes de Bode se trouvent les constellations suivantes :

Les Honneurs de Frédéric,

Le Sceptre de Brandebourg,

Le Télescope d'Herschel,

L'Aérostat,

Le Quart de Cercle mural,

Le Loch,

La Machine électrique,

L'Atelier de typographie.

Nous arrivons déjà ainsi à un total de 109 constellations. Nous ajouterons que l'on est dans l'habitude de distinguer encore la Tête de Méduse, près de Persée; les Pléiades ou la Poussinière sur le dos, et les Hyades sur le front du Taureau; la Massue d'Hercule; le Baudrier d'Orion, nommé quelquefois le Râteau, les trois Rois, le bâton de saint Jacques; l'Épée d'Orion; les deux Ânes dans le Cancer, ayant entre eux l'amas stellaire nommé l'Étable ou la Crèche ou Præsepe; les Chevreaux ou les Boucs, placés tout près de la Chèvre, dans la constellation du Cocher.

Il est nécessaire de connaître ces subdivisions, qui portent à 117 le nombre des astérismes que l'on est à peu près convenu d'admettre.

En terminant cette fastidieuse nomenclature, je ne puis que faire remarquer, avec mon illustre ami Alexandre de Humboldt : « la grandeur incommode de ces constellations formées au hasard dans le cours des siècles, sans but arrêté; l'indétermination de leurs contours; les désignations compliquées des étoiles composantes pour lesquelles il a fallu parfois épuiser des alphabets entiers, témoin le Navire Argo; le peu de goût avec lequel on a introduit dans le ciel étoilé la froide nomenclature d'instruments usités dans les sciences à côté des allégories mythologiques. »

CHAPITRE VI

FORMES DES CONSTELLATIONS

Aucun dessin précis des anciennes constellations ne nous est parvenu. Nous ne connaissons leur forme que par des descriptions écrites, souvent d'une manière fort abrégée. Une description en paroles ne saurait remplacer un dessin, surtout quand il s'agit de figures complexes ; par conséquent il règne quelque incertitude sur la forme, la position, la place véritable des figures d'hommes, d'animaux et d'objets inanimés qui composaient les astérismes des anciens astronomes grecs ; aussi, quand on a voulu les reproduire sur les sphères ou les cartes modernes, a-t-on rencontré des difficultés réelles. Ajoutons que des altérations avouées ont été introduites par certains astronomes, entre autres par Ptolémée, dans les constellations admises avant lui, et notamment dans celles données par Hipparque. Ptolémée dit (voyez l'*Almageste*, liv. VII, chap. V) qu'il a été déterminé dans ces changements par le besoin de donner une plus exacte proportion aux figures et de les mieux adapter aux situations réelles des étoiles. Ainsi dans la constellation de la Vierge, dessinée par Hipparque, certaines étoiles correspondaient aux épaules, Ptolémée les place dans les côtes, afin de ramasser davantage l'astérisme.

Les dessinateurs ou peintres qui ont voulu reproduire les anciens astérismes se sont livrés à leur imagination sans trop avoir égard aux descriptions des astronomes. Cette remarque s'applique particulièrement aux artistes qui contribuèrent à illustrer les diverses éditions de l'ouvrage d'Hyginus.

Nous avons cru devoir reproduire ici les dessins les plus habituels des constellations adoptées par les astronomes de tous les temps. Ces dessins que l'on voit dans les figures 100 et 101 (p. 320 et 321), ne sont bons d'ailleurs que pour fixer des noms dans la mémoire; nous avons vu précédemment (ch. II, p. 306) comment on détermine astronomiquement les places respectives des principales étoiles.

Partons du pôle boréal dans l'hémisphère septentrional (fig. 100), et marchons de gauche à droite, en sens contraire du mouvement diurne apparent, de manière à nous éloigner de plus en plus du centre pour nous rapprocher de la circonférence de l'équateur; nous rencontrerons toutes les constellations de notre hémisphère dans l'ordre suivant :

La Petite Ourse,
Le Dragon,
Céphée,
Cassiopée,
Le Renne,
Le Messier,
La Girafe,
La Grande Ourse,
Les Lévriers,
Le Cœur de Charles II,
Le Bouvier,
Le Quart de cercle mural,
Le Couronne boréale,
Hercule,
La Massue,
Le Rameau et Cerbère,
La Lyre,
Le Cygne,

Le Lézard,
Les Honneurs de Frédéric,
Andromède,
Le Triangle,
Le Petit Triangle,
La Mouche,
Persée,
La Tête de Méduse,
Le Cocher,
Les Chevreaux,
Le Télescope d'Herschel,
Le Lynx,
Le Petit Lion,
La Chevelure de Bérénice,
La Vierge,
Le Mont Ménale,
La Balance,
Le Serpent,

Ophiuchus,
Le Taureau royal de Poniatowski,
L'Aigle,
Antinoüs,
La Flèche,
Le Renard et l'Oie,
Le Dauphin,
Le Petit Cheval,
Le Verseau,
Pégase,
Les Poissons,
Le Bélier,
La Baleine,

Le Taureau,
Les Pléiades,
Les Hyades,
La Harpe de Georges,
L'Éridan,
Orion,
La Licorne,
Les Gémeaux,
Le Petit Chien,
Le Cancer,
Les Deux Anes et Præsepe,
L'Hydre femelle,
Le Sextant d'Uranie,
Le Lion.

En tout 63 constellations.

Plaçons-nous de même au centre du plan sur lequel est projeté l'hémisphère austral, et marchons encore de gauche à droite ; nous rencontrerons (fig. 101) toutes les constellations qui s'y trouvent dans l'ordre suivant :

L'Octant,
Le Caméléon,
La Mouche australe,
L'Oiseau de Paradis,
Le Paon,
L'Indien,
Le Toucan,
Le Petit Nuage,
L'Hydre male,
La Montagne de la Table,
Le Grand Nuage,
Le Réticule Rhomboïde,
La Dorade,
Le Chevalet du Peintre,
Le Poisson volant,
Le Navire,
Le Chêne de Charles II,
La Croix du Sud.
Le Centaure,

Le Loup,
Le Compas,
Le Triangle austral,
L'Équerre et la Règle,
L'Autel,
Le Télescope,
La Couronne australe,
Le Sagittaire,
Le Microscope,
La Grue,
Le Phénix,
L'Éridan
(en partie sur l'hémisphère boréa').

L'Horloge,
Le Burin,
La Colombe,
Le Lièvre,
Le Grand Chien,

L'Atelier de Typographie,
LA BOUSSOLE,
Le Loch,
Le Chat,
LA MACHINE PNEUMATIQUE,
L'HYDRE FEMELLE
(en partie sur l'hémisphère boréal),
LA COUPE,
LE CORBEAU,
LA VIERGE
(en partie sur l'hémisphère boréal),
LE SOLITAIRE,
LA BALANCE
(en partie sur l'hémisphère boréal),
LE SCORPION,
OPHIUCHUS
(en partie sur l'hémisphère boréal),
LE SERPENT
(en partie sur l'hémisphère boréal),
L'ÉCU DE SOBIESKI,
ANTINOÜS
(en partie sur l'hémisphère boréal),
LE CAPRICORNE,

LE VERSEAU
(en partie sur l'hémisphère boréal),
L'Aérostat,
LE POISSON AUSTRAL,
L'ATELIER DU SCULPTEUR,
LA BALEINE
(en partie sur l'hémisphère boréal),
LES POISSONS
(en partie sur l'hémisphère boréal),
La Machine électrique,
LE FOURNEAU CHIMIQUE,
La Harpe de Georges
(en partie sur l'hémisphère boréal),
Le Sceptre de Brandebourg,
ORION
(en partie sur l'hémisphère boréal),
L'Épée,
Le Baudrier,
LA LICORNE
(en partie sur l'hémisphère boréal),
LE SEXTANT D'URANIE
(en partie sur l'hémisphère boréal),
LE LION
(en partie sur l'hémisphère boréal).

Soit 54 constellations n'ayant aucune de leurs parties sur l'autre hémisphère.

Dans les cartes 100 à 103, les projections du ciel étoilé sont faites sur un plan mené tangentiellement au pôle boréal de la sphère céleste ou perpendiculaire en ce point à l'axe du monde.

CHAPITRE VII

DES CONSTELLATIONS ZODIACALES ET DES SIGNES DU ZODIAQUE

Les étoiles situées dans la région du ciel que le Soleil semble parcourir en vertu de son mouvement propre annuel, furent partagées à une époque inconnue, mais qu'on sait être très-ancienne, en douze groupes qu'on appelle *constellations zodiacales.*

L'un de ces groupes prit le nom de *Bélier* ♈ ; le deuxième, en marchant de l'occident à l'orient, s'appela le *Taureau* ♉ ; le troisième prit le nom de *Gémeaux* ♊ ; le quatrième, celui de *Cancer* ♋. Viennent ensuite, en suivant l'ordre de leur succession : le *Lion* ♌, la *Vierge* ♍, la *Balance* ♎, le *Scorpion* ♏, le *Sagittaire* ♐, le *Capricorne* ♑, le *Verseau* ♒, et les *Poissons* ♓.

Les signes que j'ai placés à côté de ces douze noms, sont ceux par lesquels on désigne ces constellations dans les ouvrages d'astronomie et dans les calendriers. On ne connaît pas l'origine de tous ces signes. Ainsi le premier ♈ indique les cornes du Bélier, le second ♉ la tête du Taureau. Le dard ajouté à une sorte de lettre *m* distingue le Scorpion ♏ ; la flèche ne peut laisser aucun doute sur le mot Sagittaire ♐ ; ♑ est formé de la réunion des deux lettres τρ qui commencent le mot grec τραγος, c'est-à-dire Bouc. La Balance et les deux Poissons se reconnaissent facilement à leurs signes ♎, ♓. Enfin le Verseau est marqué par un courant d'eau.

La constellation du Bélier, actuellement très-voisine de l'équateur, est celle qu'au temps d'Hipparque le Soleil traversait à l'équinoxe de printemps.

Mais le grand astronome dont nous venons de parler reconnut que la place de l'équinoxe ne reste pas fixe dans les constellations, que le point équinoxial se déplace tous les ans d'environ 50″, et par un mouvement dirigé de l'orient à l'occident ; qu'en vertu de ce mouvement, qu'on appelle *la précession*, l'équinoxe doit correspondre à toutes les constellations zodiacales dans un intervalle d'environ 26,000 ans (25,870).

Le mouvement de précession est dit un mouvement rétrograde, parce qu'il s'exécute de l'orient à l'occident, en sens contraire du mouvement propre apparent du Soleil et de toutes les planètes.

A cause de ce mouvement rétrograde, l'équinoxe, qui, du temps d'Hipparque, ainsi que nous l'avons dit, arrivait dans le Bélier, a lieu maintenant dans les Poissons ; cependant l'*Annuaire* du Bureau des Longitudes dit que le 21 mars, date de l'équinoxe, le Soleil entre dans le Bélier, ce qui semble inexact. Il y a lieu, pour faire disparaître la contradiction, d'expliquer la différence qui existe entre les constellations et les signes de même dénomination.

Les douze constellations zodiacales furent considérées comme les maisons successives du Soleil dans sa révolution annuelle ; mais ces constellations n'avaient pas une étendue égale. Nous avons déjà remarqué d'ailleurs que deux constellations voisines ne pouvaient s'emboîter l'une dans l'autre, de manière à ne pas laisser entre elles un espace avec ou sans étoiles, qui n'appartenait proprement à aucune des constellations contiguës. Ce mode de division pouvait convenir à une astronomie imparfaite ; il était insuffisant et ne répondait pas au besoin d'une astronomie perfectionnée. Alors on partagea la route où les 360 degrés que le Soleil parcourt annuellement, en douze espaces ou *signes*, chacun de 30 degrés. Le premier signe eut son origine à l'équinoxe du printemps ; et comme, au temps d'Hipparque, cette saison commençait au moment où le

Soleil pénétrait dans la constellation du Bélier, on appela le premier signe, cette première division en 30 degrés, le signe du *Bélier*; le second signe, ou les 30 degrés suivants, fut appelé le signe du *Taureau*, et ainsi de suite.

Il faut donc avoir le soin, pour éviter toute confusion, de bien distinguer le mot *constellation* du mot *signe*.

Les constellations sont des figures d'hommes ou d'animaux, dessinées dans le zodiaque, et n'ayant, comme nous l'avons déjà dit, aucun rapport avec la disposition des étoiles qu'elles renferment.

Les signes sont des divisions de 30 degrés chacune, sans aucune liaison nécessaire avec les constellations dont ils portent les noms. En vertu de la précession des équinoxes, les signes ne coïncident déjà plus avec les constellations.

Le signe du Bélier ne commence plus dans la constellation du Bélier, il correspond à celle des Poissons.

Empressons-nous de déclarer que cette division par signes n'est plus en usage dans l'astronomie proprement dite, et que c'est par un reste d'une vieille habitude qu'on en fait mention encore dans les calendriers et dans les annuaires. En donnant inconsidérément aux signes les noms des constellations avec lesquelles ils ne devaient pas toujours coïncider, on a ajouté une nouvelle cause de confusion à celle qui existe déjà dans la science, sans autre avantage, si c'en est un, comme le remarque très-judicieusement Voltaire, que d'avoir donné à nos almanachs le caractère purement nominal des anciens calendriers.

CHAPITRE VIII

NOMBRE D'ÉTOILES CONTENUES DANS LES CONSTELLATIONS ANCIENNES ET LEUR PARTAGE EN DIVERSES GRANDEURS

Les constellations qui nous ont été conservées par Ptolémée contiennent dans leur ensemble 1026 étoiles dont les positions relatives avaient été déterminées par Hipparque; c'est à l'occasion de ce travail que Pline s'écriait : « Hipparque osa, et c'eût été le comble de l'audace même chez un dieu, transmettre le dénombrement des étoiles à la postérité. »

Le catalogue de Ptolémée contient :

Pour les **21** constellations boréales. . . .   361 étoiles.

Pour les **12** constellations du zodiaque.   350

Pour les **15** constellations australes. . . .   318

Ou pour les **48** constellations. . . . .   1029 étoiles.

Mais, en défalquant trois doubles emplois, on trouve 1,026 étoiles. Communément on dit qu'il n'en contient que 1,022.

Les cartes célestes dont se compose l'atlas publié en 1801 par Bode, astronome de Berlin, ne renferme plus seulement 1026 étoiles; on y compte 14,891 étoiles et 2014 nébuleuses. Mais il faut remarquer que ce catalogue a été formé à l'aide de lunettes qui permettent d'apercevoir des étoiles invisibles à l'œil nu.

On sera peut-être bien aise de trouver ici le nombre des étoiles contenues dans certaines constellations, d'après les observations faites à l'œil nu par Hipparque, avec ce même nombre tel qu'il fut déterminé à l'aide d'observations faites également à l'œil nu par Tycho-Brahé et par Hévélius :

Noms des constellations.	Hipparque ou Ptolémée.	Tycho.	Hévélius.
Petite Ourse.........	8	7	12
Grande Ourse......	35	29	73
Bouvier..........	23	18	52
Couronne boréale....	8	8	8
Hercule..........	29	28	45
Lyre.............	10	11	17
Bélier............	18	21	27
Taureau..........	44	43	51

Nous n'étendons pas nos citations jusqu'aux étoiles situées dans l'hémisphère austral, car alors il y aurait des raisons pour expliquer comment dans les stations boréales d'Uranibourg et de Dantzig on en apercevait sensiblement moins qu'à Alexandrie ou à Rhodes, où observait Hipparque, à ce que prétendent les historiens.

On aurait tort, au reste, d'attribuer exclusivement les différences qu'on remarque dans le tableau comparatif des étoiles comptées par les trois astronomes à l'inégalité de leurs vues, quoique l'inégalité de vue d'homme à homme soit très-réelle. Nous avons précédemment (liv. v, chap. iii, p. 189) cité quelques faits qui établissent l'existence de cette inégalité. On évalue que le nombre des étoiles que l'on peut voir facilement à l'œil nu dans un hémisphère ne surpasse pas un mille.

Les 1026 étoiles dont se composaient les constellations connues chez les anciens astronomes grecs, avaient été partagées en divers ordres de grandeur. Les plus brillantes s'appelaient les étoiles de première grandeur; venaient ensuite celles de seconde, de troisième, de quatrième, de cinquième grandeur; la sixième grandeur était formée des dernières étoiles visibles à l'œil nu. Mais dans cette série générale où les intensités diminuent par degré, du premier au dernier ordre, les points où doivent se faire les coupures qui séparent les étoiles de première grandeur des étoiles de seconde, les étoiles de seconde des étoiles de troisième, etc., sont arbitraires, et il n'est pas étonnant que les astronomes ne se soient pas accordés à cet égard.

Dans les catalogues anciens les astronomes comptaient,

15 étoiles de la première grandeur.
45 de la seconde.
208 de la troisième.
474 de la quatrième.
217 de la cinquième.
49 de la sixième.

Plus 9 étoiles qu'on appelait obscures, on ne sait pourquoi, et 5 nébuleuses, sans compter la chevelure de Bérénice.

Dans les mêmes 1026 étoiles d'Hipparque, Kepler en classait 58 dans la seconde grandeur, 218 dans la troisième et 499 dans la quatrième.

Je ferai connaître dans un chapitre ultérieur, spécialement consacré à l'astronomie stellaire (liv. IX, ch. IV, p. 354), le rapport qu'il y a, en moyenne, entre l'intensité des étoiles de première et celle des étoiles de seconde, de troisième grandeur, etc., comme aussi les intensités comparatives des principales étoiles de chacune de ces classes.

Les planisphères que je joins ici (fig. 102 et fig. 103, p. 336 et 337) donnent une représentation du ciel. Les diverses constellations y sont sans doute déformées, parce qu'aucune partie de la sphère n'est susceptible de se développer sur une surface plane, c'est-à-dire sans qu'il y ait raccourcissement de certaines directions et allongement des autres. Mais de telles cartes célestes sont commodes pour l'observation. Les étoiles y sont figurées, ainsi que dans les autres dessins que nous aurons à donner, par ordre de grandeur jusqu'à la sixième grandeur, suivant les signes arbitraires que représente la figure 104.

Fig. 104. — Signes conventionnels pour représenter la grandeur des étoiles.

Ces cartes célestes sont dessinées d'après celles de Bayer, Bode, Dien, etc.; les positions des étoiles sont rapportées à l'année 1850. Les cartes 100 et 101 en diffèrent seulement en ce que les dessins d'hommes, d'animaux et d'instruments s'y trouvent ajoutés, ce qui jette quelque confusion dans l'étude, malgré l'utilité de connaître ces dessins.

Dans les cartes 102 et 103 on a aussi relié les principales étoiles de chaque constellation les unes aux autres par des lignes droites, ce qui donne des alignements utiles; le partage du ciel entre les différentes constellations est marqué par des lignes ponctuées.

Le cercle terminateur de ces cartes représente l'équateür partagé d'un côté en degrés, et de l'autre ou extérieurement en heures pour marquer les ascensions droites; le centre de chaque carte est supposé le pôle boréal ou le pôle austral du monde ; quinze degrés ou $\frac{360}{24}$ représentant une heure.

Un rayon horizontal aboutissant au zéro de l'équateur est divisé en **90** parties égales pour figurer les degrés et fractions de degré représentant les déclinaisons.

Pour placer une étoile, on mène un rayon du centre vers la division de l'équateur qui marque l'extrémité de l'arc mesurant l'ascension droite de cette étoile, et à partir de l'équateur on porte sur le rayon qu'on a tracé une longueur égale à la déclinaison.

Un petit cercle dans chaque planisphère indique le lieu des déplacements successifs des pôles du monde en 25,870 ans suivant la flèche qui se trouve dessinée, de telle sorte que le *zéro* correspond à la position du pôle lors de la naissance de Jésus-Christ entre β de la Petite ourse et κ du Dragon. L'étoile Wega de la Lyre, qui aujourd'hui à Paris nous paraît être au zénith, semblera dans 13,000 ans environ être immobile près du pôle.

On a marqué dans chaque planisphère la trace de l'écliptique ou le chemin que parcourt le soleil dans l'année à travers les constellations zodiacales.

CHAPITRE IX

SUR LES MOYENS DE CONNAÎTRE LES CONSTELLATIONS DES ANCIENS

Nous avons dit que dans les **48** constellations qui nous ont été transmises par Ptolémée, il y en avait **12** dans la région intermédiaire, entre le nord et le midi, lesquelles dans leur ensemble faisaient le tour entier du ciel. Si ces constellations occupaient chacune exactement, comme le vulgaire le suppose, une étendue de 30 degrés, ce qui est $= \frac{360}{12}$, il suffirait, pour passer d'une de ces constellations à la suivante, de parcourir, à partir de l'étoile la plus orientale de la première, un intervalle de 30 degrés ; mais cette égalité des douze constellations est loin d'être exacte, comme nous l'avons annoncé (chap. VII, p. 329). Ainsi, dans Ptolémée, le Cancer, par exemple, n'avait que 14°, en ne comptant pas les étoiles informes ; la Vierge empiétait sur le Lion et sur la Balance, etc. Néanmoins on pourra très-utilement se servir de l'ordre dans lequel ces douze constellations se succèdent pour passer de l'une d'entre elles à la constellation la plus orientale.

Il faut donc se graver cet ordre dans la mémoire. Nous répétons les noms de ces constellations, en marchant de l'ouest à l'est : le Bélier, le Taureau, les Gémeaux, le Cancer, le Lion, la Vierge, la Balance, le Scorpion, le Sagittaire, le Capricorne, le Verseau et les Poissons.

Les deux vers latins suivants du poëte Ausone donnent ces douze noms dans le même ordre :

Sunt Aries, Taurus, Gemini, Cancer, Leo, Virgo,
Libraque, Scorpius, Arcitenens, Caper, Amphora, Pisces.

Dans ces douze constellations il en est plusieurs, le Taureau, le Lion, le Scorpion, qu'il suffit d'avoir vues une fois pour les reconnaître toujours ; à l'aide de celles-là, par une sorte d'interpolation, on pourra trouver à peu près la place des autres.

Le meilleur moyen pour connaître et retrouver les constellations ou astérismes, consiste à comparer le ciel avec des cartes célestes exactes, telles que celles que nous donnons (fig. 102 et 103), mais plus développées; ce sont des sortes de miniatures du firmament où, proportions gardées, les étoiles sont représentées dans leurs vraies positions relatives. Cependant, comme il est très-utile, surtout en voyage, quand on n'a pas de cartes sous la main, d'avoir quelques points de repère, je vais indiquer les principaux groupes étoilés qui peuvent être retrouvés par des alignements en partant de la Grande Ourse, constellation connue de tout le monde et constamment visible dans nos climats.

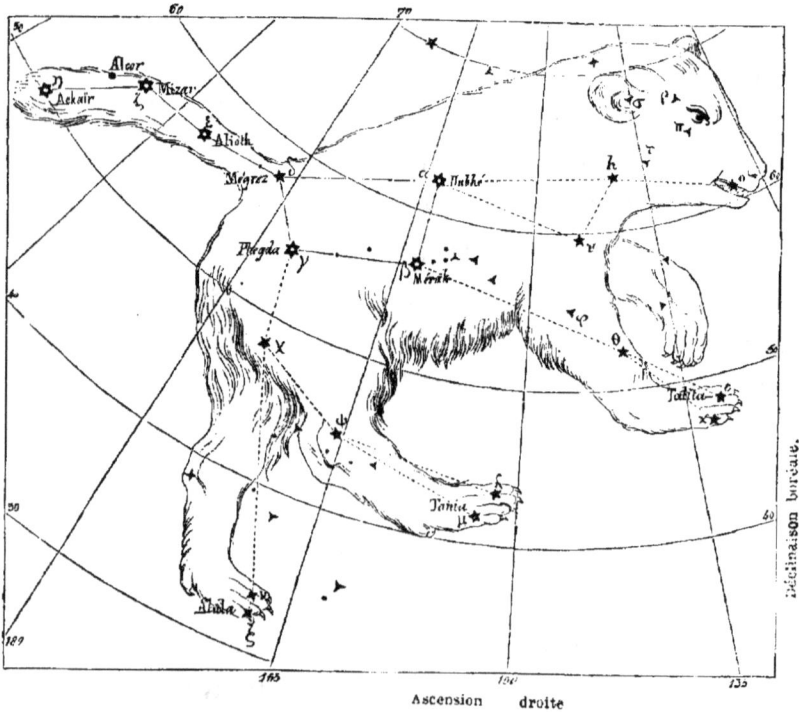

Fig. 105. — Constellation de la Grande Ourse.

A. — I.

22

Les principales étoiles de la Grande Ourse ont presque toutes le même éclat et sont disposées ainsi que le montre la figure 105, p. 337.

Les étoiles α, β, γ, δ, sont dans le corps de la Grande Ourse ; les étoiles ε, ζ, η dessinent la queue.

Dans la Grande Ourse α et β s'appellent les gardes. Presque toutes les étoiles de cette belle constellation ont reçu en outre chacune un nom particulier ; ces noms, quoique peu en usage, sont cités et employés par quelques astronomes. Ce sont :

Pour α, Dubhé,	Pour ε, Alioth,
β, Mérak,	ζ, Mizar,
γ, Phegda,	η, Ackaïr ou Benetnasch.
δ, Mégrez,	

Les petites étoiles ο, τ, h, υ, etc., placées à peu près en demi-cercle convexe par rapport au carré principal α β γ δ, forment la tête de l'Ourse. Les étoiles des pattes se nomment, λ et μ Tania, ν et ξ Alula, ι Talita.

Il y a lieu de citer aussi une petite étoile de cinquième à sixième grandeur, nommée Alcor, qui se trouve dans la queue de la Grande Ourse, à 11′ 84″ de distance de Mizar, dont l'éclat paraît l'éclipser. Mon ami Alexandre de Humboldt fait remarquer que les Arabes l'appelaient *Saïdak*, c'est-à-dire l'épreuve, parce qu'ils s'en servaient pour éprouver la perte de la vue.

Ceux qui voient dans cet astérisme un chariot (le chariot de David) considèrent les étoiles α, β, γ, δ, comme représentant les quatre roues ; les trois suivantes, ε, ζ, η, figurent le timon.

Remarquons cependant que cette assimilation est bien

défectueuse, car le timon est courbe et implanté dans le chariot en un point correspondant à l'une des roues [1].

La ligne β α, prolongée du côté d'α, quelle que soit d'ailleurs la position de la constellation, passe près d'une étoile isolée de deuxième à troisième grandeur. Cette étoile est la Polaire actuelle, que nous montre la figure 106, figure qui va nous servir à retrouver toutes les constellations importantes visibles sous le ciel de Paris.

La Polaire est la troisième étoile du timon ou de la queue, dans une constellation semblable à la Grande Ourse, plus petite qu'elle, placée en sens inverse, et qu'on appelle *Petite Ourse*.

Cassiopée est une constellation fort remarquable, qui renferme plusieurs étoiles de deuxième grandeur ; elle est toujours directement opposée à la Grande Ourse, relativement à l'étoile polaire. Ainsi, quand la Grande Ourse est dans le point le plus élevé de sa course diurne, Cassiopée est voisine de l'horizon et réciproquement ; si la Grande Ourse brille à l'orient, Cassiopée se voit à l'occident de la Polaire. La ligne menée de ε de la Grande Ourse à la Polaire va toujours passer au milieu de Cassiopée. Les six ou sept étoiles les plus apparentes de cette constellation forment un Y dont la branche verticale serait un peu brisée, ou si l'on veut une chaise renversée. Mais quoi qu'il en soit de ces formes, on retrouvera toujours la constellation à l'aide des simples alignements que je viens de rapporter.

---

1. Les Iroquois, dit Goguet, connaissaient la Grande Ourse au moment de la découverte de l'Amérique ; ils la désignaient par le terme *okouari*, c'est-à-dire l'ours.

La ligne α β, qui nous a fait connaître la Polaire, prolongée au delà du pôle, traverse la constellation de Pégase. Les étoiles qui occupent les quatre angles du carré sont de seconde grandeur. La plus méridionale est α de Pégase ou Markab; l'étoile placée sur l'angle opposé à Markab, qui forme ce qu'on appelle le carré de Pégase, est α d'Andromède. Sur le prolongement de la ligne qui joint α de Pégase à α d'Andromède, se trouvent les étoiles β et γ de cette dernière constellation; plus loin, dans le même sens, mais un peu plus près du pôle, on rencontre α de Persée. Le carré de Pégase, joint à β et γ d'Andromède et à α de Persée, forme un groupe semblable à la Grande Ourse.

α de Persée est aussi sur le prolongement de la ligne α δ, passant par les deux dernières de la queue de la Petite Ourse; ou bien encore sur la ligne α γ de la Grande Ourse. Cette dernière ligne, prolongée un peu au delà de α de Persée, rencontre β de la même constellation ou Algol, étoile très-remarquable dont nous n'indiquons pas la grandeur parce que son éclat varie considérablement. Nous en parlerons en son lieu. Algol est aussi l'étoile brillante de la tête de Méduse.

La ligne α β prolongée d'un arc d'environ $45°$ vers β, c'est-à-dire à l'opposite de la Polaire, fait connaître une étoile de première grandeur située à l'angle occidental de la grande base d'un vaste trapèze. Cette étoile est α du Lion, autrement dit Régulus. A l'autre angle de la même base du trapèze, vers l'orient, brille β du Lion ou Dénébola, étoile de seconde grandeur.

Le côté δ α du carré de la Grande Ourse, prolongé dans la direction opposée à la queue ou au timon, passe sur une étoile de première grandeur, occupant un des angles d'un pentagone irrégulier. Cette étoile est α du Cocher ou la Chèvre.

Remarquons que l'étoile située à l'angle méridional du pentagone n'appartient pas au Cocher et fait partie d'une autre constellation. Cette étoile est β du Taureau. On l'appelle aussi la corne boréale du Taureau. En prolongeant δ α de la Grande Ourse, on rencontre en outre Aldebaran, ou α, ou l'œil du Taureau. Dans cette constellation du Taureau on voit les Pléiades et les Hyades.

La diagonale α γ du carré de la Grande Ourse, prolongée du côté de γ, passe par α ou l'Épi de la Vierge.

La diagonale δ β du même carré passe entre deux étoiles remarquables; ce sont α et β des Gémeaux, ou Castor et Pollux.

Sur le prolongement de la ligne passant par la Polaire et par Pollux, on rencontre Procyon ou α du Petit Chien.

La ligne ζ η joignant les deux dernières étoiles du timon du chariot ou de la queue de la Grande Ourse, passe près d'une étoile de première grandeur. Cette étoile est α du Bouvier ou Arcturus.

La constellation la plus belle du ciel est celle d'Orion, puisqu'elle contient deux étoiles de première grandeur et plusieurs étoiles de seconde; on la rencontre dans la direction de la ligne passant par l'Étoile polaire et par la Chèvre. Les trois étoiles en ligne droite situées dans le milieu de la constellation, les trois étoiles formant ce qu'on appelle le *baudrier*, prolongées vers l'orient, rencontrent Sirius ou α du Grand Chien. Sirius se trouve

aussi sur le prolongement de la diagonale δ β du carré
de la Grande Ourse, qui nous a déjà indiqué les
Gémeaux. A l'extrémité méridionale du carré d'Orion se
trouve Régulus ou le Cœur ou α du Lion; Dénébola ou β
se trouve dans la queue de cette constellation.

Au nord de la Petite Ourse, presque dans le prolongement de la direction de la Polaire et de la Chèvre, on
rencontre Wéga, ou α de la Lyre, et à côté, on voit la
constellation du Cygne, composée de cinq étoiles formant une croix.

Sur le prolongement de la droite passant par δ de la
Grande Ourse, par la Polaire et α d'Andromède, se
trouve sur l'équateur l'équinoxe du printemps.

Aldebaran du Taureau, Antarès du Scorpion, Régulus
du Lion et Fomalhaut du Poisson austral, partagent le
ciel en quatre parties presque égales. Ces quatre étoiles,
très-brillantes et très-remarquables, appelées aussi étoiles
royales, étaient sans doute les quatre gardiens du ciel des
Perses, 3,000 ans avant J.-C. Alors Aldebaran était dans
l'équinoxe du printemps et gardien de l'est; Antarès,
ou le cœur du Scorpion, se trouvait précisément dans
l'équinoxe d'automne et était le gardien de l'ouest; enfin
Régulus n'était qu'à une petite distance du solstice d'été,
et Fomalhaut à une petite distance du solstice d'hiver,
de manière à désigner pour les Perses le midi et le nord.
On voit ainsi combien changera, dans les siècles futurs,
le point que nous avons désigné comme étant aujour-
d'hui l'équinoxe du printemps.

CHAPITRE X

A QUELLE ÉPOQUE LES CONSTELLATIONS FURENT-ELLES CRÉÉES?

La question de savoir à quelle époque les constellations furent créées a été vivement débattue par des hommes du premier mérite, mais sans qu'ils soient arrivés à une solution exempte de difficultés sérieuses. Occupons-nous d'abord des astérismes qui figuraient dans la sphère grecque et qui se sont conservés jusqu'à notre époque.

D'après Clément d'Alexandrie, suivi en cela par Newton, le partage du ciel étoilé en diverses figures ou constellations, est dû à Chiron.

Cette opinion dérive de quelques vers d'un ancien poëme grec sur la *Guerre des Géants*, que Clément d'Alexandrie a rapportés.

Freret fait naître Chiron vers l'an 1420 avant Jésus-Christ. Chiron, précepteur de Jason, dessina sa sphère pour l'usage des Argonautes. Fixons, si l'on veut, l'exécution de ce travail à l'époque où son auteur avait soixante ans. Cette supposition ne fera remonter la première sphère grecque qu'à 1360 avant notre ère. On voit toutefois qu'elle lui laissera encore plus de 3200 ans d'ancienneté.

Hésiode qui, suivant l'opinion d'Hérodote, vivait vers l'an 884 avant Jésus-Christ, cite, dans son livre des *Travaux et des jours*, les Pléiades, Arcturus, Orion, Sirius.

Cette mention constitue le monument authentique le plus ancien qui nous soit parvenu sur les constellations de la sphère grecque et sur les étoiles qu'on y désignait par

des noms particuliers. Encore n'assigne-t-elle une date
limitée qu'à quatre de ces constellations.

Je dis à *quatre*, aux seules constellations nommées par
Hésiode, car il est certain qu'elles ne sont pas toutes de
la même époque. Par exemple, la constellation de la
Balance paraît avoir été formée vers le temps d'Auguste
aux dépens des serres du Scorpion, constellation qui
occupait alors un espace immense; ainsi encore le Petit
Cheval est une création d'Hipparque.

Homère fortifie l'opinion que nous venons d'émettre
relativement à la trop faible ancienneté que les auteurs
attribuent à quelques-unes des constellations principales.
Dans la description du bouclier d'Achille l'immortel poëte
parle des Pléiades, des Hyades, d'Orion, de l'Ourse
ou Chariot, « qui seule n'a point sa part des bains de
l'Océan. » Si la Petite Ourse, si le Dragon eussent existé
comme constellations dans ces temps reculés, comment
Homère aurait-il pu dire que la Grande Ourse seule ne
se baignait pas dans l'Océan (ne se couchait pas)?

L'*Odyssée* est encore plus pauvre que l'*Iliade* en allusions astronomiques.

Dans le livre v de ce poëme, on trouve cependant
Ulysse dirigeant la course de son navire d'après l'observation des Pléiades et du Bouvier.

Eudoxe de Cnide, né l'an 421 avant Jésus-Christ, et
mort à l'âge de cinquante-trois ans seulement, avait
composé sous le titre d'*Enoptron*, c'est-à-dire de *Miroir*,
une espèce de tableau du ciel où les constellations étaient
décrites simplement, d'une façon familière, pour l'usage
du peuple.

Le *Miroir* d'Eudoxe et un autre livre du même auteur, également perdu, intitulé *Apparences célestes*, fournirent à Aratus, vers 270 ans avant notre ère, les éléments du poëme qui nous est parvenu sous le nom de *Phéno-mènes* [1].

Le poëte Aratus, très-peu observateur, ne saisit pas toujours exactement le sens des passages qui lui servaient de guide. Ses erreurs furent signalées dans un commentaire du poëme composé par Hipparque, le plus grand astronome de l'antiquité. Le commentaire d'Hipparque renferme plusieurs extraits textuels des deux ouvrages d'Eudoxe, et donne ainsi aux travaux de l'observateur de Cnide une complète authenticité.

Nous devons faire remarquer qu'en attribuant aux Grecs l'invention de la totalité des constellations qui nous sont parvenues, on est obligé d'en chercher l'origine dans les événements les moins connus et les moins célè-bres de leur mythologie. Tel est le cas, par exemple, pour l'Oiseau ou le Cygne, et pour l'Homme à genoux ou Hercule.

Quant aux constellations situées dans le voisinage de l'équateur et qu'on appelle constellations zodiacales, on s'est plus généralement accordé à y voir les emblèmes des douze divinités égyptiennes qui présidaient aux douze mois de l'année. Ainsi, le Bélier était consacre à Jupiter Hammon; le Taureau servait à représenter le dieu ou le taureau Apis; les Gémeaux correspondaient à deux divi-

---

1. Le poëme grec d'Aratus était dans une telle estime chez les anciens, qu'il fut traduit par Cicéron, par César Germanicus et par Ovide.

nités qu'on ne séparait pas, Horus et Harpocrate; l'Écrevisse était consacrée à Anubis; le Lion appartenait au Soleil ou à Osiris; la Vierge, à Isis; la Balance et le Scorpion, à Typhon; le Sagittaire, à Hercule; le Capricorne, à Mendès; les Poissons, à Nephtis; le Verseau consacrait la coutume où l'on était d'aller remplir une cruche d'eau à la mer dans le mois Tybi ou janvier.

Voyons les conséquences qui découlent de quelques passages de l'Écriture sainte au sujet de l'ancienneté des constellations.

Le *Livre de Job*, qu'il ait été composé par Job lui-même, du temps des patriarches, ou que Moïse en soit l'auteur, remonte au moins à l'année de la mort de Moïse, à l'année 1451 [1] avant notre ère. Le *Livre de Job* renferme les noms d'Orion, des Pléiades, des Hyades. Les noms de ces groupes d'étoiles auraient donc près de trois mille trois cents ans d'ancienneté; mais il faut remarquer que les Septante substituèrent des termes comparativement modernes à ce qu'ils crurent être leurs équivalents dans l'hébreu. Le *Livre de Job* prouve irrévocablement que des constellations avaient été tracées et nommées en Arabie dès l'année 1451; mais on ne pourrait pas légitimement en déduire que les noms alors adoptés étaient déjà ceux des constellations grecques, les noms actuellement en usage.

Un certain ensemble de constellations chinoises nous a été révélé par de très-anciens ouvrages de la littérature du Céleste Empire. Des divisions de même genre, mais

---

1. Moïse, né dans l'année 1571 avant notre ère, mourut cent vingt ans après, c'est-à-dire en 1451.

différentes de forme, existaient chez les Indiens, les Chaldéens et les Égyptiens. Il paraît que les Chinois ne donnent pas à leurs constellations les figures des objets dont elles portent les noms; ils se contentent de joindre par des lignes droites les étoiles situées sur le contour extérieur.

CHAPITRE XI

DES TENTATIVES QUI ONT ÉTÉ FAITES POUR SUBSTITUER DE NOUVELLES CONSTELLATIONS A CELLES DE LA SPHÈRE GRECQUE

Dès le VIIIe siècle, Bède et ensuite quelques théologiens et astronomes, ses successeurs, voulurent déposséder les dieux de l'Olympe. Ainsi ils proposèrent de changer les noms, sinon les contours des constellations zodiacales. Il existe, dit un historien célèbre (Daunou), des calendriers où saint Pierre tient la place du Bélier, saint André celle du Taureau, etc.; dans d'autres, d'une date plus récente, on trouve, à la place des noms mythologiques, David, Salomon, les Rois Mages; en un mot des souvenirs empruntés à l'Ancien ou au Nouveau Testament. Mais ces changements dans les noms des astérismes n'ont pas été adoptés.

Dans le XVIIe siècle, un professeur de l'Université d'Iéna, Weigel, proposa de former un ensemble de constellations héraldiques. Les figures des douze constellations zodiacales auraient été les représentations des écussons appartenant aux douze plus illustres maisons de l'Europe. Cette idée, fondée sur une flatterie éhontée plutôt que sur les intérêts de la science, a été unanimement rejetée.

Les journaux allemands ont publié, il y a quelques années, un article de l'illustre Olbers, intitulé « Réforme des constellations et révision de la nomenclature des étoiles. » Je ne sais si la traduction que j'ai vue de cet article est tronquée, toujours est-il qu'il manque d'une conclusion nette et précise.

Herschel fils enfin a publié en 1841, dans le recueil de la Société astronomique de Londres, un Mémoire intitulé « sur les avantages qu'on obtiendra à l'aide d'une révision et d'un arrangement nouveau des constellations, particulièrement en ce qui concerne le ciel austral, et sur les principes suivant lesquels cette révision doit être établie. »

Après une critique très-fondée de la division du ciel et des embarras auxquels elle peut donner lieu, le célèbre auteur signale les avantages qui résulteraient de la division des étoiles du firmament en quadrilatères formés par des méridiens et des cercles de déclinaisons. Il indique ensuite les règles d'après lesquelles devraient être choisis les noms à donner à ces nouveaux astérismes. Il serait superflu d'entrer à cet égard dans de plus grands détails, puisque personne ne paraît disposé à adopter le nouveau système et que John Herschel lui-même ne semble pas croire qu'il soit possible, du moins pour le moment, de rompre avec des habitudes invétérées, qui datent de près de quatre mille ans.

LIVRE IX

DES ÉTOILES SIMPLES

CHAPITRE PREMIER

CLASSIFICATION DES ÉTOILES SUIVANT L'ORDRE DE LEUR GRANDEUR

La division, en ordres de grandeurs, des étoiles dont le firmament est parsemé, a été faite par les astronomes de l'antiquité d'une manière arbitraire et sans aucune prétention à l'exactitude. D'après la nature des choses, ce vague s'est continué dans les catalogues modernes. Les cartes les plus accréditées offrent aujourd'hui un nombre total de 17 étoiles de première grandeur pour les deux hémisphères. Ce sont :

Sirius, ou α du Grand Chien,
η d'Argo (variable),
Canopus, ou α d'Argo,
α du Centaure,
Arcturus, ou α du Bouvier,
Rigel, ou ε d'Orion,
La Chèvre, ou α du Cocher,
Wéga, ou α de la Lyre,
Procyon, ou α du Petit Chien,

Béteigeuze, ou α d'Orion,
Achernard, ou α d'Éridan,
Aldebaran, ou α du Taureau,
β du Centaure,
α de la Croix,
Antarès, ou α du Scorpion,
Ataïr, ou α de l'Aigle,
L'Épi, ou α de la Vierge.

Pourquoi avoir admis 17 étoiles de première grandeur et non pas 16 ou 15? pourquoi 17 et non pas 18 ou 19? Personne ne saurait le dire. Les 17 étoiles de

première grandeur sont loin d'avoir toutes la même intensité. La dernière de la première grandeur et la première
de la seconde, Fomalhaut ou α du Poisson austral, ne
diffèrent pas tellement d'éclat, que l'une n'eût pu descendre à la classe immédiatement inférieure, ou l'autre
remonter à la classe immédiatement plus élevée avec β
de la Croix. Pollux ou β des Gémeaux, Régulus ou α du
Lion. Ces mêmes remarques s'appliquent, à plus forte
raison, aux nombreuses étoiles des ordres inférieurs. La
création de grandeurs intermédiaires, sortes de subdivisions entre des classes dont les limites sont mal déterminées, ne fait qu'ajouter plus de vague encore à une classification sans netteté, dont le fondement ne pourra être
établi solidement que par des mesures photométriques.

La sixième grandeur composait, chez les anciens, le
dernier ordre d'étoiles visibles à l'œil nu. Aujourd'hui
plusieurs étoiles, observables sans instruments, sont
rangées dans la septième grandeur. C'est donc la septième grandeur, qui est réellement le terme de démar-
cation entre les étoiles visibles à l'œil nu et les étoiles
télescopiques.

Suivant M. Argelander, l'hémisphère boréal présente :

9 étoiles de première grandeur,
34   de deuxième,
96   de troisième,
214   de quatrième,
550   de cinquième,
1439   de sixième.

La somme est égale à 2342.

En supposant l'hémisphère austral aussi riche que l'hémisphère boréal, nous aurions sur un nombre total de 4684 étoiles :

18 étoiles de la première grandeur,
68   de la deuxième,
192   de la troisième,
428   de la quatrième,
1100   de la cinquième,
2878   de la sixième.

La même classification a été continuée pour les étoiles visibles au télescope en commençant par la septième grandeur, et ainsi de suite.

CHAPITRE II

LE NOMBRE DES ÉTOILES VISIBLES A L'ŒIL NU EST BEAUCOUP PLUS PETIT QU'ON NE PARAÎT DISPOSÉ A LE SUPPOSER

M. Argelander a donné dans son *Uranométrie* un catalogue de 3256 étoiles visibles plus ou moins facilement à l'œil nu, comprises entre le pôle arctique et 36° de déclinaison australe, c'est-à-dire à peu près sur les huit dixièmes de la voûte céleste. Ajoutant proportionnellement à ce nombre 844 étoiles pour la zone occupant les deux dixièmes restants, voisins du pôle antarctique, nous trouverons 4100 pour le nombre total des étoiles du firmament visibles à l'œil nu.

Ce nombre est relatif à un observateur doué d'une vue moyenne, pour lequel les étoiles de sixième grandeur constituent la dernière limite de visibilité. Il faudra l'augmenter d'environ 2000 si l'observateur est censé

apercevoir une grande partie des étoiles de septième
grandeur, ce qui fournit alors un total de 6000.

Ce résultat est certainement inférieur à l'évaluation
des gens du monde et même des astronomes.

Quelle est la cause de cette illusion? Je ne saurais le
dire ; mais je dois ajouter que la question a peu d'intérêt.

CHAPITRE III

DÉTERMINATION DU NOMBRE DES ÉTOILES DE CHAQUE GRANDEUR VISIBLES AVEC NOS INSTRUMENTS ACTUELS

D'après le catalogue d'Harding, Struve avait trouvé
que jusqu'à la sixième grandeur inclusivement le nombre
d'étoiles de chaque classe est environ le triple du nombre
d'étoiles appartenant à la classe précédente. Servons-
nous de cette loi pour calculer le nombre de ces astres
qu'on peut apercevoir avec nos plus forts télescopes, dans
la supposition que le quatorzième ordre marque la limite
extrême de leur puissance. Struve estime que dans la
grande lunette de Poulkova (38 centimètres d'ouverture) les dernières étoiles visibles sont de treizième
grandeur.

Le nombre total des astres qu'on peut apercevoir avec
les instruments les plus parfaits sera la somme de la progression géométrique suivante :

$$18; 18 \times 3; 18 \times 3^2; 18 \times 3^3; \ldots 18 \times 3^{12}; 18 \times 3^{13}$$

Le dernier terme, 18×3^{13} donne 28,697,000 (en
négligeant les centaines et les unités) ; c'est le nombre
des étoiles de quatorzième grandeur.

Le terme 18×3^{12} fournit 9,566,000.

C'est le nombre des étoiles de treizième grandeur.

La somme des quatorze termes de la série produit 43,047,000.

C'est le nombre d'étoiles de la première à la quatorzième grandeur.

La somme des douze premiers termes de la série est égale à 14,349,000.

C'est le nombre des étoiles, depuis la première jusqu'à la treizième grandeur inclusivement.

Si les évaluations ci-dessus sont erronées, elles pècheront probablement par défaut : les véritables nombres seraient plus grands. En effet, en partant de la sixième grandeur, la loi donne, dans l'hémisphère boréal, environ 7000 étoiles pour la septième; Struve en a compté 14000. Le multiplicateur 3 paraîtrait donc trop petit dans les classes inférieures.

En se servant de la méthode des jauges herscheliennes, dont nous parlerons dans les chapitres suivants, et sans y introduire aucune hypothèse, Struve en a déduit le nombre d'étoiles visibles avec le télescope de 20 pieds ($6^m.5$); il a fixé ce nombre à 20,400,000.

Le nombre des étoiles augmente-t-il d'année en année, d'une manière sensible, soit parce qu'il s'en forme de nouvelles, soit parce que la lumière des plus éloignées n'avait pas eu encore le temps de nous arriver depuis l'origine des choses?

On n'aura jamais un dénombrement assez complet des étoiles de toute grandeur qui brillent au firmament, pour qu'on puisse espérer de résoudre cette question par une inspection immédiate ; mais puisque la clarté répandue sur les objets durant les nuits sereines doit changer avec le nombre des étoiles, peut-être trouvera-t-on, quand les méthodes photométriques seront perfectionnées, le moyen d'arriver sur ce sujet à quelque connaissance positive, surtout si l'on peut comparer entre elles des observations séparées par un grand nombre d'années.

CHAPITRE IV

INTENSITÉS COMPARATIVES DES ÉTOILES DE DIFFÉRENTES GRANDEURS

Pour déterminer les intensités comparatives moyennes et individuelles des étoiles de différentes grandeurs, on a eu recours à plusieurs moyens. Les résultats obtenus ne sont pas aussi concordants qu'on pourrait le désirer. Malgré leur dissemblance quelquefois énorme, je les inscrirai ici avec l'indication succincte des méthodes qui les ont fournis, afin de montrer aux jeunes astronomes et même aux simples amateurs, une lacune de la science qui appelle de nouvelles recherches, et qui promet de très-curieuses conséquences.

William Herschel essaya d'introduire des nombres dans la classification des divers groupes d'étoiles dont le firmament se compose; de déterminer le rapport qui existe entre l'intensité d'une étoile de première grandeur et l'intensité d'une étoile de seconde, de troisième, etc. Voici comment il opéra :

Deux télescopes de sept pieds anglais ($2^m.13$), exactement pareils et qui donnaient conséquemment deux images également intenses des étoiles de même état, furent placés l'un à côté de l'autre, de telle sorte que l'observateur pouvait, en une seconde de temps environ, se transporter de l'oculaire du premier télescope à l'oculaire du second. Des ouvertures circulaires en carton, de différents diamètres, réduisaient graduellement, à volonté et suivant des rapports connus, la quantité de lumière qui formait, dans un des deux télescopes, l'image de la plus brillante des deux étoiles qu'on voulait comparer. On s'arrêtait, en opérant cette réduction, au moment où l'image ainsi affaiblie paraissait égale à l'image sans affaiblissement de la seconde étoile vue dans l'autre télescope. Cette échelle de réduction ne descendait jamais au-dessous du quart. On n'était pas obligé d'employer des ouvertures qui, à raison de leur petitesse, auraient trop changé par voie de diffraction les dimensions de l'image. Seulement, quand il fallait opérer sur des étoiles dont l'une était en intensité moins du quart de l'autre, au lieu de faire une comparaison directe, on passait, comme repère, par des étoiles d'un éclat intermédiaire.

Ce procédé pèche en deux points essentiels.

L'image de l'étoile vue dans le télescope d'une ouverture réduite n'est pas égale en dimension à l'image fournie par l'instrument dont l'ouverture n'a reçu aucune modification. En second lieu, les images des deux étoiles ne se voyant pas simultanément, ne peuvent pas être égalisées avec une grande précision. Toutefois, comme un observateur tel qu'Herschel a dû certainement tirer bon parti, même d'une méthode imparfaite, je rapporterai ici ses principaux résultats.

α d'Andromède, la Polaire, γ de la Grande Ourse, δ de Cassiopée (toutes étoiles de seconde grandeur), sont exactement le quart d'Arcturus.

Si donc on réduisait au quart la lumière d'Arcturus, étoile de première grandeur, on obtiendrait une étoile de seconde grandeur.

α d'Andromède est égal à quatre fois μ de Pégase. Arcturus, égal à son tour à quatre fois α d'Andromède, est conséquemment égal à seize fois μ de Pégase.

μ de Pégase est porté dans les catalogues comme de quatrième grandeur.

Arcturus, de première grandeur, si l'on réduisait sa lumière au seizième, deviendrait une étoile de quatrième grandeur. Le quart de μ de Pégase, ou le soixante-quatrième d'Arcturus, est égal à q de Pégase, marqué dans les catalogues comme de cinquième à sixième grandeur.

La lumière d'Arcturus, réduite au soixante-quatrième, serait encore grandement visible à l'œil nu, puisque son intensité, restée égale à celle de q de Pégase, n'aurait pas tout à fait baissé jusqu'à la sixième grandeur.

En prenant pour point de départ non plus Arcturus, mais la Chèvre, qui appartient aussi au premier ordre de grandeur des étoiles, Herschel trouva :

β du Taureau...
β du Cocher.... } de 2e grandeur, égales au $\frac{1}{4}$ de la Chèvre.

ζ du Taureau...
ι du Cocher..... } de 4e grandeur, égales à $\frac{1}{16}$ de la Chèvre.

e de Persée.....
H des Gémeaux. } de 5e à 6e grandeur, égales à $\frac{1}{64}$ de la Chèvre.

d des Gémeaux, de 6e grandeur, égale à $\frac{1}{100}$ de la Chèvre.

La lumière de la Chèvre, réduite au centième, serait donc visible à l'œil nu.

Wéga de la Lyre donne précisément les mêmes résultats que la Chèvre.

En prenant pour terme de comparaison la lumière de Sirius, on trouve :

La lumière de la Chèvre égale aux $\frac{1}{0.65}$ ou à un peu moins de la moitié de celle de Sirius.

$$
\begin{aligned}
\text{Procyon} &\dots\dots\dots \ \frac{1}{8} \\
\beta \text{ Taureau} &\dots\dots \ \frac{1}{9} \\
\iota \text{ du Cocher} &\dots\dots \ \frac{1}{36} \\
\text{H des Gémeaux} &\dots \ \frac{1}{144} \\
g \text{ des Gémeaux} &\dots \ \frac{1}{225}
\end{aligned}
$$

Prenant une sorte de moyenne entre ces divers résultats, on trouve que, dans leur ensemble, les étoiles de première grandeur pourraient être réduites au 144ᵉ de leur éclat « sans cesser d'être visibles à l'œil nu, sans être réduites au-dessous de la sixième grandeur. »

Michell pensait que les étoiles dont la lumière est la plus blanche sont les plus brillantes, abstraction faite de leur grandeur. Il admettait que la lumière de certaines étoiles est plus blanche que celle du Soleil, mais sans dire sur quel fondement il s'appuyait pour soutenir cette opinion.

On trouve dans les *Éphémérides* de Bode, de 1789, une note de Kœhler, conçue à peu près en ces termes :

« J'ai inventé un instrument qui donne la mesure des intensités lumineuses des différentes étoiles. Je place devant l'objectif achromatique d'une lunette de 49 centimètres un appareil qui sert à changer son ouverture ; c'est un diaphragme carré dont on peut faire varier la diagonale depuis une longueur de 27 millimètres divisée en mille parties, jusqu'à 0. Avec l'ouverture entière de mille parties, je vois les étoiles de neuvième et même de dixième grandeur ; ces étoiles disparaissent, et successivement celles des ordres supérieurs, à mesure que je rétrécis l'ouverture. J'ai comparé le 23 avril 1786, avec cet instrument, Arcturus et quelques étoiles qui en sont voisines. Voici le résultat de ces comparaisons :

	Nombre des parties comprises dans la diagonale du carré.
Arcturus disparaît à	12
Régulus à	29
β du Lion à	39
η du Bouvier à	51
La Chevelure de Bérénice à	175

« Cet instrument donne des différences assez grandes pour mériter le nom de *photomètre*. »

Cette dernière remarque de Kœhler peut être acceptée, pourvu que l'on entende seulement déduire de son instrument l'ordre de grandeur des étoiles. Si l'on voulait passer au rapport numérique de ces grandeurs d'après celui des surfaces des portions de l'objectif que le diaphragme laisse à découvert, on se tromperait probablement beaucoup, à cause des influences que les bords de ce diaphragme exercent sur la marche des rayons et sur les diamètres des images.

Pour déterminer les intensités comparatives de différentes étoiles, on a imaginé divers moyens de réduire leurs lumières jusqu'à ce qu'elles ne produisissent plus d'effet sur la vue; la réduction devra être évidemment d'autant plus considérable que l'étoile est primitivement plus brillante. C'est, comme on voit, le procédé de Köhler; mais on l'a débarrassé des causes d'erreur que nous avons signalées.

M. Xavier de Maistre proposait d'employer, pour opérer la réduction en question, deux prismes, le premier de verre bleu, le second de verre blanc, ayant le même angle et opposés l'un à l'autre, de sorte que la lumière qui traversait le parallélipipède résultant n'éprouvait pas au total de décomposition prismatique sensible. Le biseau du prisme bleu était si mince, qu'il transmettait la lumière des plus petites étoiles, tandis que sur la base opposée à ce biseau, la lumière des plus brillants de ces astres était totalement éteinte. Un pareil instrument serait sujet à bien des difficultés, parmi lesquelles je me contenterai d'en citer une seule, l'impossibilité de l'appliquer à une lunette d'une certaine ouverture avec la chance de calculer l'absorption correspondante. Il est clair, en effet, qu'en le plaçant devant l'objectif, les rayons qui concourraient à la formation de l'image auraient traversé des épaisseurs de verre très-dissemblables.

J'ai fait construire un appareil à l'aide duquel, en opérant sur l'image polarisée d'une étoile, on arrive à atténuer son intensité par degrés exactement calculables d'après une loi que j'ai démontrée. Pendant les longs travaux que j'ai effectués pour arriver à la solution de la question que je m'étais posée, ma vue s'est affaiblie, et j'ai dû prier M. Laugier de soumettre mon appareil à une expérience décisive. On trouvera dans mes Mémoires

sur la photométrie les détails de ma méthode ; je ne ferai
que transcrire ici les résultats obtenus par M. Laugier.

Voici le tableau des intensités relatives des étoiles
qu'on calcule d'après ses expériences :

Sirius.	1000
α de la Lyre	617
α de l'Aigle.	450
Procyon	445
Rigel.	439
α de la Vierge	310
α d'Orion.	411
Aldebaran	220
γ d'Orion.	199
ε d'Orion.	88
γ de l'Aigle.	80
π d'Orion.	70
γ du Cygne.	56
β de l'Aigle.	34
ζ du Cygne.	31

John Herschel regarde Sirius comme égal à 324 fois
une étoile de sixième grandeur.

Dans ses recherches photométriques, Steinhel est arrivé
aux résultats suivants pour la quantité de lumière dont
brillent respectivement les étoiles de différentes grandeurs :

Sixième..	10
Cinquième.	28
Quatrième.	80
Troisième.	227
Deuxième.	642
Première.	1819

M. Seidel, en se servant du photomètre de Steinhel,
a trouvé les rapports suivants entre les intensités de dif-

férentes étoiles, en prenant Wéga ou α de la Lyre pour terme de comparaison :

Sirius. 513
Rigel. 130
Wéga. 100
Arcturus. 84
La Chèvre 83
Procyon. 71
L'Épi ou α de la Vierge. . 49
Ataïr. 40
Aldebaran. 36
Dénébola. 35
Régulus 34
Pollux. 30

Béteigeuze, ou α d'Orion, manque dans ce tableau, parce que c'est une étoile d'éclat variable.

Ces résultats, comme on voit, ne sont pas extrêmement différents de ceux obtenus par M. Laugier.

CHAPITRE V

QUELLE EST LA DISTANCE PROBABLE DES DERNIÈRES ÉTOILES VISIBLES À L'OEIL NU OU AVEC LES PLUS PUISSANTS TÉLESCOPES?

D'après les détails qui sont contenus dans le chapitre précédent sur les intensités lumineuses relatives des étoiles, et en s'appuyant sur cette loi que la lumière s'affaiblit dans le rapport des carrés des distances, on trouve :

Qu'Arcturus deviendrait égal à α d'Andromède, étoile de deuxième grandeur, si on le transportait à deux fois sa distance actuelle ;

Qu'il serait égal à μ de Pégase ou de quatrième grandeur, à une distance quatre fois plus grande que la distance présente ;

Qu'il deviendrait de cinquième à sixième grandeur si on le transportait à huit fois la distance primitive ;

Qu'en moyenne une étoile de première grandeur, transportée à douze fois sa distance actuelle, ne cesserait pas d'être visible à l'œil nu, et que son éclat ne tomberait pas au-dessous de la sixième grandeur.

Herschel essaya d'étendre aux observations télescopiques l'échelle de visibilité qu'il avait formée pour l'œil nu. Après avoir préparé une série de lunettes et de télescopes qui recevaient respectivement :

2 multiplié par 2, ou 4 fois
3   Id.   3 , ou 9   } plus de lumière que l'œil nu,
4   Id.   4 , ou 16
5   Id.   5 , ou 25
Etc., etc., etc.

il dirigea le plus faible de ces instruments sur la tache blanchâtre située dans la garde de l'épée de Persée.

L'œil ne distinguait là aucune étoile. S'il y en avait, elles étaient nécessairement plus faibles que ne le seraient les étoiles de première grandeur transportées à douze fois leur distance actuelle : le petit instrument en montra un grand nombre. Admettons que dans ce grand nombre il se trouvait, comme cela est probable, d'aussi fortes étoiles qu'Arcturus, que Wéga ou α de la Lyre, etc., ces étoiles, pour devenir tout juste visibles après que leur intensité avait quadruplé, devaient être deux fois plus loin que les dernières étoiles visibles à l'œil nu, c'est-à-dire vingt-quatre fois plus loin qu'Arcturus, que Wéga, etc.

Le second instrument, celui qui augmentait la lumière dans le rapport de 9 à 1, qui rapprochait les objets trois fois, faisait voir des étoiles dont le premier ne dévoilait aucune trace. Ces étoiles étaient en intensité ce que deviendraient Arcturus, Wéga, etc., à trente-six fois leur distance actuelle.

En arrivant, toujours par degrés, jusqu'au télescope de 3 mètres avec toute son ouverture, l'observateur apercevait des étoiles pareilles à ce que seraient les étoiles de première grandeur à trois cent quarante-quatre fois la distance qui maintenant les sépare de nous.

Le télescope de 6 mètres étendait sa puissance jusqu'à neuf cents fois cette même distance des étoiles de première grandeur; et il était évident qu'un télescope plus fort aurait montré des étoiles plus éloignées encore.

Pour échapper aux conséquences numériques que je vais déduire de ces résultats d'Herschel, il faudrait supposer que parmi le nombre prodigieux d'étoiles que chaque télescope d'une puissance inférieure découvre, il n'en existe aucune d'aussi brillante qu'Arcturus, ou Wéga de la Lyre; il faudrait admettre, en un mot, qu'il ne s'est formé d'étoiles de première grandeur que près de notre système solaire. Une pareille supposition ne mérite certainement pas d'être réfutée.

J'analyserai plus loin (chap. xxxii), une méthode à l'aide de laquelle on s'est assuré mathématiquement, qu'il n'y a aucune étoile de première grandeur dont la lumière nous parvienne en moins de trois ans. D'après cela les lumières des étoiles de différents ordres, aussi grandes en réalité qu'Arcturus, que Wéga de la Lyre, etc., seraient à de telles distances de la Terre que la lumière ne saurait les parcourir :

Pour les étoiles de deuxième grandeur en moins de		6 ans.
— de quatrième grandeur	—	12
— de sixième grandeur...	—	36
Pour les dernières étoiles visibles avec le télescope de 3 mètres...............	—	1042
Pour les dernières étoiles visibles avec le télescope de 6 mètres..............	—	2700

Les rayons lumineux qui nous arrivent des étoiles nous racontent donc, s'il est permis de s'exprimer ainsi, l'*histoire ancienne de ces astres.*

CHAPITRE VI

DIAMÈTRES APPARENTS DES ÉTOILES

Dès qu'on a déterminé la distance réelle ou conjecturale des étoiles, rien ne serait plus facile que de trouver leurs grandeurs véritables, si l'on connaissait avec exactitude l'angle qu'elles sous-tendent vues de la Terre. Malheureusement cet angle est très-difficile à évaluer, à cause de sa petitesse. Par un défaut inhérent à tous les instruments d'optique, les lunettes ou les télescopes qui donnent avec précision les diamètres réels des objets sous-tendant des angles d'une certaine grandeur, comme les planètes, ne fournissent, quand on les applique à l'observation des étoiles, que des résultats supérieurs à la réalité; et tout étant égal de part et d'autre, ces résultats sont d'autant moindres que le grossissement est plus fort.

Pour constater ce fait par une expérience, on n'a qu'à observer une occultation d'étoile de première grandeur par la Lune. Il arrivera rarement que l'étoile sous-tende moins de 2″. La Lune parcourt de l'occident à l'orient 1/2 seconde de degré par seconde de temps; le diamètre de l'étoile devrait donc employer, s'il avait quelque réalité, quatre secondes pour disparaître; il disparaît, au contraire, dans un temps inappréciable lorsque le bord de la Lune atteint le centre apparent du disque. Ainsi, ce diamètre est entièrement fictif. On arrive à la même conclusion en observant les étoiles à l'aide de bons micromètres et de grossissements variables.

En thèse générale, on doit donc prendre pour le diamètre des étoiles la plus petite valeur qu'on lui ait jamais trouvée, sans avoir même la certitude que cette plus petite valeur représente le diamètre réel.

Je trouve dans les Mémoires d'Herschel (*Transactions philosophiques* pour 1803) qu'en octobre 1781 le diamètre angulaire de Wéga de la Lyre, mesuré à l'aide d'un micromètre particulier (micromètre à lampe), et avec un grossissement de six mille fois, n'était que de 36 centièmes de seconde (0″.36); que le 7 juillet 1780, Arcturus, vu à travers un brouillard, n'avait que deux dixièmes de seconde (0″.2) de diamètre.

En prenant ces dimensions pour réelles, et d'après les distances les plus petites que l'on puisse supposer de ces étoiles à la Terre (distances telles que leur lumière arrive en 3 ans), leurs diamètres réels seraient respectivement de 14 millions et de 8 millions de lieues. Mais, je le répète, ces diamètres, quoique très-atténués à raison de la perfection des instruments dont Herschel se servait, sont probablement fort exagérés.

Le lecteur ne sera pas fâché de trouver ici, au point de vue historique, les résultats auxquels les anciens astronomes étaient arrivés.

Avant la découverte des lunettes,

Kepler attribuait à Sirius.... 240 secondes de diamètre.
Tycho plus de.............. 120 —
Albategnius................ 45 —

Après la découverte des lunettes,

Gassendi donnait à Sirius.... 10 secondes de diamètre.
Jean Cassini (avec une lunette
de 11 mètres) [1]........... 5 —

Tycho n'attribuait un diamètre angulaire de 120″ qu'aux étoiles de première grandeur : c'était un résultat moyen. Les étoiles moins brillantes lui paraissaient sensiblement plus petites. Ainsi, en moyenne,

Les étoiles de deuxième grandeur avaient........ 90″
— de troisième........................ 65″
— de quatrième........................ 45″
— de cinquième....................... 30″
— de sixième.......................... 20″

L'illusion d'optique qui donnait de l'étendue, de l'ampleur aux images des étoiles, allait donc rapidement en diminuant à mesure que la lumière s'affaiblissait.

---

1. Cassini espérait un très-bon effet de la réduction qu'il avait fait subir à son objectif par un diaphragme de carton ; mais si une énorme réduction d'ouverture réelle amoindrissait les aberrations de sphéricité et de réfrangibilité, elle augmentait, d'autre part, l'influence de la diffraction qui s'opérait sur les parois de l'ouverture, et c'est là, sans aucun doute, l'origine du résultat évidemment trop fort trouvé par Cassini.

Les énormes différences que présentèrent d'abord les valeurs du diamètre d'une même étoile données par divers astronomes, soit qu'on l'eût observée à l'œil nu, soit qu'on se fût servi de lunettes, étaient bien propres à faire supposer que les disques de ces astres n'avaient rien de réel. Hévélius parvint, lui, à rendre les formes des étoiles constantes, rondes, bien terminées, bien définies, en plaçant devant l'objectif de sa lunette une plaque métallique percée d'un trou rond de petit diamètre. Il se persuada alors avoir triomphé de la difficulté du problème. Cependant, en remplaçant la première ouverture par une plus resserrée, il aurait vu ses disques s'agrandir sans rien perdre de leur netteté.

Ce qu'Hévélius gagnait en exactitude par l'affaiblissement de la lumière des étoiles, par la réduction de l'objectif de sa lunette à une très-petite ouverture, surpassait de beaucoup ce que lui faisait perdre l'inflexion des rayons sur les bords du trou circulaire du diaphragme. Aussi trouva-t-il seulement :

Pour le diamètre de Sirius.............. 6″.3
  —   de la Chèvre.......... 6″.0
  —   de Régulus............ 5″.1
Pour les étoiles de seconde grandeur...... 4″.5
  —   de troisième............ 3″.8
  —   de quatrième........... 3″.2
  —   de cinquième........... 2″.5
  —   de sixième............. 2″.0

Plusieurs astronomes, depuis la découverte des lunettes, cherchèrent par des expériences à défalquer quelque chose de l'angle illégitimement amplifié que les étoiles sous-tendent dans ces instruments ; mais l'histoire de leurs

essais nous conduirait trop loin sans donner de résultat
utile.

Remarquons cependant à quelles folles dimensions
nous entraîneraient les valeurs angulaires précédentes en
les supposant réelles. Prenez pour disques réels, les disques vus à l'œil nu, les disques factices entourés d'une
large *crinière*, comme disait Galilée, et certaines étoiles
auront jusqu'à 9000 millions de lieues de diamètre; et les
évaluations les plus modérées seront de 1700 millions. En
effet, il est prouvé par les observations des parallaxes dont
nous parlerons plus loin, observations dans lesquelles les
diamètres apparents ne jouent aucun rôle, et qui dès lors
ne donnent point d'ouverture au reproche de cercle
vicieux, qu'à la distance des étoiles les plus voisines, une
seconde de diamètre correspondrait, au moins, à 38 millions de lieues. Or, les résultats limites que je viens de
citer sont, en nombres ronds, les produits de 38 millions
par 240 et 45, c'est-à-dire par les nombres de secondes
que Kepler et Albategnius donnaient au diamètre de
Sirius. Les déterminations, déjà si réduites, de Gassendi
et de Cassini, laisseront encore aux étoiles des diamètres
d'au moins 380 millions de lieues et de la moitié de ce
nombre.

CHAPITRE VII

DIAMÈTRES RÉELS DES ÉTOILES

Frappé de la faible clarté que nous recevons dans une
nuit parfaitement sereine de l'ensemble des étoiles qui
brillent simultanément au-dessus de l'horizon, Gassendi
avait cherché quelle dimension aurait dans les idées de la

plupart des astronomes de son époque sur les diamètres angulaires de tous ces astres, un disque formé par leur agglomération. On trouve dans une lettre de Galilée au grand-duc de Toscane, à l'occasion de ce qu'on appelle la lumière cendrée, phénomène que nous étudierons en son lieu, un passage dans lequel, à la rigueur, on peut apercevoir le germe de la méthode que je vais essayer d'exposer d'après Gassendi.

En supposant le diamètre des étoiles de première grandeur de 3′, celui des étoiles de seconde de 2′ 1/2, les diamètres des étoiles de troisième, quatrième, cinquième, sixième grandeurs respectivement de 2′, de 1′ 1/2, de 1′ et de 1/2 minute, il trouvait, par un calcul très-simple, que la réunion de la moitié des 1026 étoiles visibles à l'œil nu dans la totalité du firmament, et contenues dans le catalogue d'Hipparque, équivaudrait à une surface notablement plus grande que celle du Soleil, et conséquemment que celle de la Lune.

Comme les étoiles ont chacune évidemment plus d'éclat que les parties correspondantes de la Lune, les 513 étoiles réunies devraient donc nous éclairer plus que notre satellite dans son plein, ce qui est bien loin de la vérité; de là la conclusion que les diamètres attribués aux étoiles dans ce calcul sont très-exagérés.

La photométrie fournissait ainsi un moyen de juger des erreurs des diamètres angulaires des étoiles qui, en l'absence de lunettes et de micromètres, n'avaient pu être déterminées. Aujourd'hui, il est possible de perfectionner le calcul de Gassendi en prenant pour base les valeurs des intensités relatives du Soleil et de Sirius, obtenues d'abord par Huygens et ensuite par Wollaston.

Le physicien anglais a trouvé qu'il faudrait 20,000 millions d'étoiles semblables à Sirius pour répandre sur la Terre une lumière égale à celle que nous recevons du Soleil.

Supposons que Sirius soit intrinsèquement aussi éclatant que le Soleil, ou, ce qui veut dire la même chose, que sa surface apparente soit aussi éclatante qu'une portion équivalente du disque solaire.

Il faudrait évidemment qu'une agglomération d'étoiles égales à Sirius eût une étendue superficielle égale à celle du Soleil, pour que la lumière que cette agglomération répandrait sur la Terre fût égale à celle que nous recevons de notre Soleil ; en d'autres termes, il faudrait que 20,000 millions de surfaces semblables à Sirius fussent égales à la surface du disque du Soleil.

Le diamètre du Soleil est de plus de 31 minutes ou d'environ 2000 secondes, ce qui correspond à 20,000 dixièmes ou à 160,000 quatre-vingtièmes de seconde ; si l'on adopte ce dernier nombre, la surface du Soleil se composera de 20,000 millions de petits cercles ayant chacun pour rayon 1/80ᵉ de seconde. Pour que 20,000 millions de Sirius fussent égaux à la surface du Soleil, il faudrait donc que la surface de cette étoile fût équivalente à un petit cercle de 1/80ᵉ de seconde de rayon et 1/40ᵉ de seconde de diamètre. Tel serait le diamètre de Sirius, mais il importe de le rappeler, dans la supposition seulement d'un éclat intrinsèque de l'étoile égal à l'éclat du Soleil.

Si l'éclat intrinsèque de Sirius était supérieur à celui du Soleil, une réunion de ces étoiles inférieure en surface à celle du Soleil répandrait sur la Terre autant de lumière que cet astre. Le diamètre angulaire de Sirius serait alors plus petit que $1/40^e$ de seconde. Or, il paraît résulter de considérations développées dans le Mémoire de Wollaston, que l'éclat intrinsèque de Sirius est fort supérieur à celui du Soleil; dès lors il nous est permis d'admettre que le diamètre angulaire de l'étoile la plus brillante du ciel est inférieur à $1/50^e$ de seconde.

Faut-il s'étonner alors que les mesures directes des astronomes laissent encore de l'incertitude sur tout ce qui est relatif aux diamètres réels des étoiles?

CHAPITRE VIII

LA LUMIÈRE DES ÉTOILES EST-ELLE CONSTANTE?

Il est très-intéressant de rechercher si les étoiles brillent d'une lumière constante. Supposez cette lumière variable : notre Soleil, étant évidemment une étoile, ira se ranger sous la règle commune. Dans les siècles passés il aura pu régner sur la Terre une température très-supérieure à celle de notre temps; aux siècles futurs sera réservé de voir le Soleil s'éteindre, de voir l'ensemble des planètes circuler autour d'une masse toujours énorme, mais désormais impropre à porter la vie à 38 millions de lieues de distance; pour expliquer divers phénomènes que présente l'écorce de notre globe, les géologues auront le droit de recourir hardiment à une cause dont auparavant ils osaient à peine faire mention, tant elle paraissait hypothétique, etc., etc.

Les anciennes observations du ciel étoilé, malgré leurs imperfections, serviront à établir que certaines étoiles changent d'éclat.

Je laisserai cependant de côté le poëme d'Aratus, où je trouverais le vague, l'indécision, l'inexactitude de tous les écrivains de l'antiquité ou des temps modernes, qui n'ont connu les phénomènes naturels que par ouï dire, qui ne se sont jamais donné la peine de les étudier de leurs propres yeux. Je puiserai à de meilleures sources.

Eratosthène, né 276 ans avant notre ère, disait en parlant des étoiles du Scorpion :

« Elles sont précédées par la plus belle de toutes, l'étoile brillante de la serre boréale. » Or, maintenant la serre boréale est moins brillante que la serre australe et surtout qu'Antarès.

Il y a donc eu des changements d'intensité dans la constellation du Scorpion depuis le temps d'Eratosthène [1].

Pour résoudre la question posée en tête de ce chapitre, on avait pris, je pourrais même avouer que j'avais pris pour terme de comparaison les belles cartes célestes publiées en 1603, à Ratisbonne, par Bayer, jurisconsulte-astronome célèbre, que j'ai déjà eu l'occasion de citer ;

---

1. Suivant Aratus, la Lyre où brille maintenant une étoile de première grandeur, ne renfermait aucun astre remarquable. Si je n'ai pas profité de cette assertion du poëte, c'est qu'elle est contredite par une déclaration formelle d'Eratosthène.

mais ce terme de comparaison était beaucoup plus défectueux que la généralité des astronomes ne l'avaient supposé. En se livrant à un examen approfondi des cartes de Bayer, M. Argelander, de Bonn, a prouvé récemment que leur auteur n'avait fait personnellement aucune observation, qu'il s'était contenté d'enregistrer les étoiles d'après les grandeurs consignées dans l'*Almageste* de Ptolémée et dans le catalogue de Tycho.

Bayer, comme nous l'avons dit précédemment (liv. VIII, chap. IV, p. 315), eut l'heureuse pensée de désigner les étoiles de chaque constellation par les lettres α, β, γ, δ, etc., de l'alphabet grec, mais on avait admis jusqu'ici qu'en affectant ces lettres aux différentes étoiles, il avait tenu compte de l'ordre exact de grandeur, en sorte que α, dans chaque constellation, désignait toujours la plus brillante; β celle qui venait ensuite; γ d'après ce système aurait été la troisième, δ la quatrième, ε la cinquième, et ainsi de suite. Ce n'est pas tout à fait ainsi que Bayer a opéré : c'est bien par la lettre α que l'auteur désigne l'étoile la plus brillante d'une constellation, mais s'il y a dans cette même constellation cinq ou six étoiles de la grandeur suivante, et cependant d'intensité différente, il ne prend aucun soin de marquer par β la plus brillante de ces étoiles, par γ la troisième, et ainsi de suite. D'après M. Argelander, dont je rapporterai ici les propres expressions, « dans ce cas l'ordre des lettres suit celui des positions (et non pas des intensités), de telle sorte que les étoiles de même classe, qui sont adjacentes, sont désignées par des lettres qui se suivent, en commençant le plus souvent par la tête et en continuant dans le sens de la constellation. Cet ordre, qui peut se remarquer dans tous les astérismes, est surtout évident pour ceux qui ont peu de largeur et beaucoup de longueur, tels que le Dragon, le Serpent, l'Hydre, etc. Tycho, dans son catalogue, marquait de deux points les étoiles qui surpassaient en éclat les autres étoiles de même classe, et d'un point seulement les étoiles moindres que la plupart d'entre elles. Il paraît que Bayer négligea complétement ces points, puisque dans le Dragon, par exemple, après avoir désigné par la lettre δ une étoile indiquée par Tycho comme étant de troisième grandeur, il donna une lettre postérieure à une autre étoile de troisième grandeur décrite comme étant plus grande. Dans Cassiopée, il donna la lettre β à une étoile de troisième grandeur, et désigna par γ une autre étoile de troisième grandeur plus belle que la première. »

Il n'est donc plus permis d'attribuer quelque valeur sous le rapport de l'intensité aux comparaisons qu'on a pu faire des cartes de Bayer et des catalogues modernes; aussi les supprimerai-je entièrement, excepté dans ce qui concerne la première étoile de chaque constellation, que l'auteur des cartes célestes de 1603 s'est généralement astreint à appeler α.

William Herschel résolut, en 1783, de joindre l'étude de l'éclat des étoiles à tant d'autres recherches qui absorbaient ses jours et ses nuits. Malheureusement, ni lui ni les physiciens ses prédécesseurs n'avaient trouvé aucun moyen de déterminer l'intensité absolue de lumières aussi peu abondantes que celles dont brillent les étoiles. Herschel fut donc forcé de se borner à des intensités relatives;

il compara chaque étoile aux étoiles qui, situées dans son voisinage, étaient vues du même coup d'œil sans le secours d'aucun instrument, et les plaça ensuite toutes par ordre d'éclat relatif. Supposons qu'à une certaine époque sept étoiles, A, B, C, D, E, F, G, aient été rangées, quant à leurs intensités, dans l'ordre alphabétique, si à une seconde époque l'ordre est changé pour une étoile seulement, pour l'étoile D, par exemple, si l'observation exige de remplacer l'ancienne classification par la nouvelle série A, B, D, C, E, F, G, ou par A, B, C, E, D, F, G, ou *à fortiori* par des séries dans lesquelles D se trouvera éloigné de sa place primitive de plus d'un rang, il sera presque indubitable que D aura changé d'éclat. La méthode d'Herschel est au fond celle dont on admettait, jusqu'à ces derniers temps, que Bayer avait fait usage.

Pour se faire une idée précise des difficultés que rencontre un observateur quand il entreprend de classer les étoiles dans l'ordre de leurs intensités, on doit songer aux erreurs qui peuvent résulter des inégalités périodiques d'éclat dans les astres comparés, aux diaphanéités dissemblables des couches de l'atmosphère diversement élevées au-dessus de l'horizon, à l'influence affaiblissante de la lumière crépusculaire et de celle de la Lune, aux effets de la scintillation, etc., etc.

A l'aide de ses précieuses tables, quoique les termes de comparaison fussent peu éloignés, Herschel crut avoir reconnu des changements réels d'intensité (augmentation ou diminution) dans la trentième partie des étoiles observées, je veux dire dans une étoile sur trente. Au reste, ce travail doit être apprécié bien plus à raison des résultats qu'il promet aux astronomes qui dans l'avenir le prendront pour terme de comparaison, qu'à cause des résultats qu'il a déjà fournis.

Dans un Mémoire publié en 1796, William Herschel rapportait les classifications suivantes, complétement en opposition avec celle de Bayer même pour la première étoile de chaque constellation :

12 mai 1783.

Dragon................	γ	remplacerait	α
Hercule...............	β	—	α

1796.

Cassiopée	β	—	α
Cancer	β	—	α
Baleine................	β	—	α
Triangle	β	—	α
Sagittaire.............	γ	—	α
Capricorne............	δ	—	α

CHAPITRE IX

IL Y A DES ÉTOILES DONT L'ÉCLAT DIMINUE

Il y a des étoiles dont l'éclat diminue ; cette conclusion peut à la rigueur être déduite de ce que nous avons remarqué d'après Eratosthène (p. 372), sur le changement qu'a subi l'étoile de la serre boréale du Scorpion. Mais nous allons la fortifier par la comparaison d'observations d'une autre nature.

Rappelons d'abord que les étoiles visibles à l'œil nu sont classées dans les cartes, dans les catalogues, en six ordres de grandeurs ; que les étoiles les plus brillantes constituent la première grandeur; que les étoiles de deuxième, de troisième grandeur viennent ensuite, etc.; que la sixième grandeur compose enfin la dernière série entièrement visible à l'œil nu. Remarquons encore que lorsqu'il s'agit de classer les étoiles en ordres de grandeurs les astronomes exercés diffèrent à peine les uns des autres.

Eh bien, α de la Grande Ourse ne pourrait aujourd'hui, à aucun titre, être classée parmi les étoiles de première à deuxième grandeur, comme du temps de Flamsteed ; cette étoile a donc diminué.

Flamsteed marquait les deux premières de l'Hydre femelle comme de quatrième grandeur; Herschel ne les trouvait plus que de huitième à neuvième grandeur.

Dénébola ou β du Lion, que Bayer rangeait dans la première grandeur, est aujourd'hui inférieure à beaucoup d'étoiles de la deuxième.

α du Dragon figurait dans l'atlas de Bayer comme de deuxième grandeur; maintenant on la marquerait de troisième au plus.

Je trouverai, je crois, la preuve la plus incontestable de la diminution d'intensité d'une étoile dans une très-ancienne remarque d'Hipparque.

Cet illustre astronome, qui vivait 120 ans avant notre ère, disait en critiquant Aratus : « L'étoile du pied de devant du Bélier est belle et remarquable. » De nos jours l'étoile du pied de devant du Bélier est de quatrième grandeur. Vainement voudrait-on, pour échapper à la conséquence que cette observation entraîne, changer la forme de l'animal, le pied s'étendrait même jusqu'au nœud des Poissons, qu'on n'aurait rien gagné, puisque la plus brillante de ce nœud n'est aussi que de quatrième grandeur.

CHAPITRE X

ÉTOILES PERDUES OU DONT LA LUMIÈRE S'EST COMPLÉTEMENT ÉTEINTE

Nous venons de signaler des étoiles dont l'intensité va en s'affaiblissant ; nous parlerons maintenant d'étoiles qui ont complétement disparu. Je ne m'arrêterai pas à la septième des Pléiades, dont la disparition coïncida, dit-on, avec la prise de Troie, et j'arriverai sans autre intermédiaire aux observations d'Hévélius. Cet astronome parle de cinq étoiles qui disparurent de son temps (Delambre, *Astronomie moderne*, t. II, p. 483). William Herschel trouvait le nombre des étoiles perdues fort considérable, à une époque où l'Atlas céleste de Flamsteed ne lui inspirait aucune défiance. Mais ayant eu recours depuis aux observations originales de Flamsteed, il découvrit dans l'Atlas céleste et dans le Catalogue britannique des erreurs nombreuses qui l'obligèrent à modifier ses premiers résultats. On comprendra la nécessité de ce travail laborieux, si je dis que le catalogue renfermait 111 étoiles imaginaires, qui s'y étaient introduites par des erreurs de calcul ou de copie, et que d'autre part 500 à 600 étoiles exactement observées avaient été omises.

Postérieurement à la révision dont il vient d'être parlé, Herschel plaçait au nombre des étoiles qui se sont complétement éteintes depuis Flamsteed :

La neuvième du Taureau, de sixième grandeur.

La dixième   *id.*   *id.*

Voici qui est plus circonstancié, plus net.

La cinquante-cinquième d'Hercule, placée sur le col de la figure, a été insérée dans le catalogue de Flamsteed comme une étoile de cinquième grandeur; le 10 octobre 1781, W. Herschel la vit distinctement et nota qu'elle était rouge; le 11 avril 1782 il l'aperçut de nouveau, et l'inscrivit dans son journal comme une étoile ordinaire; le 24 mars 1791 il n'en restait plus aucune trace. Des essais répétés le 25, et plus tard, ne donnèrent pas un autre résultat : ainsi la cinquante-cinquième d'Hercule a disparu.

Je ne pense pas avoir donné trop de développements à la question qui vient d'être traitée dans ces divers chapitres. Quoi de plus curieux, en effet, comme je l'ai déjà dit, que de savoir si les millions de soleils dont l'espace est parsemé, et dès lors si notre soleil, sont arrivés à un état permanent; si les hommes doivent compter sur une durée indéfinie de la chaleur bienfaisante qui entretient la vie à la surface de la terre; s'ils ont à craindre des changements d'intensité lumineuse ou calorifique, rapides, brusques, mortels.

Je ne terminerai pas sans faire remarquer, dans l'intérêt de la vérité et de la justice, que ces grands problèmes avaient fixé l'attention de divers astronomes avant que William Herschel en fît l'objet de ses puissantes investigations.

En effet, dès l'année 1437, dans la préface de son cata-

logue, Ulugh-Beigh disait « qu'une étoile du Cocher, que
la onzième du Loup, que six étoiles, parmi lesquelles
quatre de troisième grandeur voisines du Poisson austral,
toutes marquées dans les catalogues de Ptolémée et d'Ab-
durrahman-Suphi, ne se voyaient plus. »

A la fin du xviie siècle, J.-D. Cassini annonçait que
l'étoile placée par Bayer au-dessus de ε de la Petite
Ourse avait disparu et que l'étoile ζ d'Andromède s'était
considérablement affaiblie. En 1709, Maraldi ne voyait
avec la lunette ni une ancienne étoile de sixième grandeur, située dans la poitrine du Lion et marquée ι en
1603, ni une autre étoile de sixième grandeur placée par
Bayer au-dessous de la main australe de la Vierge, ni une
étoile de sixième grandeur qui, dans les cartes de l'astronome allemand, figurait dans le bassin occidental de la
Balance, etc., etc.

CHAPITRE XI

IL Y A DES ÉTOILES DONT L'INTENSITÉ VA EN AUGMENTANT

Dans un Mémoire lu le 26 février 1796, devant la
Société royale de Londres, William Herschel plaçait
β des Gémeaux, β de la Baleine, ζ du Sagittaire, parmi
les étoiles dont l'intensité augmente graduellement, mais
il n'a jamais développé, du moins à ma connaissance, les
considérations sur lesquelles cette conclusion s'appuyait.

Je passe à des faits plus explicites.

La trente et unième du Dragon était, suivant Flamsteed, de septième grandeur à la fin du xviie siècle; Wil-

liam Herschel la plaçait en 1783 parmi les étoiles de quatrième grandeur.

La trente-quatrième du Lynx, de septième grandeur, suivant Flamsteed, était montée à la cinquième d'après les observations d'Herschel.

La trente-huitième de Persée était de sixième grandeur du temps de Flamsteed, et de quatrième à l'époque d'Herschel.

Il y a près de ζ de la Grande Ourse, une étoile actuellement très-visible (liv. VIII, chap. IX, p. 338). On admet qu'elle a augmenté, en se fondant sur cette circonstance singulière que les Arabes l'appelaient Alcor, mot qui suppose, comme nous avons dit, dans la personne qui voyait l'étoile, une vue perçante.

CHAPITRE XII

DISTRIBUTION HYPOTHÉTIQUE DES ÉTOILES DANS LE FIRMAMENT

couche étaient également éloignées les unes des autres et du Soleil.

Admettons que le Soleil est au centre d'une sphère. Sur la surface de cette sphère on pourra placer 12 points, éloignés les uns des autres et du centre, d'une quantité égale au rayon. Sur la surface quadruple d'une sphère d'un rayon double, il y aura 48 points disposés aussi de manière à être éloignés les uns des autres d'une quantité égale au rayon de la première sphère. Sur la surface d'une sphère d'un rayon triple, le nombre de points analogues sera de 9 fois 12 ou de 108, et ainsi de suite.

Or, cette conception est démentie par les faits :

Le nombre des étoiles de diverses grandeurs ne suit pas la progression 1, 4, 9, 16, 25, etc.; les intensités des étoiles des divers ordres ne se succèdent pas non plus conformément à la progression des carrés des distances 1, 2, 3, 4, etc.; vues de la Terre, les étoiles de première grandeur sont loin de paraître distribuées dans le firmament avec la régularité, disons mieux, avec l'égalité de distances angulaires que l'hypothèse suppose ; enfin l'espacement apparent des étoiles de deuxième, de troisième grandeur, etc., donnerait lieu au même genre de difficultés.

C'est un nouvel exemple du danger que l'on court à vouloir substituer l'imagination à l'observation.

En fait, d'après le travail de Schwinck, mentionné par mon ami de Humboldt (*Cosmos*, t. III, p. 152 et 340), les étoiles sont ainsi distribuées entre les différentes ascensions droites : de 0° à 90°, 2858 étoiles ; de 90° à 120°, 3011 ; de 180° à 270°, 2688 ; de 270° à 360°, 3591 ; la somme est 12148 jusqu'à la septième grandeur.

CHAPITRE XIII

LE NOMBRE DES ÉTOILES EST-IL INFINI, LA LUMIÈRE S'AFFAIBLIT-
ELLE PAR L'INTERPOSITION DE CERTAIN MILIEU ÉLASTIQUE COM-
PARABLE A L'ÉTHER QUI SERAIT COMPRIS ENTRE LES ÉTOILES
ET LA TERRE?

Le philosophe Kant se fondait sur des considérations métaphysiques pour soutenir que l'espace est infini, et partout parsemé d'astres semblables à ceux que renferment les régions jusques auxquelles nous pouvons pénétrer avec nos puissants télescopes.

C'est d'un autre point de vue que nous allons examiner la même question.

Si le monde des étoiles est infini, comme tout nous porte à le croire, il n'y a pas une seule ligne visuelle menée de la Terre vers les régions de l'espace qui ne doive rencontrer un de ces astres. Quelle que soit la petitesse de leur étendue superficielle, les étoiles produiront par leur continuité l'aspect d'une enveloppe lumineuse sans aucune partie obscure. L'intervalle compris entre deux étoiles composantes de cette sphère, placées à une certaine distance, sera rempli quelquefois par une étoile située à une distance infiniment plus grande, ce qui n'empêchera pas que sous le rapport de l'intensité les phénomènes se passeront comme si toutes les étoiles étaient attachées à une voûte sphérique et à la même distance de l'observateur. L'intensité de cette voûte serait égale partout, si toutes les étoiles composantes avaient le même éclat intrinsèque. En admettant que cet éclat soit égal à celui du Soleil, supposition assez naturelle, puisque le Soleil est véritablement une étoile, chaque région du ciel d'une étendue angulaire de 32′ environ, nous enverrait une quantité de lumière égale à celle qui nous vient de cet astre. Les choses s'offrent à nous sous un aspect bien différent. Comment tout expliquer sans renoncer à l'idée d'un espace infini parsemé d'é-toiles dans toute son étendue !

Pour concilier les résultats si opposés donnés par les lois de l'optique et par l'observation, on a admis que les espaces célestes ne sont pas complétement diaphanes, qu'ils absorbent une partie des rayons qui les traversent. Cette absorption n'aurait pas besoin d'être considérable, on rendrait compte de tous les faits en supposant, par exemple, que sur huit cents rayons envoyés par Sirius un seul est arrêté dans le passage de la matière comprise entre cet astre et la Terre. Suivant cette hypothèse, com-binée avec celle d'une absorption proportionnelle à l'éten-due de l'espace parcouru, on trouve que des étoiles qui seraient à une distance trente mille fois plus considérable que celle de Sirius ne contribueraient en rien de sensible à la clarté de la voûte céleste.

CHAPITRE XIV

DE LA TRANSPARENCE IMPARFAITE DES ESPACES CÉLESTES

Les considérations précédentes sur la transparence imparfaite des espaces célestes sont généralement attri-buées à Olbers, qui publia un Mémoire à ce sujet, en 1823, dans les *Éphémérides de Berlin*.

Mais le célèbre astronome de Brême avait été prévenu par Chéseaux de Lausanne, qui, dans son ouvrage sur la comète de 1744, publié cette même année, avait également abordé la question et était arrivé au même résultat.

Il est peu concevable que les deux savants que je viens de nommer n'aient ni l'un ni l'autre eu l'idée que dans le nombre infini d'étoiles dont ils supposent l'espace indéfini parsemé, il doit y en avoir un nombre infini de complétement obscures et opaques. Cette simple observation renverse, ce me semble, leurs calculs par la base et réduit à néant les conclusions qu'ils en ont tirées. N'est-il pas évident que l'ensemble de toutes ces étoiles obscures et opaques doit former comme une enveloppe indéfinie en dehors de laquelle rien ne peut être visible, les rayons de chaque étoile située au delà des dernières parties constituantes de cette enveloppe rencontrant sur leur route un écran qui les arrête.

Olbers regardait la transparence imparfaite de l'espace comme le moyen que le créateur avait employé pour mettre les habitants de la Terre en mesure d'étudier l'astronomie dans ses détails. « Sans cela, disait-il, nous n'aurions aucune connaissance du ciel étoilé, notre propre Soleil ne pourrait être découvert qu'avec peine à l'aide de ses taches, la Lune et les planètes ne se distingueraient que comme des disques obscurs sur un fond éclatant comme le Soleil, etc., etc. »

Mais il serait superflu, répétons-le, de s'étendre davantage à ce sujet; les astronomes n'ont-ils pas constaté que des étoiles jadis visibles ont totalement disparu? Ainsi

par cette cause, quelle que soit la puissance future des
télescopes que les hommes parviendront à construire, le
monde paraîtra fini.

CHAPITRE XV

ÉTOILES CHANGEANTES OU PÉRIODIQUES

Il existe des étoiles dont l'éclat change périodiquement.
Dans quelques-uns de ces astres singuliers, le passage du
maximum au *minimum* d'intensité et le retour du *minimum* au *maximum* s'opèrent en peu de temps. Dans
d'autres étoiles, au contraire, ces périodes sont assez
longues.

Voici un tableau de quelques étoiles périodiques :

Étoiles changeantes à longues périodes.

Étoile R de la Couronne, avec une périodicité de 323 jours, et une variation entre la sixième grandeur et la disparition complète	Périodicité reconnue par Pigott et déterminée par le même astronome.
o de la Baleine ; périodicité de 334 jours, avec une variation entre la deuxième grandeur et la disparition entière.	Périodicité découverte par Holwarda ; Période déterminée par Boulliaud.
χ du col du Cygne ; période de 404 jours, avec une variation de la cinquième à la onzième grandeur.	Périodicité reconnue par Kirch ; Période déterminée par Maraldi.
Étoile 30 de l'Hydre femelle, dite aussi l'Hydre d'Hévélius ; période de 494 jours. Elle varie entre la quatrième grandeur et la disparition. . . .	Périodicité découverte par Maraldi ; Période déterminée par Maraldi, et mieux ensuite par Pigott.

Étoiles variables à courtes périodes.

Algol de la tête de Méduse, ou β de Persée. Période de 2 jours 20 heures 48 minutes....................	Reconnue variable entre la deuxième et la quatrième grandeur par Montanari et Maraldi. Période déterminée par Goodricke.
δ de Céphée. Période de 5 jours 8 heures 37 minutes. Variation de la troisième à la cinquième grandeur au plus......................	Période reconnue et déterminée par Goodricke
β de la Lyre. Période de 6 jours 9 heures. Variation de la troisième à la cinquième grandeur au plus....	Période reconnue et déterminée par Goodricke.
η d'Antinoüs. Période de 7 jours 4 heures 15 minutes, avec une variation de la quatrième à la cinquième grandeur..	Période reconnue et déterminée par Pigott.
κ d'Argo.	Période indéterminée.

J'ai cru devoir former moi-même ce tableau, en remontant autant que possible aux sources originales. Les détails que j'aurais pu extraire des ouvrages astronomiques les plus accrédités manquent, ce me semble, de précision, en se plaçant au point de vue historique. Dans certains cas, en effet, on a regardé comme ayant découvert l'étoile périodique, un observateur aux yeux duquel l'astre s'était offert comme une étoile nouvelle, un observateur qui ne se douta jamais qu'après s'être affaiblie l'étoile reviendrait à son premier éclat. Dans d'autres cas, au contraire, on a laissé entièrement de côté l'astronome qui avait reconnu, qui avait proclamé la périodicité, et tout l'honneur de la découverte a été attribué à celui dont les observations, combinées plus ou moins bien avec celles de ses prédécesseurs, ont donné pour la période le résultat numérique le plus exact. L'un et l'autre des deux systèmes peuvent être défendus par de bonnes raisons; mais il me semble juste de n'en point changer quand on fait son choix, de n'en point changer surtout dans une seule et même table de quelques lignes. Je n'encourrai pour ma part de reproche d'aucun côté, puisque tous les éléments constitutifs de la découverte complète se trouvent indiqués dans ma table et rapportés à qui de droit.

N'est-il pas étonnant qu'Hévélius ait souvent déterminé la distance angulaire de o de la Baleine à Algol, sans reconnaître la périodicité de cette dernière étoile? Avis à ceux qui s'interdisent toute incursion sur les champs déjà explorés par des hommes éminents.

J'emprunterai, du reste, au tome III du *Cosmos*, de mon illustre ami Alexandre de Humboldt, la liste des étoiles variables dressée par M. Argelander. Le zéro placé dans la colonne de l'éclat *minimum*, signifie que l'étoile est, à ce moment, au-dessous de la dixième grandeur. Les lettres du grand alphabet latin ont été données par M. Argelander aux petites étoiles variables qui avant lui n'avaient pas encore reçu de nom ni de signe. Les sept étoiles o de la Baleine, β de Persée, χ du Cygne, 30 de l'Hydre d'Hévélius, β de la Lyre, δ de Céphée, R de la Couronne, se retrouvent dans le tableau que j'ai dressé moi-même. L'étoile η de l'Aigle du tableau de M. Argelander n'est pas autre que celle que j'indique comme η d'Antinoüs. Les nombres des deux tableaux pour les durées des périodes montrent dans quelles limites peuvent varier des déterminations de cette nature faites par des astronomes différents.

Liste des étoiles variables, par *Argelander*.

Noms des étoiles.	Durée de la période.			Éclat au maximum.	minim.	Nom de l'auteur et date de la découverte.	
	jours	h.	m.	grandeur.	grand.		
ε de la Baleine...	331	20	"	4 à 2.1	0	Holwarda	1639
β de Persée......	2	20	49	2.3	4	Montanari	1669
χ du Cygne......	406	1	30	6.7 à 4	0	Kirch	1687
30 de l'Hydre (II.).	495	"	"	5 à 4	0	Maraldi	1704
R du Lion........	312	18	"	5	0	Koch	1782
η de l'Aigle......	7	4	14	3.4	5.4	Pigott	1784
β de la Lyre.....	12	21	45	3.4	4.5	Goodricke	1784
δ de Céphée......	5	8	49	4.3	5.4	Goodricke	1784
α d'Hercule......	66	8	"	3	3.4	W. Herschel	1795
R de la Couronne.	323	"	"	6	0	Pigott	1795
R de l'Écu.......	71	17	"	6.5 à 5.4	9 à 6	Pigott	1795
R de la Vierge....	145	21	"	7 à 6.7	0	Harding	1809
R du Verseau....	388	13	"	9 à 6.7	0	Harding	1810
R du Serpent.....	359	"	"	6.7	0	Harding	1826
S du Serpent.....	367	5	"	8 à 7.8	0	Harding	1828
R de l'Écrevisse..	380	"	"	7	0	Schwerd	1829
α de Cassiopée...	79	3	"	2	3.2	Birt	1831
α d'Orion........	196	0	"	1	1.2	J. Herschel	1836
α de l'Hydre.....	55	"	"	2	2.3	J. Herschel	1837
ε du Cocher.....		?		3.4	4.5	Heis	1846
ζ des Gémeaux...	10	3	35	4.3	5.4	Schmidt	1847
β de Pégase......	40	23	"	2	2.3	Schmidt	1848
R de Pégase......	350	"	"	8	0	Hind	1848
S de l'Écrevisse..		?		7.8	0	Hind	1848

CHAPITRE XVI

A QUI REVIENT L'HONNEUR D'AVOIR SIGNALÉ LE PREMIER LES ÉTOILES PÉRIODIQUES

La première observation qu'on ait faite d'une variation d'intensité sur une étoile périodique remonte à près
de deux siècles et demi.

Dans l'année 1596, le 13 août, David Fabricius aperçut au col de la Baleine une étoile de troisième grandeur, qui disparut en octobre de la même année.

En 1603, Bayer dessina au col de la Baleine, à la
place même où l'étoile de David Fabricius s'était éva-
nouie, une étoile de quatrième grandeur qu'il appela o
(omicron de l'alphabet grec).

Bayer n'ayant pas rapproché son observation, je veux
dire celle de la réapparition de o de la Baleine, de l'observation de disparition enregistrée par David Fabricius,
manqua l'occasion d'attacher son nom à une des belles
découvertes de l'astronomie moderne.

La découverte me semble appartenir à un savant hollandais, à Jean Phocylides Holwarda, professeur à
Franecker.

Cet astronome vit l'étoile de la Baleine au commencement de décembre 1638, pendant une éclipse de Lune.
Elle surpassait alors les étoiles de troisième grandeur.
Quand la lumière solaire l'effaça, elle était déjà descendue
jusqu'à la quatrième grandeur. Vers le milieu de l'été de
1639, Holwarda n'en put retrouver aucun vestige. Plus
tard, le 7 novembre 1639, il la revit à son ancienne place.

Phocylides Holwarda prouva ainsi, par ses seules observations, que des étoiles pouvaient être soumises à des alternatives périodiques de disparition et de réapparition.

Les observations de Holwarda furent suivies de celles de Fullenius, également professeur à Franecker. En 1641, l'étoile ne commença à devenir visible qu'à partir du 23 septembre. Un an après, le 23 septembre 1642, elle se voyait de nouveau. En août 1644, on n'en apercevait aucune trace. Jungius marquait l'étoile de troisième grandeur en février 1647, et la cherchait vainement de juillet à novembre 1648. Vinrent ensuite les observations assidues, détaillées, minutieuses, d'Hévélius. Une première suite embrassa l'intervalle compris entre les années 1648 et 1662. Elle est consignée dans le Mémoire intitulé : *Historiola miræ stellæ.* Pendant ces quinze années, l'étoile Admirable fut plusieurs fois de troisième grandeur et plusieurs fois invisible. La curieuse conséquence tirée des premières observations d'Holwarda se trouvait ainsi confirmée irrévocablement. Mira est aussi le nom donné à l'étoile du col de la Baleine, à cause des singulières variations de sa lumière. On l'appelle encore Mira Ceti, du nom latin de la Baleine.

CHAPITRE XVII

DÉTAILS SUR o DE LA BALEINE

Le temps nécessaire à l'accomplissement d'une période entière d'augmentation et de diminution d'intensité de o de la Baleine, est-il constant, et, dans ce cas, quelle en est la durée? Les augmentations et les diminutions se font-elles avec une égale rapidité? Combien de jours l'étoile reste-t-elle à son *maximum*, et combien de temps est-elle invisible? Dans ses *maxima* successifs, a-t-elle toujours le même éclat? Ces questions n'étaient presque pas posées, elles n'étaient pas du moins résolues quand Boulliaud les aborda en 1667.

A l'aide d'une discussion attentive, d'observations embrassant l'intervalle compris entre 1638 et 1660, l'auteur de l'*Astronomie philolaïque* trouva :

Pour le temps qui s'écoule entre deux éclats ou entre deux disparitions successives de o de la Baleine, 333 jours;

Pour la durée, à peu près invariable, de la plus grande clarté, environ 15 jours.

Boulliaud reconnut de plus que le moment où l'étoile, après sa disparition, commence à atteindre la sixième grandeur, est celui de la plus rapide variation d'intensité.

Il fut encore constaté :

Que l'étoile variable de la Baleine n'arrive pas aux mêmes grandeurs dans toutes ses périodes, qu'elle va quelquefois jusqu'à la deuxième grandeur, et que plus souvent elle s'arrête à la troisième;

Que la durée de son apparition est changeante; changeante à ce point que, dans certaines années, on a vu l'étoile pendant trois mois consécutifs seulement, et dans d'autres années pendant plus de quatre mois;

Que le temps de la période ascendante de la lumière n'est pas toujours égal au temps de la période descendante; que l'étoile emploie à aller de la sixième grandeur à son *maximum* d'intensité, tantôt plus et tantôt moins de temps que pour revenir, en s'affaiblissant, de ce *maximum* à la sixième grandeur.

J'ai cru devoir tracer l'histoire détaillée des découvertes faites dans le XVIIᵉ siècle touchant les changements périodiques d'intensité de certaines étoiles. Suivant moi, il régnait à ce sujet un peu de vague, de confusion, dans les meilleurs traités d'astronomie. Ce curieux phénomène excita vivement, et de bonne heure, l'attention d'Herschel. Le premier mémoire de l'illustre observateur qui ait été présenté à la Société Royale de Londres, et inséré dans les *Transactions philosophiques*, traite précisément des changements d'intensité de l'étoile o du col de la Baleine.

Ce mémoire était daté de Bath, mai 1780. Onze ans après, dans le mois de décembre 1791, Herschel communiqua une seconde fois à la célèbre Société anglaise les remarques qu'il avait faites en dirigeant quelquefois ses télescopes vers l'étoile mystérieuse. Aux deux époques, l'attention de l'observateur s'était principalement portée sur les valeurs absolues des *maxima* et des *minima* d'intensité. Les résultats avaient de l'importance.

Maxima.

En octobre 1779, l'étoile atteignit presque la première grandeur (elle surpassait α du Bélier et n'était que peu inférieure à Aldebaran).

En   1780, l'étoile ne s'éleva pas au-dessus de la troisième grandeur (son intensité égalait celle de δ de la Baleine).

En	1781, éclat un peu inférieur à celui de 1780 (restée toujours plus faible que δ de la Baleine).
En	1782, dans son *maximum*, o monta jusqu'à la deuxième grandeur (aussi brillante que β de la Baleine).
En	1783, pas tout à fait de troisième grandeur (moins brillante que δ de la Baleine).
En	1789, de troisième à deuxième grandeur (un tant soit peu plus vive que α du Bélier).
Le 21 oct.	1790, de deuxième à troisième grandeur (presque égale à α de la Baleine).

Minima.

Le 20 oct.	1777, invisible.
En	1783, invisible, même avec un télescope qui montrait les étoiles de dixième grandeur.
En	1784, Herschel l'observa avec son télescope de 6 mètres, à une époque où elle ne surpassait pas la huitième grandeur.

Durée des éclats.

En	1779, un mois entier.
En	1782, plus de vingt jours.

Il résulte du tableau précédent que l'étoile ne revient pas toujours au même éclat. (Cela se trouve déjà dans les anciennes observations, comme on l'a dit plus haut. Hévélius prétendait même que l'étoile était restée invisible depuis le mois d'octobre 1672 jusqu'au 3 décembre 1676.)

On savait que l'étoile s'éteignait ordinairement, aux époques de ses *minima*, pour l'astronome muni d'une lunette médiocre, et, à plus forte raison, pour celui qui étudiait le ciel à l'œil nu; mais il n'était pas démontré qu'elle dût également disparaître dans les plus puissants télescopes. Sous ce rapport, les observations d'Herschel offrent un véritable intérêt.

Les observations faites à Slough pendant les années 1779 et 1782 montreraient elles seules que les durées des éclats de o de la Baleine sont irrégulières ; mais cela ressort avec plus d'évidence encore de la comparaison des résultats anciens et modernes.

Herschel trouvait, comme je viens de le dire :

Des durées d'un mois entier (en 1779), et de plus de vingt jours (en 1782).

Boulliaud fixait cette durée à quinze jours seulement.

Suivant la discussion de Boulliaud, l'étoile variable de la Baleine employait 333 jours à revenir à son *maximum* d'éclat.

Jean-Dominique Cassini donna un jour de plus. Il supposa qu'entre le 13 août 1596, date de l'observation de Fabricius, et le 1er janvier 1678, date d'un éclat observé, il y avait eu 89 périodes entières. Divisant alors par 89 les 29,725 jours compris entre les deux dates, il trouva le quotient 334 jours, au lieu de 333 adopté avant lui.

Suivant Herschel, la période de 334 jours ne s'accorde pas avec les époques des éclats déterminées vers la fin du XVIIIe siècle, même en rapprochant le point de départ jusqu'au *maximum* observé en août 1703. Herschel croyait ne pouvoir parvenir à faire concorder raisonnablement les diverses dates de *maxima* inscrites dans les collections académiques, qu'à l'aide d'une période encore plus courte que celle de Boulliaud, et qu'il fixait à 331 jours. Cette courte période laisserait planer le soup-

çon d'erreurs très-considérables sur les observations de
1596 et de 1678, soit qu'on supposât entre ces deux
époques 89 ou 90 éclats. Il resterait à admettre que
l'intervalle compris entre deux retours de l'étoile à son
maximum d'intensité, n'est pas le même dans tous les
siècles; mais, en ce cas, pourquoi procéder par voie de
moyennes? pourquoi supposer dans les calculs une exactitude que le phénomène serait loin de comporter? pourquoi ne pas se borner à fixer la durée de la période
pour chaque époque, d'après les observations les plus
rapprochées possibles?

Des observations et des calculs de M. Argelander ont
présenté les phénomènes périodiques de o de la Baleine
sous un jour entièrement nouveau. Cet ingénieux astronome trouve que la durée de la période embrassant tous
les changements d'intensité de cette étoile est en moyenne
de 331 jours 15 heures 7 minutes, mais que cette durée
est assujettie à une variation en plus ou en moins embrassant 88 de ces périodes. Cette variation aurait pour effet
d'augmenter ou de diminuer alternativement de 25 jours
les retours successifs de l'étoile au même éclat.

CHAPITRE XVIII

ÉTOILE VARIABLE DE LA COURONNE

D'après M. Argelander, l'étoile variable découverte
par Pigott dans la Couronne change quelquefois si peu
d'intensité entre le *maximum* et le *minimum*, que l'œil
ne peut pas discerner avec certitude si cet astre est

arrivé à la première ou à la seconde de ces phases. Mais après quelques années de ces fluctuations à peine sensibles, les variations deviennent tellement considérables que l'étoile, dans son *minimum*, disparaît complétement.

CHAPITRE XIX

ÉTOILE VARIABLE D'HERCULE

La changeante de la Baleine n'est pas la seule étoile périodique dont William Herschel se soit occupé. Ses observations de 1795 à 1796 lui prouvèrent que α d'Hercule appartient aussi à la catégorie des étoiles variables; que dans son *maximum* d'éclat elle est de troisième grandeur, et dans son *minimum* de quatrième; qu'enfin la durée de la période, ou si l'on aime mieux, que le temps nécessaire à l'accomplissement de tous les changements d'intensité et au retour de l'étoile à un état donné est de 60 jours 1/4. Quand Herschel arriva à ce résultat, on connaissait déjà une dizaine d'étoiles changeantes, mais elles étaient toutes à très-longues ou à très-courtes périodes.

Selon M. Argelander, il arrive souvent que la lumière de α d'Hercule reste invariable des mois entiers; il pense qu'on doit porter à 66 jours 8 heures la durée de la période.

CHAPITRE XX

β DE LA LYRE

Les résultats de M. Argelander sur les phénomènes présentés par β de la Lyre diffèrent extrêmement de ceux de Goodricke. L'astronome de Bonn trouve que les retours de cette étoile au même éclat sont séparés par un intervalle de 12 jours 21 heures 53 minutes 10 secondes. Dans cette période de 12 jours, il y a deux *maxima* et deux *minima*. Dans les deux *maxima*, l'étoile est de troisième à quatrième grandeur, mais dans les *minima* elle est inégale. On expliquera l'énorme différence, la différence du simple au double, qu'on trouve entre le résultat de Goodricke et celui de M. Argelander, en admettant que l'observateur anglais, n'ayant pas reconnu le double changement d'éclat qui s'opère dans une période entière, a comparé les temps des passages de l'étoile par deux de ces éclats successifs, ce qui devait évidemment lui donner, non la durée de la période entière mais la durée d'une fraction de cette période. Dans l'un des *minima*, l'étoile est de quatrième à cinquième grandeur, dans l'autre son éclat est celui d'une étoile de quatrième à troisième grandeur. Ajoutons à ces circonstances curieuses que d'après les recherches de l'astronome de Bonn, la période semble avoir augmenté lentement depuis l'époque de sa découverte, en 1784, jusqu'à l'année 1840, et qu'à partir de cette dernière époque elle paraît avoir éprouvé une légère diminution.

CHAPITRE XXI

ALGOL

Algol de la tête de Méduse ou β de Persée est ordinairement de deuxième grandeur, quelquefois cette étoile s'affaiblit jusqu'à n'être plus que de quatrième; le passage d'un de ses éclats à l'autre s'effectue en trois heures et demie environ. L'intervalle de trois heures et demie ramène Algol de la quatrième à la seconde grandeur. Près du *maximum* et du *minimum*, le changement d'intensité de l'étoile s'opère lentement ; il est au contraire rapide à certaine époque intermédiaire entre les époques qui correspondent aux deux états extrêmes, je veux dire quand Algol, soit en diminuant, soit en augmentant, passe par la troisième grandeur.

Les variations d'intensité d'Algol, comme le tableau que j'ai précédemment donné (chap. xv, p. 387) l'indique, avaient été aperçues dès 1669 par Montanari et Maraldi. La détermination exacte de la période est due à Goodricke.

Il paraît résulter des observations et des calculs de M. Argelander, de Heis et de Schmidt que la durée de la période d'Algol a éprouvé une diminution depuis les plus anciennes observations jusqu'à l'époque actuelle ; que cette diminution n'est pas uniformément progressive, mais que maintenant elle va rapidement en augmentant. Il est probable que cette diminution dans la durée de la période est suivie pendant un certain temps d'une augmentation, et ainsi de suite périodiquement. Le *minimum* de la période de variation de la lumière d'Algol arriva, le 3 janvier 1844, à $4^h 5^m$, temps moyen de Paris.

CHAPITRE XXII

η D'ARGO

J'ai entendu souvent des lamentations portant sur ce que des phénomènes analogues à ceux de 1572 et 1604 ne se sont plus montrés depuis l'invention des lunettes, c'est-à-dire depuis qu'on a découvert les moyens de les observer minutieusement. Les regrets n'auraient plus aujourd'hui aucun fondement. Le ciel austral offre maintenant une étoile dont les variations laissent bien loin, par leurs singularités, tout ce que les astres temporaires de Tycho et de Kepler avaient présenté à ces deux grands observateurs. L'étoile dont je veux parler est η d'Argo.

J'emprunte les détails qu'on va lire à mon ami Alexandre de Humboldt.

« Dès 1677, Halley à son retour de l'île Sainte-Hélène, émettait des doutes nombreux sur la constance d'éclat des étoiles du Navire Argo ; il avait surtout en vue celles qui se trouvent sur le bouclier de la proue et sur le tillac dont Ptolémée a indiqué les grandeurs. Mais l'incertitude des désignations anciennes, les nombreuses variantes des manuscrits de l'Almageste, et surtout la difficulté d'obtenir des évaluations exactes sur l'éclat des étoiles, ne permirent point à Halley de transformer ses soupçons en certitude. En 1677, Halley rangeait η d'Argo parmi les étoiles de quatrième grandeur ; en 1751 Lacaille la trouvait déjà de deuxième grandeur. Plus tard, elle reprit son faible éclat primitif, puisque Burchell la vit de quatrième

grandeur, pendant son séjour dans le sud de l'Afrique
(de 1811 à 1815). Depuis 1822 jusqu'en 1826, elle
fut de deuxième grandeur pour Fallous et Brisbane
(Nouvelle-Hollande) ; Burchell, qui se trouvait, en 1827
à San-Paulo, au Brésil, la trouva de première grandeur et presque égale à α de la Croix. Un an plus
tard, elle était revenue à la deuxième grandeur. C'est à
cette classe qu'elle appartenait, quand Burchell l'observait à Goyaz, le 29 février 1828 ; c'est sous cette grandeur que Johnson et Taylor l'inscrivirent dans leurs catalogues de 1829 à 1833 ; et quand sir John Herschel alla
observer au cap de Bonne-Espérance, il la plaça constamment, de 1834 à 1837, entre la deuxième et la première grandeur.

« Mais le 16 décembre 1837, pendant que cet illustre
astronome s'apprêtait à mesurer l'intensité de la lumière
émise par l'innombrable quantité des petites étoiles de
onzième à seizième grandeur qui forment autour de
η d'Argo une magnifique nébuleuse, son attention fut
attirée par un phénomène étrange ; η d'Argo, qu'il avait
si souvent observée auparavant, avait augmenté d'éclat
avec tant de rapidité qu'elle était devenue égale à α du
Centaure ; elle surpassait d'ailleurs toutes les autres
étoiles de première grandeur, sauf Canopus et Sirius.
Cette fois elle atteignit son maximum vers le 2 janvier 1838. Bientôt elle s'affaiblit, elle devint inférieure
à Arcturus, tout en restant encore, vers le milieu
d'avril 1838, plus brillante qu'Aldebaran. Elle continua
à décroître jusqu'en mars 1843, sans tomber cependant
au-dessous de la première grandeur ; puis elle augmenta

de nouveau, surtout en avril 1843, et avec une rapidité
telle, que, d'après les observations de Mackay, à Calcutta,
et celles de Maclear, au Cap, ʐ d'Argo surpassait Canopus
et devint presque égale à Sirius. L'étoile a conservé cet
éclat extraordinaire jusqu'au commencement de l'année
1850. Un observateur distingué, le lieutenant Gilliss, chef
de l'expédition astronomique que les États-Unis ont
envoyée au Chili, écrivait de Santiago, en février 1850 :
« Aujourd'hui ʐ d'Argo avec sa couleur d'un rouge jaunâtre, plus sombre que celle de Mars, se rapproche
extrêmement de Canopus pour l'éclat ; elle est plus brillante que la lumière réunie des deux composantes de α du
Centaure. »

Ainsi, les rapides changements d'intensité de ʐ d'Argo
durent depuis sept ans sans qu'on soit encore parvenu
à les enchaîner par une loi simple et régulière.

Les tables que j'ai données précédemment (chap. xv,
p. 386, 387, 389) sont loin de renfermer toutes les étoiles
dans lesquelles on a reconnu des changements périodiques d'éclat ; nous devons ajouter que plusieurs des étoiles
que nous avons rangées dans la série des astres qui ont
disparu seront peut-être classées un jour parmi les étoiles
périodiques.

CHAPITRE XXIII

EXPLICATION DES CHANGEMENTS D'INTENSITÉ DANS LES ÉTOILES VARIABLES

La première, la plus ancienne des explications relatives aux changements d'intensité remarqués dans les

étoiles variables, celle de Boulliaud, consiste à supposer
que les étoiles changeantes ne sont pas également lumineuses dans toute l'étendue de leur surface, et qu'elles
tournent sur elles-mêmes de manière à présenter successivement à la Terre des hémisphères entièrement lumineux
et des hémisphères plus ou moins parsemés de taches
obscures. Dans un mémoire de dix-neuf pages, publié en
1667, Boulliaud fait de o de la Baleine un globe doué d'un
mouvement de rotation régulier et continuel autour d'un
de ses diamètres. En ajoutant à cette première donnée
la supposition que le globe est obscur sur la plus grande
partie de sa surface et lumineux dans le reste, l'astronome français croyait pouvoir satisfaire à toutes les conditions des phases.

Suivant une autre explication, l'étoile n'aurait nullement besoin d'être douée d'un mouvement de rotation.
Ses éclipses totales ou partielles, ses changements apparents d'intensité, seraient l'effet de l'interposition plus
ou moins complète, entre l'astre périodique et la Terre,
de quelque corps opaque circulant autour de cet astre
comme les planètes de notre système circulent autour
du Soleil.

Enfin, d'après une conjecture de Maupertuis, dans le
nombre infini des étoiles il s'en trouve de très-aplaties
ou de semblables à des meules; elles se présentent à
nous, tantôt par la tranche et tantôt par la large surface,
ce qui suffit amplement, suivant le littérateur astronome,
à l'explication de leur changement d'éclat.

Les trois suppositions peuvent également satisfaire à
l'ensemble des phénomènes observés. En est il de même

des détails? Or les détails sont la pierre de touche des
théories. C'est aux détails qu'il faut aujourd'hui s'élever
dans la question des étoiles changeantes, c'est par des
observations d'intensité faites chaque jour, à de courts
intervalles, qu'on reconnaîtra s'il ne serait pas indispensable, suivant les cas, de varier l'explication, de choisir
tantôt celle-ci, tantôt celle-là, tantôt leur combinaison;
si les phénomènes n'impliquent point des changements
considérables et rapides, soit dans la position des pôles
de rotation des étoiles, soit dans la situation des plans
contenant les orbites des planètes opaques qui circulent
autour d'elles, etc. C'est surtout en vue des changements
périodiques que M. Argelander a reconnus dans les durées
des périodes, que ces diverses suppositions devront être
examinées.

M. Hind a appelé l'attention des astronomes sur ce
fait, que les étoiles variables, surtout les plus faibles,
ont généralement une couleur rouge. N'y aurait-il pas
quelque liaison entre cette remarque et l'observation faite
par le même astronome, que les étoiles variables, au
moment de leur minimum d'éclat, paraissent entourées
d'une espèce de brouillard? En supposant l'existence de
ce brouillard bien constatée, on serait sur la voie de
l'explication de ces singuliers phénomènes. Peut-être
arriverait-on à la conséquence que les variations d'intensité d'une étoile sont dues non plus à une planète complétement opaque circulant autour de l'étoile, mais à des
nuages cosmiques qui par un semblable mouvement de
révolution viendraient successivement s'interposer entre
ces astres et la Terre.

CHAPITRE XXIV

IMPORTANCE DE L'OBSERVATION DES ÉTOILES CHANGEANTES

En écrivant une histoire si détaillée des étoiles variables, je me suis proposé, autant qu'il était en moi, d'appeler sur cet objet l'attention des amateurs d'astronomie. J'ai désiré signaler à leur attention une mine
très-riche dont les astronomes de profession, distraits
par d'autres travaux, ne se sont guère occupés, et qui
me semble pouvoir être exploitée sans le secours d'aucun
grand instrument : une lunette commune doit suffire. Il
n'en faudra pas davantage pour pénétrer dans des régions
qui se rattachent intimement à ce que les sciences modernes offrent de plus grand et de plus profond. De
courtes explications justifieront ces paroles; elles mon-
treront à quel point on se tromperait en considérant
l'étude des variations de lumière de certaines étoiles
comme un simple objet de curiosité.

CHAPITRE XXV

LES RAYONS DE DIFFÉRENTES COULEURS SE MEUVENT DANS LES
ESPACES CÉLESTES AVEC LA MÊME VITESSE

La lumière blanche est composée de rayons de différentes couleurs. Ces rayons se meuvent-ils dans l'espace
avec la même vitesse? On citerait difficilement une question de physique dont la solution puisse conduire à des
conséquences plus nettes sur la constitution des espaces

célestes. Les observations des étoiles périodiques permettent de la résoudre complétement.

En effet, sans nous occuper pour le moment de la cause
physique qui détermine les changements d'intensité de
l'étoile o de la Baleine, nous pouvons affirmer avec certitude qu'à certaines époques cette étoile nous envoie beaucoup de lumière; qu'à d'autres époques, elle ne nous
envoie rien, ou presque rien ; qu'enfin, le passage de ce
dernier état au premier se fait graduellement et avec
assez de rapidité.

L'étoile qui, aujourd'hui je suppose, n'envoie aucun
rayon à la Terre, deviendra quelque temps après luisante.
Alors elle nous lancera des rayons blancs, puisque sa
teinte naturelle est blanche ; autrement dit, qu'on me
passe l'assimilation, elle nous dépêchera simultanément
et à chaque instant, *sept courriers* de diverses couleurs.
Si le courrier rouge est le plus rapide, ce sera lui qui
arrivera le premier pour témoigner de la réapparition de
l'étoile; la réapparition se fera donc avec une teinte
rouge. Cette teinte se modifiera à mesure que les autres
couleurs prismatiques, orangées, jaunes, vertes, bleues,
indigo, violettes, arriveront à leur tour et iront se mêler
au rouge qui les avait précédées. Le mélange du rouge
et de l'orangé; celui de ces deux premières couleurs et
du jaune; la couleur qui résulte des trois précédentes
unies au vert; le résultat de la combinaison des quatre
couleurs les moins réfrangibles, d'abord avec le bleu
seul; ensuite, avec le bleu et l'indigo ; enfin, avec le
bleu, l'indigo et le violet, ce qui constitue le blanc,
voilà quelles seront les teintes successives d'une étoile

naissante. Les choses se reproduiront dans l'ordre inverse pendant l'affaiblissement.

Si tels doivent être en général les phénomènes de l'apparition et de la disparition d'une étoile périodique blanche, dans le cas où les rayons de diverses couleurs se meuvent avec différentes vitesses, il n'est pas moins évident que si le rouge, le vert, le violet, etc., traversent l'espace avec une égale rapidité, l'étoile variable restera constamment blanche, depuis sa première apparition jusqu'au maximum d'intensité, et, pendant la période décroissante, depuis le maximum d'intensité jusqu'à la disparition.

Entre des phénomènes si dissemblables, qu'a statué l'observation?

Depuis qu'il me vint à la pensée que les étoiles variables seraient un moyen de trancher la question, si controversée, de l'égalité ou de l'inégalité de vitesse des rayons lumineux de diverses couleurs, j'ai souvent examiné des étoiles périodiques blanches dans tous leurs degrés d'intensité, sans y remarquer de coloration appréciable. Je me suis assuré en outre, qu'aucun des astronomes modernes voués à ce genre de recherches, n'a mentionné de colorations réelles dans les phases d'une étoile périodique quelconque. Les témoignages sont d'autant plus précieux qu'en faisant leurs observations, Maraldi, Herschel, Goodricke, Pigott, etc., ne songeaient nullement au parti qu'on pourrait en tirer pour résoudre les questions relatives à la vitesse de la lumière des divers rayons du spectre.

Ce ne serait pas ici le lieu de déterminer numériquement le degré de précision auquel cette méthode permettrait d'arriver avec telle ou telle étoile changeante; il me suffira de dire que cette précision est très-grande, et d'indiquer des applications singulières qu'on peut faire du résultat.

Au nombre des questions qui peuvent être abordées à l'aide des observations des étoiles changeantes, je n'en citerai que deux :

I. La détermination de la limite de densité que la matière remplissant les espaces célestes ne saurait dépasser.

II. Les observations des éclipses des satellites de Jupiter ont fait reconnaître la vitesse de la lumière du Soleil réfléchie sur la matière de ces satellites ; avec quelques perfectionnements dans la mesure de l'intensité de la lumière des étoiles, on pourra arriver à une détermination directe de la vitesse de la lumière d'une étoile changeante indépendante du phénomène de l'observation. Je m'occuperai de cette dernière question dans le livre que je consacre à l'histoire de la détermination de la vitesse de la lumière; je ne traiterai ici que celle qui est relative à la densité de l'éther.

CHAPITRE XXVI

LIMITE SUPÉRIEURE DE LA DENSITÉ DE L'ÉTHER

Dans le système newtonien de l'émission, le seul que je considérerai pour le moment, les rayons lumineux de diverses couleurs traversent les corps diaphanes solides, liquides ou gazeux avec des vitesses différentes. Dans le vide les rayons rouges sont toujours les plus rapides ; les rayons violets toujours les plus lents ; les orangés, les jaunes, les verts, les bleus, les indigos, ont toujours des vitesses intermédiaires entre celles des rayons rouges et des rayons violets.

La différence de vitesse entre les divers rayons du spectre n'est pas constante ; elle varie avec la nature, avec la densité des milieux traversés.

Les espaces célestes, tout le monde en convient, sont remplis d'une matière très-rare. Assimilons cette matière, quant à ses propriétés réfringentes, aux gaz terrestres dans lesquels les rayons rouges et les rayons bleus, par exemple, ont les vitesses les moins dissemblables. Cherchons ensuite quelle devrait être la *densité de ce gaz* pour que deux rayons, l'un rouge et l'autre bleu, partis en même temps d'une étoile changeante arrivassent à la Terre *à peu près* simultanément, malgré la prodigieuse épaisseur de la matière traversée, malgré la durée du trajet qui ne saurait être au-dessous de trois ans ; la solution de ce simple problème de physique étonnera l'imagination par sa petitesse.

Déterminer à l'aide d'un simple phénomène de coloration, la limite supérieure de la densité que peut avoir l'éther répandu dans les espaces célestes, m'a paru une chose assez curieuse pour justifier cette digression.

CHAPITRE XXVII

ÉTOILES NOUVELLES OU TEMPORAIRES

Nous rangeons sous le titre d'étoiles nouvelles les étoiles qui, après s'être montrées presque subitement avec un certain éclat, ont disparu ensuite graduellement, et qui ne se sont pas montrées depuis, quoiqu'il se soit écoulé depuis leur apparition un grand nombre de siècles.

Pline raconte qu'une étoile nouvelle, qui se montra du temps d'Hipparque, donna à ce grand astronome la première idée d'exécuter un catalogue, ou un dénombrement des étoiles qui, de son temps, étaient visibles dans le firmament.

Pendant longtemps on a regardé ce récit comme une historiette faite à plaisir, mais depuis que nos sinologues ont pénétré plus avant dans la littérature chinoise, on a dû revenir de ce premier jugement. Édouard Biot a trouvé, en effet, dans la collection de Ma-tuan-lin qu'en l'année 134 avant notre ère, les Chinois observaient une étoile nouvelle dans la constellation du Scorpion.

L'année de cette apparition a précédé de six ans celle qu'on assigne généralement à la confection du catalogue d'Hipparque.

Voici les dates des apparitions de quelques étoiles temporaires rapportées par divers historiens :

130 ans après J.-C. : Étoile nouvelle qui se montra sous l'empereur Adrien.

De 388 à 398 : Étoile nouvelle aperçue vers l'Aigle au temps de l'empereur Honorius.

ix° siècle : Étoile immense observée par Albumazar au 15° degré du Scorpion.

945 : Étoile observée sous l'empereur Othon I⁰ⁱ entre Cassiopée et Céphée.

1264 : Étoile qui se montra aussi près de Cassiopée.

1572 : Célèbre étoile nouvelle dans Cassiopée, assidument observée par Tycho-Brahé.

1604 : Étoile nouvelle dans le Serpentaire, observée par Kepler, Galilée, etc.

1670 : Étoile nouvelle découverte dans le Cygne par le père Anthelme.

Les circonstances qui accompagnent les apparitions de ces astres nouveaux ont été minutieusement décrites quant à l'étoile de 1572 par Tycho, et quant à celles de l'étoile de 1604 par Galilée et surtout par Kepler. Nous allons les faire connaître, car elles peuvent conduire à des conjectures plausibles sur la constitution de l'univers.

CHAPITRE XXVIII

ÉTOILE NOUVELLE DE 1572

Tycho s'exprime en ces termes; je les emprunte au *Cosmos*, t. III :

« Lorsque je quittai l'Allemagne pour retourner dans les îles Danoises, je m'arrêtai dans l'ancien cloître admirablement situé d'Herritzwaldt, appartenant à mon oncle Sténon Bille, et j'y pris l'habitude de rester dans mon laboratoire de chimie jusqu'à la nuit tombante. Un soir que je considérais, comme à l'ordinaire, la voûte

céleste dont l'aspect m'est si familier, je vis avec un
étonnement indicible, près du zénith, dans Cassiopée,
une étoile radieuse d'une grandeur extraordinaire. Frappé
de surprise, je ne savais si j'en devais croire mes yeux.
Pour me convaincre qu'il n'y avait point d'illusion, et
pour recueillir le témoignage d'autres personnes, je fis
sortir les ouvriers occupés dans mon laboratoire, et
je leur demandai, ainsi qu'à tous les passants, s'ils
voyaient comme moi l'étoile qui venait d'apparaître tout
à coup. J'appris plus tard qu'en Allemagne, des voitu-
riers et d'autres gens du peuple avaient prévenu les
astronomes d'une grande apparition dans le ciel, ce qui
a fourni l'occasion de renouveler les railleries accoutu-
mées contre les hommes de science.

« L'étoile nouvelle était dépourvue de queue ; aucune
nébulosité ne l'entourait ; elle ressemblait de tous points
aux autres étoiles ; seulement elle scintillait encore plus
que les étoiles de première grandeur. Son éclat surpassait celui de Sirius, de la Lyre et de Jupiter. On ne pouvait le comparer qu'à celui de Vénus quand elle est le
plus près possible de la Terre. (Alors un quart de sa surface est éclairé pour nous.) Des personnes pourvues
d'une bonne vue pouvaient distinguer cette étoile pendant
le jour, même en plein midi, quand le ciel était pur. La
nuit, par un ciel couvert, lorsque toutes les autres étoiles
étaient voilées, l'étoile nouvelle resta plusieurs fois visible
à travers des nuages assez épais. Les distances de cette
étoile à d'autres étoiles de Cassiopée, que je mesurai
l'année suivante avec le plus grand soin, m'ont convaincu
de sa complète immobilité. A partir du mois de décembre

1572, son éclat commença à diminuer; elle était alors
égale à Jupiter. En janvier 1573, elle devint moins brillante que Jupiter. Voici le résultat de mes comparaisons
photométriques : en février et mars, égalité des étoiles
du premier ordre; en avril et mai, éclat des étoiles de
deuxième grandeur; en juillet et août, de troisième; en
octobre et novembre, de quatrième grandeur. Vers le
mois de novembre, l'étoile nouvelle ne surpassait pas la
onzième étoile située dans le bas du dossier du trône de
Cassiopée. Le passage de la cinquième à la sixième grandeur eut lieu de décembre 1573 à février 1574. Le mois
suivant, l'étoile nouvelle disparut sans laisser de trace
visible à la simple vue, après avoir brillé dix-sept mois. »

Dans les premiers temps de l'apparition de cette étoile,
lorsqu'elle égalait en éclat Vénus et Jupiter, elle resta
blanche pendant deux mois; elle passa ensuite au jaune,
puis au rouge. Pendant l'hiver de 1573, Tycho la compare
à Mars, puis il la trouve presque semblable à l'étoile
de l'épaule droite d'Orion (Bételgeuze ou α d'Orion).
Il lui trouvait surtout de l'analogie avec la couleur rouge
d'Aldebaran. Au printemps de 1573, principalement vers
le mois de mai, la couleur blanchâtre reparut, elle resta
ainsi en janvier 1574, de cinquième grandeur et blanche,
mais d'une blancheur moins pure; elle scintillait avec
une vivacité extraordinaire pour sa grandeur; enfin elle
conserva les mêmes apparences jusqu'à sa disparition
totale en mars 1574.

CHAPITRE XXIX

ÉTOILE DE 1604

Venons à l'étoile de 1604, et examinons si elle se montra subitement et combien de temps elle fut visible.

Le 10 octobre 1604, J. Brunowickius, amateur de météorologie à Prague, la voit un instant et l'annonce à Kepler.

Le 10	—	Magini l'aperçoit.
Le 10	—	Roeslin *id.*
Le 13	—	Fabricius, de Frise, commence à l'observer.
Le 13	—	Juste Byrge, *id.*
Le 14	—	Mæstlin l'aperçoit.
Le 17	—	Les nuages s'étant dissipés, Kepler l'observe.

Dès le jour de son apparition, le 10 octobre 1604, elle était blanche.

Elle surpassait les étoiles de première grandeur et aussi Mars, Jupiter et Saturne, dont elle se trouvait voisine.

Plusieurs la comparaient à Vénus, mais Kepler regardait Vénus comme plus intense.

Ceux qui avaient vu l'étoile de 1572 trouvaient que la nouvelle la surpassait en éclat.

Elle ne parut éprouver aucun affaiblissement dans la seconde moitié du mois d'octobre.

Le 9 novembre, la lumière crépusculaire qui effaçait Jupiter, n'empêchait pas de voir l'étoile.

Le 16 novembre, Kepler l'aperçut pour la dernière fois ; mais à Turin, lorsqu'elle reparut à l'orient, à la fin de décembre et au commencement de janvier, sa lumière s'était affaiblie; elle surpassait certainement Antarès, mais n'égalait pas Arcturus.

Le 20 mars 1605, plus petite en apparence que Saturne, elle surpassait notablement les étoiles de troisième grandeur d'Ophiuchus.

Le 21 avril, elle parut égale à l'étoile luisante du genou d'Ophiuchus, de troisième grandeur.

Le 12 et le 14 août, elle est égale à l'étoile de quatrième grandeur de la jambe.

Le 13 septembre, on la trouve plus petite que l'étoile de la jambe.

Le 8 octobre, elle est visible encore, mais difficilement, à cause de la lumière crépusculaire.

En mars 1606, elle est devenue entièrement invisible.

La disparition complète de l'étoile nouvelle de 1604 eut donc lieu entre le milieu d'octobre 1605 et le milieu de mars 1606. Plaçant par interpolation ce phénomène au commencement de janvier 1606, nous aurons environ quinze mois pour la durée de l'apparition de l'étoile nouvelle du Serpentaire.

CHAPITRE XXX

ÉTOILES DE 1670 ET DE 1848

En 1670, le père Anthelme aperçut dans la tête du Renard, assez près de β du Cygne, une étoile nouvelle, laquelle, circonstance singulière, parut s'éteindre et ensuite se ranimer plusieurs fois avant de disparaître entièrement. Depuis cette époque, on n'en a aperçu aucune trace.

Dans ce qui précède, nous avons enregistré au nombre des étoiles nouvelles seulement ceux de ces astres qui, par leur éclat, frappaient tous les yeux. En descendant aux étoiles beaucoup moins brillantes, notre catalogue pourrait être notablement augmenté; nous pourrions dire, par exemple, que, dans la nuit du 28 avril 1848, M. Hind aperçut une étoile de cinquième à quatrième grandeur dans une région d'Ophiuchus, dont les coordonnées étaient à cette époque de 16ʰ 50ᵐ 59ˢ d'ascension droite et 12° 39′ 16″ de déclinaison australe.

L'habile astronome croit pouvoir assurer qu'avant cette observation aucun astre jusqu'à la dixième grandeur n'existait en cet endroit. Depuis le moment de sa découverte l'étoile continua à diminuer sans changer de place, et avant que la saison rendît les observations impossibles, elle avait à peu près disparu; sa couleur était rougeâtre. Cette couleur rougeâtre dans les très-petites étoiles variables, est assez ordinaire, mais on pourrait citer de nombreux exemples du contraire.

CHAPITRE XXXI

DES DIVERSES EXPLICATIONS DONNÉES DES ÉTOILES NOUVELLES

Lorsque l'étoile nouvelle (je ne dis pas périodique) et si brillante de 1572, fit inopinément et brusquement son apparition dans Cassiopée, la doctrine peripatéticienne de l'incorruptibilité des cieux n'était pas aussi judaïquement admise qu'on l'a supposé. Plusieurs astronomes, entre autres Tycho-Brahé, soutinrent, en effet, que cette étoile

était le résultat de la récente agglomération d'une portion de la matière diffuse répandue dans tout l'univers ;
ils la considéraient comme une création nouvelle. Ce qui
semblait confirmer la conjecture de Tycho, c'est que
toutes les étoiles nouvelles dont les historiens font mention avaient apparu ou dans la voie lactée, ou très-près
des limites occidentales de cette bande lumineuse.

Des scrupules scolastiques et religieux éloignèrent
beaucoup d'astronomes de l'opinion professée par Tycho.
Les cieux, disaient-ils, ont été créés tout d'un coup dans
leur entière perfection : rien ne s'y modifie, rien n'y
éprouve de transformation. L'étoile appelée nouvelle était
donc aussi ancienne que le monde. En soi, elle ne brillait pas plus dans l'année 1572 qu'aux époques antérieures ; seulement à ces époques de non-visibilité, l'étoile
était considérablement plus éloignée de la Terre. Pour
devenir visible, éclatante, il avait suffi qu'elle se rappro-
chât beaucoup. Elle s'était ensuite graduellement affaiblie
jusqu'à la disparition totale, en retournant à sa première
place. Ces mouvements, d'abord vers la Terre et plus tard
en sens opposé, s'étaient effectués exactement en ligne
droite, puisque dans les seize mois que durèrent les observations, l'étoile nouvelle conserva rigoureusement la
même position au milieu des étoiles anciennes qui l'en-
touraient.

Je viens d'expliquer comment Jérôme Fracastor, comment J. Dee, comment Elie Camerarius rendaient compte
de l'apparition et de la disparition de l'étoile de Cassiopée.
Tycho croyait opposer aux idées de ses contemporains
une objection entièrement décisive, en disant : « Le

mouvement en ligne droite n'est pas naturel aux corps célestes. » Mais il faut observer que les phénomènes n'impliquaient pas un déplacement de l'étoile mathématiquement rectiligne. En substituant à la ligne droite une orbite elliptique très-allongée, une orbite courbe dont l'axe transversal serait assez petit pour devenir insensible à la distance de l'étoile à la Terre, il n'y aurait en effet rien de changé dans les apparences, et l'objection de Tycho s'évanouirait.

Ceux-là soulevaient une difficulté plus grave qui disaient : L'étoile se trouve à très-peu près dans les mêmes conditions quand elle se rapproche de la Terre et quand elle s'en éloigne ; les deux excursions doivent être faites avec des vitesses égales. Il n'y a aucune cause qui ait pu rendre la période d'augmentation d'intensité, différente de la période de décroissement. Or, l'étoile de Cassiopée, après s'être montrée tout à coup, employa douze mois à descendre de la première à la septième grandeur. Cette seule remarque renverse de fond en comble l'explication tirée de prétendus changements de distance, du moins pour ceux qui croient que l'étoile se montra tout à coup, pour ceux qui admettent qu'une étoile nouvelle de troisième et de deuxième grandeur, n'aurait pas échappé des semaines entières, même à des astronomes non avertis de son apparition.

Si les astronomes du temps de Tycho avaient connu la vitesse de la lumière et pu porter dans leurs observations de parallaxe, la précision dont les modernes se vantent avec raison, ils auraient sans doute déduit de l'hypothèse d'un changement de distance, considérée comme un moyen de rendre compte des variations d'intensité de l'étoile de 1572, des conséquences devant lesquelles, suivant moi, les plus hardis auraient reculé. Le lecteur va en juger.

L'étoile de 1572 se trouvant dans la région des étoiles ordinaires, sa distance à la Terre était au moins égale à celle que la lumière parcourt en trois ans.

En point de fait, au moment de sa brusque apparition et plusieurs mois après, l'étoile nouvelle surpassait les plus brillantes étoiles de première grandeur anciennement connues. Pour qu'une étoile de première grandeur devienne de seconde en s'éloignant directement de la Terre, il faut, nous l'avons prouvé (chap. v, p. 361), qu'elle ait cheminé d'une quantité égale à sa distance primitive. Ainsi l'étoile de première grandeur de 1572 ne se serait affaiblie jusqu'au deuxième ordre qu'après avoir rétrogradé d'un nombre de lieues au moins égal à celui que la lumière franchit en trois ans. Six ans au moins, se seraient écoulés entre le dernier jour de la période durant laquelle l'étoile brilla de tout son éclat, et le premier jour où on ne l'aurait plus vue que de seconde grandeur, « quand même la vitesse de translation de l'étoile eût été égale à celle de la lumière. » Il aurait fallu, en effet, trois ans pour le passage de l'étoile de la position de première à la position de seconde grandeur, et trois ans pour le trajet de la lumière entre cette seconde position et la première. En maintenant toujours la même supposition sur la vitesse du corps volumineux de l'étoile, le passage de la deuxième grandeur à la troisième aurait exigé un nouvel intervalle de six ans, et ainsi de suite jusqu'à la septième grandeur.

En résumé, l'astre du milieu de novembre 1572, s'éloignant de la Terre avec la vitesse de la lumière, n'aurait passé, par l'effet de son changement de distance, d'une grandeur à la grandeur suivante qu'en six ans; il eût employé trente-six ans entiers à descendre de la première à la septième grandeur. Rapprochons ces calculs des résultats des observations.

En mars 1573, l'étoile nouvelle de Cassiopée était encore de première grandeur.

Un mois après, en avril 1573, elle était déjà descendue à la deuxième grandeur.

Vainement, pour expliquer une si rapide variation d'intensité à l'aide d'un simple changement de distance, aurait-on doué l'étoile d'une vitesse plus grande que la vitesse de la lumière, ou, si l'on veut, d'une vitesse infinie. Cette dernière supposition elle-même ne réduirait que de moitié les nombres trouvés.

Il est sans doute inutile de pousser ces considérations plus loin. J'ajouterai seulement un fait en faveur de ceux que de semblables calculs peuvent intéresser. L'étoile nouvelle de première grandeur en mars 1573, était descendue à la septième grandeur en mars 1574; alors, en effet, aucun astronome ne la voyait plus à l'œil nu.

Lorsque Cardan soutenait que l'étoile nouvelle de 1572 était celle qui se montra aux Mages et les conduisit à Bethléem; lorsque Théodore de Bèze, embrassant la même hypothèse, ajoutait que cette apparition annonçait le second avénement du Christ, comme l'apparition biblique avait précédé le premier, ils faisaient l'un et l'autre de *l'astrologie* et non de l'astronomie. Je puis donc m'en tenir à cette simple mention d'une si étrange aberration de deux esprits supérieurs.

J'aurais presque le droit de qualifier avec la même sévérité le système que Vallesius Covarrobianus imagina pour expliquer comment l'étoile nouvelle pouvait avoir existé, depuis l'origine des choses, dans la place même qu'elle occupait en 1572, et être devenue subitement si brillante, tout en restant au fond très-petite. Cet auteur prétendait que l'éclat extraordinaire, exceptionnel de l'étoile, avait été l'effet de l'interposition d'une partie plus dense de quelque *orbe* céleste.

Ainsi les orbes solides emboîtés les uns dans les autres, les sphères de cristal des anciens, se présentaient encore comme une réalité à l'esprit des astronomes de la fin du XVIᵉ siècle. Si je comprends bien la pensée de Covarrobianus, les orbes, dans leurs points de renflement, auraient agi comme les lentilles de nos phares, en empêchant les rayons de l'étoile de diverger, en les ramenant au parallélisme, et les jetant dans cet état jusqu'aux dernières limites de l'espace. Enlevait-on vraiment quelque chose au ridicule de la conception, en remplaçant, avec divers auteurs, le renflement de la sphère cristalline par un amas lenticulaire de vapeurs?

De toutes les causes auxquelles il était possible de recourir pour expliquer les apparitions, les disparitions de certaines étoiles et leurs changements graduels d'intensité, celle qui consistait à doter ces astres de faces diversement lumineuses, et de mouvements de rotation autour de leur centre, aurait dû, suivant nos idées, s'offrir la première et le plus naturellement à l'esprit des

astronomes du xvi⁰ siècle. Pourquoi n'en fut-il pas ainsi?
La réponse à cette question n'est pas difficile à trouver.
Avant le commencement du xvii⁰ siècle, avant la découverte des lunettes, on n'avait aperçu ni les taches du
Soleil, ni les taches beaucoup plus faibles qui se montrent
quelquefois à la surface des planètes, aucun astre ne
s'était donc offert encore aux yeux des astronomes avec
un mouvement de rotation sur son centre. Copernic, il
est vrai, dans son mémorable traité *de Revolutionibus*,
faisait tourner la Terre; mais l'assimilation, sous un
pareil rapport, de notre globe au Soleil ou aux étoiles
était une de ces témérités que les hommes de génie ont
seuls le droit de se permettre.

Ce que je viens de nommer une témérité, se trouve en
toutes lettres dans la dissertation que Kepler publia à
l'occasion de l'étoile nouvelle de 1604 : « Il est croyable,
disait le grand astronome, que toutes les planètes *et les
fixes* tournent autour de leurs axes. » Plus tard, en 1609,
il étendit sa conjecture au Soleil. Le xxxii⁰ chapitre de
l'immortel ouvrage *de Motibus stellæ Martis* renferme ce
passage : « Le corps du Soleil est magnétique, il tourne
autour de lui-même. »

La glace était alors rompue. Les lunettes allaient
d'ailleurs vérifier les prédictions de Kepler et mettre définitivement les astronomes en possession d'un nouveau
moyen d'expliquer certains phénomènes du ciel étoilé.
Cependant cinquante années s'écoulèrent avant qu'ils
songeassent à en faire usage.

Pour rendre compte de l'apparition des étoiles de
1572 et de 1604, sans enfreindre la maxime de l'incor-

ruptibilité des cieux, sans regarder ces étoiles comme des créations nouvelles, Riccioli supposa (*Almagestum novum*, 1651) qu'il existe au firmament certaines étoiles qui, de toute éternité, sont lumineuses seulement dans une moitié de leur surface et obscures dans l'autre moitié. Bérose le Chaldéen avait déjà constitué la Lune de cette manière, à l'occasion d'une explication absurde des phases. Riccioli ajoutait : « Quand Dieu veut montrer aux hommes quelques signes extraordinaires, il fait tourner brusquement une de ces étoiles sur son centre ; par une semblable révolution, l'étoile se dérobe à nos regards soit subitement, soit seulement peu à peu, comme la Lune dans son décours, suivant les circonstances du mouvement. »

Après avoir tant hésité à recourir à des mouvements de rotation pour expliquer les changements d'intensité réguliers et rapides qu'offrent les étoiles périodiques, on est allé jusqu'à faire dépendre de la même cause les apparitions des étoiles nouvelles. Ainsi les étoiles, citées par des historiens, qui se montrèrent en 945 et en 1264, dans la région du ciel comprise entre Céphée et Cassiopée, seraient d'anciennes apparitions de l'étoile de 1572.

Il est naturel d'opposer à cette hypothèse que les trois époques ne sont pas également espacées ; que de 945 à 1264, on compte 319 années, et que de 1264 à 1572, il y en a 308 seulement. A cela voici la réponse : des étoiles périodiques à courts intervalles et fréquemment observées, ont présenté des irrégularités proportionnellement aussi fortes.

Si 300 et quelques années constituent la durée de la révolution de l'étoile nouvelle de Tycho, pourquoi ne la vit-on pas dans le viiᵉ siècle? On ne pourrait ici se réfugier dans le peu de valeur des arguments négatifs. Il est mieux de faire remarquer que la plupart des étoiles changeantes ne reviennent pas au même éclat dans toutes leurs périodes; que la différence, à cet égard, va quelquefois jusqu'à près de deux grandeurs; qu'en supposant enfin, que l'étoile de Cassiopée ne se soit élevée dans quelques-uns de ses éclats qu'au niveau des étoiles de septième grandeur, les observateurs privés de lunettes n'en ont pas pu tenri note.

Je dois dire que les astronomes Keill et Pigott, au lieu d'attribuer à l'étoile de 1572 une période de 300 et quelques années, trouvaient préférable d'adopter la moitié de ce nombre, ou environ 150 ans. Une période de 150 ans, sans soulever d'autres difficultés que la période double, aurait sur celle-ci l'avantage de se rapprocher beaucoup plus des périodes reconnues dans des étoiles variables proprement dites. Herschel crut faire une découverte essentielle le jour où il intercala α d'Hercule avec ses 60 jours de révolution, entre des étoiles de 3 à 7 jours et des étoiles de 400 jours. Ici, le chaînon intermédiaire entre ces premières étoiles et l'étoile de 150 ans de période, serait l'étoile, située dans la poitrine du Cygne, découverte en 1600 par Jansonius. Suivant Pigott, en effet, la durée de tous les changements d'intensité de cette étoile, pour les périodes croissante et décroissante réunies, s'élèverait à *dix-huit* ans.

Quoi qu'il en soit de ces divers rapprochements, je

vais m'appuyer sur des observations certaines, quoique
d'une nature assez délicate, pour établir que l'étoile
de 1572 ne pourrait pas, sans d'importantes restrictions,
être assimilée aux vraies étoiles périodiques.

Le 11 novembre 1572, jour où l'étoile se montra subitement, où
Tycho l'aperçut pour la première fois,
elle était blanche. Tout le monde la compara, en effet, pour la nuance à Sirius, à
Jupiter et à Vénus; elle surpassait en intensité les deux premiers de ces astres.

En décembre 1572,   l'étoile, déjà diminuée, était comparable à
Jupiter pour l'intensité et la nature de la
lumière.

En janvier 1573,   l'étoile inférieure à Jupiter semblait un peu
jaunâtre.

A la fin de mars 1573, les astronomes assimilaient l'étoile nouvelle
à Aldebaran (étoile rougeâtre). Ils lui
attribuaient unanimement une couleur
semblable à celle de Mars. Sa teinte rouge
n'était donc pas équivoque.

Au mois de mai 1573, elle avait perdu la teinte rouge. Sa nuance
était alors le blanc de la planète de Sa-
turne.

En janvier 1574,   elle était de cinquième grandeur; blanche.

En mars 1574,   elle était devenue invisible à l'œil nu. Les
lunettes alors n'étaient pas encore in-
ventées.

Pour concilier la coloration en rouge de l'étoile dans
les premiers mois de l'année 1573, avec ce que nous
savons de l'égalité de vitesse des rayons de différentes
couleurs, ou avec ce que nous a offert l'observation
des étoiles périodiques proprement dites, nous devons
admettre qu'il s'opéra des changements physiques considérables dans l'étoile nouvelle, et c'est par ce caractère

qu'elle se distingua des étoiles périodiques; remarquons toutefois qu'on pouvait supposer, suivant les idées d'un astronome célèbre, sir John Herschel, qu'un milieu imparfaitement diaphane, qu'une sorte de *nuage cosmique* voyageant dans les espaces célestes, s'interposa entre Cassiopée et la Terre, et que la portion de ce nuage traversée par les rayons venant de l'étoile nouvelle, était plus épaisse en mars qu'à toutes les autres époques.

Ceux qui lisent les ouvrages de Kepler sans une attention suffisante, sans un sévère esprit de critique, s'imaginent que l'étoile nouvelle de 1604 ou du Serpentaire, présenta des phénomènes de coloration extraordinaires, les plus divers et les plus prononcés; c'est une erreur qu'il importe de relever.

Kepler parle de teintes jaunes, safran, pourprées, rouges; mais, puisqu'on ne les voyait qu'à travers les vapeurs de l'horizon, elles n'avaient rien de réel. A une certaine hauteur, l'étoile était blanche; seulement elle présentait alors successivement toutes les couleurs qui jaillissent d'un diamant à facettes exposé au soleil. C'est là le caractère essentiel de la scintillation d'une étoile brillante. Sous ce rapport, l'astre nouveau du Serpentaire n'offrit donc rien qui le distinguât des étoiles périodiques ordinaires.

Les arguments à l'aide desquels j'ai essayé de prouver que l'étoile de 1572 fut sujette à des changements physiques ne pourraient donc pas être appliqués à l'étoile de 1604.

CHAPITRE XXXII

PARALLAXE ANNUELLE DES ÉTOILES OU MOYEN DE DÉTERMINER
LA DISTANCE DE CES ASTRES A LA TERRE

Si la demeure de l'homme était immobile dans l'espace, il n'aurait pour déterminer la distance des corps célestes que les bases comparativement très-petites qu'il serait possible de mesurer entre divers points du globe terrestre. Au contraire, si, comme nous le démontrerons dans un livre spécial, la Terre est une planète, si elle circule tous les ans autour du Soleil dans une orbite à peu près circulaire, et dont le rayon moyen est de 38 millions de lieues, l'astronome pourra appuyer ses opérations sur des bases d'une longueur double du rayon de l'orbite ou de 76 millions de lieues.

Remarquons d'abord qu'un observateur peut toujours mesurer avec les instruments dont il dispose actuellement la valeur d'un angle au sommet duquel il est situé, et la méthode dont on fait usage pour la détermination de la distance des étoiles sera très-facile à expliquer. Ajoutons d'ailleurs que quand on connaît une base et deux angles dans un triangle, la trigonométrie donne les moyens de connaître tous les éléments de ce triangle et par conséquent la distance du sommet à la base.

Admettons, et la supposition n'entraînera aucune erreur sensible, que l'orbite terrestre est circulaire, et que l'étoile E (fig. 107, p. 428) que nous allons observer soit située au pôle du plan de l'écliptique. c'est-à-dire sur une ligne droite SE perpendiculaire à ce plan et

passant par le Soleil S. Soit AB le diamètre de l'orbite
de la Terre ; menons les droites EA et EB.

Imaginons que l'observateur en A mesure l'angle EAB ;
que, parvenu en B à l'extrémité du diamètre ASB, il
mesure EBA, la somme de ces deux angles, plus l'angle
E, doit être égale, comme on sait (liv. I, chap. IX, p. 27)
à 180°. En retranchant de 180° la somme des deux
angles EAB et EBA, on aura donc la valeur de l'angle
en E comme si on avait pu le mesurer directement.

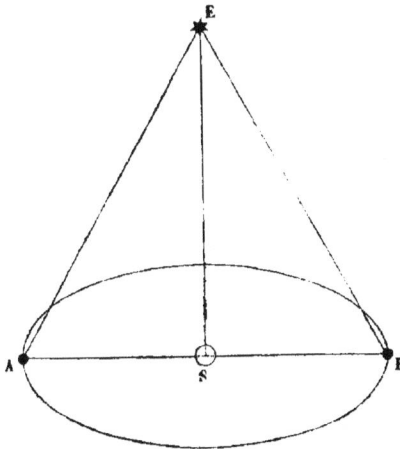

Fig. 107. — Parallaxe annuelle d'une étoile située au pôle de l'écliptique.

La moitié de cet angle, ou l'angle SEA ou SEB, je
veux dire l'angle sous-tendu à l'étoile par le rayon de l'orbite terrestre vu perpendiculairement, est ce qu'on appelle
la parallaxe annuelle de l'étoile E.

En prenant toujours les observations correspondantes
à deux points diamétralement opposés de l'orbite terrestre, on pourra obtenir dans le cours de l'année un
nombre considérable de mesures de la parallaxe annuelle

d'une étoile située au pôle de l'écliptique, ou dans le voisinage de ce pôle.

Passons au cas où l'étoile est dans une position E (fig. 108) intermédiaire entre l'écliptique et son pôle.

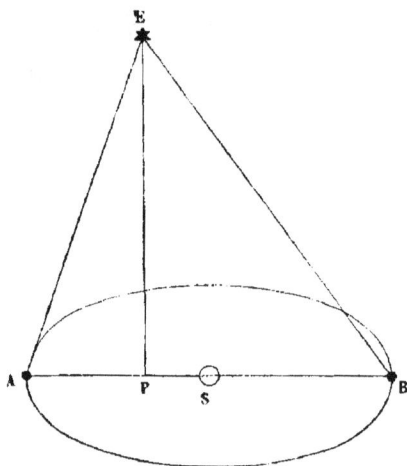

Fig. 108. — Parallaxe annuelle d'une étoile située entre l'écliptique et son pôle.

Du point E abaissons la perpendiculaire EP sur le plan de l'écliptique, soit S, le Soleil, dont le centre est situé dans le même plan. Par EP et par S faisons passer un plan, lequel sera perpendiculaire au plan de l'écliptique. La trace de ce plan coupera la courbe annuelle décrite par la Terre autour du Soleil en deux points A et B, situés aux deux extrémités d'un même diamètre. Supposons que l'observateur, lorsqu'il est en A, mesure l'angle EAB formé par le rayon visuel AE aboutissant à l'étoile avec le diamètre AB. Lorsque six mois se seront écoulés, l'observateur se trouvera transporté en B. Admettons que dans cette nouvelle station et avec le même instrument il mesure l'angle EBA ; les deux angles ainsi obtenus font partie d'un même triangle dans lequel le troisième angle est l'angle en E formé par les rayons visuels partant de l'étoile et aboutissant aux deux extrémités de la base AB.

L'observateur n'a aucun moyen de déterminer directement l'angle en E, puisqu'il ne peut pas se transporter dans l'étoile au sommet de cet angle, mais le même théorème de géométrie dont nous venons de faire usage en fera connaître la valeur tout comme s'il avait pu le mesurer par ses instruments.

Répétons que la somme de trois angles d'un triangle, grands ou petits, est toujours 180°. Examinez de combien la somme des angles EBA et EAB, directement déterminés, diffère de 180°, et cette différence sera l'angle en E.

Cette fois la base AB est vue obliquement de l'étoile E ; cet angle devra donc être augmenté d'une certaine quantité pour le ramener à ce qu'il aurait été si la distance EB, restant invariable, la base AB avait été vue perpendiculairement. Le calcul de cette correction est toujours facile.

En prenant la moitié de l'angle ainsi rectifié, on obtient la parallaxe annuelle de l'étoile E.

Faisons une troisième supposition, et tous les cas possibles auront été ainsi parcourus ; imaginons le cas où l'étoile E serait située dans le plan de l'écliptique (fig. 109).

Du point E, menons une ligne ES au Soleil et un diamètre ASB perpendiculairement à la ligne ES ; supposons que, lorsque l'observateur est en A, il mesure l'angle EAB et que, parvenu en B après six mois d'intervalle, il mesure l'angle EBA ; la somme de ces deux angles mesurés, retranchée de 180°, fera connaître l'angle en E : la moitié de cet angle sera la parallaxe annuelle.

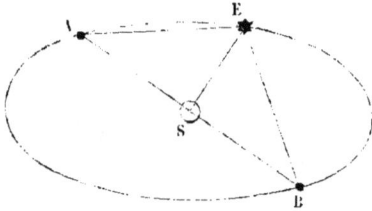

Fig. 109. — Parallaxe annuelle d'une étoile située dans le plan de l'écliptique.

Lorsque les étoiles n'étaient pas situées dans le plan de l'écliptique, nous avons déduit leur parallaxe annuelle de la mesure des deux angles formés par les rayons visuels aboutissant aux étoiles avec le plan de l'écliptique, c'est-à-dire de leurs latitudes (liv. VIII, chap. II, p. 306). Mais pour la commodité des observations ou plutôt pour rendre les vérifications des instruments faciles, on ne mesure pas directement les latitudes. On les déduit des ascensions droites et des déclinaisons par le calcul. Ce calcul peut se faire avec toute la précision désirable, en sorte qu'il n'y a guère dans le résultat définitif que les erreurs des observations directes qui ont servi à l'obtenir.

Il y a cependant une circonstance grave, il faut l'avouer ; elle tient à ce que l'angle E est généralement très-petit ; on est obligé, pour obtenir cet angle, de comparer des observations faites à six mois de distance, de sorte que si l'une correspond à l'été, l'autre aura été faite en hiver. Or, il n'est pas bien certain que l'instrument soit resté parfaitement invariable pendant un si long espace de temps, que les déformations, les erreurs de divisions, etc., aient été les mêmes par des températures très-dissemblables, que les réfractions à travers l'atmosphère terrestre dont il est absolument nécessaire de tenir compte aient pu être très-exactement calculées.

Les étoiles sont sujettes à des déplacements annuels variables, connus sous les noms d'aberration de la lumière et de nutation. La moindre incertitude sur la valeur de ces inégalités amènerait dans les positions des étoiles rapportées à l'écliptique de petites différences qu'on pourrait être tenté à tort d'attribuer à la parallaxe. C'est pour cela qu'on a essayé d'obtenir aussi les parallaxes par une autre méthode dont je vais donner une idée.

Prenons de nouveau une étoile placée en E (fig. 110)

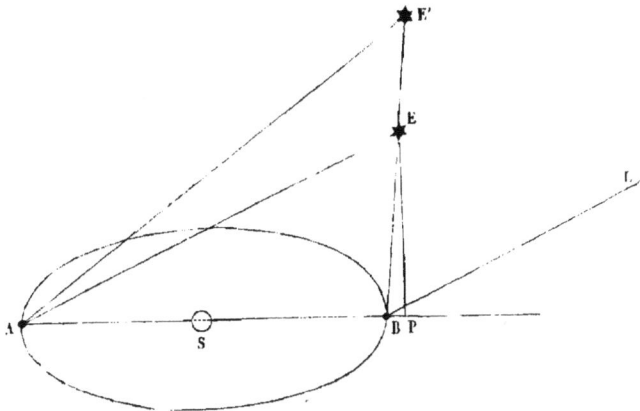

Fig. 110. — Détermination de la parallaxe par la comparaison de deux étoiles très-éloignées l'une de l'autre, mais situées dans la même région du ciel.

obliquement par rapport à l'orbite terrestre, et supposons qu'on l'observe des deux points A et B situés dans

le plan EAB perpendiculaire au plan de l'écliptique;
imaginons que le point P est le pied de la perpendiculaire abaissée de l'étoile E sur le plan de l'écliptique;
l'angle PBE surpassera l'angle PAE d'une quantité égale
à l'angle AEB. En effet, menons par le point B une parallèle BL à AE, l'angle LBE sera égal à l'angle AEB,
comme alternes-internes (liv. I, chap. IX, p. 27). L'angle LBP sera égal à l'angle EAB, puisqu'ils ont leurs côtés
parallèles. L'angle LBE ou, ce qui revient au même,
l'angle AEB est la différence des angles EBP, LBP, ou
bien des angles PBE, PAE observés aux deux extrémités
B et A du diamètre AB.

La quantité dont une étoile paraît s'élever au-dessus
du plan de l'écliptique, ou bien la quantité dont la latitude de cette même étoile augmente en allant de A en B,
est donc la valeur de l'angle AEB, c'est-à-dire de l'angle
sous-tendu par le diamètre AB vu de l'étoile E.

Si l'on prenait une seconde étoile E′ située à peu près
sur le prolongement du rayon BE, on pourrait appliquer
à ce second astre le raisonnement que nous avons fait
sur l'étoile E. La quantité dont l'étoile E′ se soulèverait
au-dessus du plan de l'écliptique quand l'observateur
passerait de A en B, serait égale à l'angle sous-tendu par
la base AB vue de cette seconde étoile E′.

Si l'étoile E′ est beaucoup plus éloignée de AB que
l'étoile E, l'angle en E′ sera beaucoup plus petit que
l'angle en E, et la distance des deux étoiles E, E′ paraîtra
varier quand l'observateur passera de A en B d'une quantité égale à la différence des deux angles en E et en E′.

Si l'angle en E′ est inappréciable, la distance des deux

étoiles variera lorsque l'observateur passera de A en B de la valeur totale de l'angle en E, formé par les lignes menées de cette étoile aux deux extrémités d'un même diamètre AB de l'orbite terrestre.

Pour déterminer la parallaxe de l'étoile E, on n'aura donc pas besoin de la rapporter dans les deux stations A et B au plan de l'écliptique. Un instrument gradué de grande dimension ne sera plus nécessaire : l'étoile E et l'étoile de comparaison E′ étant toutes les deux dans la même région du ciel, seront soumises à la même réfraction, à la même aberration de la lumière, à la même nutation, les erreurs qu'on pouvait commettre sur la valeur de ces trois éléments n'altéreraient pas la distance angulaire des deux étoiles, puisqu'elles affecteraient également les positions de E et E′.

Remarquons d'ailleurs que les étoiles E et E′ se voyant simultanément dans le champ d'une même lunette, leur distance peut être mesurée en A et en B avec un micromètre ordinaire.

Lorsqu'on a le bonheur dans ce genre de recherches de tomber sur deux étoiles E, E′, très-inégalement éloignées, on détermine la distance de la plus voisine des deux par une méthode qui n'exige pas les soins minutieux, et d'une délicatesse extrême, auxquels il faut avoir recours quand on se sert de la méthode des latitudes absolues.

Lorsqu'une étoile a une parallaxe sensible, on ne la voit jamais dans sa position réelle ; si l'étoile laissait une trace lumineuse de son passage dans les positions apparentes qu'elle va occuper pendant toute l'année, on trouverait qu'un de ces astres, situé au pôle de l'écliptique, décrit un cercle ou plutôt une ellipse semblable à l'ellipse terrestre pendant les 365 jours de l'année. Dans toutes les positions comprises entre le pôle de l'écliptique et l'écliptique elle-même, les courbes décrites sont invariablement des ellipses. Quant aux étoiles situées dans le plan de l'écliptique elles paraîtront tous les ans décrire des lignes droites.

Supposez que l'orbite de la Terre et les ellipses apparentes décrites par les étoiles soient divisées en 360° qui se correspondent; l'étoile occupera toujours sur son orbite apparente un point éloigné de 180° de celui où la Terre est parvenue. On voit donc que le phénomène de la parallaxe annuelle doit altérer un tant soit peu et périodiquement les distances respectives des étoiles fixes.

Donnons maintenant les résultats les plus certains que l'on ait obtenus pour la parallaxe annuelle de diverses étoiles en se servant des deux méthodes citées.

α du Centaure, observée en 1832 et 1839 au cap de Bonne-Espérance, par Henderson et Maclear...... 0″.91

Sirius, 1832 à 1837, au cap de Bonne-Espérance, par Henderson et Maclear........................ 0″.15

α de la Lyre, M. Struve, de 1835 à 1838, à Dorpat.... 0″.26

61ᵉ du Cygne, M. Bessel, de 1837 à 1840, à Kœnigsberg. 0″.35

M. Peters, à Poulkova, 1842 et 1843 :

La Chèvre...............	0″.046
ι de la Grande Ourse......	0″.133
α du Bouvier	0″.127
α de la Lyre.............	0″.207
La Polaire...............	0″.106

Nous transformerons aisément ces diverses parallaxes

angulaires en lieues, en nous rappelant d'abord que la base à laquelle toutes les parallaxes se rapportent est toujours de 38 millions de lieues. D'un autre côté, un objet grand ou petit sous-tend un angle d'une seconde lorsqu'on en est éloigné de 206,265 fois ses dimensions, car nous avons vu que le rapport de la circonférence au diamètre (liv. I, chap. IV, p. 14) étant de 3.14159 et le nombre de secondes contenues dans une circonférence de 1,296,000, on a le rayon égal à $\frac{1,296,000}{3.14159 \times 2} = 206,265$ fois la longueur d'une seconde. On se rappellera de plus que la distance devient double, triple,... dix fois plus grande quand l'angle sous-tendu est la moitié, le tiers ou le dixième d'une seconde. Rien ne sera plus facile alors que de calculer le tableau suivant :

	Parallaxe.	Distance à la Terre.	
		Rayons de l'orbite terrestre.	Millions de lieues.
α du Centaure.	0″.91	226,400	8,603,200
61ᵉ du Cygne.	0″.35	589,300	22,735,400
α de la Lyre.	0″.26	785,600	29,852,800
Sirius	0″.15	1,373,000	52,174,000
ι de la Grande Ourse.	0″.133	1,550,900	58,934,200
Arcturus.	0″.127	1,624,000	61,712,000
La Polaire	0″.106	1,946,000	73,948,000
La Chèvre.	0″.046	4,484,000	170,392,000

Pour rapporter ces mêmes distances à la vitesse de la lumière il faut savoir, ce que nous démontrerons plus tard, que les rayons du Soleil emploient 8ᵐ 17ˢ.8 à parcourir les 38 millions de lieues représentant la distance moyenne de l'astre à la Terre; on trouve ainsi que la lumière émanée des diverses étoiles dont les parallaxes sont le mieux connues, arrive à la Terre dans les intervalles de temps qui suivent :

	Ans.
α du Centaure............	3.622
61ᵉ du Cygne.............	9.429
α de la Lyre.............	12.570
Sirius..................	21.968
ι de la Grande Ourse......	24.800
Acturus.................	25.984
La Polaire..............	31.136
La Chèvre..............	71.744

CHAPITRE XXXIII

HISTORIQUE DES RECHERCHES DES ASTRONOMES SUR LA PARALLAXE ANNUELLE DES ÉTOILES

La détermination de la parallaxe annuelle des étoiles a de très-bonne heure fixé l'attention des observateurs. Outre l'intérêt qui s'attachait à la connaissance de la distance de ces astres à la Terre, on devait trouver dans les variations d'une de ces parallaxes supposée sensible, la preuve géométrique que la Terre était une planète, ou qu'elle circulait autour du Soleil comme les autres planètes de notre système. Nous avons ici à distinguer l'invention des méthodes à l'aide desquelles le problème a été abordé, des solutions effectives que divers astronomes en ont données.

La première méthode, celle qui consiste à déterminer durant les 365 jours dont l'année se compose, les variations de déclinaison ou d'ascension droite d'une étoile et définitivement les changements de latitude, était si naturelle, elle ressortait si immédiatement de la nature des choses qu'il serait impossible de dire précisément qui l'a imaginée. Il n'en est pas de même du second procédé consistant à comparer ensemble deux étoiles placées à des distances très-inégales de la Terre, et vues simultanément dans le champ d'une lunette. Cette méthode appartient à Galilée et est très-nettement indiquée dans son troisième dialogue, *giornata terza* :

« Car je ne crois pas que toutes les étoiles sont parsemées sur une surface sphérique à la même distance d'un centre ; mais je pense, au contraire, que leurs distances sont tellement variées, qu'il y a plusieurs étoiles deux et trois fois plus éloignées que les autres ; de manière que si l'on voyait dans le champ d'une lunette une étoile très-petite, très-rapprochée d'une des plus grandes, la première étant à une très-grande hauteur, il pourrait arriver quelque changement sensible entre elles [1]. »

Pour trouver une seconde mention de la méthode parallactique procédant par positions relatives d'étoiles voisines l'une de l'autre et de grandeurs inégales, il faut descendre jusqu'à l'année 1675. Le 24 juin, il fut donné lecture à la Société royale de Londres d'une lettre de Grégory d'Édimbourg renfermant la description la plus précise et la plus nette de la méthode en question. La

---

1. « Perchè io non credo, che tutte le stelle siano sparse in una « sferica superficie ugualmente distanti da un centro ; ma stimo, « che le loro lontananze da noi siano talmente varie, che alcune ve « ne possano esser 2 e 3 volte più remote di alcune altre ; talchè « quando si trovasse col telescopio qualche picciolissima stella vici- « nissima ad alcuna delle maggiori, e che però quella fosse altis- « sima, potrebbe accadere, che qualche sensibil mutazione succe- « desse tra di loro. » (*Opere di Galileo Galilei*, édition de Milan, t. XII, p. 205.)

lettre a été insérée dans l'Histoire de la Société royale, publiée en anglais, par Thomas Birch, 1757, t. III, p. 225.

Huygens, dans son *Cosmotheoros* publié pour la première fois en 1695, indiquait les mouvements relatifs de deux étoiles voisines, inégalement brillantes, et dès lors suivant toute probabilité inégalement éloignées comme le moyen de s'assurer de l'extrême petitesse de la parallaxe de l'étoile la plus brillante. La petite étoile devenait ainsi un repère invariable auquel la grande pouvait être rapportée sans difficulté. C'était au reste la reproduction de l'idée ingénieuse de Galilée.

Le docteur Robert Long, vers le milieu du siècle dernier, paraît être le premier qui ait soumis la méthode de Galilée à l'épreuve de l'expérience.

Il est fait mention de ce même moyen de déterminer les parallaxes, par la comparaison de deux étoiles très-voisines et d'intensité dissemblable dans l'éloge de Rœmer publié en 1773 par Condorcet.

Herschel enfin en 1781 recommanda cette méthode et forma un catalogue des étoiles inégalement lumineuses qui semblaient devoir le mieux se prêter à son application [1].

Passons maintenant aux observations qui ont été faites suivant les deux méthodes indiquées et aux résultats qu'elles ont fournis.

---

1. J'avais, dans l'*Annuaire du Bureau des Longitudes* de 1842, attribué l'invention de la méthode à Galilée. J'avais aussi cité le docteur Long comme ayant songé à l'appliquer. Ceci a été de la part de sir John Herschel l'objet d'une note qu'on trouve dans la seconde édition de son Traité d'astronomie, et que je vais citer : « Cette méthode a été attribuée à Galilée, mais l'explication générale des effets de la parallaxe dans le *systema cosmicum*, dialogue

Copernic, le premier qui se soit occupé de la parallaxe annuelle des étoiles, la trouvait au-dessous des erreurs dont les observations étaient susceptibles de son temps.

Rothmann, le collaborateur du landgrave de Hesse Cassel, assignait à cette parallaxe des valeurs évidemment très-exagérées, car elles ne s'élevaient pas à moins de une minute. Tycho, quoiqu'il observât à l'œil nu comme Rothman, ne trouvait aucune variation sensible dans les distances des étoiles au zénith de l'île d'Hueen, déterminées aux différentes époques de l'année.

Hooke fit en 1674 avec un secteur de 4 mètres de long, et armé d'une lunette, des tentatives qui semblaient devoir conduire au but ; mais toutes les précautions auxquelles il eut recours pour se garantir des effets de la température échouèrent et la parallaxe annuelle de 20 à 30 secondes qu'il trouva pour γ du Dragon était en dehors de toutes les probabilités et qui plus est en dehors de la vérité, comme cela fut prouvé quelque temps après par les observations de Bradley.

Les observations de Flamsteed postérieures à celles de Hooke lui parurent indiquer une parallaxe dans l'étoile Polaire, mais cette conséquence tomba devant la remarque que les variations s'opéraient en sens contraire de celui qu'une parallaxe réelle aurait dû produire.

III, page 271, auquel s'applique la citation, ne parle d'aucunes circonstances particulières à l'observation ni de ses difficultés. »

Cette remarque de sir John Herschel n'empêche pas que ma citation ne soit parfaitement exacte, et que la méthode en question ne doive être attribuée à Galilée et non à sir William Herschel. Toutes les prétentions doivent être renfermées dans de justes bornes, même celles qui prennent leurs sources dans l'amour filial.

Huygens ayant remarqué que les deux étoiles d'un éclat très-différent qui composent ζ de la Grande Ourse restaient également distantes l'une de l'autre à toutes les époques de l'année, en concluait que la parallaxe de la grande était insensible. Mais cette conclusion n'aurait pu se déduire légitimement de l'observation que s'il avait été démontré que la petite étoile était beaucoup plus éloignée de la Terre que la grande[1].

Jacques Cassini essaya en 1714 et 1715 de déterminer la parallaxe de Sirius à l'aide d'une lunette fixe, mais l'incertitude de la réfraction à la petite hauteur à laquelle se trouve l'étoile au-dessus de l'horizon de Paris au moment de son passage au méridien, et l'aberration de la lumière qui n'était pas connue alors, suffisent pour expliquer la grandeur très-exagérée, 10 à 12″, que l'astronome français trouva pour la parallaxe de l'étoile en question.

Après que Bradley eut découvert en 1728 l'aberration de la lumière et la nutation, toutes les positions des étoiles observées dans les différentes saisons de l'année à Kew et à Wansted, et corrigées de ces deux causes de perturbation s'accordèrent si bien entre elles, qu'il ne restait plus de place pour une parallaxe annuelle. Cette conclusion s'appliquait spécialement aux deux étoiles ζ de la Grande Ourse et γ du Dragon.

En appliquant, vers le milieu du siècle dernier, la méthode de Galilée, Robert Long commit la faute impardonnable de choisir, dans le nombre considérable de

---

1. Dans ce cas particulier les deux étoiles, comme on l'a reconnu plus tard, forment un système binaire et sont à peu près à la même distance de la Terre.

combinaisons binaires que le firmament lui offrait : α des Gémeaux, γ de la Vierge et γ du Bélier, qui sont respectivement des couples d'étoiles d'intensités peu différentes entre elles. On ne doit donc pas s'étonner que ses observations n'aient donné aucune parallaxe. Ajoutons que les trois couples observés par Long composent des étoiles doubles.

Herschel, en 1782, fit des observations minutieuses sur les positions relatives de ε du Bouvier et de la faible étoile qui l'avoisine. Il en tira la conclusion que la première de ces deux étoiles n'a pas de parallaxe sensible. Mais cette conclusion cesse d'être exacte depuis qu'il a été établi que les deux étoiles de ε du Bouvier, au lieu de paraître dans le voisinage l'une de l'autre par un effet de projection, forment un système binaire et sont dans une dépendance mutuelle.

Au commencement de ce siècle, Piazzi publia un opuscule renfermant les parallaxes d'un certain nombre d'étoiles qu'il avait observées avec le célèbre instrument de Palerme. Mais les nombres auxquels il s'arrêta n'ont pas reçu l'assentiment des astronomes, surtout à cause de l'inégalité de température qu'éprouvaient les diverses parties de son cercle dans les saisons correspondantes aux observations.

Au reste, Piazzi trouvait lui-même que les parallaxes de α de la Lyre, de la Chèvre, d'Arcturus et de α de l'Aigle sont insensibles.

Pendant le premier quart du XIXe siècle, un long et vif débat s'établit en Angleterre sur la question des passages entre Brinkley, directeur de l'Observatoire de Dublin, et

Pond, directeur de l'Observatoire de Greenwich. L'un et l'autre de ces deux célèbres observateurs étaient munis d'instruments très-puissants, tous deux se montrèrent parfaitement au courant des difficultés du problème et des précautions dont il fallait s'entourer pour le résoudre complétement, et cependant Brinkley trouva les parallaxes suivantes :

α d'Ophiuchus............. .	1″.6
α de la Lyre...............	1″.2
α de l'Aigle...............	1″.6
δ de l'Aigle...............	3″.2
γ de l'Aigle...............	2″.2
β de l'Aigle...............	2″.4

tandis que Pond arrivait à la conclusion que les parallaxes de α de la Lyre, α de l'Aigle et α du Cygne étaient nulles ou qu'elles ne pouvaient s'élever qu'à une très-petite fraction de seconde.

Sans qu'on puisse dire bien précisément quelles ont été les causes physiques qui induisirent Brinkley en erreur, ces parallaxes n'ont pas été admises, et les juges compétents ont accordé plus de confiance aux résultats de son contradicteur Pond.

Nous voici parvenus à l'époque où la méthode de Galilée fut appliquée avec des précautions infinies à la recherche de quelques parallaxes.

Le résultat que nous avons rapporté plus haut (p. 435) sur la parallaxe de α de la Lyre fut déduit par M. Struve de la comparaison de cette grande étoile à une étoile de dixième à onzième grandeur qui en était séparée de 43″. Ces observations, qui remontent aux années 1835,

1836, 1837, 1838, ont été faites avec la grande lunette parallatique de Dorpat, exécutée par Frauenhofer, et armée d'un micromètre filaire.

La parallaxe de la soixante et unième du Cygne, déterminée par Bessel, résulte d'observations faites à Kœnigsberg pendant les années 1837, 1838, 1839, 1840. Le grand observateur s'est servi, dans ses mesures, du bel héliomètre construit par Frauenhofer. Les étoiles de comparaison sont de neuvième à dixième grandeur et éloignées de la soixante et unième de 8 et de 12 minutes.

Il faut remarquer que cette parallaxe et la précédente sont un peu hypothétiques, puisqu'elles reposent sur la supposition que les étoiles de comparaison se trouvent à de telles distances que leurs parallaxes étaient absolument nulles [1].

Les valeurs des parallaxes de α du Centaure, de Sirius, de la Chèvre, de ι de la Grande Ourse et d'Arcturus également données plus haut, reposent sur des observations de hauteurs absolues déterminées avec un

---

1. On a fait remarquer que Bessel s'était décidé dans le choix de l'étoile dont il voulait déterminer la parallaxe, non sur l'éclat mais sur la grandeur du mouvement propre. Si cela constituait un genre particulier de mérite, nous pourrions, M. Mathieu et moi, en réclamer le bénéfice, car nos observations de la 61e du Cygne remontent à 1812. Notre résultat, publié en 1834 et fondé sur des observations de déclinaisons absolues faites au cercle répétiteur de Reichenbach, diffère d'ailleurs fort peu de celui auquel Bessel est parvenu postérieurement. Je m'étais souvent demandé pourquoi notre parallaxe était presque dédaignée, tandis que le résultat hypothétique de Bessel était cité à toute occasion. J'en ai trouvé la raison dans l'excellent Mémoire de M. Peters sur les parallaxes. « Nous n'avons point, dit-il, M. Mathieu et moi, fait connaître le détail de nos observations. » Cette remarque est très-juste : il n'y a pas d'obser-

cercle répétiteur, et dès lors ne sont pas entachées de l'incertitude qui affecte les déterminations de M. Struve et de Bessel sur les parallaxes de α de la Lyre et de la soixante et unième du Cygne.

Disons toutefois que, par ce même mode d'observations des hauteurs absolues, M. Peters a trouvé pour la parallaxe de α de la Lyre 0″.20, et pour la parallaxe de la soixante et unième du Cygne 0″.35.

Cette presque identité de résultats avec ceux obtenus par Struve et Bessel prouve que ces deux astronomes ne s'étaient pas trompés, en admettant que les très-petites étoiles auxquelles ils avaient comparé α de la Lyre et la soixante et unième du Cygne sont tellement éloignées de la Terre que leur parallaxe annuelle peut être supposée nulle.

Une conséquence qui découle également de cette coïncidence, c'est que M. Peters a déployé, tant dans les observations que dans les réductions qu'il a fallu leur faire subir, l'habileté de l'astronome le plus consommé.

---

vations d'une étoile faites pendant une année qui ne conduisent à une parallaxe moyenne, grande ou petite; mais pour savoir quelle confiance ce résultat mérite, il n'existe qu'un criterium, c'est d'examiner comment les résultats partiels s'accordent avec l'hypothèse du mouvement de la Terre autour du Soleil. Je dois dire que dans la circonstance actuelle, ce désir de connaître les mesures dans tous leurs détails était d'autant plus légitime, qu'en les examinant de nouveau nous avons reconnu que la personne chargée de les réduire avait commis une erreur de signe. Nos observations rectifiées conduisent à une parallaxe nulle, et même dans quelques cas à une parallaxe négative. Aussi, je saisis la première occasion de le reconnaître, le résultat de Bessel, avec les restrictions convenables, relatives à l'absence totale de parallaxe dans les étoiles de comparaison, doit seul prendre place dans la science.

CHAPITRE XXXIV

LES ÉTOILES BRILLENT-ELLES D'UNE LUMIÈRE PROPRE, D'UNE LUMIÈRE
NÉE DANS LEUR PROPRE SUBSTANCE

C'était l'opinion de Métrodore, de Stobée, de Straton, de Dionitius, de Pline, que les étoiles brillent d'une lumière réfléchie, c'est-à-dire qu'elles empruntent leur éclat au Soleil. L'opinion contraire est-elle susceptible d'une réfutation mathématique?

Sans avoir rien à statuer sur la source de la lumière des étoiles, les astronomes sont parvenus à prouver qu'à la distance qui nous sépare du plus voisin de ces astres, 38 millions de lieues sous-tendraient au maximum un angle d'une seule seconde. Ce résultat numérique place les étoiles relativement au Soleil, ou à une distance égale à 206,000 fois environ le rayon de l'orbite terrestre, ou au delà. Mais, à la distance de 206,000 fois le rayon de l'orbite terrestre, le Soleil devant faire au plus l'effet d'une des étoiles de deuxième à troisième grandeur, la surface de chaque étoile serait éclairée par notre Soleil, comme la Terre l'est par la Polaire. Or, vue de loin ou de près, notre Terre, éclairée seulement par la Polaire, serait un corps presque complétement obscur. En vain augmenterait-on la force réfléchissante de la lumière des étoiles, jamais, avec la lumière débile de la Polaire, on ne parviendrait à engendrer la lumière éclatante de Wéga, de la Lyre, de la Chèvre ou de Sirius.

LIVRE X

DES ÉTOILES MULTIPLES

CHAPITRE PREMIER

QU'ENTEND-ON PAR ÉTOILES DOUBLES, TRIPLES, QUADRUPLES, ETC.

Les astronomes appellent *étoiles doubles, triples, qua-druples,* etc., des groupes de deux, de trois, de quatre étoiles qui paraissent extrêmement rapprochées les unes des autres. Quand on observe le ciel avec une lunette, même dans les régions où les étoiles abondent le plus, comme la *Voie lactée,* ceux de ces astres qu'embrasse le champ de la vision, s'y trouvent ordinairement distribués d'une manière assez uniforme. Les intervalles qui les séparent sont à peu près égaux et fort grands. Plus cette règle est générale et plus les exceptions devaient frapper les astronomes. Comment n'aurait-on pas remarqué, par exemple, l'étoile Castor ou α des Gémeaux qui, à l'œil nu, paraît simple, que les observateurs grecs et arabes avaient, en effet, citée comme un seul astre, et qu'on trouve composée de deux étoiles de troisième et de septième grandeur presque en contact, quand on l'examine avec une lunette d'un pouvoir amplificatif suffisant.

Parmi les étoiles doubles actuellement connues, il en

est dont les deux éléments sont excessivement voisins l'un de l'autre. Pour les séparer on a besoin des meilleures lunettes, des plus forts grossissements et de circonstances atmosphériques très-rares dans nos climats. Dans ce nombre je citerai ε du Bélier, γ de la Couronne, π d'Hercule, etc.

CHAPITRE II

DES ÉTOILES DOUBLES

William Herschel, qui, le premier, s'est occupé des étoiles doubles avec une attention soutenue, les a partagées en quatre classes, non suivant leur intensité, mais d'après l'écartement angulaire plus ou moins grand des deux étoiles composantes. La première classe renferme tous les groupes dans lesquels les centres des deux étoiles sont à moins de 4 secondes de distance l'un de l'autre. Pour la seconde classe, les écartements angulaires se trouvent compris entre 4 et 8 secondes; pour la troisième, entre 8 et 16; la quatrième classe, enfin, se compose de tous les groupes non contenus dans les classes précédentes, et où la distance angulaire des deux étoiles ne surpasse pas 32 secondes.

Les premiers catalogues d'Herschel contenaient :

1re classe........	97	étoiles doubles.
2e —	102	
3e —	114	
4e —	132	
Total....	445	

Peu de temps avant sa mort, Herschel accrut ce

nombre jusqu'à plus de 500. Depuis, il a été considérablement augmenté. En faisant la revue générale du ciel avec une immense lunette de Frauenhofer; en portant ses investigations sur les étoiles des huit premières grandeurs et même sur les plus brillantes de la neuvième qui sont comprises entre le pôle boréal et 15 degrés au sud de l'équateur, M. Struve a signalé et catalogué (les étoiles d'Herschel comprises) :

987 étoiles doubles de 1ʳᵉ classe.
675 — de 2ᵉ
659 — de 3ᵉ
736 — de 4ᵉ

Total..... 3057 étoiles doubles.

Ce nombre de plus de 3,000 étoiles doubles est le résultat de l'examen d'environ 120,000 étoiles différentes. Il s'en est donc trouvé terme moyen, une sur quarante, qui devait être considérée comme double.

Ce rapport, comme M. Struve l'a remarqué, change avec l'éclat des étoiles. Ainsi, sur les 2,374 étoiles de la première à la sixième grandeur que Flamsteed avait observées dans la région explorée par l'astronome de Dorpat, on en compte 230 doubles : c'est un peu moins d'une sur 10.

Dans la même région du ciel, Piazzi a catalogué 3,388 étoiles, généralement moins vives que les 2,374 dont nous nous sommes d'abord occupés; ce groupe nous présente seulement 134 étoiles doubles : c'est une sur 25.

En répétant ce même calcul pour des étoiles d'un cer-

tain ordre de clarté encore inférieur, on ne trouve plus
qu'une étoile double sur 42.

Les observateurs favorablement situés pour étudier le
ciel austral, les astronomes du cap de Bonne-Espérance
et du port Jackson, par exemple, ont commencé aussi
à s'occuper des étoiles multiples. Tout fait donc pré-
sumer que d'ici à peu de temps, le nombre de ces astres,
qui se trouvera soumis à un examen annuel dans les
grands observatoires, ne sera pas au-dessous de cinq à
six mille.

La division des étoiles doubles en quatre classes, pro-
posée par William Herschel et adoptée par ses successeurs,
outre tout ce qu'elle offre d'arbitraire, a un défaut qui la
fera inévitablement abandonner. On verra, en effet, plus
loin, que, suivant l'année de l'observation, on pourrait
être amené à placer le même groupe, tantôt dans la
première classe, tantôt dans la seconde ou dans la troisième classe.

Les divisions suivant lesquelles M. Struve a partagé
les étoiles doubles donneraient lieu à la même difficulté.
Le célèbre astronome russe range ces étoiles en huit
classes :

La première comprend toutes celles où la séparation
n'excède pas 1″.

La deuxième celles pour lesquelles cette distance est
plus grande que 1″, mais moindre que 2″.

La troisième classe se compose des étoiles éloignées
de 2″ à 4″.

La quatrième renferme toutes les étoiles dont les
distances sont comprises entre 4″ et 8″.

Dans la cinquième, on range les étoiles éloignées de 8″ à 12″.

La sixième se compose de tous ceux de ces astres éloignés de 12″ à 16″.

Dans la septième classe, on trouve toutes les étoiles dont la distance est supérieure à 16″ et inférieure à 24″.

Dans la huitième enfin, sont contenues toutes les étoiles éloignées l'une de l'autre de 24″ à 32″.

Lorsque les étoiles contenues dans un groupe sont très-dissemblables, on désigne quelquefois la petite par le nom d'étoile satellite.

CHAPITRE III

ÉTOILES TRIPLES

Les étoiles triples ou quadruples paraissent être peu nombreuses. Le catalogue de M. Struve ne renferme, par exemple, que 52 étoiles triples comprises dans les limites de l'échelle des distances angulaires qui caractérisent les huit classes formées par cet astronome.

Parmi les étoiles triples, on remarque principalement :

α d'Andromède.
ζ de l'Écrevisse.
μ du Loup.
μ du Bouvier.

ξ du Scorpion.
11ᵉ de la Licorne.
12ᵉ du Lynx.

α d'Andromède, μ du Bouvier, μ du Loup, paraissent dans des télescopes même assez puissants de simples étoiles doubles. Mais lorsqu'on applique à leur observation des instruments d'une bonté inusitée et des pouvoirs amplificatifs suffisants, on reconnaît que les étoiles satellites sont doubles.

Pour les étoiles ζ de l'Écrevisse et ξ Scorpion, les étoiles composantes sont toutes les trois assez brillantes.

Dans la douzième du Lynx, l'une est de sixième à septième grandeur, la seconde de septième, et la troisième, qui est d'une teinte bleue bien décidée, est de neuvième grandeur.

CHAPITRE IV

ÉTOILES QUADRUPLES

Parmi les étoiles quadruples, on peut citer comme une des plus remarquables, ε de la Lyre.

Avec une lunette commune, ε de la Lyre semble être une étoile double ordinaire ; mais lorsqu'on se sert d'un des plus puissants instruments dont les astronomes disposent aujourd'hui, on reconnaît que les deux parties composantes de cette étoile sont doubles elles-mêmes.

CHAPITRE V

ÉTOILES MULTIPLES

Quant aux groupes qui se composent de plus de 4 étoiles, auxquelles on a donné le nom d'étoiles multiples, ils ont été jusqu'ici très-peu observés. Nous citerons cependant l'étoile θ d'Orion, qui se compose de 4 étoiles principales de quatrième, sixième, septième et huitième grandeurs, disposées aux quatre angles d'un trapèze dont la plus grande diagonale sous-tend un angle d'environ 21″, avec la circonstance que les deux étoiles de la base ont chacune un très-faible compagnon ou satellite difficilement perceptible de onzième à douzième grandeur.

CHAPITRE VI

INTENSITÉS ET COULEURS DES ÉTOILES DOUBLES

Les deux étoiles dont se composent tous les couples binaires appelés vulgairement étoiles doubles, ont, en général, des intensités assez dissemblables. Il arrive même très-fréquemment qu'elles se font remarquer par une notable différence de couleur. Souvent la plus forte des deux est rougeâtre ou jaunâtre; plus souvent encore, la seconde offre une nuance verdâtre ou bleuâtre prononcée. Je réunirai dans la table suivante les noms d'un certain nombre d'étoiles doubles qui présentent des différences de coloration, soit afin de montrer que les étoiles de cette espèce ne sont pas très-rares, soit parce qu'elles forment maintenant pour les curieux un des plus intéressants sujets d'observations. Les indications relatives aux étoiles du ciel austral ont été empruntées à M. Dunlop, astronome du port Jackson, à la Nouvelle-Hollande; les autres sont tirées du catalogue de MM. Herschel et South.

Voici la table que nous avons formée avec les documents les plus précis que nous avons pu rassembler :

La trente-cinquième des Poissons : la grande, blanche; la petite, bleue.

α du Bélier : grande, blanche; petite, bleue.

La treizième de la Baleine : grande, jaune; petite, bleue.

La vingt-sixième de la Baleine : grande, blanche; petite, bleu verdâtre.

γ d'Andromède : grande, orange; petite, vert d'émeraude.

La cinquante-neuvième d'Andromède : les deux bleuâtres. Elles sont peu inégales.

La trente-deuxième de l'Éridan : grande, couleur de paille ; petite, bleue.

η de Persée : grande, rouge; petite, bleu sombre.

ε de Persée : grande, blanche; petite, bleuâtre.

m de Persée : deux étoiles également brillantes.

φ du Taureau : grande, rouge; petite, bleuâtre.

La première de la Girafe : grande, jaune; petite, bleue.

ω du Cocher : grande, couleur grenat; petite, bleue.

La soixante-deuxième de l'Éridan : grande, blanche; petite, bleue.

β d'Orion : grande, blanche; petite, bleuâtre.

δ d'Orion : grande, blanche; petite, pourpre.

ζ d'Orion : grande, jaunâtre; petite, bleuâtre.

La huitième de la Licorne : grande, jaune; petite, pourpre.

La trente-huitième des Gémeaux : grande, jaune; petite, bleue.

Castor ou α des Gémeaux : deux étoiles blanches, l'une de troisième, l'autre de septième grandeur.

δ des Gémeaux : grande, blanche; petite, bleue.

Régulus ou α du Lion : grande, blanche; petite, bleuâtre.

γ du Lion : deux étoiles inégales, rougeâtres l'une et l'autre.

La deuxième des Chiens de chasse : grande, rouge ; petite, bleue.

ζ du Cancer : deux étoiles assez inégales.

ν du Cancer : deux étoiles de septième à huitième grandeur.

ι du Cancer : grande, d'un beau jaune ; l'autre, bleu d'indigo.

γ de la Vierge : deux étoiles blanches et d'égale intensité.

ε du Bouvier : grande, jaune ; petite, bleu verdâtre.

δ du Bouvier : grande, blanche ; petite, bleu foncé.

δ du Serpent : les deux bleues.

La quarante-neuvième du Serpent : deux étoiles blanches et également vives.

ζ de la Couronne : grande, blanche ; petite, bleue.

β du Scorpion : grande, blanche ; petite, bleue.

χ d'Hercule : grande, blanche ; petite, rougeâtre.

Quarante-troisième d'Hercule : grande, rouge ; petite, bleuâtre.

α d'Hercule : grande, rougeâtre ; petite, verte.

o d'Ophiuchus : grande, rouge ; petite, bleue.

La cinquante-troisième d'Ophiuchus : les deux bleuâtres, très-inégales.

ν du Dragon : les deux bleuâtres ; elles ont la même intensité.

α du Serpent : grande, blanche ; petite, bleue.

La douzième de la Chevelure de Bérénice : grande, blanche ; petite, rouge.

La vingt-quatrième de la Chevelure de Bérénice :
grande, rougeâtre ; petite, beau vert.

ζ de la Grande Ourse : grande, blanche ; petite,
bleuâtre.

ξ de la Grande Ourse : deux étoiles à peu près égales.

La cinquante-cinquième (Bode) de la Chevelure de
Bérénice : les deux bleuâtres et de même intensité.

ζ de la Lyre : grande, blanche ; petite, bleue.

β de la Lyre : grande, blanche ; petite, bleue.

o du Dragon : grande, d'un rouge foncé ; petite,
bleue.

μ du Dragon : deux étoiles d'égale intensité.

θ de la Lyre : grande, blanche ; petite, bleue.

ψ du Cygne : grande, jaune ; petite, bleu intense.

χ du Cygne : grande, blanche ; petite, bleu assez vif.

La soixante et unième du Cygne : deux étoiles égales.

La vingt-huitième (Bode) d'Andromède : les deux
bleuâtres, à très-peu près égales.

x de Céphée : grande, blanche ; petite, bleue.

γ du Dauphin : grande, blanche ; petite, un peu jaunâtre.

Anonyme [1] : les deux bleuâtres ; elles ont à peu près
la même intensité.

Anonyme [2] : les deux bleuâtres ; elles ont le même
éclat.

La quarante-septième de Cassiopée : grande, blanche ;
petite, bleue.

η de Cassiopée : la grande, rouge ; la petite, verte.

---

1. Ascension droite 19ʰ 19ᵐ ; déclinaison 20° 46′ nord.
2. Ascension droite 19ʰ 21ᵐ ; déclinaison 36° 10′ nord.

ι du Peintre : la grande, blanche ; la petite, bleue.

k du Centaure : grande, blanche ; petite, bleue.

ε du Poisson volant : grande, blanche ; petite, bleue.

k d'Argo : grande, bleue ; petite, rouge sombre.

θ du Centaure : grande, jaune ; petite, bleue.

CHAPITRE VII

LES COLORATIONS DES ÉTOILES DOUBLES SONT-ELLES
DES ILLUSIONS D'OPTIQUE

En voyant dans les catalogues d'étoiles doubles tant de combinaisons binaires de rouge et de bleu verdâtre, de jaune et de bleu, il me vint à l'esprit que les teintes bleue ou verte de la petite étoile n'avaient rien de réel, qu'elles étaient le résultat d'une illusion, un simple effet de contraste. Je pouvais étayer cette opinion des observations qu'on lit dans tous les traités d'optique sur les couleurs accidentelles. Dans ces observations, une faible lumière blanche paraît verte dès qu'on en approche une forte lumière rouge ; elle passe au bleu quand la vive lumière environnante est jaunâtre. Ces combinaisons étaient assez communément celles qui se faisaient remarquer entre la partie brillante et la partie faible des étoiles doubles, pour qu'on pût se croire autorisé à regarder l'assimilation des deux phénomènes comme parfaitement légitime. Un grand nombre d'exceptions cependant se présentaient, et il me parut qu'elles ne devaient pas être négligées. Une petite étoile bleue accompagnait souvent une brillante étoile blanche : témoin la trente-huitième des Gémeaux, témoin α du Lion, etc. Ici point de rouge, conséquemment point de phénomènes de contraste. La teinte bleue de la petite étoile ne pouvait plus être considérée comme une illusion. Le bleu est donc la couleur réelle de certaines étoiles? Cette conséquence ne découlait pas moins directement de l'observation de δ du Serpent, car dans ce groupe la grande et la petite étoile sont l'une et l'autre bleues. J'avais donc toute raison, en 1825 (voyez la *Connaissance des temps* pour l'année 1828), de n'introduire la notion physique du contraste dans la question des étoiles doubles qu'avec la plus grande réserve [1].

Le contraste, on doit le reconnaître, est quelquefois la cause de la teinte verte ou bleue que présente la petite étoile d'un groupe binaire où la brillante est rouge ou jaune. Il suffit d'une expérience très-simple pour distinguer ces cas des autres : il faut cacher l'étoile principale avec un fil ou avec un diaphragme placé dans la lunette. Si pendant l'occultation de la grande étoile, la petite, qui s'aperçoit alors toute seule, cesse d'être colorée; si elle devient blanche, la teinte verte ou bleue dont elle semblait revêtue quand les deux étoiles se voyaient simultanément, n'était qu'une illusion. Lorsque le contraire arrive, on ne pourrait se refuser à regarder

---

1. M. John Herschel a introduit aussi la notion optique des contrastes dans la discussion des couleurs des étoiles doubles. Si dans un pareil sujet la priorité pouvait être réclamée, je ferais remarquer que la date de la publication de la *Connaissance des temps* de 1828 est antérieure à celle de la première édition du *Traité d'astronomie* de M. Herschel, dans laquelle l'illustre astronome a pour la première fois, je crois, parlé des effets du contraste à l'occasion des étoiles doubles.

ces teintes comme réelles. Eh bien, l'occultation de la
grande étoile n'amène, sur la seconde, la disparition de
toute couleur que dans un certain nombre de cas. Le
plus ordinairement, cette occultation laisse la teinte de la
petite étoile intacte, ou, du moins, n'y apporte que des
modifications insensibles.

L'existence d'un si grand nombre d'étoiles bleues ou
vertes dans les groupes binaires, connues sous le nom
d'étoiles doubles, est un fait d'autant plus digne d'attention, comme je le faisais remarquer dans l'ouvrage cité,
que parmi les 60 ou 80 mille étoiles isolées dont les catalogues astronomiques font connaître les positions, il n'en
est, je crois, aucune qui s'y trouve inscrite avec d'autres
indications, en fait de teintes, que le blanc, le rouge et
le jaune. Les conditions physiques inhérentes à l'émission d'une lumière bleue ou verte semblent donc ne se
rencontrer que dans les étoiles multiples.

CHAPITRE VIII

ÉPOQUE DE LA DÉCOUVERTE DES ÉTOILES BLEUES

J'ai été curieux de rechercher quel observateur avait,
le premier, reconnu qu'il existe des étoiles bleues. Les
anciens n'ont parlé que d'étoiles blanches et rouges. Ils
mettaient dans cette dernière classe Arcturus, Aldebaran,
Pollux, Antarès et α d'Orion, qui sont rougeâtres encore.
A leur liste, et cette circonstance est digne de remarque,
ils ajoutaient Sirius, dont la blancheur frappe tous les
yeux. Il semblerait donc qu'avec le temps certaines étoiles

changent de couleur. Au surplus, voici le premier passage, à moi connu, où il soit fait mention d'étoiles bleues.
Je le trouve dans le *Traité des couleurs* de Mariotte,
publié en 1686 :

« Il y a des étoiles qui ont beaucoup de rougeur, comme
l'œil du Taureau et le cœur du Scorpion ; il y en a aussi
de jaunes et de bleues ; » et plus loin : « Les étoiles qui
paraissent rouges ou jaunes doivent avoir une grande
lumière, dont la vivacité est obscurcie par quelques exhalaisons qui s'étendent autour d'elles ; celles qui paraissent
bleues ont une lumière faible, mais pure et sans mélange
d'exhalaisons. »

Dans un catalogue que M. Dunlop a publié en 1828,
on trouve, pour le ciel austral, l'indication d'un groupe
ayant 3 minutes 1/2 de diamètre, et qui est composé
d'une multitude d'étoiles bleuâtres. Le même astronome
parle d'une nébulosité réelle, c'est-à-dire d'un amas confus
de matière rayonnante, dont la teinte serait aussi bleuâtre. Rien de semblable n'a été observé de ce côté-ci de
l'équateur.

CHAPITRE IX

SUR LES EXPLICATIONS DE LA COLORATION DES ÉTOILES MULTIPLES

Le phénomène de la coloration des étoiles multiples a
été remarqué depuis trop peu d'années pour qu'on puisse
espérer d'en trouver aujourd'hui une explication plausible.
C'est au temps et à des observations précises à nous apprendre si les étoiles vertes ou bleues ne sont pas des
soleils déjà en voie de décroissement ; si les différentes

nuances de ces astres n'indiquent pas que la combustion
s'y opère à différents degrés ; si la teinte, avec excès des
rayons les plus réfrangibles, que présente souvent la petite
étoile, ne tiendrait pas à la force absorbante d'une atmosphère qui développerait l'action de l'étoile, ordinairement
beaucoup plus brillante, qu'elle accompagne, etc., etc.
Dans l'étude de phénomènes où il y aurait, sans doute, à
prendre en grande considération l'action que deux soleils,
inégalement lumineux et de constitutions physiques incon-
nues, exercent l'un sur l'autre, nous n'avons plus pour
nous guider le fil de l'analogie. En effet, les expériences
des physiciens n'ont pu mettre en rapport avec les rayons
solaires, que les seules matières terrestres ; encore étaient-
elles à des températures peu élevées. Il serait donc possible que, sur cette question de la coloration des étoiles,
le rôle des observateurs se réduisît, pendant longtemps
encore, à celui de collecteurs de faits. La satisfaction de
la rattacher à des lois physiques peut sembler réservée à
nos arrière-neveux. Mais n'est-ce pas une raison de re-
doubler d'efforts, de zèle ? Dans les phénomènes astronomiques, la précision des observations a souvent suppléé
à la durée. Et d'ailleurs, quand on est arrivé au terme de
pénibles travaux et que l'espoir de quelque généralisation
ne s'est pas réalisé, on peut se consoler de ce mécompte,
en se rappelant que la découverte d'un seul fait, bien vu,
bien décrit, bien apprécié, est incontestablement, dans la
science, un pas en avant, tandis que des théories ingé-
nieuses, séduisantes, et accueillies avec un enthousiasme
presque général, ont été fréquemment des pas en arrière.

Si l'étoile nouvelle de 1572 (liv. IX, chap. XXVIII,

p. 411) avait la constitution physique des étoiles permanentes, l'explication de la couleur bleue, par l'affaiblissement de la combustion, devrait être écartée. Cet astre,
en effet, qui au moment de son apparition subite, le
11 novembre 1572, surpassait tellement en éclat les
étoiles les plus brillantes du firmament, qu'on le voyait
à la simple vue en plein midi, était alors d'une blancheur
parfaite. En janvier 1573, sa lumière, déjà notablement
affaiblie, avait jauni; plus tard, elle prit la couleur rougeâtre de la planète de Mars, d'Aldebaran ou de α d'Orion;
au rouge succéda, disent les observateurs contemporains,
le blanc livide de Saturne, et cette dernière nuance per-
sista jusqu'au moment de la disparition entière de l'astre.
Dans tout cela, aucune mention de bleu. L'étoile nouvelle
de 1604 ne présenta pas non plus cette dernière couleur.
Il est donc établi, par deux exemples frappants, qu'une
étoile peut naître, acquérir le plus haut degré d'incan-
descence, diminuer ensuite jusqu'à disparaître entièrement, sans jamais bleuir! Il faut cependant remarquer
que la disparition des étoiles de 1572 et de 1604 ayant
été observée à l'œil nu, on pourrait soutenir, à la rigueur,
que le bleu s'y montra seulement lorsque ces étoiles
allaient presque en s'affaiblissant, lorsqu'elles commen-
cèrent à se trouver dans la classe des étoiles télescopiques. Au surplus, reste toujours cette question : Les
étoiles nouvelles et les étoiles permanentes sont-elles de
la même nature? Les étoiles permanentes, comme notre
Soleil, ne brillent peut-être que par une atmosphère
gazeuse qui les entoure; or, le propre d'un gaz dont on
affaiblit la condensation, c'est de devenir bleu.

L'absence des principales nuances, pendant les phases diverses des étoiles nouvelles et des étoiles changeantes, est un phénomène remarquable, dont on peut tirer d'importantes conséquences sur la vitesse des rayons lumineux de différentes couleurs.

CHAPITRE X

LES COULEURS COMPARATIVES OBSERVÉES DANS LES ÉTOILES MULTIPLES SONT-ELLES TOUJOURS LES MÊMES

S'il fallait s'en rapporter avec une entière confiance aux observations contenues dans les catalogues de William Herschel et dans ceux de M. Struve, les couleurs des étoiles multiples pourraient éprouver de grands changements même à la suite d'un petit nombre d'années.

Ainsi des étoiles désignées par William Herschel comme ayant une couleur jaune sont à l'époque actuelle, suivant M. Struve, orangées et rouges. Certains astres qui, pour l'astronome de Slough, brillaient d'une lumière parfaitement blanche, possèdent, d'après les observations récentes, une couleur jaune d'or, rouge, verte, ou même bleu verdâtre ; durant l'espace de 50 ans les étoiles doubles auraient donc changé de couleur d'une manière sensible.

CHAPITRE XI

POURQUOI LES ÉTOILES MULTIPLES SONT-ELLES DEVENUES TOUT A COUP L'OBJET DE TANT D'OBSERVATIONS ASSIDUES

Je disais tout à l'heure (chap. VI, p. 453) que les deux étoiles distinctes dont les étoiles doubles se composent, ont, en général, des intensités fort dissemblables. Chaque groupe, dans lequel ces notables inégalités d'intensité tiendraient à de grandes différences dans l'éloignement des deux astres, fournirait un moyen d'observation très-simple pour juger de la distance de l'étoile la plus brillante à la Terre. Ce moyen, comme nous l'avons vu (liv. IX, chap. XXXIII, p. 437), Galilée l'avait déjà proposé ; le docteur Long le mit en pratique ; William Herschel, un peu plus tard, l'appliqua aux groupes binaires, déjà catalogués de son temps, qui semblaient présager le plus de réussite ; mais, ainsi qu'il arrive à tout le monde, quoique tout le monde n'ait pas la candeur de l'avouer, en cherchant une chose le célèbre astronome de Slough en trouva une autre ; il découvrit que, le plus ordinairement, les étoiles de grandeurs inégales, formant des groupes, ne sont pas, comme on l'avait imaginé jusqu'alors, des étoiles indépendantes placées par hasard sur deux lignes visuelles très-rapprochées ; que leur réunion dans un espace très-resserré n'est pas un simple effet de projection ou de perspective ; que ces étoiles sont liées les unes aux autres ; qu'elles forment de véritables systèmes ; que leurs positions relatives changent sans cesse ; que les petites étoiles tournent autour des grandes, précisément comme les planètes, Mars, Jupiter, Saturne, etc., circulent autour du Soleil.

Mathématiquement parlant, les deux étoiles se meuvent l'une et l'autre autour de leur centre commun de gravité. Toutefois, les observations astronomiques ordinaires font seulement connaître les positions successives de la petite étoile par rapport à la grande ; or si l'on ne recueille pratiquement que les éléments d'un mouvement relatif, l'orbite à laquelle la discussion de ces éléments conduira ne pourra être aussi qu'une orbite relative. Ce sera, en un mot, la courbe le long de laquelle un observateur, situé dans la grande étoile, et qui se croirait immobile, verrait la petite se déplacer. Au surplus, on ne fait pas autre chose quand on veut déterminer les orbites de Jupiter, de Saturne, etc. Chaque jour, en effet, on rapporte la position de ces planètes au Soleil, sans chercher si cet astre a ou s'il n'a pas un mouvement propre de translation dans l'espace.

En vertu des mouvements circulatoires que nous venons de signaler, la petite étoile est quelquefois exactement à l'est, et quelquefois exactement à l'ouest de la grande. A certaines époques, cette étoile mobile se trouve, tout juste, au nord de l'étoile plus brillante, qui paraît être son centre de mouvement; à des époques différentes, on la voit à l'opposite ou au sud.

CHAPITRE XII

MESURE DU DÉPLACEMENT RELATIF DES ÉTOILES DOUBLES

Pour constater le déplacement relatif des deux étoiles dont se compose un couple d'étoiles doubles, les simples remarques qui précèdent suffiraient; mais après avoir vu le mouvement, on a désiré savoir suivant quelle loi il s'opère. Dès lors il a fallu multiplier les observations, et leur donner de l'exactitude à l'aide d'une méthode que je vais essayer de faire connaître.

Tendons au foyer d'une lunette deux fils très-fins. L'un passera par le centre de l'espace circulaire qu'on appelle le champ de la vision et sera fixe, c'est-à-dire invariablement fixé au tuyau. L'autre pourra tourner autour du même centre, de manière à coïncider quand on le voudra, avec le fil fixe, ou à faire avec lui, à droite, à gauche, en haut, en bas, tous les angles imaginables. Ces angles on les mesurera sur un cercle gradué intérieur ou extérieur.

Pour faire une observation, l'étoile brillante est d'abord placée, aussi exactement qu'il est possible, au point d'intersection des deux fils. Ensuite, on fait tourner le fil mobile jusqu'au moment où il passe par le centre de la seconde étoile. En lisant le degré auquel le fil mobile s'est arrêté, on connaît l'angle que forme avec la direction du fil fixe, la ligne visuelle qui serait menée du centre de la grande étoile au centre de la petite.

D'après la manière, que nous expliquerons dans une autre occasion, dont la lunette est montée et aussi d'après la direction particulière qu'on a donnée au fil fixe, quelle que soit l'heure où l'on fasse l'observation de l'angle, on trouve toujours le même nombre. Or, si la lunette est tournée vers l'étoile à l'instant où celle-ci décrit la partie la plus élevée de sa course nocturne, c'est-à-dire quand elle arrive au méridien, le fil fixe est horizontal.

L'instrument dont on fait usage donne donc, pour le moment en question, pour le moment du passage au méridien, l'angle que forme avec une horizontale partant de la grande étoile la ligne droite qui unit cette même étoile à la petite. C'est ce qu'on appelle l'*angle de position*.

D'après cette méthode, les observations de différents astronomes, de différents jours, de différentes années, deviennent comparables entre elles. Le tableau des valeurs successives de l'angle de position apprend, d'un seul coup d'œil, si la petite étoile circule autour de la grande de l'ouest à l'est, ou de l'est à l'ouest ; si le mouvement est uniforme ou non, quels sont les points de la plus grande et de la moindre vitesse.

Un second système composé de deux fils, l'un fixe, l'autre mobile parallèlement au premier, système qui porte le nom de *micromètre* (liv. III, chap. XVIII, p. 132), sert à reconnaître si la distance apparente des étoiles est constante ou variable, et quand il y a variation, entre quelles limites elle se trouve renfermée.

Voilà tout ce que l'observation fournit. Ces données, au reste, suffisent amplement pour qu'on puisse déterminer, à l'aide du calcul, la *forme* de la courbe que chaque étoile décrit, en supposant du moins que les astres situés dans ces régions éloignées, obéissent aux lois de Kepler sur le mouvement elliptique, lois dont nous parlerons ailleurs avec les détails que leur importance comporte.

Quatre valeurs de l'angle de position et des distances apparentes micrométriques correspondantes à des époques connues sont nécessaires, en général, pour déterminer la forme et la position de la courbe que la petite étoile décrit autour de la grande.

Lorsque, par hasard, le plan qui contient cette courbe passe par la Terre, le mouvement de l'étoile satellite semble s'opérer le long d'une ligne droite ; il n'y a plus alors d'angles de position successifs à mesurer ; tout se réduit aux observations micrométriques des distances, et il faut cinq de ces observations, pour arriver aux résultats que quatre fournissaient dans l'hypothèse précédente.

Enfin, si l'observateur, dépourvu de micromètre, n'a pu observer que des déplacements angulaires, six angles de position correspondant à des époques connues, seront indispensables quand on voudra calculer la forme de l'orbite de la petite étoile.

Il n'a jamais pu entrer dans mes projets de donner ici, même la plus légère idée des calculs algébriques qui servent à résoudre les problèmes relatifs à la forme et à la position des orbites des étoiles doubles. Je me contenterai de rapporter les résultats[1]. Les premiers auxquels on soit arrivé, les éléments de l'orbite du satellite stellaire de ξ de la Grande Ourse, ont été obtenus par Savary, mon ancien confrère à l'Académie des sciences et au Bureau des Longitudes, d'après des méthodes qui lui

[1]. Savary est le premier qui ait montré par quels calculs on peut déduire des observations des étoiles doubles la nature de la courbe décrite par l'étoile satellite. On me permettra, je pense, de me féliciter d'avoir indiqué ce sujet de travail à mon jeune et si regrettable ami. Voici comment il s'exprime à ce sujet dans son Mémoire, inséré dans les additions de la *Connaissance des temps* pour l'année 1830, page 171 : « L'Observatoire de Paris, longtemps dépourvu des instruments qui permettent de multiplier et de rendre plus précises les mesures relatives aux étoiles doubles, possédera bientôt l'équatorial de Gambey. C'est dans une circonstance aussi favorable pour ce genre de recherches que M. Arago a bien voulu m'engager à écrire la note qui précède. »

Depuis cette époque, des procédés de calculs un peu différents de ceux du jeune membre de l'Institut, ont été donnés pas MM. Encke, Bessel, John Herschel, Mædler et Villarceau.

appartiennent. **Les autres sont dus à MM. Bessel, Encke, John Herschel et Villarceau.**

Noms des étoiles doubles.	Temps qu'emploie la petite étoile à faire une révolution entière autour de la grande.	Demi-grand axe de l'orbite telle qu'elle serait vue perpendiculairement de la Terre.	Excentricité de l'orbite [1].
ζ d'Hercule......	36 ans	1″.2	0.44
η de la Couronne...	43	″	″
ξ de la Grande Ourse.	58	3″.8	0.42
ζ de l'Ecrevisse....	58	0″.9	″
α du Centaure.....	78	12″.1	0.71
70ᵉ d'Ophiuchus...	88	4″.4	0.47
Castor.........	253	8″.1	0.76
σ de la Couronne...	287	3″.7	0.76
61ᵉ du Cygne.....	452	15″.4	″
γ de la Vierge.....	629	12″.1	0.83
γ du Lion.......	1200	″	″

Parmi ces étoiles, il en est une, la compagne de η de la Couronne, qui a parcouru le contour entier de son orbite depuis qu'Herschel détermina, pour la première fois, son angle de position. Déjà même elle se trouve assez avancée dans sa seconde révolution. Les plus anciennes observations de ξ de la Grande Ourse considérée comme étoile double, sont de 1782. La durée de la période étant de 58 ans, le satellite stellaire de ξ a accompli sous nos yeux une révolution entière, en 1840.

Je disais tout à l'heure (p. 467) que si par hasard, le

---

1. Nous rappelons que l'excentricité est la distance du centre de chaque ellipse au foyer (liv. I, chap. XI, p. 37). Les nombres contenus dans cette colonne sont le rapport de la grandeur de l'excentricité au demi-grand axe.

prolongement du plan dans lequel l'orbite d'une petite
étoile se trouve contenue, aboutissait à la Terre ; que si
cette orbite, en terme d'artiste, se présentait à nous par
sa tranche, l'étoile satellite semblerait se mouvoir, tantôt
dans un sens tantôt dans le sens contraire, mais toujours
le long d'une ligne droite passant par la grande étoile.
Ce cas s'est offert aux astronomes.

D'après William Herschel l'étoile τ du Serpentaire est
double. A l'époque où ce grand observateur formait le
premier catalogue d'étoiles multiples, les deux astres distincts dont τ se compose, étaient notablement séparés.
Aujourd'hui ils sont si bien confondus, ils se projettent si
exactement l'un sur l'autre, que Struve lui-même, armé
de la grande lunette de Frauenhofer, n'a pas aperçu la
moindre trace de duplicature. Qu'auraient dit Bradley,
Lacaille, Mayer, si de leur temps, on s'était avisé
d'annoncer que, dans ce firmament qu'ils avaient tant
étudié, il existait des étoiles qui s'occultaient les unes les
autres !

ζ d'Orion a présenté la contre-partie de τ du Serpentaire. Aujourd'hui c'est une étoile double facilement re-
connaissable ; William Herschel l'inscrivait jadis dans son
catalogue, comme décidément simple.

Dans γ de la Vierge, le plan de l'orbite est assez incliné
à la ligne visuelle partant de la Terre, pour que la distance de l'étoile satellite à l'étoile centrale qui, en 1756,
était de 6″.5, se trouvât réduite, en 1829, à 1″.8. Depuis
cette dernière époque, cette distance s'est déjà sensiblement augmentée.

La branche de l'astronomie qui traite des déplacements du système stellaire est née d'hier. Ainsi il ne faut pas s'étonner qu'on sache encore peu de chose sur les mouvements relatifs des étoiles triples. Déjà cependant les observations ont montré que dans ζ de l'Écrevisse, les deux faibles étoiles tournent autour de la principale. Pour ψ de Cassiopée, qui se compose d'une étoile assez brillante et de deux petites étoiles excessivement rapprochées entre elles, il est probable qu'on verra ces dernières circuler l'une autour de l'autre, et leur ensemble tourner autour de l'étoile brillante.

CHAPITRE XIII

CONSÉQUENCES QUI RÉSULTENT DE LA NATURE DES MOUVEMENTS OBSERVÉS DANS LES ÉTOILES DOUBLES, RELATIVEMENT A L'UNIVERSALITÉ DE L'ATTRACTION NEWTONIENNE

Les formules algébriques à l'aide desquelles on est parvenu à débrouiller toutes les circonstances des curieux mouvements elliptiques des étoiles doubles, reposent entièrement sur l'hypothèse que ces étoiles se meuvent et obéissent aux lois des mouvements elliptiques de Kepler ou, ce qui revient au même, sur la supposition que la grande et la petite étoile s'attirent en raison inverse du carré de leurs distances. La détermination de l'orbite de chaque étoile exige seulement quatre, cinq ou au plus six mesures d'angles de position et de distances apparentes. Quant aux observations non employées dans ces premiers calculs, qu'elles soient antérieures, postérieures ou intermédiaires, elles deviennent autant de moyens de soumettre à une épreuve délicate et décisive l'hypothèse dont on était parti : il suffit de voir si elles s'accordent avec une orbite qui ne saurait être la véritable, dans le cas où l'on aurait déduit sa forme d'une supposition erronée. Or, beaucoup de comparaisons ont été faites entre les positions des étoiles satellites réellement observées, et les positions conclues des ellipses calculées. Les discordances n'ont pas dépassé les petites incertitudes inhérentes à ce genre difficile de mesures.

Ainsi, en admettant que, jusqu'aux derniers confins du monde visible, il existe une force attractive qui s'exerce en raison inverse du carré des distances, les calculateurs des orbites des étoiles doubles s'étaient placés dans le vrai; ainsi, les étoiles sont régies par la même force qui, dans notre système solaire, préside à tous les mouvements des planètes et des satellites; ainsi, cette célèbre attraction newtonienne, dont l'*universalité* n'était jusqu'ici établie que jusqu'aux limites de l'espace embrassé par la planète la plus éloignée du Soleil, c'est-à-dire par Neptune, devient *universelle* dans toute l'acception grammaticale de ce terme.

Il ne faut pas croire qu'on pouvait, sans aucun scrupule, donner cette extension indéfinie à la découverte de Newton. L'existence de l'attraction, dans toutes les parties du système composé du Soleil et des planètes qui l'entourent, était un fait capital dont on avait découvert les lois et suivi les conséquences avec un succès merveilleux; mais il n'en résultait pas que la vertu attractive fût inhérente à la matière, que de grands corps ne pussent pas exister dans d'autres régions, dans d'autres systèmes, sans s'attirer mutuellement. A plus forte raison n'aurait-

on pas eu le droit de se prononcer sur la généralité de
la loi du carré des distances. Maintenant, je le répète,
grâce aux observations des étoiles doubles, ces doutes
sont entièrement dissipés. Il n'en faudrait pas davantage
pour justifier le vif intérêt que les déplacements relatifs
des étoiles ont excité parmi les astronomes. On verra,
au reste, dans les chapitres suivants, tout ce que cette
nouvelle branche de la science renferme encore d'avenir.

CHAPITRE XIV

QUAND ON AURA DÉTERMINÉ LES DISTANCES DES ÉTOILES DOUBLES
A LA TERRE, LES MASSES DE CELLES DE CES ÉTOILES DONT LES
MOUVEMENTS RELATIFS SERONT CONNUS POURRONT ÊTRE FACI-
LEMENT COMPARÉES A LA MASSE DE LA TERRE OU A CELLE DU
SOLEIL

L'observation directe des étoiles doubles donne la
vitesse angulaire de la petite étoile autour de la grande ;
si nous avions en lieues le rayon de l'orbite que cette
petite étoile parcourt, nous trouverions aisément quelle
est, en fraction de lieue ou en mètres, la quantité dont
elle tombe, en une seconde, vers l'étoile centrale. Cette
quantité, comparée à la chute d'un corps, d'un boulet,
par exemple, vers la Terre, ou à la chute d'un corps
vers le Soleil, lorsque préalablement les trois nombres
auraient été réduits à une distance commune par la proportion inverse des carrés, donnerait le rapport de la
masse de la grande étoile à la masse de la Terre ou à
celle du Soleil. Jusqu'ici, malheureusement, on ne connaît, relativement aux rayons des orbites des satellites

stellaires, que les angles qu'ils sous-tendent vus de la Terre. Pour transformer ces angles en mesures de longueur, en lieues ou en mètres, il faudrait avoir la valeur des distances qui nous séparent des étoiles. Lorsque ces distances auront été déterminées, les rayons des orbites en lieues s'en déduiront, et le reste du calcul s'achèvera sans difficulté. Nous avons vu (liv. IX, chap. XXXII, p. 436) que les distances à la Terre ne sont encore connues approximativement que pour un petit nombre d'étoiles.

La science, en s'enrichissant de la connaissance des mouvements des étoiles doubles, a fait un pas immense vers la solution d'un problème qui semblait au-dessus de l'intelligence humaine. Le jour où la distance d'une étoile double à la Terre est déterminée avec exactitude, on la pèse, on sait combien de milliers de fois elle renferme plus de matière que notre globe; on pénètre ainsi dans sa constitution intime, quoiqu'elle soit placée à plus de 120 millions de millions de lieues de nous; quoique, dans les plus puissants télescopes, elle se présente seulement comme un point radieux sans dimensions appréciables.

Mathématiquement parlant, la vitesse avec laquelle un boulet tombe vers la Terre, dépend de la somme des masses de la Terre et du boulet. La chute de la Terre vers le Soleil est déterminée aussi par la somme des masses de la Terre et du Soleil; c'est donc le rapport de ces sommes de masses, et non pas seulement le rapport des masses isolées que le calcul fournit; mais il est évident, vu l'excessive petitesse du boulet comparé à la Terre, et de la Terre comparée au Soleil, qu'on peut, sans erreur appréciable, adopter l'hypothèse qu'on calcule directement la masse de la Terre ou celle du Soleil. Il n'en serait pas de même des étoiles doubles. L'étoile satellite diffère quelquefois assez peu de l'étoile centrale, du moins si l'on en juge par l'intensité, pour qu'on doive regarder le résultat du calcul que je viens d'indiquer, comme donnant la somme des masses des deux étoiles.

Si l'on considère la soixante et unième du Cygne comme une étoile double, ce qui du reste a été récemment révoqué en doute par Struve; si l'on admet de plus que le temps de la révolution de ces deux étoiles autour de leur centre commun de gravité, ce qui semblera résulter de la comparaison des observations de 1781 avec celles de 1851, est de 500 ans, on trouve que la somme des masses des deux étoiles composant le groupe est 0.353, la masse du Soleil étant 1.

α du Centaure étant une étoile double, et sa distance à la Terre pouvant être déduite des calculs de M. Maclear, il devrait être possible de calculer aussi, dans ce cas, la somme des masses des deux étoiles dont α du Centaure se compose. Mais les dimensions de l'orbite suivant laquelle la petite étoile se meut autour de la grande ne sont pas assez exactement connues pour qu'on doive accorder une grande confiance au résultat; c'est par cette raison que nous ne l'insérerons pas ici.

CHAPITRE XV

LES OBSERVATIONS DES ÉTOILES DOUBLES PROPREMENT DITES
POURRONT SERVIR UN JOUR, SOIT A DÉTERMINER LES DISTANCES
DE CES GROUPES BINAIRES A LA TERRE, SOIT A FIXER UNE
LIMITE EN DEÇA OU AU DELA DE LAQUELLE ILS NE SAURAIENT
ÊTRE PLACÉS

La méthode des parallaxes (liv. ix, chap. xxxii, p. 427)
n'a déterminé jusqu'ici qu'une limite de distance en deçà
de laquelle les étoiles observées ne se trouvent pas. Ainsi
les hauteurs angulaires de la soixante et unième du Cygne
ont placé les deux étoiles qui composent ce groupe
589,000 fois au moins plus loin de la Terre que le
Soleil. Mais ce qu'il faudrait ajouter à cette limite inférieure pour avoir la distance réelle, demeure totalement
inconnu. Si quelqu'un, par exemple, s'avisait de supposer
que la vraie distance de la soixante et unième du Cygne
est égale à 100 millions de fois la limite inférieure déduite de la méthode des parallaxes, il ne pourrait être
contredit; car ce nombre ne serait pas plus incompatible
avec les observations, qu'un nombre 1 million de fois
plus petit ou qu'un nombre 1 million de fois plus grand.
Dans cet état de la science, il était très-désirable de
découvrir un moyen de placer une limite supérieure à
côté de la limite inférieure déjà trouvée. Or ce moyen
pourra tôt ou tard se déduire des observations des étoiles
doubles, comme on va le voir.

Lorsque la courbe (je la supposerai exactement circulaire) que la petite étoile d'un groupe binaire décrit
autour de la grande se présente exactement de face,

c'est-à-dire lorsque le plan qui la renferme est perpendiculaire à la ligne menée de la Terre à l'étoile centrale,
l'étoile satellite, pendant la durée de sa révolution, reste
constamment à la même distance de la Terre. Cette étoile
satellite va, en effet, occuper successivement, en vertu
de son mouvement propre, toutes les positions possibles
sur le contour du petit cercle : or, personne ne doute que
tous les points d'une circonférence de cercle, vus exactement de face, ne soient également éloignés de l'œil de
l'observateur.

Par le centre de l'orbite circulaire du satellite stellaire,
menons un diamètre horizontal qui partagera cette orbite
en deux parties égales, l'une supérieure, l'autre inférieure. Faisons ensuite tourner le plan dans lequel la
courbe est contenue autour de ce diamètre horizontal, et
dans un tel sens par exemple que la partie inférieure
vienne en avant ou vers l'observateur, tandis que l'autre
se portera en arrière. Vue perpendiculairement, l'orbite
de la petite étoile était circulaire. Dans sa nouvelle position oblique, elle semblera allongée ; mais il importe surtout de remarquer que ses diverses parties ne se trouveront plus réellement à la même distance de l'observateur.
Dans le demi-cercle qui, à partir de la position perpendiculaire, aura marché en avant, il existera nécessairement un point plus voisin de la Terre que tous les autres.
Le point diamétralement opposé à celui-là sera le plus distant. En allant du premier point au second, l'étoile satellite s'éloignera donc graduellement de l'observateur. En
revenant de ce second point au premier, elle s'en rapprochera. Cette double circonstance, attendu la vitesse

appréciable de la lumière, peut apporter des différences
sensibles dans la manière dont l'étoile semblera parcourir
les deux moitiés, l'une ascendante et l'autre descendante
de son orbite. Examinons en effet comment nous apercevons un astre lumineux qui est doué d'un mouvement
propre.

Prenons cet astre dans une position déterminée. De
cette position, il dardera dans tous les sens des rayons
qui se propageront en ligne droite, et dont les directions
prolongées, quels que soient le lieu et le moment où on
les observe, indiqueront la place qu'occupait le corps
radieux au moment de leur départ.

L'un de ces rayons arrivera à la Terre. Supposons qu'il
ait mis un temps considérable, un mois par exemple, à
faire le trajet. Pendant ce temps, l'astre ne sera pas
resté immobile; il aura quitté sa première place. Ainsi
nous le verrons dans cette première place, quand il n'y
sera déjà plus.

Admettons maintenant, pour fixer les idées, que l'astre
ait parcouru, en s'éloignant de la Terre, un arc de
courbe d'une certaine étendue, un arc de cercle, si l'on
veut, qui, placé obliquement dans l'espace, soit plus
près de nous par un de ses bouts que par l'autre.

Nous apercevons l'astre mobile sur cet arc, à l'extrémité la plus voisine de la Terre, trente jours, je suppose,
après qu'il l'aura quittée. Dès lors, il faudra plus de
trente jours pour que la lumière nous arrive de l'autre
extrémité qui est plus éloignée. L'astre aura donc visité
cette seconde extrémité, il l'aura quittée, depuis plus de
trente jours, au moment où de la Terre nous le verrons

s'y placer. Quand, de la date de cette dernière observation, qui se trouve ainsi postérieure de plus de trente
jours à celle de l'arrivée réelle de l'astre à l'extrémité de
l'arc, nous retranchons la date de l'observation du
départ, dont l'erreur par hypothèse était seulement, et
tout juste, de trente jours, la différence sera plus grande
que celle à laquelle on arriverait en retranchant l'une de
l'autre, si elles étaient connues, les dates des passages
réels du même astre par les points observés.

Si, au lieu de faire partir l'astre mobile du point le
plus voisin pour le conduire au point le plus distant,
nous lui avions donné la marche inverse : si le point de
la première observation avait été plus éloigné que le
point de la seconde, il est évident que la différence
entre les passages observés, c'est-à-dire entre les passages affectés de la propagation de la lumière, au lieu
d'être plus grande, serait plus petite que la différence
entre les passages réels.

En thèse générale, si, dans sa course curviligne, un
astre s'éloigne graduellement de la Terre, les rayons
lumineux qui en émanent viennent de plus en plus tard nous
apprendre dans quelles directions il s'est successivement
placé. Pour aller d'une de ces positions à l'autre, il semblera donc employer plus de temps qu'il n'en dépense en
réalité. L'inverse arrive nécessairement lorsque, pendant
sa course, l'astre se rapproche de nous. Or, les deux
moitiés de l'orbite d'une étoile double se trouvent précisément dans les conditions que je viens de signaler, quand
le plan qui les renferme est oblique au rayon visuel allant
de la Terre à l'étoile centrale. Mathématiquement par-

lant, le satellite stellaire, vu de la Terre, emploiera donc plus de temps à parcourir la moitié ascendante de son orbite, la moitié dans laquelle il s'éloigne constamment de nous, que la moitié opposée, que la moitié où il marche vers nous. Eh bien, je vais montrer que la distance de ce satellite à la Terre pourra se déduire de la différence observée entre la durée de la demi-révolution opposée, toutes les fois que cette différence aura été déterminée avec précision.

Si l'on remonte aux explications précédentes, on verra aisément que la durée de la demi-révolution ascendante du satellite surpasse la durée de la demi-révolution réelle du nombre de jours et de la fraction de jour que la lumière emploierait à parcourir le nombre de lieues dont la distance du satellite à la Terre s'est accrue pendant cette demi-révolution. Il n'est pas moins évident que la durée de la demi-révolution descendante est au-dessous de la durée de la demi-révolution réelle, du même nombre de jours et de fraction de jour, puisque dans sa marche rétrograde, le satellite se rapproche de nous tout autant qu'il s'en était d'abord éloigné. En fin de compte, les deux demi-révolutions observées diffèrent entre elles du double du temps que la lumière emploie à parcourir le nombre de lieues dont la distance du satellite à la Terre varie entre ses deux positions extrêmes.

Soustrayons donc, l'une de l'autre, les durées des deux demi-révolutions observées; prenons la moitié de la différence; transformons cette moitié en secondes, à raison de 86,400 secondes par jour; multiplions le nombre total de secondes ainsi obtenu par le nombre de lieues

que la lumière parcourt en une seconde, et le produit
sera « la valeur, exprimée aussi en lieues, de la quantité
dont l'étoile satellite s'éloigne de la Terre dans son passage du point de l'orbite le plus voisin au point diamétralement opposé. »

La position et les dimensions de l'orbite d'un satellite
sont liées d'une manière nécessaire à la quantité totale
dont ce satellite s'éloigne de la Terre et s'en rapproche
ensuite pendant chacune de ses révolutions. Quand les
dimensions de l'orbite sont connues, on en conclut aisément, par le calcul, la valeur des changements de
distance. Réciproquement, de la valeur de ces changements on peut remonter à celle des dimensions de l'orbite.
Or, je viens de montrer comment, dans certains cas,
l'astronome détermine expérimentalement en lieues les
changements qu'éprouve la distance d'une étoile satellite
à la Terre. Dans ces mêmes cas, le grand axe de l'orbite
elliptique que l'étoile semble décrire, pourra donc aussi
être exprimé en lieues. L'inclinaison sous laquelle ce
grand axe se présente à nous, se déduit de la position du
plan de l'orbite; le micromètre nous fait connaître d'ailleurs sa grandeur apparente, ou combien de secondes il
sous-tend. Or, il n'est pas d'arpenteur qui ne sache
déterminer le nombre de lieues dont il est éloigné d'une
certaine base, dès qu'on lui fait connaître l'inclinaison
de cette base au rayon visuel, sa longueur absolue et
l'angle sous lequel on la voit. L'astronome aura précisément les mêmes calculs à faire; seulement il opérera sur
de beaucoup plus grands nombres. Sa base, à lui, sera
le diamètre de l'orbite parcourue par une étoile; mais

aussi ce qu'il cherche et ce qu'il trouvera, c'est la distance de cette étoile à la Terre.

Savary, à qui l'on doit d'avoir, le premier, signalé le rôle que la transmission successive de la lumière pourra jouer un jour dans le phénomène des étoiles doubles, craignant, sans doute, qu'on ne parvienne très-difficilement, à cause de la lenteur du mouvement des étoiles satellites, à déterminer avec exactitude la différence de durée de leurs demi-révolutions ascendantes et descendantes, s'était contenté de présenter les observations de ces durées comme un moyen d'arriver, non à une distance absolue, mais à une limite. Voici comment il faudrait expliquer la méthode si l'on ne voulait lui donner que cette portée.

Supposons qu'il soit résulté de l'examen minutieux d'une série de mesures d'angles de position, que la durée de la demi-révolution ascendante d'un satellite stellaire ne surpasse pas de plus de vingt jours la durée de la demi-révolution descendante. Dès lors la quantité totale dont l'étoile s'éloigne ou se rapproche de la Terre, en allant de l'une à l'autre de ses positions extrêmes, ne saurait, à son tour, être plus grande que le nombre de lieues parcourues par la lumière en dix jours.

Adoptons un moment cette limite en plus, comme valeur réelle du changement total de distance de l'étoile, et cherchons, ainsi que nous le faisions tout à l'heure, l'étendue en lieues du grand axe de l'orbite stellaire. En partant d'une limite, c'est une limite que nous devons trouver. Ainsi, le calcul nous donnera un nombre de lieues que la longueur réelle du diamètre en question ne saurait surpasser. En d'autres termes, il nous conduira ou à la longueur réelle, ou à une longueur plus grande.

Maintenant, si nous cherchons par les méthodes d'arpentage connues (liv. I, chap. VII, p. 22) à quelle distance doit être transportée une ligne droite d'une longueur égale à ce nombre de lieues, limite supérieure, pour qu'elle se présente à nous sous l'angle que les observations micrométriques directes ont assigné au grand axe de l'orbite stellaire, ce qu'on trouvera sera, sans autre alternative, ou la vérité, ou une quantité trop forte : la vérité, si le nombre de lieues employé s'est trouvé par hasard exactement égal au diamètre de l'orbite ; une quantité trop forte, dans tout autre cas, puisque alors le nombre sur lequel on opérera sera lui-même trop fort. Mais pour être amenée à sous-tendre un angle déterminé, une ligne doit évidemment être transportée d'autant plus loin qu'elle est plus longue. Nous voilà donc arrivés à la détermination d'une distance au delà de laquelle on ne saurait supposer l'étoile située, sans se mettre en opposition avec les faits.

Si d'une autre part la discussion des angles de position permettait d'affirmer que la durée de la demi-révolution ascendante du satellite stellaire est supérieure à la demi-révolution descendante, au moins de tel ou tel nombre donné de jours, le calcul appliqué à ce nouveau résultat, au lieu d'une limite en plus, conduirait à une limite en moins, c'est-à-dire à une distance en deçà de laquelle l'étoile ne serait certainement pas placée !

Tout le monde peut maintenant comprendre quelles brillantes découvertes attendent l'astronome qui en modifiant les moyens d'observation des étoiles doubles actuellement connues, assignera avec une nouvelle exactitude les durées des demi-révolutions ascendantes et descendantes des satellites stellaires. La détermination de la distance des étoiles, la détermination de la masse de ces astres, deviendront le prix d'un pareil perfectionnement.

CHAPITRE XVI

LES ÉTOILES DOUBLES SONT DEVENUES UN MOYEN DE JUGER DE LA BONTÉ DES LUNETTES ET DES TÉLESCOPES DE GRANDES DIMENSIONS

Le dédoublement des étoiles doubles est, pour les astronomes qui ont à prononcer sur la bonté des télescopes et des grandes lunettes, une pierre de touche plus précise et plus sensible, à certains égards, que ne l'était jadis l'observation du disque des planètes. La lunette *termine* bien ; on voit *distinctement* les bandes de Jupiter et de Saturne; les taches de Mars s'aperçoivent *nettement*, etc., sont des expressions vagues qui auront telle ou telle autre portée, suivant qu'elles sortiront de la bouche d'un astronome plus ou moins habitué à faire usage d'instruments puissants et bien construits. Ces expressions, quoi qu'on en fasse, impliquent toujours, chez celui qui les emploie, l'idée d'une comparaison. Mais si je dis : Avec un grossissement de 200 fois, par exemple, ma lunette sépare complétement les deux étoiles, aujourd'hui si voisines l'une de l'autre, dont l'ensemble forme σ de la Couronne, je fournis à tous ceux qui tenteront une expérience semblable, les moyens de reconnaître sans équivoque si leur instrument est inférieur au mien. Que l'on me permette de rappeler le principe fondamental de toute lunette, et les avantages de ce genre d'épreuves deviendront évidents (liv. III, chap. VIII, p. 103).

Une lunette se compose de deux lentilles de verre. L'une large et tournée du côté de l'objet, s'appelle l'*objectif;* l'autre, très-petite et placée près de l'œil, est désignée par le nom d'*oculaire.* La première lentille forme, dans une certaine région plus ou moins distante de sa surface et appelée le *foyer,* une image aérienne, une véritable peinture de chacun des objets en vue. C'est cette image, c'est cette peinture qu'on grossit à l'aide de la loupe oculaire, tout comme si elle était un objet matériel.

Quand la peinture focale est nette, quand les rayons partis d'un point de l'objet se sont concentrés en un seul point dans l'image, l'observation faite avec l'oculaire donne des résultats très-satisfaisants. Si, au contraire, les rayons émanés d'un point ne se réunissent pas au foyer en un seul point; s'ils y forment un petit cercle, les images des deux points contigus de l'objet empiètent nécessairement l'une sur l'autre; leurs rayons se confondent; or, cette confusion, la lentille oculaire ne saurait la faire disparaître : l'office qu'elle remplit exclusivement, c'est de grossir; elle grossit tout ce qui est dans l'image, les défauts comme le reste. La lunette, c'est-à-dire les deux lentilles réunies, ne peut donc pas alors présenter les objets bien tranchés.

Ce défaut de netteté existe, à différents degrés, dans les lunettes, suivant que l'artiste est parvenu à donner

aux deux faces de la lentille objective une courbure régulière plus ou moins rapprochée de la forme géométrique,
que la théorie a fait connaître comme la plus convenable,
vers laquelle l'opticien tend sans cesse, mais qui reste
cependant toujours une abstraction. Il suffit souvent
d'un seul coup d'œil, quel que soit le point de mire, pour
reconnaître qu'un objectif a été mal travaillé ; mais il
n'en est pas toujours ainsi : appelés à prononcer entre
deux lunettes, les astronomes les plus exercés, eux-
mêmes, éprouvent quelquefois de l'embarras s'ils n'ont
observé que de grands corps, tels que Vénus, Jupiter,
Saturne, Mars. Dans ce cas, les étoiles doubles font cesser toute incertitude.

Il est prouvé que les étoiles n'ont pas de diamètres
angulaires sensibles. Ceux qu'elles conservent toujours
tiennent, pour la plus grande partie, au manque de perfection des instruments, et, pour le reste, à quelques
défauts, à quelques aberrations de notre œil. Plus une
étoile semble petite, tout étant égal quant au diamètre
de l'objectif, au grossissement employé et à l'éclat de
l'étoile observée, et plus la lunette a de perfection. Or,
le meilleur moyen de juger si les étoiles sont très-petites,
si des points sont représentés au foyer par de simples
points, c'est évidemment de viser à des étoiles excessivement rapprochées entre elles, et de voir si leurs images
se confondent, si elles empiètent l'une sur l'autre, ou
bien si on les aperçoit nettement séparées. Voici, parmi
les étoiles doubles connues, un certain nombre de celles
dont les meilleures lunettes seules, armées de forts grossissements, parviennent à opérer la séparation :

36° d'Andromède ; la distance des deux centres était de 0″.7 en 1831.

𝜘 de la Couronne ; distance des deux centres, 1″.8 en 1830.

𝜎 de la Couronne ; distance des deux centres, 1″.8 en 1830.

𝛾 de la Couronne ; une des plus difficiles à dédoubler, tant à cause de l'extrême rapprochement des deux étoiles, qu'à raison de leur grande différence d'intensité.

𝜀 du Bélier ; très-difficile à dédoubler.

𝜘 d'Hercule.   *id.*

𝜏 du Serpentaire ; la lunette de Dorpat, elle-même, ne sépare pas maintenant les deux étoiles dont elle se compose. Des observations plus anciennes ont cependant appris que cette étoile est double (chap. xii, p. 470).

Pour rendre ce livre complet, je devais ne pas oublier de signaler le parti avantageux que l'on tire maintenant de l'observation des étoiles doubles dans les essais des grandes lunettes. En tous cas, je suis sûr qu'on sentira l'importance de l'application, dès que j'aurai dit que ceux de ces instruments dont les grands Observatoires ne sauraient aujourd'hui se passer, coûtent 20,000, 30,000 et même 40,000 francs, indépendamment de leur monture.

CHAPITRE XVII

DU RÔLE QUE LE CALCUL DES PROBABILITÉS A JOUÉ DANS LA QUESTION DES ÉTOILES MULTIPLES

Le calcul des probabilités a enrichi l'astronomie d'un grand nombre de résultats très-remarquables. Jusqu'ici, cependant, ils n'ont pas pris dans l'enseignement et dans les ouvrages élémentaires la place qui leur est due. Il semble qu'on ait craint de nuire aux vérités de la science dont la démonstration repose sur la combinaison immédiate d'observations directes, en les associant à des déductions qui, sans avoir tout à fait la même certitude, n'en méritent pas moins cependant d'être prises en grande considération. Au surplus, je ne connais aucune question plus propre que celle des étoiles multiples, à montrer combien les observateurs auraient tort de dédaigner les enseignements du calcul des probabilités. Déjà dès l'année 1767, un savant distingué, John Michell, celui-là même qui eut la première pensée de l'appareil que nous décrirons plus loin, à l'aide duquel Cavendish détermina la densité moyenne de la Terre, frappé de l'inégale répartition des étoiles dans le firmament, examina si l'on pouvait croire que cette répartition fût l'effet du hasard. Il prit pour exemple le groupe des Pléiades, et voici comment il raisonna.

Ce groupe renferme 6 étoiles principales, telles que dans le ciel, tout entier, on n'en compte guère que 1,500 d'une intensité qui puisse leur être comparée.

Le problème à résoudre était donc celui-ci : 1,500 étoiles sont jetées au hasard sur l'étendue du firmament; quelle probabilité y a-t-il que 6 d'entre elles se trouveront réunies dans l'espace resserré qu'occupe la constellation des Pléiades. Michell trouva pour cette probabilité $\frac{1}{500,000e}$, c'est-à-dire qu'il y avait 500,000 à parier contre 1 que la forte concentration des 6 étoiles ne se présenterait pas. Mais, puisque cette concentration existe, malgré l'unique chance sur 500,000 qui pouvait l'amener, nous devons croire qu'il y avait quelque chose d'erroné dans les bases du calcul. Or, en l'examinant de près, on n'y trouve qu'une seule hypothèse : celle que les étoiles sont réparties dans le ciel au hasard. Une hypothèse dont les conséquences probables sont si peu d'accord avec les faits, devient alors elle-même improbable. C'est donc l'hypothèse directement contraire qui doit avoir notre assentiment. Ainsi les 6 étoiles des Pléiades ne se trouvent pas si singulièrement concentrées par hasard ; ainsi une cause physique a présidé à leur réunion dans un très-petit espace ; ainsi *elles sont dans une dépendance mutuelle!* Mais n'est-ce pas là précisément la principale conséquence qui, beaucoup plus tard, a été déduite des laborieux travaux des astronomes sur les étoiles doubles? Ici, comme on voit, la théorie des probabilités a devancé les observations directes.

CHAPITRE XVIII

DES AUTEURS DE LA DÉCOUVERTE DES SATELLITES D'ÉTOILES

Les *Lettres Cosmologiques* de Lambert, cet ouvrage si éminemment remarquable par la profondeur et la hardiesse des aperçus, nous offre déjà, à la date de **1761**, ces paroles prophétiques : « En observant les groupes où les étoiles sont très-condensées, on décidera peut-être s'il n'y a pas de fixes qui fassent en assez peu de temps leurs révolutions autour d'un centre de gravité commun. »

Michell, dans un Mémoire publié dans les *Transactions philosophiques,* trouva : « qu'il y a une très-grande probabilité, presque une entière certitude que les étoiles doubles, multiples, dont les parties constituantes semblent très-rapprochées les unes des autres (forment des systèmes) où les étoiles sont en réalité rapprochées et sous l'influence de quelque loi générale. » (*Transactions philosophiques*, 1767, p. 249.)

Le même savant disait enfin en 1784 : « Quoiqu'il ne soit pas improbable qu'un petit nombre d'années nous apprendra que dans le grand nombre d'étoiles doubles, triples, etc., observées par Herschel, il y en a qui sont des systèmes de corps tournant les uns autour des autres, etc. » (*Transactions philosophiques*, t. LXXIV, p. 56.)

On a certainement le droit de considérer ces passages de Lambert, de Michell, comme les premiers germes de la belle découverte qu'Herschel annonça au monde savant en 1803. Je n'en dirai pas autant des deux Mémoires que l'abbé Christian Mayer publia en 1778 et 1779, quoique les titres allemand et latin de ces Mémoires annoncent l'un et l'autre qu'il y est question des satellites des étoiles. Veut-on savoir, en effet, où Mayer plaçait les satellites d'Arcturus? Non pas à quelques secondes, mais à 2° 30′, à 2° 40′ et jusqu'à 2° 55′ de distance angulaire de cette étoile. Il n'en fallait pas davantage pour faire rejeter les prétendus satellites de l'astronome de Manheim. L'erreur méritait certainement les critiques amères, les sorties acerbes dont les journaux se rendirent les organes, soit qu'elle provînt de l'inhabileté, de la légèreté de l'observateur, soit qu'elle dût être rangée parmi les annonces que certaines personnes ont l'habitude de lancer au hasard dans le monde scientifique, comme une sorte de mainmise sur les découvertes futures. Une seule de ces réfutations a été conservée; on la trouve, à la date de 1780, dans le tome IV des *Actes* de l'Académie impériale de Pétersbourg. Son auteur, Nicolas Fuss, fit preuve d'un

Il s'assura qu'il y a dans ces groupes autre chose que des étoiles indépendantes, situées fortuitement sur des lignes visuelles excessivement rapprochées; il démontra que ces étoiles sont liées les unes aux autres, qu'elles forment de véritables systèmes; il établit que les petites étoiles circulent autour des grandes, précisément comme la Terre, Mars, Jupiter, Saturne, etc., circulent autour du Soleil; et, chose remarquable, que certains de ces soleils tournant autour d'autres soleils, font leurs révolutions en moins de temps que n'emploie, par exemple, Uranus à parcourir son orbite.

En appliquant les mêmes calculs, remarque le physicien anglais, aux étoiles qui ne paraissent doubles et triples que dans les télescopes, leur liaison se trouverait établie sur de beaucoup plus grandes probabilités encore. Et qu'eût dit Michell si, de son temps, on avait connu certains groupes binaires tels que η d'Hercule et γ de la Couronne, dont les deux parties constituantes peuvent à peine être séparées à l'aide des meilleures lunettes et des plus forts grossissements! Avec un peu plus de confiance dans les résultats du calcul des probabilités, les astronomes praticiens eussent commencé les observations des étoiles multiples, dès l'année 1767. Cette confiance, l'ingénieux auteur des calculs dont je viens de donner une idée, l'avait à tel point, qu'il parlait déjà, dans son Mémoire, de l'existence d'étoiles tournant les unes autour des autres, comme d'un moyen de résoudre diverses questions délicates d'astronomie physique.

Quoique aujourd'hui les principes des probabilités commencent à être fort répandus, je dirai même fort

Il s'assura qu'il y a dans ces groupes autre chose que des étoiles indépendantes, situées fortuitement sur des lignes visuelles excessivement rapprochées; il démontra que ces étoiles sont liées les unes aux autres, qu'elles forment de véritables systèmes; il établit que les petites étoiles circulent autour des grandes, précisément comme la Terre, Mars, Jupiter, Saturne, etc., circulent autour du Soleil; et, chose remarquable, que certains de ces soleils tournant autour d'autres soleils, font leurs révolutions en moins de temps que n'emploie, par exemple, Uranus à parcourir son orbite.

En appliquant les mêmes calculs, remarque le physicien anglais, aux étoiles qui ne paraissent doubles et triples que dans les télescopes, leur liaison se trouverait établie sur de beaucoup plus grandes probabilités encore. Et qu'eût dit Michell si, de son temps, on avait connu certains groupes binaires tels que η d'Hercule et γ de la Couronne, dont les deux parties constituantes peuvent à peine être séparées à l'aide des meilleures lunettes et des plus forts grossissements! Avec un peu plus de confiance dans les résultats du calcul des probabilités, les astronomes praticiens eussent commencé les observations des étoiles multiples, dès l'année 1767. Cette confiance, l'ingénieux auteur des calculs dont je viens de donner une idée, l'avait à tel point, qu'il parlait déjà, dans son Mémoire, de l'existence d'étoiles tournant les unes autour des autres, comme d'un moyen de résoudre diverses questions délicates d'astronomie physique.

Quoique aujourd'hui les principes des probabilités commencent à être fort répandus, je dirai même fort

employés ; quoique, d'un autre côté, la liaison intime, la
dépendance mutuelle des deux parties constituantes d'un
bon nombre d'étoiles binaires, résultent d'observations
directes, incontestables, je ne puis m'empêcher de faire
remarquer, avec M. Struve, que cette liaison, que cette
dépendance, fruit de tant de recherches délicates, résul-
terait, pour des yeux accoutumés à voir, de la simple inspection de la table où se trouvent dénombrées les étoiles
doubles de diverses classes.

Les quatre classes d'Herschel (chap. ii, p. 448), il
faut bien se le rappeler ici, n'ont aucun rapport avec l'intensité des étoiles ; elles sont seulement relatives à leurs
distances angulaires. La première se compose de tous les
groupes binaires dans lesquels les éléments constituants
sont à moins de 4 secondes d'écartement. La seconde
contient les distances au-dessus de 4 et au-dessous de
8 secondes. La troisième commence à 8 secondes et finit
à 16. La quatrième enfin s'étend jusqu'à 32 secondes.

Maintenant, tout le monde comprendra qu'en cherchant
la probabilité que des étoiles dispersées dans le firmament
sans aucune règle se présenteront par groupes de deux ;
que cette probabilité, disons-nous, sera d'autant plus
petite, que les groupes en question devront avoir des
dimensions moindres. C'est, en effet, comme si l'on cal-
culait la chance qu'en jetant un certain nombre de grains
de blé sur un échiquier, ils se trouveront réunis, dans les
cases, par groupes de deux : la chance doit évidemment
diminuer en même temps que les dimensions de ces cases.
Dans le problème proposé, les grains de blé sont des
étoiles ; l'échiquier c'est le firmament ; les cases, pour la

première classe d'Herschel, ce sont des espaces de 4 secondes, au plus, de diamètre; pour la quatrième classe, les dimensions des cases vont jusqu'à 32 secondes. Dans l'hypothèse d'une indépendance absolue entre tous les astres dont le ciel est parsemé, la première classe d'étoiles doubles serait beaucoup moins nombreuse que la seconde, que la troisième, et surtout que la quatrième. Or, c'est le contraire qui a lieu (chap. II, p. 448 et 449). Nous voilà donc amenés, encore une fois, par de simples considérations de probabilités, à reconnaître que les étoiles voisines les unes des autres ne le sont pas seulement en apparence, c'est-à-dire par un effet optique ou de perspective, mais bien qu'elles forment des systèmes.

LE SATELLITE DE SIRIUS.

En discutant les observations de Sirius faites depuis un siècle par comparaison avec celles des étoiles des constellations du Taureau, d'Orion et des Gémeaux, Bessel avait constaté dans cette étoile un mouvement d'oscillation qu'il expliqua dans tous ses détails les plus circonstanciés par la présence d'un corps de dimension considérable, auquel l'astre le plus brillant de notre firmament serait enchaîné par les lois de la gravitation. Il restait à observer ce compagnon découvert par la théorie. Le 31 janvier 1862, M. Alvar Clark, astronome américain, a vu pour la première fois cet astre mystérieux, qui, depuis lors, a pu être suivi facilement avec le grand télescope de M. Foucault. Le dédoublement de Sirius a ainsi donné, selon l'expression d'Arago, le moyen de juger la bonté des instruments fondés sur l'emploi des miroirs de verre argenté.

J.-A. B.

LIVRE XI

NÉBULEUSES

CHAPITRE PREMIER

DÉFINITION

On appelle nébuleuses des taches diffuses que les astronomes ont découvertes dans toutes les parties du ciel. Ces taches, ces lueurs paraissent dépendre de deux causes entièrement différentes sur lesquelles il sera indispensable d'arrêter successivement l'attention du lecteur ; nous aurons à considérer le cas où, à l'aide d'instruments puissants, on peut résoudre ces taches lumineuses en étoiles distinctes, et celui où l'on trouve qu'elles sont constituées par une matière diffuse répandue dans l'espace.

Les étoiles sont très-inégalement réparties dans le firmament. Vers certaines régions elles fourmillent ; ailleurs on peut parcourir de l'œil nu ou avec des lunettes des espaces fort étendus sans en apercevoir une seule. Ce défaut général d'uniformité dans la richesse du ciel étoilé n'a été convenablement étudié que de notre temps. Il a conduit, sur la constitution de l'univers, à de magnifiques conséquences que ce livre est destiné à développer.

CHAPITRE II

AMAS STELLAIRES

Nous nous occuperons d'abord de quelques agglomérations d'étoiles, locales et très-circonscrites, telles, par
exemple, que le groupe des Pléiades et celui des Hyades
dans la constellation du Taureau, telles encore que l'amas

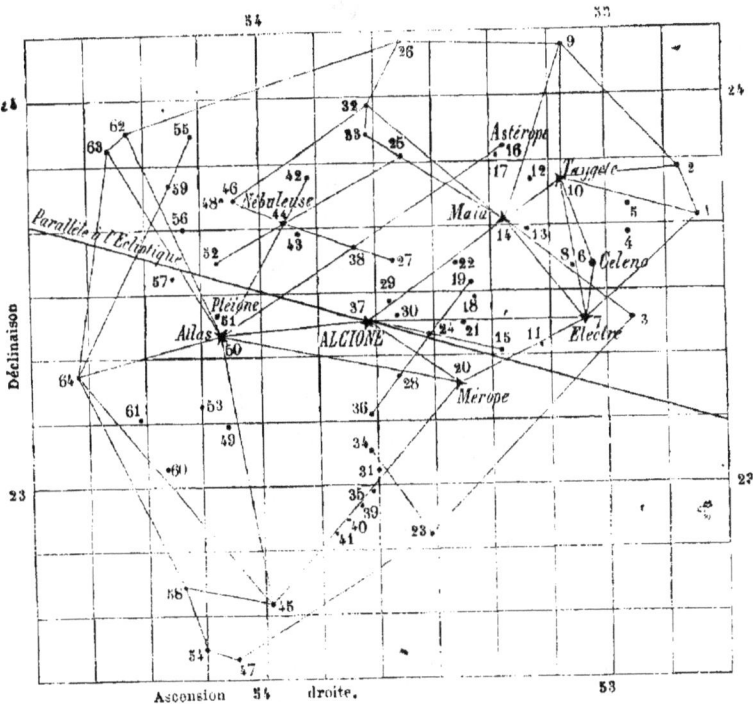

Fig. 111. — Carte des 84 principales étoiles des Pléiades, d'après Jeaurat.
(*Mémoires de l'Académie des Sciences* pour 1779.)

qu'on a remarqué dans la constellation du Cancer et qui
porte le nom de *Præsepe*, ou de la Crèche, celui dont θ
du Navire est entouré, etc. Toutes ces agglomérations

ont des formes précises, arrêtées, et sont constituées par des étoiles très-rapprochées.

Pour toute personne qui a la vue courte, les Pléiades, étoiles du cou du Taureau, ont l'aspect d'une masse con-fuse de lumière; mais dès qu'à l'aide d'une lunette, lors même qu'elle ne grossirait pas, mais dès qu'à l'aide de simples besicles on rend la vision distincte, les principales étoiles de ce groupe s'aperçoivent séparément, je veux dire détachées les unes des autres (fig. 111). Les Pléiades ne sont donc une nébuleuse que pour certains observa-teurs, et seulement même quand ils ne se servent pas de besicles.

Déjà, en parlant des aptitudes diverses des yeux pour distinguer plus ou moins facilement les étoiles de faible intensité (liv. v, chap. iii, p. 189), nous avons cité le groupe des Pléiades dans lequel à l'œil nu les uns aper-çoivent 6, les autres 7, 8 et même jusqu'à 14 étoiles. Cet amas, connu de toute antiquité, était la constellation des navigateurs, comme l'étymologie l'indique, du verbe grec πλεῖν (naviguer), parce qu'elle restait visible de mai à novembre, époque de la navigation dans la Médi-terranée, selon la remarque de mon ami Alexandre de Humboldt.

La plus belle des Pléiades est Alcione ou η du cou du Taureau; elle est actuellement de troisième grandeur; viennent ensuite Électre et Atlas, de quatrième; Mérope, Maia et Taygète, de cinquième; Pléione et Celeno, de sixième à septième; Astérope, de septième à huitième grandeur, plus un grand nombre de très-petites étoiles. La figure que nous donnons de ce beau groupe est des-

sinée d'après la carte des Mémoires de l'Académie des
Sciences pour 1779.

Le groupe des Hyades, dessiné d'après les cartes de
M. Dien (fig. 112), est placé sur le front du Taureau;

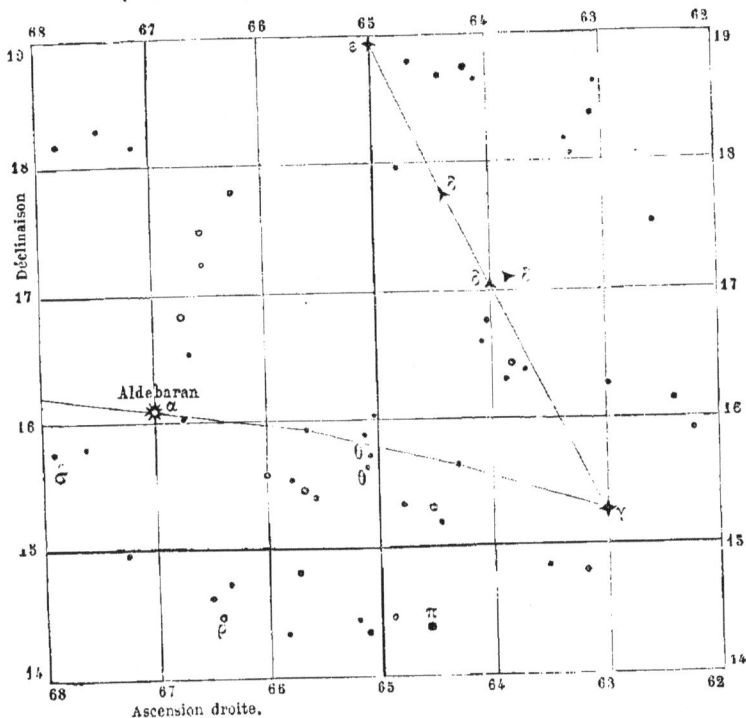

Fig. 112. — Groupe des Hyades (constellation du front du Taureau).

les petites étoiles dont il se compose, et que nous avons
mentionnées précédemment (chap. III, p. 112), sont
effacées par l'éclat d'Aldebaran.

Dans le groupe du Cancer, placé entre les étoiles γ et
δ, nommées aussi les deux Anes, les diverses étoiles étant
plus condensées que dans les groupes précédents, il n'est
pas de vue humaine naturelle qui parvienne à les séparer;
la lumière d'une étoile s'étend, s'éparpille sur la rétine,

empiète sur la lumière de l'étoile voisine à cause de l'im-
perfection de nos organes, et le tout forme une masse
confuse ; aidez-vous, au contraire, du télescope, même
assez faible, et l'image de chaque étoile se concentre
beaucoup, et elle se sépare ainsi de l'image de l'étoile
contiguë, et la masse lumineuse perd le caractère de diffusion qui pouvait seul la maintenir légitimement dans la
classe des véritables nébuleuses ; alors le groupe prend
l'aspect que représente la figure 113.

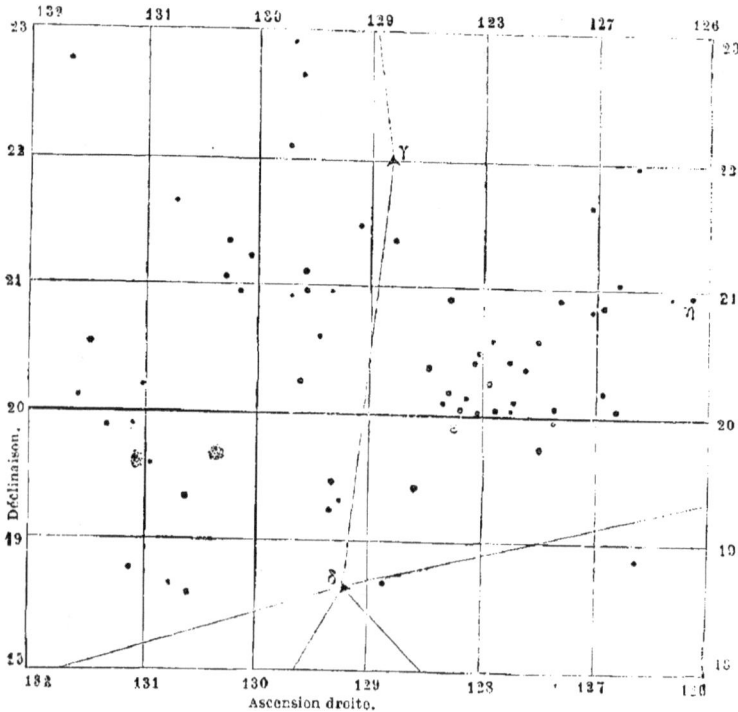

Fig. 113. — Præsepe ou Groupe du Cancer.

Pour arriver à ce résultat, de simples besicles et une
faible lunette ont suffi quand nous observions les Pléiades,
les Hyades et la Crèche du Cancer. Il est d'autres taches

lumineuses qu'on ne parvient à résoudre en groupes
d'étoiles qu'à l'aide des meilleurs télescopes et de forts
pouvoirs amplificatifs. Ce qui a résisté à des grossissements de 50, de 100, de 150, de 200 fois, cède quand
on peut pousser les grossissements jusqu'à 500, jusqu'à
1000 et au delà. C'est ainsi qu'Herschel parvint à transformer en agglomérations d'étoiles la plupart des nébuleuses que Messier, pourvu de lunettes moins puissantes,
croyait irréductibles, qu'il appelait des nébuleuses sans
étoiles.

CHAPITRE III

NATURE DES NÉBULEUSES

Le nombre considérable de nébuleuses qui, vues avec
des instruments ordinaires, semblaient des nuages lumineux, et dont Herschel avait opéré la décomposition en
étoiles à l'aide de ses télescopes de 3, de 6, de 12
mètres, conduisit ce grand astronome à une généralisation hasardée. Pendant plusieurs années il soutint que
toutes les nébuleuses sont des amas d'étoiles; qu'il n'y a
d'autre différence essentielle entre les nébuleuses les plus
dissemblables en apparence, qu'un plus ou moins grand
éloignement, ou une plus ou moins grande condensation
des étoiles composantes. Il se mettait ainsi en opposition
manifeste avec Lacaille qui, à son retour du cap de Bonne-
Espérance, disait dans les *Mémoires de l'Académie des
sciences* pour 1755 : « Il n'est pas certain que la blancheur
de ces parties (les Nuées de Magellan et les blancheurs
de la Voie lactée) soit causée, comme on le croit commu-

nément, par des amas de petites étoiles plus serrées que
dans les autres parties du ciel ; car avec quelque attention que j'aie considéré les extrémités les mieux terminées, soit de la Voie lactée, soit des Nuées de Magellan,
je n'y ai rien aperçu avec la lunette de 14 pieds (4^m.75)
qu'une blancheur dans le fond du ciel, sans y voir plus
d'étoiles qu'ailleurs où le fond était obscur. » Des observations minutieuses, très-délicates, faites avec une entière
bonne foi, finirent par modifier les premières opinions
d'Herschel. Dans un Mémoire de 1771, on lisait déjà
ces paroles : « Il y a des nébulosités (des blancheurs),
qui ne sont pas de nature stellaire (*of a starry nature*). »
Une fois arrivé à l'opinion qu'il existe dans les espaces célestes de nombreux amas de matière diffuse et lumineuse,
Herschel vit s'ouvrir devant lui un champ de recherches
presque entièrement nouveau, qu'il a exploré, dans toutes
ses parties, avec une infatigable ardeur. Le dénombrement
des nébuleuses franchit alors les limites restreintes qu'on
lui avait ordinairement assignées; il n'eut plus seulement
pour but d'épargner des incertitudes, des méprises aux
astronomes observateurs; d'empêcher que la comète
vagabonde, même dès sa première apparition, pût jamais
être confondue avec la nébuleuse immobile, malgré la
ressemblance apparente de leur constitution physique,
malgré la grande similitude de leurs formes. Il fut bien
entendu, dès cette époque, que les étoiles, les planètes,
les satellites, les comètes, n'étaient pas les seuls objets
sur lesquels les investigations des astronomes dussent se
porter. La matière céleste non condensée, la matière
céleste plus voisine, si l'expression m'est permise, de l'état

élémentaire, ne parut pas moins digne d'attention et s'offrit aux esprits empreints de quelque philosophie, comme une source féconde de découvertes.

CHAPITRE IV

APERÇU HISTORIQUE SUR LA DÉCOUVERTE DES NÉBULEUSES

La première nébuleuse dont il soit fait mention dans les annales de l'astronomie, est la nébuleuse de la ceinture d'Andromède. Elle fut observée par Simon Marius, en 1612. Cet astronome comparait la lumière de cette nébuleuse, située près de v d'Andromède, à celle d'une chandelle vue à travers une feuille de corne (fig. 114, p. 512[1]). La comparaison ne manque pas d'exactitude. Sa longueur est de 2° 1/2 et sa largeur de plus de 1°.

Près d'un demi-siècle s'était écoulé depuis Marius lorsque, dans l'année 1656, Huygens aperçut la grande nébuleuse de la constellation d'Orion, située près de la garde de l'épée, autour de l'étoile marquée θ (fig. 115).

« Les astronomes, dit Huygens dans son *Systema Saturnium*, publié en 1659, ont compté dans l'Épée d'Orion trois étoiles très-voisines l'une de l'autre. Lorsque, en 1656, j'observai par hasard celle de ces étoiles qui occupe le centre du groupe, au lieu d'une j'en découvris douze, résultat que d'ailleurs il n'est pas rare d'obtenir avec les télescopes. De ces étoiles il y en avait trois

---

1. Les nébuleuses mentionnées dans le texte (fig. 114 à 128) comme étant figurées, sont dessinées dans deux planches placées entre les pages 512 et 513.

qui, comme les premières, se touchaient presque, et quatre autres semblaient briller à travers un nuage, de telle façon que l'espace qui les environnait paraissait beaucoup plus lumineux que le reste du ciel, qui était entièrement noir. On eût cru volontiers qu'il y avait une ouverture dans le ciel qui donnait jour sur une région plus brillante. »

En 1716, Halley, faisant le dénombrement des nébuleuses connues, n'en trouvait encore que six : les deux que nous venons de citer et quatre autres sur lesquelles nous allons donner quelques détails.

La première de ces quatre nébuleuses est d'une étendue considérable ; elle semble formée (fig. 116) de quatre masses distinctes dont l'une se divise à son tour en trois parties. Halley attribuait la découverte de cette nébuleuse à Abraham Ihle, mais elle avait déjà été remarquée par Hévélius avant 1665 ; elle est située entre la tête et l'arc du Sagittaire.

Vient en second lieu la nébuleuse située près de ω du Centaure ; Halley la trouva dès l'année 1677, pendant qu'il travaillait au catalogue des étoiles du ciel austral ; elle a une forme ronde remarquable (fig. 117).

Halley mentionne encore une nébuleuse située près du pied droit ou boréal d'Antinoüs que Kirch aperçut en 1681.

Enfin, en 1714, Halley fit la découverte de la nébuleuse située dans la constellation d'Hercule, sur la ligne droite qui joint ζ et η des cartes de Bayer (fig. 122) : elle est magnifique à voir à l'aide d'un télescope puissant ; elle est frangée sur les bords de prolongements remarquables.

Pendant son séjour au cap de Bonne-Espérance, La-

caille fixa la position de 14 nébuleuses au sein desquelles
ses faibles instruments ne montraient rien de défini, et
celle de 14 autres nébuleuses que ces mêmes lunettes
décomposaient, au contraire, en étoiles. Peu d'années
après, le cadre de ces objets se trouva notablement étendu.
Le catalogue de Messier, communiqué à l'Académie en
1771 et inséré, avec quelques additions, dans la *Connais-*
sance des temps pour 1783 et 1784, renferme 68 nébuleuses nouvelles; il contient en tout 103 objets, à cause
des 28 nébuleuses de Lacaille et de quelques autres.
Cette branche de la science prit enfin l'essor le plus
rapide, aussitôt que W. Herschel eut mis à son service
de puissants instruments, une rare pénétration, la plus
indomptable persévérance. En 1786, le savant astronome
publia, en effet, dans le tome LXXVI des *Transactions*
philosophiques, un catalogue de 1000 nébuleuses, ou
amas d'étoiles. Trois ans après, au très-grand étonnement des observateurs, il parut un second catalogue tout
aussi étendu que le premier. A celui-ci succéda, en 1802,
un troisième catalogue de cinq cents nouvelles nébuleuses.
Deux mille cinq cents nébuleuses : tel fut donc le contin-
gent d'Herschel dans une branche de l'astronomie à peine
ébauchée avant lui. L'étendue est, toutefois, le moindre
mérite de ce grand travail, comme on le verra dans les
chapitres suivants de ce livre[1].

---

1. M. Darrest qui, à Copenhague, a fait une révision des nébuleuses, en a compté plus de 3,000 visibles sous nos latitudes, parmi
lesquelles 300 environ sont doubles.   **J.-A. B.**

CHAPITRE V

NÉBULEUSES RÉSOLUBLES — LEUR FORME

Les nébuleuses résolubles, celles-là même auxquelles on donne improprement le nom de nébuleuses, ou qu'on parvient avec de puissants télescopes à résoudre en étoiles, se présentent sous une grande variété de formes. Il en existe qui, à la fois très-allongées et très-étroites, pourraient presque être prises pour de simples lignes lumineuses, droites ou serpentantes ; d'autres, ouvertes en forme d'éventail, ressemblent à l'aigrette qui s'échappe d'un point fortement électrisé. Ici les contours n'ont aucune régularité ; ailleurs, on croirait voir une tête de comète avec son noyau. Venons à des définitions plus détaillées.

CHAPITRE VI

NÉBULEUSES CIRCULAIRES OU GLOBULAIRES

La forme circulaire est celle que les nébuleuses résolubles paraissent affecter le plus ordinairement. Herschel s'est livré à l'examen des nébuleuses circulaires d'une manière toute spéciale. Il a déduit de ses observations d'importants résultats, dont je vais essayer de donner une idée exacte.

La forme circulaire n'est qu'apparente ; la forme réelle doit être globulaire, sphérique. Une observation que je rapporterai tout à l'heure rendra cela évident.

En général les étoiles dont ces nébuleuses se composent

paraissent être à fort peu près de la même grandeur [1]. Elles sont distribuées autour du centre de figure avec une parfaite régularité; aussi, à des distances pareilles de ce centre, l'éclat est-il absolument égal dans toutes les directions.

Plaçons, très au loin, une nébuleuse sphérique dans laquelle les étoiles soient également condensées, au centre, au bord, partout; l'œil démentira cette composition. Menons un rayon visuel qui traverse la sphère près du bord; l'espace compris entre le point d'entrée et le point de sortie sera fort court; le rayon côtoiera donc très-peu d'étoiles. A mesure que ce rayon visuel se rapprochera du centre, sa partie comprise dans la sphère deviendra plus longue et le nombre des étoiles qu'il rencontrera ira en augmentant. Le maximum s'observera au centre même.

L'augmentation graduelle d'intensité, du bord au centre, que présente toute nébuleuse en apparence circulaire, peut aussi être considérée comme la preuve manifeste de la forme globulaire, de la forme sphérique du groupe stellaire.

Il est facile de pousser ces considérations plus loin.

---

1. Je ne puis résister à la tentation de consigner ici deux observations curieuses de James Dunlop. Cet astronome, pendant son séjour à Paramatta (Nouvelle-Hollande), remarqua, par 11ʰ 29ᵐ 20ˢ d'ascension droite, et par 29° 16′ de distance polaire australe, une nébuleuse résoluble de 10′ de diamètre dans laquelle trois étoiles rouges et une étoile jaune brillaient, avec ces genres particuliers de lumière, au milieu d'une multitude d'étoiles blanches. Une fois, son puissant télescope dirigé par 18ʰ 49ᵐ 5ˢ d'ascension droite et 53° 10′ de distance polaire, lui offrit une nébuleuse de 3′ 1/2 de diamètre, composée tout entière d'étoiles bleuâtres.

Nous venons de rappeler que les parties des rayons
visuels qui sont comprises dans une sphère vont en augmentant de grandeur en allant du bord au centre. Si la
sphère est remplie d'étoiles également espacées, les longueurs de ces parties de rayons visuels seront proportionnelles au nombre des étoiles que les rayons côtoieront;
elles donneront la mesure de l'intensité lumineuse de
toutes les régions de la nébuleuse, depuis le bord jusqu'au centre. Eh bien, qu'on mène des lignes à peu près
parallèles à travers une sphère. Près du bord, ces lignes
varieront de longueur avec rapidité; près du centre, au
contraire, elles varieront très-peu. La nébuleuse devra
donc varier d'éclat, très-rapidement sur les bords et à
peine vers le centre. C'est l'inverse qu'on observe. Il y
avait donc quelque chose d'inexact dans l'hypothèse dont
nous sommes partis; nous avions eu tort de supposer que
les étoiles existaient dans toutes les parties de la sphère,
à l'état d'une égale concentration. L'augmentation rapide
d'intensité vers le centre, la présence à ce centre même
d'une sorte de noyau lumineux, prouvent que les étoiles
sont plus condensées là et aux alentours que partout
ailleurs. Un pareil résultat est important, à la fois par sa
nature et par sa généralité. On doit le considérer comme
l'indice manifeste de l'existence d'une force de condensation dirigée de toutes parts vers le centre du groupe
globulaire.

Le lecteur a sous les yeux un exemple d'une nébuleuse
globulaire dans celle du Centaure (fig. 117), dont nous
avons déjà parlé (chap. IV, p. 503).

CHAPITRE VII

DU NOMBRE DES ÉTOILES CONTENUES DANS CERTAINES NÉBULEUSES GLOBULAIRES

Il serait impossible de compter en détail et avec exactitude le nombre total d'étoiles dont certaines nébuleuses globulaires se composent; mais on a pu arriver à des limites. En appréciant l'espacement angulaire des étoiles situées près des bords, c'est-à-dire dans la région où elles ne se projettent pas les unes sur les autres, et le comparant avec le diamètre total du groupe, on s'est assuré qu'une nébuleuse dont le diamètre est d'environ 10 minutes, dont l'étendue superficielle apparente est à peine égale au dixième de celle du disque lunaire, ne renferme pas moins de 20,000 étoiles.

Les conditions dynamiques propres à assurer la conservation indéfinie d'une semblable fourmilière d'étoiles, ne semblent pas faciles à imaginer. Suppose-t-on le système en repos, les étoiles à la longue tomberont les unes sur les autres. Lui donne-t-on un mouvement de rotation autour d'un seul axe, des chocs deviendront inévitables. Au surplus, est-il prouvé *à priori* que les systèmes globulaires d'étoiles doivent se conserver indéfiniment dans l'état où nous les voyons aujourd'hui?

CHAPITRE VIII

NÉBULEUSES PERFORÉES OU EN ANNEAU ET NÉBULEUSES
EN SPIRALES

William Herschel classait parmi les curiosités du firmament une nébuleuse inscrite sous le n° 57 dans l'ancien catalogue de la *Connaissance des temps*. Pour être
justes, hâtons-nous d'ajouter que Messier et Méchain,
avec leurs faibles lunettes, n'avaient ni aperçu aucune
étoile dans la nébulosité, ni discerné sa forme réelle.
Cette nébuleuse (fig. 118) est, au fond, un anneau
d'étoiles un peu elliptique. Elle est située entre β et γ de
la Lyre; elle a été découverte en 1779, à Toulouse, par
d'Arquier. On voit au centre un trou noir ou du moins
faiblement éclairé. Les deux axes sont dans le rapport de
83 à 100. Le trou obscur occupe la moitié environ du
diamètre de la nébuleuse.

Il y a encore une nébuleuse remarquable, découverte
par Messier en 1773, et indiquée dans son catalogue sous
le numéro 51. Elle est située dans l'oreille gauche d'Astérion ou Chien de chasse septentrional, très-près de η
de la queue de la Grande Ourse. Dans le télescope de
45 centimètres de sir John Herschel, elle se présentait
(fig. 121) sous l'apparence d'une large et brillante nébuleuse globulaire, entourée d'un anneau à une distance
considérable, dans lequel on remarquait des inégalités
d'éclat. Le grand télescope de 2^m de lord Rosse a changé
cet aspect en une spirale brillante (fig. 123), aux replis
inégaux, dont les deux extrémités, c'est-à-dire le centre
et la partie antérieure, sont terminées, selon les expres-

sions de mon ami de Humboldt, par des nœuds épais, granulaires et arrondis.

La nébuleuse marquée 99 dans le catalogue de Messier et située sur l'aile boréale de la Vierge, près de l'étoile n° 6 de la Chevelure de Bérénice, présente aussi l'image d'une spirale (fig. 124) dans le télescope de lord Rosse; cette spirale n'a qu'un seul nœud au centre.

Parmi les nébuleuses perforées, il faut encore citer la grande nébuleuse au milieu de laquelle se trouve η d'Argo, et dont nous donnons un dessin (fig. 120), d'après sir John Herschel. Elle couvre sur la voûte céleste plus de 4/7es d'un degré en carré. Elle est partagée en plusieurs masses irrégulières qui jettent une lumière inégale. On y distingue un espace vide, de forme presque ovale, sur lequel se trouve répandue une lumière très-faible.

CHAPITRE IX

LES NÉBULEUSES NE SONT PAS UNIFORMÉMENT RÉPANDUES DANS TOUTES LES RÉGIONS DU CIEL

Herschel débuta dans l'étude des nébuleuses, par une remarque importante; il trouva qu'elles forment généralement des couches (*strata*). Une de ces couches est fort large et dirigée presque perpendiculairement à la voie lactée : c'est la couche où se trouvent la Grande Ourse, Cassiopée, la Chevelure de Bérénice, la Vierge. Au milieu d'une de ces couches en question, William Herschel ne vit pas passer dans le champ de son télescope moins de trente-une nébuleuses parfaitement distinctes, dans le court intervalle de 36 minutes.

Sir John Herschel trouve que l'hémisphère boréal contient 1111 nébuleuses, ainsi réparties selon six heures d'ascension droite :

De 9^h à 10^h 90
10 à 11 150
11 à 12 251
12 à 13 309
13 à 14 181
14 à 15 130

CHAPITRE X

DES NÉBULEUSES CONSIDÉRÉES DANS LEURS RAPPORTS AVEC LES ESPACES ENVIRONNANTS

Les espaces qui précèdent ou qui suivent les nébuleuses simples, et, à plus forte raison, les nébuleuses groupées, renferment généralement peu d'étoiles. Herschel trouvait cette règle constante. Aussi, toutes les fois que, pendant un peu de temps, aucune étoile n'était venue, par le mouvement du ciel, se ranger dans le champ de son télescope immobile, il avait l'habitude de dire au secrétaire qui l'assistait : préparez-vous à écrire, des nébuleuses vont arriver.

CHAPITRE XI

LES ESPACES LES PLUS PAUVRES EN ÉTOILES SONT VOISINS DES NÉBULEUSES LES PLUS RICHES

Il y a dans le corps du Scorpion un espace de *quatre degrés* de large dans lequel on n'aperçoit pas d'étoiles. Sur le bord occidental de ce vaste trou obscur, existe la nébuleuse marquée 80, dans le catalogue de la *Connaissance des temps*, la nébuleuse que William Herschel

considère comme un des amas d'étoiles les plus riches
et les plus condensés que le firmament puisse offrir aux
méditations des astronomes.

Le même phénomène se reproduit près du quatrième
groupe nébuleux de la *Connaissance des temps*. Ce groupe
est également situé sur le bord occidental d'un espace où
il n'y a pas d'étoiles.

Ces espaces noirs, ces sortes de trous, ces places du
ciel où l'on n'aperçoit aucune étoile, sont nommés par
quelques astronomes des sacs à charbon.

Rapprochons les faits précédents de l'observation qui
nous a montré les étoiles très-condensées vers le centre
des nébuleuses sphériques ; de l'observation où nous
avons puisé la preuve que ces astres obéissent sensiblement à une certaine puissance de condensation (chap. VI,
p. 503), et nous nous sentirons disposés à admettre avec
William Herschel, que les nébuleuses se sont quelquefois
formées par le travail incessant d'un grand nombre de
siècles, aux dépens des étoiles dispersées qui primitivement occupaient les régions environnantes ; et l'existence
d'espaces vides, d'espaces ravagés, suivant l'expression
pittoresque du grand astronome, n'aura plus rien qui
doive confondre notre imagination.

CHAPITRE XII

LA MATIÈRE DIFFUSE OCCUPE DANS LE CIEL DES ESPACES
TRÈS-ÉTENDUS

Passons des nébuleuses résolubles en étoiles à l'aide de
puissants télescopes, à celles qui n'ont jamais subi une

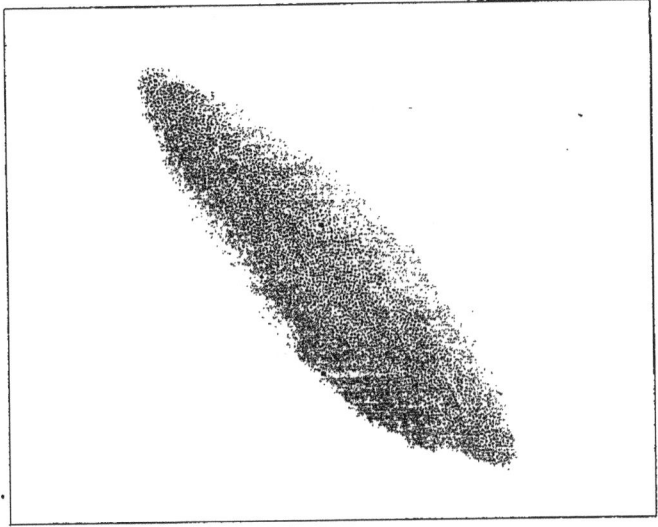

FIG 114 Nébuleuse située près de ν d'Andromède .

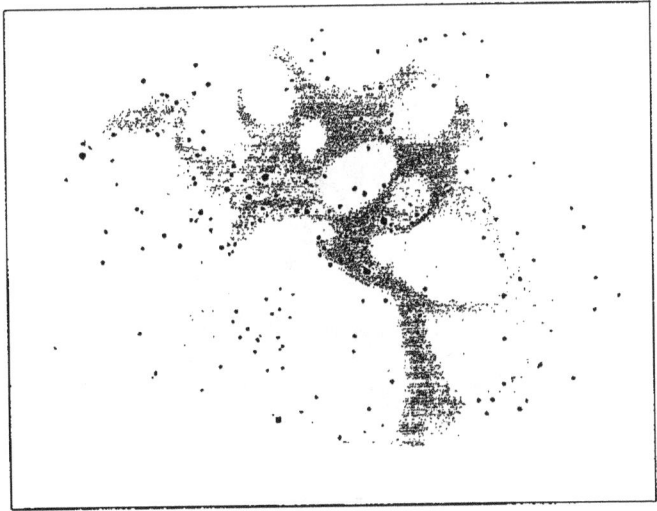

FIG 116 . Nébuleuse située entre la tête et l'arc du Sagittaire

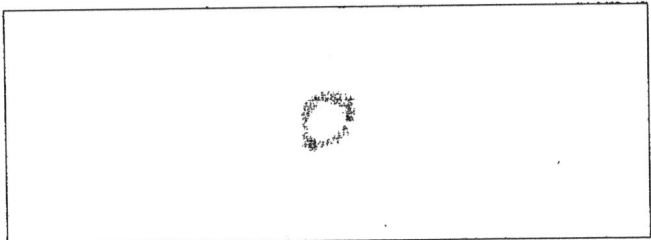

FIG 118 .Nébuleuse perforée située entre β et γ de la Lyre

FIG 115 _ Nebuleuse située pres de la garde de l Epee d'Orion

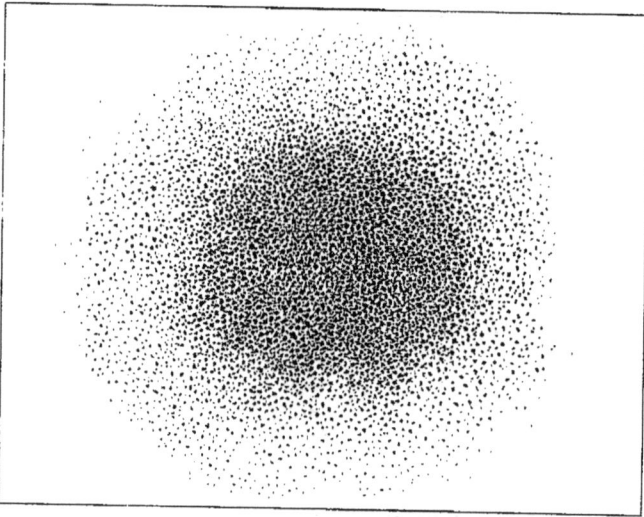

FIG 117 _ Nebuleuse située près de ω du Centaure

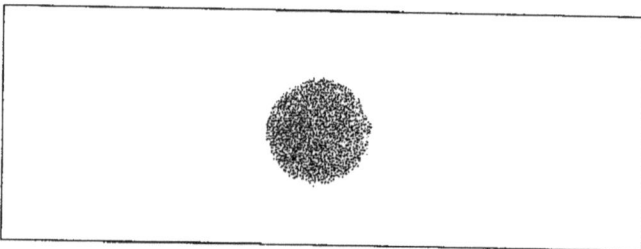

FIG 119 _ Nebuleuse planetaire située pres de β de la grande Ourse

Imp d Peldire   E Jacomin 17 Paris

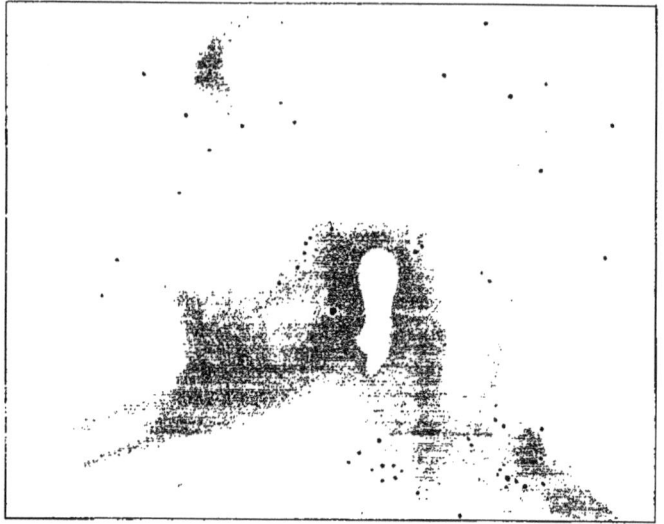

FIG 120 _ Nébuleuse de η d'Argo.

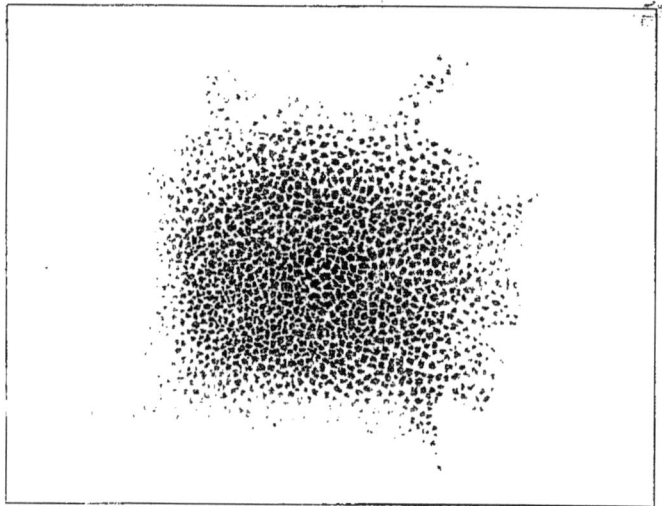

FIG 122 _ Nébuleuse située entre ζ et η d'Hercule.

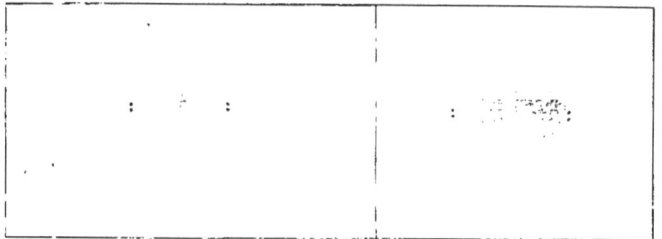

FIG 125 _ Nébuleuse elliptique du Sagittaire

FIG 126 _ Nébuleuse elliptique située près de δ de la Petite Ourse

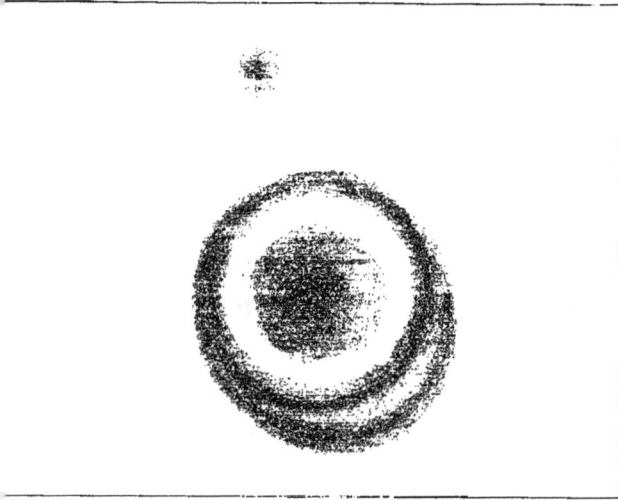

FIG.121. Nébuleuse du Chien de chasse septentrional d'après John Herschel

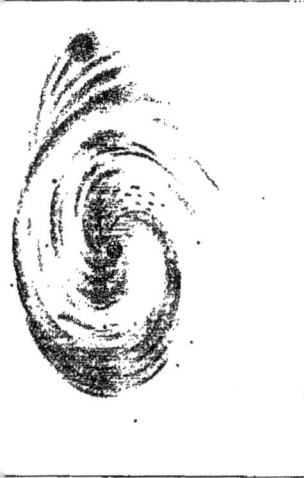

FIG.123. Nébuleuse du Chien de Chasse
septentrional d'après Lord Rosse

FIG.124. Nébuleuse en spirale située
sur l'aile boréale de la Vierge

FIG.121. Nébuleuse elliptique du Centaure

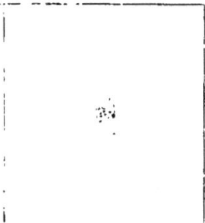

FIG.128. Etoile Nébuleuse
située près de ζ de Persée

Imp A Delâtre r S Jacques in Paris

pareille décomposition ; occupons-nous des amas d'une matière diffuse lumineuse par elle-même, répandue çà et là dans le firmament.

William Herschel publia, en 1811, un catalogue de 52 nébuleuses diffuses, non résolubles ou du moins non résolues en étoiles, parmi lesquelles on en remarque qui ont jusqu'à 4° 9′ dans une de leurs dimensions. L'étendue superficielle apparente d'une seule d'entre elles dépasse celle de 9 cercles d'un degré de diamètre. L'étendue superficielle de l'ensemble s'élève à 152 de ces cercles, ce qui est environ la 270ᵐᵉ partie du nombre de cercles pareils qui forment la surface totale du firmament.

CHAPITRE XIII

LES GRANDES TACHES LUMINEUSES N'ONT POINT DE FORME RÉGULIÈRE

Les formes des très-grandes nébuleuses diffuses ne paraissent pas susceptibles de définition ; elles n'ont aucune régularité. Il en existe à contours rectilignes, curvilignes, mixtilignes. Certaines taches se terminent nettement, brusquement, vivement d'un côté, tandis que sur le côté opposé elles se fondent dans la lumière du ciel, par une dégradation insensible. Il en est qui projettent au loin de très-longs bras ; il en existe dans l'intérieur desquelles s'observent de grands espaces obcurs. Toutes les figures fantastiques qu'affectent des nuages emportés, tourmentés par des vents violents et souvent contraires, se trouvent dans le firmament des nébuleuses diffuses.

Les nébuleuses diffuses à formes arrondies n'ont pas, comparées aux autres, de grandes dimensions. Quelquefois, et cette circonstance paraît très-digne d'attention, il existe entre deux de ces nébuleuses rondes, bien distinctes, bien circonscrites, un très-mince filet de nébulosité qui rattache leurs circonférences; on dirait une sorte d'indice, de témoin visible de leur origine commune.

CHAPITRE XIV

DE LA LUMIÈRE DES VRAIES NÉBULEUSES

Les nébuleuses stellaires ont été regardées pendant longtemps comme de vraies nébuleuses. Il ne faut donc pas s'attendre à découvrir entre les lumières de ces deux natures de corps, des dissemblances parfaitement tranchées. Les nébuleuses composées d'une matière diffuse, continue, phosphorescente, ont cependant un aspect tout spécial, indéfinissable, dont les plus anciens observateurs à qui il fut donné d'examiner le ciel avec de bonnes lunettes, se montrèrent particulièrement frappés.

Voyez, par exemple, si Halley hésite à faire dépendre la lumière des nébuleuses d'Orion et d'Andromède (fig. 114 et 115) d'une cause toute particulière : « En réalité, dit-il, ces taches ne sont rien autre chose que la lumière venant d'un espace immense situé dans les régions de l'éther, rempli d'un milieu diffus et lumineux par lui-même [1]. »

1. On trouve dans le Mémoire d'où j'extrais ce passage, une remarque d'autant plus singulière qu'elle était faite par un homme

Derham n'est pas moins explicite : la lumière des nébuleuses ne saurait être pour lui celle d'une agrégation
d'étoiles. Il va même jusqu'à se demander si, comme beaucoup de savants le croyaient jadis, il n'y aurait pas
au delà de la sphère des étoiles les plus éloignées, une
région entièrement lumineuse, un ciel empyrée, et si les
nébuleuses ne seraient pas cette région éclatante, vue à
travers une ouverture, une brèche (*chasm*) de la sphère
(probablement cristalline) du premier ciel mobile.

Voltaire fait mention de l'opinion de Derham dans un
de ses ingénieux romans :

« Micromégas, dit-il, parcourt la Voie lactée en peu de
temps ; et je suis obligé d'avouer qu'il ne vit jamais, à
travers les étoiles dont elle est semée, ce beau ciel empyrée que l'illustre vicaire Derham se vante d'avoir vu
au bout de sa lunette. Ce n'est pas que je prétende que
M. Derham ait mal vu, à Dieu ne plaise ! Mais Micromégas était sur les lieux ; c'est un bon observateur, et je ne
veux contredire personne. »

On ne pouvait faire une critique de meilleur ton de la
bizarre conception de Derham. Je m'étonne seulement
que Voltaire, qui savait tout, ne se soit point rappelé que
l'auteur de la *Théologie astronomique* n'était pas l'inventeur de l'empyrée. Anaxagore prétendait que les régions

qui professait l'incrédulité religieuse presque publiquement. « Ces
nébuleuses, écrivait l'ami de Newton, répondent pleinement à la
difficulté que diverses personnes avaient élevée contre la description de la création donnée par Moïse, en disant qu'il est impossible
que la lumière ait été engendrée sans le Soleil. Les nébuleuses montrent manifestement le contraire ; plusieurs n'offrent, en effet,
aucune trace d'étoile à leur centre. »

supérieures (l'éther) étaient remplies de feu. Sénèque avait dit : « Il se forme quelquefois dans le ciel des ouvertures par lesquelles on aperçoit la flamme qui en occupe le fond. » En décrivant la nébuleuse d'Orion, Huygens lui-même s'exprimait ainsi : « On dirait que la voûte céleste s'étant entr'ouverte dans cette partie, laisse voir par delà des régions plus lumineuses. »

Enfin, si de telles autorités, à cause de leur ancienneté, ne semblent pas établir avec assez d'évidence qu'il y a dans la lumière dont brillent les véritables nébuleuses quelque chose de caractéristique, je citerai ces paroles récentes de sir John Herschel : « Dans toutes les nébuleuses (résolubles), l'observateur remarque (quel que soit le grossissement) des élancements stellaires, ou du moins il croit sentir qu'on les apercevrait si la vision devenait plus nette. La nébuleuse d'Orion produit une sensation toute différente, elle ne fait naître aucune idée d'étoiles. »

CHAPITRE XV

DISTRIBUTION DE LA MATIÈRE PHOSPHORESCENTE DANS LES VRAIES NÉBULEUSES — MODIFICATIONS QUE L'ATTRACTION Y APPORTE AVEC LE TEMPS

La lumière des grandes taches laiteuses, qui constituent les vraies nébuleuses, est généralement très-faible et uniforme ; çà et là seulement, on remarque quelques espaces un peu plus brillants que le reste.

A quoi faut-il attribuer cette augmentation d'intensité en des points particuliers? Dépend-elle d'une plus grande concentration ou d'une plus grande profondeur de la matière nébuleuse? Le choix entre les deux explications n'est pas indifférent.

Les places où, dans les grandes nébulosités, se remarque une lumière comparativement vive, ont d'ordinaire peu d'étendue. Si donc on veut attribuer le phénomène à une plus grande profondeur de la matière nébuleuse, il faudra concevoir qu'à chacun des points en question correspond une sorte de colonne de cette matière : colonne rectiligne, très-resserrée, et exactement dirigée vers la Terre. Cette spécialité de direction pourrait sembler possible dans tel ou tel point particulier. Il n'en saurait être ainsi ni pour l'ensemble des places rayonnantes circonscrites qu'offre tout le firmament, ni même pour les deux, les trois ou les quatre de ces places qui se remarquent dans une seule nébuleuse. Il faut donc admettre qu'il s'est produit une condensation, une augmentation de densité dans certains points des espaces nébuleux dont tout à l'heure nous calculions la vaste étendue superficielle (chap. XIII, p. 513).

Cette condensation est-elle l'effet d'une force attractive, analogue à celle qui maîtrise, qui régit tous les mouvements de notre système solaire? Tel est le magnifique problème dont nous devons maintenant chercher la solution.

Dans l'avenir, il suffira d'un double coup d'œil jeté sur les nébuleuses de l'époque et sur les portraits, admirables de délicatesse et de fidélité, que les astronomes en font aujourd'hui, pour décider si le temps altère sensiblement les dimensions et les formes de ces groupes mystérieux; mais l'antiquité n'ayant laissé à cet égard aucun terme de comparaison, nous sommes réduits à attaquer le problème par les voies directes. Cependant, j'ai tout lieu d'espérer que la solution n'en paraîtra guère moins évidente.

Les phénomènes que doit amener l'existence de divers centres d'attraction répandus sur toute l'étendue d'une seule et vaste nébuleuse, se développeront dans cet ordre :

Çà et là, la disparition de la lueur phosphorescente ; la naissance de solutions de continuité, de déchirures dans le rideau lumineux primitif, résultat nécessaire du mouvement de la matière vers les centres attractifs ;

L'agrandissement des déchirures, c'est-à-dire la transformation d'une nébuleuse unique en plusieurs nébuleuses distinctes, peu distantes les unes des autres et liées quelquefois par des filets de nébulosité très-déliés ;

L'arrondissement du contour extérieur des nébuleuses séparées ; une augmentation plus ou moins rapide de leur intensité en allant de la circonférence au centre ;

La formation à ce centre d'un noyau très-apparent, soit par les dimensions, soit par l'éclat ;

Le passage de chaque noyau à l'état stellaire avec la persistance d'une légère nébulosité environnante ;

Enfin, la précipitation de cette dernière nébulosité, et, pour résultat définitif, autant d'étoiles qu'il y avait, dans la nébuleuse originaire, de centres d'attraction distincts.

En combien de temps une seule et même nébuleuse pourrait-elle subir toute cette série de transformations? On l'ignore absolument. Ici, il faudrait peut-être des millions d'années ; là, avec d'autres conditions d'étendue, de densité et de constitution physique de la matière

phosphorescente, des périodes de temps beaucoup plus
courtes seraient suffisantes, comme l'apparition subite de
l'étoile nouvelle de 1572 semblerait l'indiquer (liv. IX,
chap. XXVIII et XXXI).

L'inégale rapidité des transformations conduit à une
conséquence importante. En partant de cette base, il est
évident que les nébuleuses, fussent-elles toutes du même
âge, doivent, dans leur ensemble, offrir les diverses
formes dont j'ai donné l'énumération. Vers telle région,
les siècles auront à peine amené une accumulation visible
de la matière phosphorescente autour de quelques centres
d'attraction ; vers telle autre région, grâce à un mouvement de concentration plus précipité, nous trouverons
déjà des groupes de nébuleuses à noyau ; des étoiles
nébuleuses s'offriront enfin, çà et là, comme le dernier
échelon conduisant aux étoiles proprement dites.

Tous ces états de la matière nébuleuse indiqués par la
théorie, l'observation les avait révélés d'avance. L'accord
est aussi satisfaisant qu'on puisse le désirer. Seulement,
au lieu de suivre les transformations pas à pas dans une
nébuleuse unique, on en a constaté la marche et les progrès par des observations d'ensemble. N'est-ce pas ainsi
qu'opère le naturaliste quand il est forcé de décrire,
pour tous les âges, le port, la taille, les formes, les apparences extérieures des arbres composant les forêts qu'il
traverse rapidement? Les modifications qu'un très-jeune
arbre éprouvera, il les aperçoit d'un coup d'œil, nettement, sans aucune équivoque, sur les pieds de la même
essence arrivés déjà à des degrés de croissance et de
développement plus complets.

CHAPITRE XVI

DÉTAILS HISTORIQUES SUR LA TRANSFORMATION DES NÉBULEUSES EN ÉTOILES — EXAMEN DES DIFFICULTÉS QUE CES IDÉES DE TRANSFORMATION ONT SOULEVÉES

Il nous a suffi de grouper convenablement les diverses formes qu'affectent les nébuleuses diffuses pour arriver à la plus importante conclusion cosmogonique. A l'aide de la combinaison naturelle et sobre de l'observation et du raisonnement, nous avons établi avec une grande probabilité, qu'une condensation graduelle de la matière phosphorescente, conduit, comme dernier terme, à des apparences sidérales ; que nous assistons, enfin, à la formation de véritables étoiles.

Cette idée hardie n'est pas aussi nouvelle qu'on se l'imagine. Je puis, par exemple, la faire remonter jusqu'à Tycho-Brahé [1].

Cet astronome regardait, en effet, l'étoile nouvelle de 1572 comme le résultat de la récente agglomération d'une portion de la matière diffuse, répandue dans tout l'univers, qu'il appelait matière céleste.

La matière céleste existait, suivant lui, dans la Voie lactée en plus grande abondance que partout ailleurs.

---

1. Je laisse à dessein de côté cette idée des philosophes brachmanes, qu'il existe, outre les quatre éléments terrestres, un cinquième élément, l'akasch. dont le ciel et les astres sont formés. L'akasch peut, sans contredit, être légitimement assimilé à la matière nébuleuse des astronomes modernes ; mais rien, je crois, n'autoriserait à supposer que les Indous aient entendu qu'il s'engendre de notre temps, sous nos yeux, de nouveaux astres aux dépens de l'akasch.

Fallait-il donc s'étonner, disait-il, que l'étoile eût fait son apparition au milieu de cette bande lumineuse? Tycho voyait même un espace obscur, grand comme la moitié du disque de la Lune, dans le lieu même où l'étoile s'était montrée. Il ne se souvenait pas de l'avoir remarqué auparavant.

Kepler, à son tour, composa l'étoile nouvelle de 1604, avec la matière agglomérée de l'éther. Cette matière, parvenue à une condensation moins complète, lui semblait la cause physique de l'atmosphère dont le Soleil est enveloppé, et qui se manifeste sous les apparences d'une couronne faiblement lumineuse, pendant toute la durée des éclipses totales de Soleil. L'étoile nouvelle de 1572 se forma dans la voie lactée; l'étoile nouvelle de 1604 n'en était pas loin. Kepler voyait dans cette coïncidence une raison plausible pour assigner aux deux astres une même origine; seulement, il ajoutait : « Si la matière lactée engendre incessamment des étoiles, comment ne s'est-elle pas épuisée; comment la zone qui la contient ne paraît-elle pas avoir diminué depuis Ptolémée? » Cette difficulté n'a vraiment rien de sérieux : quels moyens avons-nous de savoir ce qu'était la Voie lactée il y a quinze cents ans?

CHAPITRE XVII

DE LA CONDENSATION QUE LA MATIÈRE DIFFUSE DOIT ÉPROUVER POUR SE TRANSFORMER EN ÉTOILES

Les adversaires des grandes idées que je viens de rappeler semblaient être entrés dans un champ d'objections plus graves, lorsqu'en se fondant sur l'excessive rareté de la matière diffuse, ils assuraient que la totalité de cette matière observée dans toutes les régions de l'espace, ne composerait pas une étoile comparable à notre Soleil, en grandeur et en densité. Un calcul d'Herschel a réduit la difficulté à sa véritable valeur.

Prenons une agglomération cubique de matière nébuleuse, dont le côté, vu de la Terre, sous-tend seulement un angle de 10 minutes. Supposons que cette agglomération soit située dans la région des étoiles de huitième à neuvième grandeur. Le calcul montre que son volume s'élèvera à plus de 2 trillions de fois celui du Soleil. Ce résultat peut être mis sous cette autre forme : la matière diffuse contenue dans le cube de 10 minutes de côté, après avoir été condensée plus de 2 trillions de fois, occuperait encore autant de volume que notre Soleil. Or, a-t-on réfléchi à une condensation exprimée par le nombre prodigieux de 2 trillions? Les objections contre la naissance actuelle d'étoiles, empruntées à la rareté de la matière diffuse, peuvent donc être laissées entièrement de côté.

CHAPITRE XVIII

INTENSITÉS COMPARATIVES DE LA LUMIÈRE TOTALE D'UNE NÉBULEUSE ET DE LA LUMIÈRE CONDENSÉE D'UNE ÉTOILE

Après avoir examiné les questions de volume et de densité, on doit se demander si la faible lueur éparpillée d'une nébuleuse serait suffisante pour donner lieu, par voie de concentration, à la lumière vive, pénétrante, scintillante d'une étoile.

Herschel n'a pas étudié, je crois, cette face du problème. Si je ne me trompe, elle peut être éclaircie en quelques mots.

Rien n'établit d'abord en principe, je m'empresse de le remarquer, que la condensation de la matière diffuse n'augmente pas les facultés lumineuses de chacune de ses molécules. Mais je laisse entièrement de côté cette possibilité d'augmentation d'éclat, et je réduis la question à des termes très-simples : les faibles lueurs répandues sur tous les points de telle ou telle nébuleuse diffuse sont-elles égales, en somme, à la lumière de telle ou telle étoile?

Il n'y a pas de moyen expérimental praticable de réunir convenablement en un seul point les lueurs émanées de toute l'étendue superficielle d'une grande nébuleuse. L'opération inverse est, au contraire, facile. Si l'on écarte graduellement l'oculaire d'une lunette de la place qu'il occupe quand la vision est distincte, on voit l'image de chaque étoile s'agrandir successivement et perdre de son intensité. En étalant ainsi une de ces images jusqu'à lui faire remplir presque tout le champ de la vision, on l'amène à ne pas être plus brillante que les nébuleuses lactées. Ceci une fois obtenu, des calculs dans lesquels figurent divers éléments, diverses corrections, dont je ne pourrais pas donner une énumération complète sans outre-passer les bornes qui me sont imposées, conduisent aux résultats cherchés, je veux dire aux rapprochements numériques qui existent entre les intensités des lumières totales dispersées sur la grande étendue des nébuleuses laiteuses, et des lumières concentrées des étoiles. Les résultat de ces expériences, de ces calculs, fortifient les idées de Tycho, de Kepler et d'Herschel sur la transformation des nébuleuses en étoiles.

CHAPITRE XIX

CHANGEMENTS OBSERVÉS DANS CERTAINES NÉBULEUSES

En comparant ses observations des années 1780 et 1783 à celles de 1811, Herschel trouva que la nébuleuse d'Orion avait changé de forme et d'étendue. « C'était, suivant l'expression de Fontenelle, *avoir pris la nature sur le fait.* » Boulliaud, Kirch, Le Gentil, croyaient déjà, en 1667, en 1676 et en 1759, que la nébuleuse d'Andromède subissait de grandes variations. Mairan en disait tout autant de la nébuleuse d'Orion, et s'appuyait de l'autorité de Godin et de Fouchy. Les astronomes néanmoins restaient dans l'incertitude : ils remarquaient non sans motif que, pour devenir comparables, les observations d'objets si peu brillants, si mal définis, devraient être faites à toutes les époques avec des lunettes de même force. Or cette condition n'avait pas été remplie. Herschel, au contraire, s'y conforma. Son télescope de 1811 ne différait pas de l'instrument de 1783. Voilà ce qui lui donnait la hardiesse de dire : « J'ai prouvé des changements » (*Trans. ph.*, 1811, p. 324). La preuve n'a pas paru tellement incontestable, que le fils de sir William n'ait cru devoir se placer lui-même parmi les sceptiques [1].

---

1. L'existence des nébuleuses variables a été démontrée en 1862 par les observations combinées de MM. Hind, Darrest, Chacornac, Goldschmidt, Secchi, Lassell, Struve. Une nébuleuse située dans la constellation du Taureau, près d'une étoile de dixième grandeur, change périodiquement d'éclat.   J.-A. B.

CHAPITRE XX

NÉBULEUSES PLANÉTAIRES. — EST-IL VRAI QUE POUR EXPLIQUER
L'ÉCLAT UNIFORME DE LEURS DISQUES, IL FAILLE INDISPENSA-
BLEMENT SUPPOSER QUE LA MATIÈRE DIFFUSE EST OPAQUE DÈS
QU'ELLE EST ARRIVÉE A UN CERTAIN DEGRÉ DE CONCENTRATION

William Herschel appelait nébuleuses planétaires celles
qui, par leur forme, ressemblent aux planètes de notre
système. Elles sont circulaires ou légèrement elliptiques;
quelques-unes ont des contours nettement définis, d'autres semblent entourées d'une légère nébulosité; leur
lumière est également vive sur toute l'étendue du disque.
Parmi les nébuleuses planétaires découvertes par Herschel, j'en trouve de 10, de 15, de 30, et même de 60
secondes de diamètre [1]. Herschel regardait la constitution physique des nébuleuses planétaires comme problé-
matique. Sa riche imagination ne lui avait rien fourni à
ce sujet d'entièrement satisfaisant. On ne pouvait assimiler ces corps aux nébuleuses globulaires composées
d'étoiles, sans expliquer pourquoi leur lumière ne présentait vers le centre aucune augmentation d'intensité.
Transformer les nébuleuses planétaires en étoiles proprement dites, c'était se jeter en dehors de toutes les analo-
gies; c'était créer des étoiles avec des diamètres réels
13,000 fois plus grands que le diamètre du Soleil (des
diamètres de 4,600 millions de lieues); c'était attribuer

1. M. Lassell a signalé, en 1862, comme nébuleuse planétaire
extrêmement remarquable, dans la constellation du Capricorne,
une nébuleuse elliptique d'une coloration bleu clair, avec un léger
prolongement, qui pourrait être une faible étoile, vers l'extrémité
du grand arc de l'ellipse. Cette nébuleuse paraît présenter des
anneaux analogues à ceux de Saturne.   J.-A. B.

à cette nature d'astres un genre de lumière terne qu'aucune étoile n'a offert jusqu'ici.

Après bien des hésitations, Herschel se décida à considérer les nébuleuses planétaires comme des agglomérations déjà très-condensées de la matière diffuse. Cette assimilation, il ne faut pas se le dissimuler, entraîne, exige une hypothèse qui peut sembler peu naturelle. Pour expliquer comment l'éclat des disques planétaires nébuleux n'est guère plus fort au centre que vers les bords, il faut admettre que la lumière ne provient pas de toute la profondeur de la nébuleuse (sans cela son intensité augmenterait avec le nombre des particules matérielles et rayonnantes contenues dans la direction de chaque rayon visuel); il faut réduire le rayonnement à être purement superficiel; il faut accorder, en d'autres termes, qu'arrivée à une certaine densité, la matière diffuse, laiteuse, comme on voudra l'appeler, cesse d'être diaphane.

Je ne sais, mais il me semble que toutes ces suppositions pourraient être évitées en admettant que les nébuleuses planétaires sont des étoiles nébuleuses, assez éloignées de la Terre pour que l'étoile centrale ne prédomine plus par son éclat sur la lueur diffuse dont elle est entourée. Je renverrai sur ce point le lecteur au chapitre suivant, où je parle des étoiles nébuleuses.

J'ajoute un seul mot sur le danger qu'il y aurait à tirer des conséquences trop absolues des évolutions de la matière diffuse, des formes diverses qu'elle peut affecter en s'agglomérant. N'a-t-on pas prétendu naguère que dans la nébuleuse d'Orion, la substance lactée n'est pas en contact immédiat avec les étoiles du célèbre trapèze α γ β κ si bien connu de tous les astronomes? N'a-t-on pas dit que ces étoiles sont comme isolées au milieu de la nébulosité; qu'un espace noir les entoure? Les astronomes, avouons-le, n'ont point encore démontré qu'on doive voir dans le phénomène dont je viens de parler, autre chose qu'un simple effet de contraste; rien ne prouve que ce n'est pas là seulement une très-faible lumière s'effaçant au contact d'une lumière très-vive. Pour lever tous les doutes, il faudra jeter, à l'aide de la réflexion d'un miroir diaphane plan et à faces parallèles, placé devant l'objectif d'une lunette ou devant l'ouverture d'un télescope, l'image d'une étoile quelconque sur l'image de la nébuleuse, et rechercher si l'image stellaire ainsi réfléchie semblera de même entourée d'un espace noir. En attendant, tout nous autorise à supposer que les molécules laiteuses sont soumises, dans les vastes régions de l'espace, à des forces dont nous n'avons aucune idée. Les observateurs qui ont suivi les changements prodigieux, et souvent presque instantanés, de la comète de Halley dans sa dernière apparition, ne me démentiront pas; la réserve que je recommande leur semblera, j'espère, toute naturelle.

La plus remarquable des nébuleuses planétaires est celle (fig. 119, p. 512 et 513) découverte par Méchain; elle est située au sud du parallèle de β de la Grande Ourse, et ayant 12′ de plus en ascension droite que cette étoile. Son diamètre apparent, suivant sir John Herschel, est de 2′ 40″. En la supposant éloignée de la Terre autant que la soixante et unième du Cygne, son diamètre serait

sept fois plus grand que le diamètre de l'orbite de la planète de Neptune. La lumière de ce globe, dit le même
astronome, est parfaitement la même dans toute son étendue, excepté sur les bords, où l'on remarque un très-léger
affaiblissement. Cette apparence diffère de ce qu'on obser-
verait dans un globe résultant d'une agglomération uniforme d'étoiles, ou dans un pareil globe formé d'une
matière lumineuse. Il est évident que dans ces deux cas
l'éclat irait en augmentant en allant du bord jusqu'au
centre.

Le célèbre astronome anglais déduit de ces apparences
la conclusion que la nébuleuse en question est un globe
creux ou un disque plat circulaire, perpendiculaire au
rayon visuel partant de la Terre.

CHAPITRE XXI

ÉTOILES NÉBULEUSES

Il faut bien se garder de confondre les astres qu'Herschel a décrits sous le nom d'étoiles nébuleuses, avec ceux
qu'on appelait ainsi dans les anciens ouvrages, dans le
Traité d'astronomie de Jacques Cassini, par exemple.
Pour Simon Marius, pour Boulliaud, pour Huygens, etc.,
l'agglomération blanchâtre découverte près de la ceinture
ou de ν d'Andromède (fig. 114, chap. IV, p. 502), dont
la longueur s'élève à plus de 2 degrés 1/2, et la largeur
à plus de 1 degré, était une étoile nébuleuse, quoique
personne n'eût rien aperçu dans toute son étendue qui
ressemblât vraiment à une étoile. Ce qu'Herschel consi-

dère comme des étoiles nébuleuses, ce sont des étoiles
proprement dites, entourées de nébulosités dépendant
d'elles, faisant corps avec elles, telles que l'étoile de huitième grandeur, située sur le pied gauche de Persée,
non loin de ζ de cette constellation, et que représente la
figure 128. La dernière limitation que j'emploie pour
distinguer cette classe d'objets célestes, a trait aux étoiles
qui se projettent sur des nébulosités plus éloignées, ou
en face desquelles vient s'interposer une nébulosité plus
voisine. En d'autres termes, la limitation se rapporte aux
étoiles qui ne sont nébuleuses qu'en apparence. Mais comment distinguer, en ce genre, l'apparence de la réalité ;
comment décider si la nébulosité dont une étoile semble
entourée, lui appartient en propre comme une sorte d'atmosphère, ou seulement par un effet de projection, par
un effet de perspective?

Cette question étonnera sans doute ceux qui ont lu
dans le tome XXXVIII des *Transactions philosophiques*,
année 1733, un Mémoire où Derham déclare « avoir
aperçu (*perceived*), en observant la grande nébuleuse
d'Orion, que les quelques étoiles qu'on y remarque sont
plus près de la Terre que la nébulosité; » où l'on trouve
ensuite ces paroles encore plus explicites : « Je reconnus
parfaitement que la matière nébuleuse est partout à une
certaine distance au delà des étoiles qui semblent l'entourer.... Cette matière paraît être enfin, tout autant
par delà les étoiles fixes que les étoiles sont éloignées de
la Terre. »

Herschel, malgré la force de ses instruments, n'a pu
vérifier, comme on doit s'y attendre, les prétendues

observations de Derham. Ces observations n'avaient, en
effet, rien de réel : elles étaient de simples jeux d'imagination. Dès que les objets sont éloignés d'un million de
fois la longueur du télescope, cet instrument ne fournit
aucune notion sur les distances : des millions, des centaines de millions, des milliards de lieues, c'est tout un;
les images se forment au même foyer, sans différence
appréciable. Par quel artifice l'astronome aux yeux duquel
les objets se manifestent seulement à l'aide des images
focales, parviendrait-il à discerner si les rayons qui
concourent à la formation de ces images, viennent de
près ou de loin? D'ailleurs, au lieu d'admettre que toujours les étoiles nébuleuses sont beaucoup en deçà des
nuages laiteux dont elles semblent entourées, Herschel
trouve dans l'étude de diverses circonstances relatives à
la forme et à l'éclat de ces astres problématiques, de
puissantes raisons de croire que le noyau brillant et la
faible clarté environnante forment un ensemble, un tout,
un système unique.

Herschel aperçoit, le 6 janvier 1785, une étoile brillante
entourée jusqu'à la distance de deux minutes à deux
minutes et demie d'une nébulosité qui s'affaiblit graduellement en s'éloignant du centre : « Voilà, dit-il, un indice
non douteux de la connexion de l'étoile et de la nébulosité. » Cette connexion, il la fait résulter, en 1790, de la
position qu'occupe une étoile de huitième grandeur, précisément au centre d'une atmosphère laiteuse, exactement
circulaire, de trois minutes de diamètre, d'une lumière
uniforme et extrêmement faible.

Peut-être, sans rien ajouter d'essentiel aux observa-

tions du célèbre astronome de Slough, et par une forme
de discussion qui déjà a été employée avec succès dans
l'étude des étoiles multiples (liv. x, chap. xvii, p. 487),
serait-il possible de donner de l'importante question qui
nous occupe, sinon une solution mathématique que la
matière ne comporte pas, du moins une solution fondée
seulement sur des considérations de probabilité, et propre
néanmoins à porter la conviction dans tous les esprits.
Voici quelles en seraient les bases :

Le 6 janvier 1785, Herschel aperçut une étoile à peu
près au centre d'une nébulosité de quatre à cinq minutes
d'étendue qui s'affaiblissait graduellement vers les bords.
Le 17 janvier 1787, il découvrit une autre étoile de
neuvième grandeur qui, elle aussi, était au centre d'une
nébulosité assez intense, mais très-peu étendue. Deux
autres étoiles, semblables en tout à celle du 17 janvier,
furent découvertes le 3 novembre 1787 et le 5 mars
1790. Maintenant, qu'en tenant compte du petit nombre de nébuleuses rondes et resserrées que l'ensemble
du firmament renferme; qu'en prenant aussi note de
l'extrême rareté de ces lueurs isolées dans les régions où
se trouvent les quatre étoiles dont il vient d'être question,
on cherche la probabilité que, par un simple effet de projection, quatre étoiles de huitième et de neuvième grandeur occuperont précisément les centres de quatre de
ces petites nébuleuses rondes, et la probabilité sera tellement petite, qu'aucune personne raisonnable ne pourra
refuser de s'associer aux idées d'Herschel; et chacun
demeurera convaincu qu'il existe réellement des étoiles
brillantes, entourées d'atmosphères immenses, lumineuses

par elles-mêmes; et la supposition qu'en se condensant graduellement, ces atmosphères peuvent, à la longue, se réunir aux étoiles centrales et accroître leur éclat, deviendra très-plausible; et le souvenir de la lumière zodiacale, de cette immense zone lumineuse dont l'équateur solaire est entouré, et qui s'étend au delà de l'orbite de Vénus, s'emparera de notre esprit comme un nouveau trait de ressemblance entre certaines étoiles et notre Soleil; et les nébuleuses dont il était tout à l'heure question, au centre desquelles on aperçoit des condensations plus ou moins prononcées qui leur donnent l'apparence de têtes de comètes, s'offriront à l'imagination comme les premières ébauches des étoiles. Il semblera presque évident pour tout astronome que ces condensations cosmiques sont comme un état de la matière lumineuse, intermédiaire entre celui des nébuleuses également brillantes dans toute leur étendue et l'état des étoiles nébuleuses proprement dites; comme la seconde phase à distinguer dans chaque groupe de cette matière, pendant son passage de la période uniformément diffuse à l'état d'étoile ordinaire. Ces vues grandioses d'Herschel ne tendent à rien moins qu'à nous faire supposer qu'il se forme sans cesse des étoiles, que nous assistons à la naissance lente, progressive, de nouveaux soleils. Un tel résultat mérite bien que les astronomes varient les observations qui pourraient ajouter encore à sa grande probabilité actuelle.

Pour atteindre ce but, il faudra principalement, ce me semble, déterminer les positions absolues des étoiles nébuleuses, avec toute l'attention qu'on a seulement accordée jusqu'ici à la position des étoiles les plus brillantes.

Admettons, comme il est naturel de le croire, qu'elles aient un mouvement propre appréciable, et que malgré cela elles se conservent chacune au centre de sa nébulosité; il en résultera que la nébulosité a un mouvement propre exactement égal à celui de l'étoile; or, une pareille égalité équivaudra à une démonstration de la dépendance, de la liaison de l'étoile et de la nébulosité, soit que le mouvement observé provienne d'un déplacement réel, soit qu'il faille le ranger parmi les mouvements parallactiques, c'est-à-dire parmi ceux qui peuvent dépendre de la marche de notre système solaire dans l'espace. Je ne pense pas que l'étude des changements d'éclat ou d'étendue de la nébulosité puisse conduire au résultat désiré, ni aussi promptement ni avec une égale certitude.

Les mesures qu'Herschel a données des rayons de quelques-unes des atmosphères des étoiles, conduisent déjà à de curieux résultats. Admettons, par exemple, comme tout nous autorise à le faire, que l'étoile nébuleuse découverte le 6 janvier 1785, et dont il a été question précédemment, n'ait pas une seconde de parallaxe annuelle; en d'autres termes, supposons qu'à la distance qui nous sépare de cette étoile, le rayon de l'orbite terrestre ne sous-tende pas une seconde, pas une seule seconde; comme le rayon de la nébulosité se présente à nous sous un angle de 150 secondes, il s'ensuivra que les dernières limites de la matière laiteuse sont éloignées de l'étoile centrale de plus de 150 fois la distance du Soleil à la Terre. Si le centre de cette étoile coïncidait avec celui du Soleil, son atmosphère engloberait l'orbe d'Ura-

nus et irait 8 fois au delà! Je ne pouvais pas oublier de
consigner dans ce livre de si magnifiques résultats.

Herschel s'est demandé si les atmosphères stellaires
ne seraient pas des atmosphères gazeuses ordinaires,
éclairées par la lumière de l'astre central, et nous la reflé-
tant en partie. Cette question, il la résout négativement,
mais d'après des considérations qui me paraissent manquer de justesse. « De la lumière réfléchie, dit l'illustre
astronome, ne pourrait jamais nous atteindre à l'immense
distance où nous sommes de ces objets. » (*Trans. philos.*,
1791, p. 85.) En examinant la question avec soin, à
l'aide des principes de la photométrie, on reconnaîtra
que la distance ne saurait apporter aucune diminution à
l'éclat apparent de l'atmosphère éclairée de l'étoile. Cet
éclat, comment, en effet, le constaterait-on? A deux
distances très-différentes, aux deux distances 1 et ensuite
1 million, je suppose, on dirigerait vers l'atmosphère
de l'étoile, un tuyau dont l'ouverture circulaire sous-
tendrait, vu de l'extrémité opposée, de l'extrémité où
s'appliquerait l'œil de l'observateur, un angle constant,
un angle d'une minute, par exemple. En passant de la
première à la seconde distance, la quantité de lumière
que chaque point de l'atmosphère exactement situé dans
la direction du tuyau, enverrait dans son ouverture circulaire et de là dans l'œil, s'affaiblirait indubitablement
dans le rapport du carré de 1 au carré de 1 million;
mais, d'autre part, le nombre de points de la même
atmosphère que l'œil découvrirait par l'ouverture en
question, serait plus grand à la station éloignée qu'à la
station voisine, précisément dans le même rapport du

carré de 1 million au carré de 1 ; tout, quant à l'intensité, se trouverait ainsi compensé.

Cette permanence, cette égalité d'éclat dans un objet sous-tendant un angle sensible, à toutes les distances qui peuvent nous en séparer; l'affaiblissement, au contraire, en raison du carré des distances, de la lumière d'un simple point, conduisent, ce me semble, à considérer certaines nébuleuses dites planétaires, sous un jour nouveau.

Considérons une étoile nébuleuse. L'étoile, proprement dite, est au centre ; elle ne sous-tend pas un angle sensible. La nébulosité environnante occupe, au contraire, un espace angulaire assez considérable. Cette sorte de vapeur, de matière gazeuse, peut être lumineuse par elle-même, ou nous réfléchir seulement la lumière de l'astre central ; les résultats seront exactement les mêmes.

A la distance 1, la lumière de l'étoile centrale l'emportera de beaucoup, je suppose, sur la lumière de la nébulosité. A la distance 2, l'intensité de l'étoile se trouverait réduite au quart et celle de la nébulosité ne serait pas altérée. Par le changement de distance, la nébulosité n'aurait subi de variation que sous le rapport des dimensions angulaires ; un rayon de 2 minutes, par exemple, serait devenu 1 minute.

Aux distances 3, 4,... 10,... 100, l'étoile se trouverait successivement réduite, au 9ᵉ, au 16ᵉ,... au 100ᵉ,... au 10,000ᵉ de son intensité primitive. Pendant que l'étoile subirait ces énormes affaiblissements, la nébulosité deviendrait 3, 4,... 10,... 100 fois plus petite qu'à l'origine, mais en conservant toujours le même éclat intrinsèque.

Quelles que soient donc primitivement (je veux dire

relativement à une première distance), les intensités comparatives d'une étoile et de son atmosphère, on peut toujours concevoir une seconde distance dans laquelle l'étoile, excessivement affaiblie, ne prédominera plus sur la nébulosité. Il suffirait toujours d'un simple changement de distance, pour faire passer une étoile nébuleuse à l'état apparent de nébuleuse proprement dite, de nébuleuse sans noyau, sans centre lumineux.

On a mille raisons d'admettre la plus grande variété, la plus grande dissemblance, dans les distances à la Terre des astres dont le firmament est parsemé. Il est donc très-probable que parmi les nébuleuses à la lumière presque uniforme qui figurent dans les catalogues, plusieurs deviendraient des étoiles nébuleuses si nous en étions plus près.

Pourquoi même ne supposerait-on pas que toutes les nébuleuses à formes parfaitement régulières, que les nébuleuses rondes, dites planétaires, sont dans ce cas? Cette hypothèse s'accorderait avec ce que nous pouvons conjecturer sur le mode physique de formation de ces astres problématiques.

Cette théorie de la disparition optique du noyau, proprement dit, dans les étoiles nébuleuses, a donné lieu, de la part de sir John Herschel à des remarques auxquelles je dois répondre.

Voici les propres termes employés par l'auteur des *Outlines of Astronomy.* « M. Arago a supposé que les nébuleuses planétaires étaient des enveloppes brillant par la lumière réfléchie d'un corps solaire placé au centre, lequel serait invisible à cause de sa grande distance. Levant, ou essayant de lever le paradoxe apparent qu'implique une telle explication par le principe optique : qu'une surface éclairée est également brillante à toutes les distances lorsqu'elle sous-tend un angle mesurable, tandis que le corps central a son effet lumineux diminué en raison du carré de la distance. Malgré toute la déférence due à une si haute autorité, nous hésitons à adopter la conclusion. En effet, en supposant même que l'enveloppe réfléchisse et disperse également dans toutes les directions, toute la lumière du soleil central, la portion de cette lumière qui nous parviendra ne surpassera pas celle que le soleil nous aurait envoyée par une radiation directe. Mais la lumière du corps central est par hypothèse trop faible pour affecter l'œil d'une manière sensible ; son intensité sera donc beaucoup moindre si elle est répandue sur une surface plusieurs millions de fois plus grande que celle du soleil central. M. Arago, dans son explication parle expressément de lumière réfléchie ; si l'enveloppe était lumineuse par elle-même, son· raisonnement serait parfaitement fondé. »

Si j'étais moins convaincu de la loyauté de sir John Herschel et de sa bienveillance pour moi, j'aurais à me plaindre sous plusieurs rapports de ce qu'on vient de lire.

« M. Arago, dit le fils de l'illustre astronome de Slough, *a supposé* que les nébuleuses planétaires étaient des enveloppes, brillant par la lumière réfléchie d'un corps solaire placé à leur centre. » Je n'ai jamais rien affirmé de pareil ; j'ai dit : « Chacun doit reconnaître qu'il existe réellement des étoiles brillantes, entourées d'atmosphères immenses, lumineuses par elles-mêmes. » En examinant la démonstration que William Herschel avait prétendu donner de la non-intervention de la lumière réfléchie dans les phénomènes que présentent les étoiles nébuleuses, et la trouvant inexacte, j'ai ajouté « que la matière nébuleuse, que la vapeur qui entoure une étoile nébuleuse peut être lumineuse par elle-même ou nous réfléchir seulement la lumière de l'astre central. » Puisque sir John Herschel reconnaît pour la lumière directe la vérité du principe paradoxal que j'ai employé, il eût été juste qu'il déclarât qu'à l'égard des étoiles nébuleuses qui brilleraient par elles-mêmes, j'avais donné de la disparition du point central, une théorie à laquelle personne n'avait songé auparavant. J'ajouterai, maintenant, que je ne vois pas que cette explication ne doive point être appliquée au cas où l'atmosphère qui entoure l'étoile ne brillerait que de la lumière réfléchie, provenant d'un corps central. Il est évident, qu'au point de vue du rayonnement, une telle atmosphère ne différerait pas de celle qui serait lumineuse par elle-même. Si je comprends bien l'objection, sir John Herschel répugne à admettre qu'on peut voir de la lumière réfléchie à une plus grande distance que le corps rayonnant d'où elle provient. Mais qu'y a-t-il d'étonnant à cela quand on songe que la lumière venant directement du point rayonnant diminue d'intensité en raison du carré de la distance, tandis que la lumière réfléchie reste constante tant que l'angle sous-tendu par le corps, ou par les corps réfléchissants, conserve une valeur sensible ?

CHAPITRE XXII

SUR LES ATMOSPHÈRES DES ÉTOILES

Mairan est le premier, je crois, qui ait regardé les nébulosités dont quelques étoiles sont entourées, comme leurs atmosphères. En 1731 il aperçut un cercle régulier de clarté autour de l'étoile *d* que Huygens plaçait, en 1656, complétement en dehors de la belle nébuleuse d'Orion. « Cette clarté, ajoutait-il, serait toute semblable à celle que produirait, comme je crois, l'atmosphère de notre Soleil, si elle devenait assez dense et assez étendue pour être visible avec des lunettes à une pareille distance. » (*Traité de l'Aurore boréale*, 2ᵉ édition, p. 263.)

On voit que Mairan a commis ici la même erreur de photométrie que William Herschel : la distance n'apporterait aucun changement à la clarté intrinsèque de l'atmosphère solaire.

Lacaille n'adopta pas les idées de son confrère à l'Académie des Sciences. Suivant lui, les étoiles nébuleuses « n'étaient que des étoiles qui se trouvaient, par rapport à nous, dans la ligne droite suivant laquelle nous regardons les taches nébuleuses. » (*Acad. des Sciences*, 1755, p. 195.) Un esprit aussi lucide, aussi net, aussi pénétrant, aurait bien vite renoncé à toute explication de ces phénomènes fondée sur la perspective, si le mot de probabilité avait frappé son oreille ; si un seul instant s'était offerte à lui la pensée d'examiner sous ce point de vue la découverte qu'il venait de faire, au cap de Bonne-Espérance, de quatorze étoiles nébuleuses simples ou multiples. Il y a, dans le petit catalogue de Lacaille, une remarque que les observations d'Herschel semblent avoir confirmée, si je ne me trompe : l'absence de nébulosité dans toute étoile d'un éclat supérieur à la sixième grandeur. Ce résultat, qui entraînerait des conséquences cosmogoniques si fécondes, n'est peut-être pas complétement établi. Il serait possible que l'éclat des étoiles, quand elles sont comprises entre la première et la cinquième grandeur, suffît pour effacer, dans les meilleures lunettes, la faible lumière des atmosphères. Ces atmosphères, il faudra donc chercher à les apercevoir au moment où l'étoile centrale sera cachée par un diaphragme. Les astronomes comprendront, sans plus de détails, toute l'importance des observations que je leur recommande.

CHAPITRE XXIII

MATIÈRE DIFFUSE COSMIQUE, NON LUMINEUSE PAR ELLE-MÊME ET IMPARFAITEMENT DIAPHANE

William Herschel croyait avoir établi, à l'aide des observations que je vais citer, qu'outre la matière diffuse lumineuse par elle-même dont nous avons tant parlé, il en existe dans l'espace une autre également diffuse, mais non rayonnante et imparfaitement diaphane.

En mars 1774, le célèbre astronome aperçut au nord de la grande et belle nébuleuse d'Orion, de part et d'autre, de la célèbre étoile nébuleuse signalée par Mairan, deux autres étoiles plus petites, également entourées de nébulosités circulaires.

Dans le mois de décembre 1810, les nébulosités des deux petites étoiles s'étaient dissipées. Le 19 janvier 1811, on n'en apercevait aucune trace, même avec le télescope de 12 mètres. Quant à la nébulosité de l'étoile principale, elle n'avait éprouvé qu'un très-grand affaiblissement.

Herschel croyait que les trois nébuleuses en question n'avaient rien de réel. Quand une étoile s'aperçoit à travers un brouillard, elle paraît être au centre d'une auréole lumineuse. Cette auréole se compose d'une portion du brouillard éclairée par l'étoile. Une cause analogue produisit, suivant l'illustre astronome, les nébulosités observées en 1774, autour des trois étoiles citées; seulement, le brouillard ordinaire était remplacé par une matière cosmique, plus voisine de nous que les trois étoiles, située cependant dans les hautes régions du firmament, et en liaison immédiate avec la grande nébuleuse d'Orion. La matière ne brillait pas d'une lumière propre, puisque à une certaine distance des étoiles, on n'en voyait aucune trace. Elle reflétait fortement vers notre œil les rayons stellaires qui la traversaient sous les incidences très-peu éloignées de la perpendiculaire; elle manquait de cette diaphanéité extrême dont l'esprit se plaît à doter les matières gazeuses situées dans les espaces célestes; enfin, c'est en obéissant au mouvement de concentration qu'éprouve, ainsi que nous l'avons montré précédemment (chap. xv, xvi, xvii et xix), toute la matière de la nébuleuse découverte par Huygens, qu'elle cessa, en 1810, de s'interposer exactement entre les deux petites étoiles et nous, et voilà comment le

phénomène si visible en 1774 ne l'était plus du tout 36
ans après [1].

Telle est, si je l'ai bien comprise, la théorie d'Herschel. Je n'examinerai pas ici s'il n'aurait pas été plus
simple d'assimiler les nébulosités circulaires des trois
étoiles d'Orion, aux atmosphères lumineuses des étoiles
nébuleuses ordinaires, d'attribuer ensuite l'affaiblissement de la plus grande et la disparition des deux autres,
à un mouvement des atmosphères vers le centre de chaque
étoile. Je ne vois rien dans les observations qui, de prime
abord, puisse contrarier ce mode d'explication; mais la
plus stricte réserve est un devoir toutes les fois qu'on
s'éloigne des opinions professées par l'illustre astronome
de Slough.

CHAPITRE XXIV

CONNEXION DES NÉBULEUSES ET DES ÉTOILES DOUBLES

Des nébuleuses paraissent avoir avec des étoiles doubles une connexion dont la cause est inconnue. Ainsi par
$18^h 7^m 2^s$ d'ascension droite et $19°$ $56'$ de déclinaison
australe, on trouve dans le Sagittaire (fig. 125) une
nébuleuse elliptique dont le grand axe est d'environ $50''$.
Sur ce grand axe, entre les foyers et les deux sommets

---

1. La disparition constatée d'une nébulosité stellaire serait un
phénomène très-extraordinaire et très-fécond; aussi ai-je cru devoir
examiner si les annales de la science n'offraient point quelque fait
analogue aux deux qu'Herschel a cités. Ma recherche n'a pas été,
ce me semble, infructueuse. Lacaille, pendant son séjour au Cap,
voyait dans la constellation d'Argo (310 Bode), cinq petites étoiles
au milieu d'une nébuleuse dont M. Dunlop, avec de bien meilleurs
instruments, n'apercevait point de traces en 1825.

de l'ellipse se trouvent symétriquement placées deux étoiles doubles composées chacune de deux étoiles de dixième grandeur.

Si l'on porte ses regards sur le point du ciel marqué par 18^h 25^m d'ascension droite et 84° 53′ de déclinaison boréale, au-dessus de δ de la Petite Ourse, on trouve, suivant M. Struve, une nébuleuse elliptique (fig. 126) à chaque sommet de laquelle existe une étoile double où l'on remarque que les deux composantes sont inégales.

Par 13^h 47^m 33′ d'ascension droite et 39° 8′ de déclinaison australe, il y a dans le Centaure, suivant sir John Herschel, une nébuleuse (fig. 127) qui a deux minutes de diamètre, et près du centre de laquelle on observe une étoile double dont les deux composantes sont très-légèrement inégales de neuvième à dixième grandeur et distantes l'une de l'autre de 2″.

CHAPITRE XXV

NUÉES DE MAGELLAN

J'ai placé parmi les constellations admises par les astronomes (liv. VIII, chap. V, p. 320) le Grand et le Petit Nuage, ou les Nuées de Magellan, « objet unique, dit mon ami de Humboldt, dans le monde des phénomènes célestes, et qui ajoute encore au charme pittoresque de l'hémisphère austral, je dirais presque à la grâce du paysage. » Il ne m'a pas été donné de contempler ce phénomène de la voûte étoilée, et je ne peux mieux faire, pour en donner une idée, que d'emprunter quelques traits au tableau qu'en trace mon ami dans le *Cosmos* (t. iii, p. 403 et suivantes) :

« Les deux Nuages de Magellan, qui vraisemblablement, dit-il, reçurent d'abord de pilotes portugais, puis des Hollandais et des Danois le nom de Nuages du Cap, captivèrent l'attention du voyageur par leur éclat, par l'isolement qui les fait ressortir davantage, et par l'orbite qu'ils décrivent de concert autour du pôle austral, bien qu'à des distances inégales. Leur nom actuel a évidemment pour origine le voyage de Magellan, quoique ce ne soit pas lui qui les ait observés le premier. »

La plus grande des Nuées de Magellan couvre 42 degrés et la plus petite 10 degrés carrés de la voûte céleste. Par un beau clair de lune le Petit Nuage disparaît entièrement, l'autre perd seulement une partie considérable de son éclat. Sir John Herschel a trouvé dans le Grand Nuage 582 étoiles, 291 nébuleuses et 46 amas stellaires ; dans le Petit Nuage il a compté 200 étoiles, 37 nébuleuses et 7 amas stellaires. On voit que les nébuleuses du Petit Nuage sont à celles du Grand dans le rapport de 1 à 8, tandis que les étoiles isolées sont comme 1 est à 3. Il y a donc proportionnellement beaucoup moins de nébuleuses dans le Petit Nuage que dans le Grand Nuage.

Les Nuées de Magellan offrent aux yeux de l'observateur une sorte de miniature du ciel étoilé ; on y découvre des constellations, des amas stellaires, et la matière nébuleuse à ses différents états de condensation.

TABLE DES MATIÈRES

DU TOME PREMIER

Pages

AVERTISSEMENT DE LA DEUXIÈME ÉDITION.............. I
AVERTISSEMENT DE L'AUTEUR......................... VII

LIVRE I

NOTIONS DE GÉOMÉTRIE

CHAPITRE PREMIER. — Définitions...................... 1
CHAPITRE II. — Du cercle............................. 3
CHAPITRE III. — De l'usage du cercle................. 6
CHAPITRE IV. — Rapport de la circonférence du cercle au dia-
    mètre... 9
CHAPITRE V. — Surface du cercle...................... 17
CHAPITRE VI. — Des avantages attachés à l'emploi de cercles
    de grande dimension............................... 18
CHAPITRE VII. — Notions et définitions concernant les angles
    rectilignes....................................... 19
CHAPITRE VIII. — Théorème sur les angles formés autour d'un
    point... 23
CHAPITRE IX. — Notions relatives aux lignes parallèles et aux
    angles formés par de telles lignes lorsqu'elles sont coupées
    par une sécante. — Somme des angles d'un triangle. —

Proposition du carré de l'hypoténuse. — Angles de deux
plans.. 24
CHAPITRE X. — De la sphère............................... 30
CHAPITRE XI. — De l'ellipse et de la parabole.............. 34

LIVRE II

NOTIONS DE MÉCANIQUE ET D'HORLOGERIE

CHAPITRE PREMIER. — De l'inertie, du repos, du mouvement
et des forces.. 39
CHAPITRE II. — Parallélogramme des forces.............. 40
CHAPITRE III. — Mouvement angulaire.................... 42
CHAPITRE IV. — De la mesure du temps.................. 42
CHAPITRE V. — Des cadrans solaires..................... 45
CHAPITRE VI. — De la mesure du temps durant la nuit chez
les anciens.. 45
CHAPITRE VII. — Des clepsydres......................... 46
CHAPITRE VIII. — Des roues dentées.................... 49
CHAPITRE IX. — Moteurs des horloges.................. 52
CHAPITRE X. — Du pendule............................. 57

LIVRE III

NOTIONS D'OPTIQUE

CHAPITRE PREMIER. — Propriétés de la lumière........... 71
CHAPITRE II. — Réflexion de la lumière................. 72
CHAPITRE III. — Des foyers par voie de réflexion........ 73
CHAPITRE IV. — De la réfraction........................ 78
CHAPITRE V. — Marche de la lumière à travers les prismes... 83
CHAPITRE VI. — Des lentilles........................... 89
CHAPITRE VII. — Des diverses théories des lunettes........ 101
CHAPITRE VIII. — Lunette astronomique.................. 102
CHAPITRE IX. — Aberration de sphéricité................ 105
CHAPITRE X. — Aberration de réfrangibilité............. 107
CHAPITRE XI. — Lunettes achromatiques................. 110
CHAPITRE XII. — Manière dont s'opère la vision.......... 113

Pages.

CHAPITRE XIII. — Grossissement des lentilles oculaires..... 117

CHAPITRE XIV. — Des grossissements des lunettes.......... 120

CHAPITRE XV. — Moyen de mesurer les grossissements...... 124

CHAPITRE XVI. — Pourquoi les lunettes d'un faible pouvoir amplificatif semblent-elles ne pas grossir du tout?........ 129

CHAPITRE XVII. — Champ de la vision.................... 130

CHAPITRE XVIII. — Micromètre......................... 132

CHAPITRE XIX — Des microscopes....................... 137

CHAPITRE XX. — Un objet lumineux ayant un diamètre sensible, conserve le même éclat à toutes distances.......... 139

CHAPITRE XXI. — Durée de la sensation de la vue.......... 142

CHAPITRE XXII. — Observation des objets très-faibles....... 143

CHAPITRE XXIII. — Champ de la vision naturelle........... 145

CHAPITRE XXIV. — Des télescopes....................... 146

NOTE. — Télescope de M. Foucault...................... 151

LIVRE IV

NOTIONS HISTORIQUES SUR LES INSTRUMENTS ASTRONOMIQUES

CHAPITRE PREMIER. — Histoire des télescopes............. 155

CHAPITRE II. — Les anciens connaissaient le verre......... 163

CHAPITRE III. — Les anciens connaissaient les propriétés échauffantes des foyers des loupes.................... 164

CHAPITRE IV. — Les anciens ont-ils connu les effets grossissants des verres courbes?.......................... 165

CHAPITRE V. — A quelle date remonte l'invention des besicles ou petites lentilles très-peu courbes destinées à perfectionner la vue des myopes ou des presbytes?.............. 167

CHAPITRE VI. — Les anciens connaissaient-ils les lunettes?.. 170

CHAPITRE VII. — Lunettes d'approche.................. 173

LIVRE V

DE LA VISIBILITÉ DES ASTRES

CHAPITRE PREMIER. — Introduction..................... 185

CHAPITRE II. — Un des effets des lunettes sur la visibilité des étoiles.... 186

Pages.

CHAPITRE III. — De la sensibilité de l'œil pour la vision des étoiles.. 189

CHAPITRE IV. — Quelle est la lumière qui en fait disparaître une autre?... 192

CHAPITRE V. — Des objets d'une certaine étendue conservent le même éclat, les bords exceptés, soit qu'on les aperçoive à l'aide de la vision confuse ou de la vision distincte..... 194

CHAPITRE VI. — Des intensités des images des astres dans les lunettes.. 196

CHAPITRE VII. — Phénomènes de visibilité des astres observés la nuit ou en plein jour, à l'œil nu ou à l'aide des lunettes. 199

CHAPITRE VIII. — De la visibilité des astres dans les puits... 202

CHAPITRE IX. — De la visibilité des étoiles en plein jour..... 205

CHAPITRE X. — De la scintillation............................. 209

LIVRE VI

DU MOUVEMENT DIURNE

CHAPITRE PREMIER. — Définition de l'horizon. — Mouvement diurne. — Ce mouvement s'exécute tout d'une pièce et comme si les étoiles étaient attachées à une sphère solide. 211

CHAPITRE II. — Formation d'un globe céleste ou d'une représentation exacte du firmament. — Dénomination de fixes donnée aux étoiles par suite de la comparaison des sphères modernes avec celles d'Hipparque. — Premières conséquences auxquelles cette comparaison conduit relativement aux immenses distances des étoiles à la Terre...... 218

CHAPITRE III. — Mouvement diurne observé avec un théodolite. — Définition du méridien ; divers moyens de le déterminer. — Axe du monde. — Nature des courbes décrites par les étoiles. — Parallèles célestes. — Équateur du monde. 223

CHAPITRE IV. — Les étoiles parcourent les parallèles d'un mouvement uniforme................................. 232

CHAPITRE V. — Du mouvement des étoiles considéré comme un moyen de déterminer exactement la position du méridien. 234

CHAPITRE VI. — Détermination de la position de l'axe du monde. — De la latitude. — De la hauteur du pôle....... 238

CHAPITRE VII. — Opinions des anciens sur le mouvement diurne. — Idées des Épicuriens....................... 241

Pages.

CHAPITRE VIII. — Les cieux solides...................... 242

CHAPITRE IX. — Opinions des anciens sur l'axe du monde... 245

CHAPITRE X. — Musique céleste.......................... 246

LIVRE VII

NOTIONS SUR LE MOUVEMENT APPARENT DU SOLEIL

CHAPITRE PREMIER. — Jour sidéral....................... 247

CHAPITRE II. — Double mouvement du Soleil.............. 252

CHAPITRE III. — Mouvement propre du Soleil.............. 254

CHAPITRE IV. — Détermination de la position de la courbe le long de laquelle s'effectue le mouvement propre annuel du Soleil. — Solstices, équinoxes, longueur de l'année en jours sidéraux. — Cercle mural. — Lunette méridienne... 256

CHAPITRE V. — Diverses unités de temps. — Du jour et des heures.. 265

CHAPITRE VI. — Jours solaires.......................... 270

CHAPITRE VII. — Année tropique. — Périgée. — Apogée..... 272

CHAPITRE VIII. — Détermination de la loi suivant laquelle les vitesses du Soleil varient, et de la nature de la courbe qu'il parcourt... 274

CHAPITRE IX. — Longitudes et latitudes astronomiques...... 278

CHAPITRE X. — De l'influence qu'exercent les déclinaisons du Soleil sur la durée des jours dans toutes les régions de la Terre.. 280

CHAPITRE XI. — Explication des inégalités des jours solaires.. 284

CHAPITRE XII. — Temps moyen.......................... 287

CHAPITRE XIII. — Équation du temps.................... 294

CHAPITRE XIV. — A partir de quelle époque les horloges de Paris ont-elles été réglées sur le temps moyen?........ 296

LIVRE VIII

DES CONSTELLATIONS

CHAPITRE PREMIER. — Formation d'un catalogue d'étoiles... 299

CHAPITRE II. — Coordonnées des étoiles.................. 305

Pages.

CHAPITRE III. — Principaux catalogues d'étoiles et atlas célestes... 307

CHAPITRE IV. — Remarques sur l'utilité des constellations et sur les réformes qui ont été proposées à ce sujet......... 311

CHAPITRE V. — Nombre des constellations................. 316

CHAPITRE VI. — Formes des constellations................. 324

CHAPITRE VII. — Des constellations zodiacales et des signes du zodiaque.. 327

CHAPITRE VIII. — Nombres d'étoiles contenues dans les constellations anciennes et leur partage en diverses grandeurs. 331

CHAPITRE IX. — Sur les moyens de connaître les constellations des anciens... 335

CHAPITRE X. — A quelle époque les constellations furent-elles créées ?... 343

CHAPITRE XI. — Des tentatives qui ont été faites pour substituer de nouvelles constellations à celles de la sphère grecque........ 347

LIVRE IX

DES ÉTOILES SIMPLES

CHAPITRE PREMIER. — Classification des étoiles suivant l'ordre de leur grandeur.................................. 349

CHAPITRE II. — Le nombre des étoiles visibles à l'œil nu est beaucoup plus petit qu'on ne paraît disposé à le supposer. 351

CHAPITRE III. — Détermination du nombre des étoiles de chaque grandeur visibles avec nos instruments actuels...... 352

CHAPITRE IV. — Intensités comparatives des étoiles de différentes grandeurs.................................. 354

CHAPITRE V. — Quelle est la distance probable des dernières étoiles visibles à l'œil nu ou avec les plus puissants télescopes ?... 361

CHAPITRE VI. — Diamètres apparents des étoiles........... 364

CHAPITRE VII. — Diamètres réels des étoiles.............. 368

CHAPITRE VIII. — La lumière des étoiles est-elle constante?.. 371

CHAPITRE IX. — Il y a des étoiles dont l'éclat diminue....... 376

CHAPITRE X. — Étoiles perdues ou dont la lumière s'est complétement éteinte.................................. 378

Pages.

CHAPITRE XI. — Il y a des étoiles dont l'intensité va en augmentant.. 380

CHAPITRE XII. — Distribution hypothétique des étoiles dans le firmament... 381

CHAPITRE XIII. — Le nombre des étoiles est-il infini, la lumière s'affaiblit-elle par l'interposition de certain milieu élastique comparable à l'éther qui serait compris entre les étoiles et la Terre?.. 383

CHAPITRE XIV. — De la transparence imparfaite des espaces célestes... 384

CHAPITRE XV. — Étoiles changeantes ou périodiques......... 386

CHAPITRE XVI. — A qui revient l'honneur d'avoir signalé le premier les étoiles périodiques?............................. 390

CHAPITRE XVII. — Détails sur o de la Baleine............. 391

CHAPITRE XVIII. — Étoile variable de la Couronne......... 396

CHAPITRE XIX. — Étoile variable d'Hercule............... 397

CHAPITRE XX. — β de la Lyre............................. 397

CHAPITRE XXI. — Algol.................................. 398

CHAPITRE XXII. — η d'Argo.............................. 400

CHAPITRE XXIII. — Explication des changements d'intensité dans les étoiles variables............................... 402

CHAPITRE XXIV. — Importance de l'observation des étoiles changeantes.. 405

CHAPITRE XXV. — Les rayons de différentes couleurs se meuvent dans les espaces célestes avec la même vitesse...... 405

CHAPITRE XXVI. — Limite supérieure de la densité de l'éther.. 408

CHAPITRE XXVII. — Étoiles nouvelles ou temporaires....... 410

CHAPITRE XXVIII. — Étoile nouvelle de 1572.............. 411

CHAPITRE XXIX. — Étoile de 1604........................ 414

CHAPITRE XXX. — Étoiles de 1670 et de 1848............. 415

CHAPITRE XXXI. — Des diverses explications données des étoiles nouvelles.. 416

CHAPITRE XXXII. — Parallaxe annuelle des étoiles ou moyen de déterminer la distance de ces astres à la Terre....... 427

CHAPITRE XXXIII. — Historique des recherches des astronomes sur les parallaxes annuelles des étoiles................. 437

Pages.

CHAPITRE XXXIV. — Les étoiles brillent-elles d'une lumière propre, d'une lumière née dans leur propre substance?... 446

LIVRE X

DES ÉTOILES MULTIPLES

CHAPITRE PREMIER. — Qu'entend-on par étoiles doubles, triples, quadruples, etc.?................................ 447

CHAPITRE II. — Des étoiles doubles........................ 448

CHAPITRE III. — Étoiles triples........................... 451

CHAPITRE IV. — Étoiles quadruples............ ·........... 452

CHAPITRE V. — Étoiles multiples......................... 452

CHAPITRE VI. — Intensités et couleurs des étoiles doubles... 453

CHAPITRE VII. — Les colorations des étoiles doubles sont-elles des illusions d'optique?.............................. 457

CHAPITRE VIII. — Époque de la découverte des étoiles bleues. 459

CHAPITRE IX. — Sur les explications de la coloration des étoiles multiples.. 460

CHAPITRE X. — Les couleurs comparatives observées dans les étoiles multiples sont-elles toujours les mêmes?......... 463

CHAPITRE XI. — Pourquoi les étoiles multiples sont-elles devenues tout à coup l'objet de tant d'observations assidues?.. 463

CHAPITRE XII. — Mesure du déplacement relatif des étoiles doubles.. 465

CHAPITRE XIII. — Conséquences qui résultent de la nature des mouvements observés dans les étoiles doubles, relativement à l'universalité de l'attraction newtonienne... 471

CHAPITRE XIV. — Quand on aura déterminé les distances des étoiles doubles à la Terre, les masses de celles de ces étoiles dont les mouvements relatifs seront connus, pourront être facilement comparées à la masse de la Terre ou à celle du Soleil... 473

CHAPITRE XV. — Les observations des étoiles doubles proprement dites pourront servir un jour, soit à déterminer les distances de ces groupes binaires à la Terre, soit à fixer une limite en deçà ou au delà de laquelle ils ne sauraient être placés... 476

CHAPITRE XVI. — Les étoiles doubles sont devenues un moyen

Pages

de juger de la bonté des lunettes et des télescopes de grandes dimensions................................... 484

CHAPITRE XVII. — Du rôle que le calcul des probabilités a joué dans la question des étoiles multiples............. 487

CHAPITRE XVIII. — Des auteurs de la découverte des satellites d'étoiles.. 489

NOTE. — Le satellite de Sirius........................... 494

LIVRE XI

NÉBULEUSES

CHAPITRE PREMIER. — Définition......................... 495

CHAPITRE II. — Amas stellaires......................... 496

CHAPITRE III. — Nature des nébuleuses...... 500

CHAPITRE IV. — Aperçu historique sur la découverte des nébuleuses.. 502

CHAPITRE V. — Nébuleuses résolubles. — Leur forme....... 505

CHAPITRE VI. — Nébuleuses circulaires ou globulaires....... 505

CHAPITRE VII. — Du nombre des étoiles contenues dans certaines nébuleuses globulaires......................... 508

CHAPITRE VIII. — Nébuleuses perforées ou en anneau, et nébuleuses en spirales................................ 509

CHAPITRE IX. — Les nébuleuses ne sont pas uniformément répandues dans toutes les régions du ciel............... 510

CHAPITRE X. — Des nébuleuses considérées dans leurs rapports avec les espaces environnants.................... 511

CHAPITRE XI. — Les espaces les plus pauvres en étoiles sont voisins des nébuleuses les plus riches................. 511

CHAPITRE XII. — La matière diffuse occupe dans le ciel des espaces très-étendus................................ 512

CHAPITRE XIII. — Les grandes taches lumineuses n'ont point de forme régulière.................................. 513

CHAPITRE XIV. — De la lumière des vraies nébuleuses....... 514

CHAPITRE XV. — Distribution de la matière phosphorescente dans les vraies nébuleuses. — Modifications que l'attraction y apporte avec le temps............................. 516

CHAPITRE XVI. — Détails historiques sur la transformation des nébuleuses en étoiles. — Examen des difficultés que ces idées de transformation ont soulevées................. 520

Pages.

CHAPITRE XVII. — De la condensation que la matière diffuse doit éprouver pour se transformer en étoiles............ 521

CHAPITRE XVIII. — Intensités comparatives de la lumière totale d'une nébuleuse et de la lumière condensée d'une étoile.... 522

CHAPITRE XIX. — Changements observés dans certaines nébuleuses... 524

CHAPITRE XX. — Nébuleuses planétaires. — Est-il vrai que pour expliquer l'éclat uniforme de leurs disques, il faille indispensablement supposer que la matière diffuse est opaque, dès qu'elle est arrivée à un certain degré de concentration?... 525

CHAPITRE XXI. — Étoiles nébuleuses...................... 528

CHAPITRE XXII. — Sur les atmosphères des étoiles......... 539

CHAPITRE XXIII. — Matière diffuse cosmique, non lumineuse par elle-même et imparfaitement diaphane............. 540

CHAPITRE XXIV. — Connexion des nébuleuses et des étoiles doubles... 542

CHAPITRE XXV. — Nuées de Magellan...................... 543

TABLE DES FIGURES

DU TOME PREMIER [1]

Fig.   Pages.

1 Division du cercle en degrés........................ 8

2 Démonstration du rapport de la circonférence du cercle au diamètre.. 12

3 Mesure de la largeur d'une rivière................... 22

4 Démonstration du théorème sur les angles formés autour d'un point.. 24

5 Égalité des angles correspondants formés par des droites parallèles.. 25

6 Égalité de deux angles tournés dans le même sens et formés de côtés parallèles............................. 26

7 Égalité des angles alternes-internes formés par des droites parallèles.. 27

8 Égalité de la somme des angles d'un triangle à 180 degrés ou deux angles droits................................ 28

9 Génération d'une sphère. — Grands et petits cercles..... 31

10 Triangle sphérique.................................. 33

11 Procédé graphique pour tracer une ellipse............. 34

12 Propriétés de l'ellipse............................... 35

13 Propriétés de la parabole............................ 37

14 Parallélogramme des forces.......................... 41

15 Cadran solaire...................................... 43

16 Clepsydre de Ctésibius restituée par Perrault.......... 47

17 Coupe de la clepsydre de Ctésibius................... 47

18 Mouvement des cercles contigus, d'après Aristote........ 50

1. Toutes ces figures ont été dessinées par M. GUIGUET.

Fig.   Pages.

19 Poids moteur des horloges.......................... 53

20 Horloge à poids, vue de profil et de face.............. 54

21 Ressort moteur des horloges enfermé dans le barillet muni
    d'une roue dentée.................................. 55

22 Barillet relié à la fusée............................. 56

23 Mouvement du pendule............................. 57

24 Génération de la cycloïde........................... 60

25 Chute d'un mobile le long de la cavité d'une cycloïde.... 60

26 Principe du pendule cycloïdal....................... 61

27 Pendule cycloïdal de Huygens....................... 62

28 Ressort vibrant appliqué au balancier................. 64

29 Vue de l'échappement libre construit par M. Bréguet..... 66

30 Plan de l'échappement libre......................... 67

31 Combinaison des roues dentées d'une horloge........... 68

32 Loi de la réflexion de la lumière..................... 72

33 Formation des foyers par réflexion................... 74

34 Foyer d'un miroir concave........................... 75

35 Foyers conjugués................................... 77

36 Formation des images des miroirs concaves............ 77

37 Réfraction de la lumière............................ 79

38 Loi des sinus...................................... 80

39 Passage de la lumière d'un milieu plus dense dans un mi-
    lieu moins dense.................................. 81

40 Passage de la lumière à travers une lame de verre à faces
    parallèles.... 83

41 Prisme.. 84

42 Marche de la lumière à travers un prisme sur la face du-
    quel elle est tombée perpendiculairement............ 84

43 Marche de la lumière à travers un prisme lorsqu'elle est
    tombée obliquement et au-dessus de la perpendiculaire
    à la face d'entrée................................. 86

44 Marche de la lumière à travers un prisme lorsqu'elle est
    tombée obliquement et au-dessous de la perpendiculaire
    à la face d'entrée................................. 86

45 Marche de la lumière à travers un prisme tronqué....... 87

46 Formation des foyers par réfraction................... 87

Fig.   Pages.

47 Lentille... 89

48 Axe de la lentille... 90

49 Marche de la lumière à travers une lentille............... 90

50 Formation du foyer d'une lentille........................... 92

51 Le foyer d'une lentille est le même, quels que soient les
   points incidents.. 92

52 Émergence de rayons parallèles........................... 93

53 Divergence de rayons émis d'un point plus rapproché de
   la lentille que le foyer principal......................... 94

54 Convergence de rayons émis d'un point plus éloigné de la
   lentille que le foyer principal............................ 95

55 Foyers secondaires d'une lentille.......................... 96

56 Lentille plano-concave....................................... 96

57 Lentille convexo-concave.................................... 97

58 Lentille bi-concave... 97

59 Marche de la lumière parallèle à l'axe à travers une lentille bi-concave.. 98

60 Formation des foyers sur les axes secondaires........... 98

61 Centre optique d'une lentille................................ 99

62 Formation de l'image dans une lentille................... 100

63 Formation de l'image dans une loupe..................... 103

64 Principe de la lunette astronomique...................... 104

65 Coupe de la lunette astronomique......................... 104

66 Dispersion de la lumière..................................... 108

67 Images focales diversement colorées..................... 109

68 Achromatisme des prismes.................................. 111

69 Achromatisme des lentilles................................. 112

70 Constitution de l'œil... 114

71 Moyen de bien voir les très-petits objets................ 118

72 Explication du pouvoir grossissant linéaire d'une lunette.. 121

73 Grossissement en surface d'une lunette.................. 122

74 Contact des deux images ordinaire et extraordinaire fournies par un cristal biréfringent.......................... 125

75 Séparation des deux images d'un cristal biréfringent..... 126

76 Empiétement des deux images d'un cristal biréfringent... 126

77 Champ d'une lunette... 131

Fig.   Pages.

78 Variation de l'intensité de la lumière avec la distance..... 141

79 Vue du télescope de Newton.......................... 148

80 Coupe du télescope de Newton........................ 149

81 Vue du télescope de Grégory.......................... 150

82 Coupe du télescope de Grégory........................ 151

83 Vue du télescope d'Herschel.......................... 161

84 Coupe du télescope d'Herschel........................ 162

85 Expérience photométrique sur la comparaison de deux
   lumières.. 193

86 Uniformité de l'éclat d'une surface de grande étendue.... 195

87 Mesures des distances angulaires des étoiles à l'aide de
   pinnules.. 216

88 Mesure des distances angulaires des étoiles à l'aide de deux
   lunettes.. 216

89 Théodolite construit par M. Froment................... 224

90 Détermination du méridien............................ 236

91 Détermination de l'axe du monde...................... 239

92 Latitude d'un lieu ou hauteur du pôle................. 240

93 Cercle mural de l'Observatoire de Paris (vu de face)..... 257

94   Id.   Id.   (vu de profil) ... 257

95 Obliquité de l'écliptique............................. 260

96 Lunette méridienne.................................. 264

96 bis Lunette méridienne de l'observatoire de Paris........ 264

97 Parallèles célestes.................................. 299

98 Cercles horaires.................................... 300

99 Ascension droite, déclinaisons, longitude et latitude des
   étoiles... 307

100 Dessins des constellations de l'hémisphère boréal........ 320

101 Dessins des constellations de l'hémisphère austral........ 321

102 Carte céleste de l'hémisphère boréal................... 336

103 Carte céleste de l'hémisphère austral................... 337

104 Signes conventionnels pour représenter les grandeurs des
    étoiles... 334

105 Constellation de la Grande Ourse..................... 337

106 Alignements propres à faire retrouver les principales con-
    stellations visibles à Paris........................ 338

Fig   Pages

107 Parallaxe annuelle d'une étoile située au pôle de l'écliptique...... 428

108 Parallaxe annuelle d'une étoile située entre l'écliptique et son pôle................... 429

109 Parallaxe annuelle d'une étoile située dans le plan de l'écliptique.. 431

110 Détermination de la parallaxe par la comparaison de deux étoiles très-éloignées l'une de l'autre, mais situées dans la même région du ciel......................... . 432

111 Carte des 64 principales étoiles des Pléiades............. 496

112 Groupe des Hyades.................................... 498

113 Præsepe ou Groupe du Cancer........................ 499

114 Nébuleuse située près de ν d'Andromède............... 512

115 Nébuleuse située près de la garde de l'Epée d'Orion...... 512

116 Nébuleuse située entre la tête et l'arc du Sagittaire...... 512

117 Nébuleuse située près de ω du Centaure............... 512

118 Nébuleuse perforée située entre β et γ de la Lyre........ 512

119 Nébuleuse planétaire située près de β de la Grande Ourse 512

120 Nébuleuse de ϰ d'Argo............................... 513

121 Nébuleuse du Chien de chasse septentrional, d'après John Herschel................................ 513

122 Nébuleuse située entre ζ et η d'Hercule............... 513

123 Nébuleuse du Chien de chasse septentrional, d'après lord Rosse... 513

124 Nébuleuse en spirale située sur l'aile boréale de la Vierge 513

125 Nébuleuse elliptique du Sagittaire..................... 513

126 Nébuleuse elliptique située au-dessus de δ de la Petite Ourse.................................... 513

127 Nébuleuse elliptique du Centaure........ 513

128 Étoile nébuleuse située près de γ de Persée............. 513

ŒUVRES COMPLÈTES

DE

FRANÇOIS ARAGO

DIX-SEPT BEAUX VOLUMES IN-8

ACCOMPAGNÉS DE NOMBREUSES FIGURES ET DE CARTES GRAVÉES

Prix des œuvres complètes : 135 fr.

ON VEND SÉPARÉMENT :

ASTRONOMIE POPULAIRE, édition nouvelle tenue au courant des découvertes nouvelles au moyen de notes et de tableaux supplémentaires, sous la direction de M. J.-A. BARRAL. — 4 volumes in-8 accompagnés de 362 figures. . . . . 30 fr. »

NOTICES BIOGRAPHIQUES. — 3 volumes in-8. . . . . 22 fr. 50

NOTICES SCIENTIFIQUES. — 5 vol. in-8 avec 35 figures. 37 fr. 50

VOYAGES SCIENTIFIQUES. — 1 volume in-8. . . . . 7 fr. 50

MÉMOIRES SCIENTIFIQUES.—2 vol. in-8, avec 53 figures. 15 fr. »

MÉLANGES. — 1 volume in-8. . . . . 7 fr. 50

TABLES ANALYTIQUES DES ŒUVRES DE FRANÇOIS ARAGO, NOTICE CHRONOLOGIQUE, DISCOURS SUR ARAGO, par M. FLOURENS, etc., etc. — 1 énorme volume à deux colonnes compactes, avec le portrait d'Arago, gravé sur acier. . 15 fr. »

ATLAS DU COSMOS

Contenant les cartes géographiques, astronomiques, physiques, thermiques, magnétiques, géologiques, botaniques, agricoles, etc., applicables à tous les ouvrages de sciences physiques et naturelles, et particulièrement aux œuvres de Humboldt et d'Arago;

Dressées par M. VUILLEMIN, et gravées sur acier, par M. JACOBS, sous la direction de M. J.-A. BARRAL. . . . . 78 fr.

Cet atlas, le plus beau et le plus savant qui existe, est publié en 26 livraisons de chacune une carte et un texte grand in-folio.

Prix de la livraison. 3 fr.

L'atlas complet avec demi-reliure en maroquin, les cartes et les textes montés sur onglets. 90 fr.

PARIS. — J. CLAYE, IMPRIMEUR, 7, RUE SAINT-BENOIT. — [164]

www.ingramcontent.com/pod-product-compliance
Lightning Source LLC
Chambersburg PA
CBHW031734210326
41599CB00018B/2573